《中国古脊椎动物志》编辑委员会主编

中国古脊椎动物志

第一卷

鱼　类

主编 张弥曼 | 副主编 朱　敏

第一册（总第一册）

无颌类

朱　敏 等 编著

科学技术部基础性工作专项（2006FY120400）资助

科 学 出 版 社
北　京

内 容 简 介

本册志书包括脊椎动物总论和无颌类两大部分，共附有143张插图。在脊椎动物总论中简述了脊椎动物在“生命之树”中的位置，概述了脊椎动物的骨骼构造与其他主要特征，讨论了现代动物分类学与脊椎动物的分类，介绍了中国古脊椎动物学发展简史，并附有28张插图。无颌类部分分为导言和对无颌类在我国所发现属、种的系统记述。导言中简述了无颌脊椎动物的分类及各主要类群的形态特征与地史、地理分布，讨论了牙形动物之谜，重点介绍了盔甲鱼亚纲的解剖学特征，总结了中国无颌类化石研究历史，并附有21张插图。系统记述部分记述了截至2013年年底在中国发现并已发表的无颌类化石，包括海口鱼目、圆口纲、花鳞鱼亚纲和盔甲鱼亚纲，共18科61属82种，并附有94张化石照片及插图。每个属、种均有鉴别特征、产地与层位。在科级以上的阶元中并有概述，对该阶元当前的研究现状、存在问题等做了综述。在大多数阶元的记述之后有一评注，为编者在编写过程中对发现的问题或编者对该阶元新认识的阐述。

本书是我国凡涉及地学、生物学、考古学的大专院校、科研机构、博物馆的专业人员及业余古生物爱好者的基础参考书，也可为科普创作提供必要的基础参考资料。

图书在版编目（CIP）数据

中国古脊椎动物志. 第1卷. 鱼类. 第1册，无颌类：总第1册 / 朱敏等编著. —北京：科学出版社，2015.1

ISBN 978-7-03-042951-3

I. ①中… II. ①朱… III. ①古生物－脊椎动物门－动物志－中国②古动物－无颌类－动物志－中国 IV. Q915.86

中国版本图书馆CIP数据核字（2014）第310008号

责任编辑：胡晓春 / 责任校对：刘亚琦
责任印制：肖 兴 / 封面设计：黄华斌

科 学 出 版 社 出版

北京东黄城根北街16号
邮政编码：100717
http://www.sciencep.com

中国科学院印刷厂 印刷

科学出版社发行 各地新华书店经销

*

2015年1月第 一 版 开本：787×1092 1/16
2015年1月第一次印刷 印张：20 1/4
字数：419 000

定价：198.00元

（如有印装质量问题，我社负责调换）

Editorial Committee of Palaeovertebrata Sinica

PALAEOVERTEBRATA SINICA

Volume I

Fishes

Editor-in-Chief: **Zhang Miman** | Associate Editor-in-Chief: **Zhu Min**

Fascicle 1 (Serial no. 1)

Agnathans

By **Zhu Min et al.**

Supported by the Special Research Program of Basic Science and Technology of the Ministry of Science and Technology (2006FY120400)

Science Press
Beijing

《中国古脊椎动物志》编辑委员会

Editorial Committee of Palaeovertebrata Sinica

本册撰写人员分工

主编	朱　敏　E-mail: zhumin@ivpp.ac.cn
脊椎动物总论	朱　敏
	邱占祥　E-mail: qiuzhanxiang@ivpp.ac.cn
无颌类导言	朱　敏
	盖志琨　E-mail: gaizhikun@ivpp.ac.cn
	瞿清明　E-mail: quqingming@hotmail.com
	刘玉海　E-mail: liuyuhai@ivpp.ac.cn
海口鱼目	盖志琨
	朱　敏
圆口纲	盖志琨
	朱　敏
花鳞鱼亚纲	瞿清明
	朱　敏
盔甲鱼亚纲	刘玉海
	朱　敏
	盖志琨
	卢立伍　E-mail: luliwu@sohu.com

（卢立伍所在单位为中国地质博物馆，其余编写人员所在单位均为中国科学院古脊椎动物与古人类研究所，中国科学院脊椎动物演化与人类起源重点实验室）

Contributors to this Fascicle

Editor	**Zhu Min** E-mail: zhumin@ivpp.ac.cn
Introduction to Vertebrata	**Zhu Min**
	Qiu Zhanxiang E-mail: qiuzhanxiang@ivpp.ac.cn
Introduction to Agnatha	**Zhu Min**
	Gai Zhikun E-mail: gaizhikun@ivpp.ac.cn
	Qu Qingming E-mail: quqingming@hotmail.com
	Liu Yuhai E-mail: liuyuhai@ivpp.ac.cn
Order Haikouichthyida	**Gai Zhikun**
	Zhu Min
Class Cyclostomata	**Gai Zhikun**
	Zhu Min
Subclass Thelodonti	**Qu Qingming**
	Zhu Min
Subclass Galeaspida	**Liu Yuhai**
	Zhu Min
	Gai Zhikun
	Lu Liwu E-mail: luliwu@sohu.com

(Lu Liwu is from the Geological Museum of China, all the other contributors are from the Institute of Vertebrate Paleontology and Paleoanthropology, Chinese Academy of Sciences, Key Laboratory of Vertebrate Evolution and Human Origins of Chinese Academy of Sciences)

总　序

中国第一本有关脊椎动物化石的手册性读物是1954年杨钟健、刘宪亭、周明镇和贾兰坡编写的《中国标准化石——脊椎动物》。因范围限定为标准化石，该书仅收录了88种化石，其中哺乳动物仅37种，不及德日进（P. Teilhard de Chardin）1942年在《中国化石哺乳类》中所列举的在中国发现并已发表的哺乳类化石种数（约550种）的十分之一。所以这本只有57页的小册子还不能算作一本真正的脊椎动物化石手册。我国第一本真正的这样的手册是1960－1961年在杨钟健和周明镇领导下，由中国科学院古脊椎动物与古人类研究所的同仁们集体编撰出版的《中国脊椎动物化石手册》。该手册共记述脊椎动物化石386属650种，分为《哺乳动物部分》（1960年出版）和《鱼类、两栖类和爬行类部分》（1961年出版）两个分册。前者记述了276属515种化石，后者记述了110属135种。这是对自1870年英国博物学家欧文（R. Owen）首次科学研究产自中国的哺乳动物化石以来，到1960年前研究发表过的全部脊椎动物化石材料的总结。其中鱼类、两栖类和爬行类化石主要由中国学者研究发表，而哺乳动物则很大一部分由国外学者研究发表。“文化大革命”之后不久，1979年由董枝明、齐陶和尤玉柱编汇的《中国脊椎动物化石手册》（增订版）出版，共收录化石619属1268种。这意味着在不到20年的时间里新发现的化石属、种数量差不多翻了一番（属为1.6倍，种为1.95倍）。

自20世纪80年代末开始，国家对科技事业的投入逐渐加大，我国的古脊椎动物学逐渐步入了快速发展的时期。新的脊椎动物化石及新属、种的数量，特别是在鱼类、两栖类和爬行动物方面，快速增加。1992年孙艾玲等出版了《The Chinese Fossil Reptiles and Their Kins》，记述了两栖类、爬行类和鸟类化石228属328种。李锦玲、吴肖春和张福成于2008年又出版了该书的修订版（书名中的Kins已更正为Kin），将属种数提高到416属564种。这比1979年手册中这一部分化石的数量（186属219种）增加了大约1倍半（属近2.24倍，种近2.58倍）。在哺乳动物方面，20世纪90年代初，中国科学院古脊椎动物与古人类研究所一些从事小哺乳动物化石研究的同仁们，曾经酝酿编写一部《中国小哺乳动物化石志》，并已草拟了提纲和具体分工，但由于种种原因，这一计划未能实现。

自20世纪90年代末以来，我国在古生代鱼类化石和中生代两栖类、翼龙、恐龙、鸟类，以及中、新生代哺乳类化石的发现和研究方面又有了新的重大突破，在恐龙蛋和爬行动物及鸟类足迹方面也有大量新发现。粗略估算，我国现有古脊椎动物化石种的总数已经超过 3000 个。我国是古脊椎动物化石赋存大国，有关收藏逐年增加，在研究方面正在努力进入世界强国行列的过程之中。此前所出版的各类手册性的著作已落后于我国古脊椎动物研究发展的现状，无法满足国内外有关学者了解我国这一学科领域进展的迫切需求。美国古生物学家 S. G. Lucas，积 5 次访问中国的经历，历时近 20 年，于 2001 年出版了一部 370 多页的《Chinese Fossil Vertebrates》。这部书虽然并非以罗列和记述属、种为主旨，而且其资料的收集限于 1996 年以前，却仍然是国外学者了解中国古脊椎动物学发展脉络的重要读物。这可以说是从国际古脊椎动物研究的角度对上述需求的一种反映。

2006 年，科技部基础研究司启动了国家科技基础性工作专项计划，重点对科学考察、科技文献典籍编研等方面的工作加大支持力度。是年 10 月科技部召开研讨中国各门类化石系统总结与志书编研的座谈会。这才使我国学者由自己撰写一部全新的、涵盖全面的古脊椎动物志书的愿望，有了得以实现的机遇。中国科学院南京地质古生物研究所和古脊椎动物与古人类研究所的领导十分珍视这次机遇，于 2006 年年底前，向科技部提交了由两所共同起草的“中国各门类化石系统总结与志书编研”的立项申请。2007 年 4 月 27 日，该项目正式获科技部批准。《中国古脊椎动物志》即是该项目的一个组成部分。

在本志筹备和编研的过程中，国内外前辈和同行们的工作一直是我们学习和借鉴的榜样。在我国，“三志”（《中国动物志》、《中国植物志》和《中国孢子植物志》）的编研，已经历时半个多世纪之久。其中《中国植物志》自 1959 年开始出版，至 2004 年已全部出齐。这部煌煌巨著分为 80 卷，126 册，记载了我国 301 科 3408 属 31142 种植物，共 5000 多万字。《中国动物志》自 1962 年启动后，已编撰出版了 126 卷、册，至今仍在继续出版。《中国孢子植物志》自 1987 年开始，至今已出版 80 多卷（不完全统计），现仍在继续出版。在国外，可以作为借鉴的古生物方面的志书类著作，有原苏联出版的《古生物志》（《Основы Палеонтологии》）。全书共 15 册，出版于 1959 – 1964 年，其中古脊椎动物为 3 册。法国的《Traité de Paléontologie》（实际是古动物志），全书共 7 卷 10 册，其中古脊椎动物（包括人类）为 4 卷 7 册，出版于 1952 – 1969 年，历时 18 年。此外，C. M. Janis 等编撰的《Evolution of Tertiary Mammals of North America》（两卷本）也是一部对北美新生代哺乳动物化石属级以上分类单元的系统总结。该书从 1978 年开始构思，直到 2008 年才编撰完成，历时 30 年。

参考我国“三志”和国外志书类著作编研的经验，我们在筹备初期即成立了志书编辑委员会，并同步进行了志书编研的总体构思。2007 年 10 月 10 日由 17 人组成的《中国古脊椎动物志》编辑委员会正式成立（2008 年胡耀明委员去世，2011 年 2 月 28 日增补邓涛、尤海鲁和张兆群为委员，2012 年 11 月 15 日又增加金帆和倪喜军两位委员，现共 21 人）。2007 年 11 月 30 日《中国古脊椎动物志》“编辑委员会组成与章程”、“管理条例”和“编写规则”三个试行草案正式发布，其中“编写规则”在志书撰写的过程中不断修改，直至 2010 年 1 月才有了一个比较正式的试行版本，2013 年 1 月又有了一个更为完善的修订本，至今仍在不断修改和完善中。

考虑到我国古脊椎动物学发展的现状，在汲取前人经验的基础上，编委会决定：①延续《中国脊椎动物化石手册》的传统，《中国古脊椎动物志》的记述内容也细化到种一级。这与国外类似的志书类都不同，后者通常都停留在属一级水平。②采取顶层设计，由编委会统一制定志书总体结构，将全志大体按照脊椎动物演化的顺序划分卷、册；直接聘请能够胜任志书要求的合适研究人员负责编撰工作，而没有采取自由申报、逐项核批的操作程序。③确保项目经费足额并及时到位，力争志书编研按预定计划有序进行，做到定期分批出版，努力把全志出版周期限定在 10 年左右。

编委会将《中国古脊椎动物志》的编写宗旨确定为："本志应是一套能够代表我国古脊椎动物学当前研究水平的中文基础性丛书。本志力求全面收集中国已发表的古脊椎动物化石资料，以骨骼形态性状为主要依据，吸收分子生物学研究的新成果，尝试运用分支系统学的理论和方法认识和阐述古脊椎动物演化历史、改造林奈分类体系，使之与演化历史更为吻合；着重对属、种进行较全面、准确的文字介绍，并尽可能附以清晰的模式标本图照，但不创建新的分类单元。本志主要读者对象是中国地学、生物学工作者及爱好者，高校师生，自然博物馆类机构的工作人员和科普工作者。"

编委会在将"代表我国古脊椎动物学当前研究水平"列入撰写本志的宗旨时，已经意识到实现这一目标的艰巨性。这一点也是所有参撰人员在此后的实践过程中越来越深刻地感受到的。正如在本志第一卷第一册"脊椎动物总论"中所论述的，自 20 世纪 50 年代以来，在古生物学和直接影响古生物学发展的相关领域中发生了可谓"翻天覆地"的变化。在 20 世纪七八十年代已形成了以 Mayr 和 Simpson 为代表的演化分类学派（evolutionary taxonomy）、以 Hennig 为代表的系统发育系统学派 [phylogenetic systematics，又称分支系统学派（cladistic systematics，或简化为 cladistics）] 及以 Sokal 和 Sneath 为代表的数值分类学派（numerical taxonomy）的"三国鼎立"的局面。自 20 世纪 90 年代以来，分支系统学派逐渐占据了明显的优势地位。进入 21 世纪以来，围绕着生物分类的原理、原则、程序及方法等的争论又日趋激烈，形成了新的"三国"。以演化分类学家 Mayr 和 Bock 为代表的"达尔文分类学派"（Darwinian classification），坚持依据相似性（similarity）和系谱（genealogy）两项准则作为分类基础，并保留林奈套叠等级体系，认为这正是达尔文早就提出的生物分类思想。在分支系统学派内部分成两派：以 de Quieroz 和 Gauthier 为代表的持更激进观点的分支系统学家组成了"系统发育分类命名法规学派"（简称 PhyloCode）。他们以单一的系谱（genealogy）作为生物分类的依据，并坚持废除林奈等级体系的观点。以 M. J. Benton 等为代表的持比较保守观点的分支系统学家则主张，在坚持分支系统学核心理论的基础上，采取某些折中措施以改进并保留林奈式分类和命名体系。目前争论仍在进行中。到目前为止还没有任何一个具体的脊椎动物的划分方案得到大多数生物和古生物学家的认可。我国的古生物学家大多还处在对这些新的论点、原理和方法以及争论论点实质的不断认识和消化的过程之中。这种现状首先影响到志书的总体架构：如何划分卷、册？各卷、册使用何种标题名称？系统记述部分中各高阶元及其名称如何取舍？基于林奈分类的《国际动物命名法规》是否要严格执行？…… 这些问题的存在甚至对编撰本志书的科学性和必要性都形成了质疑和挑战。

在《中国古脊椎动物志》立项和实施之初，我们确曾希望能够建立一个为本志书各卷、册所共同采用的脊椎动物分类方案。通过多次尝试，我们逐渐发现，由于脊椎动物内各大类群的研究历史和分类研究传统不尽相同，对当前不同分类体系及其使用的方法，在接受程度上差别较大，并很难在短期内弥合。因此，在目前要建立一个比较合理、能被广泛接受、涵盖整个脊椎动物的分类方案，便极为困难。虽然如此，通过多次反复研讨，参撰人员就如何看待分类和究竟应该采取何种分类方案等还是逐渐取得了如下一些共识：

1）分支系统学在重建生物演化过程中，以其对分支在演化过程中的重要作用的深刻认识和严谨的逻辑推导方法，而成为当前获得古生物学家广泛支持的一种学说。任何生物分类都应力求真实地反映生物演化的过程，在当前则应力求与分支系统学的中心法则（central tenet）以及与严格按照其原则和方法所获得的结论相符。

2）生物演化的历史（系统发育）和如何以分类来表达这一历史，属于两个不同范畴。分类除了要真实地反映演化历史外，还肩负协助人类认知和记忆的功能。两者不必、也不可能完全对等。在当前和未来很长一段时期内，以二维和文字形式表达演化过程的最好方式，仍应该是现行的基于林奈分类和命名法的套叠等级体系。从实用的观点看，把十几代科学工作者历经 250 余年按照演化理论不断改进的、由近 200 万个物种组成的庞大的阶元分类体系彻底抛弃而另建一新体系，是不可想象的，也是极难实现的。

3）分类倘若与分支系统学核心概念相悖，例如不以共祖后裔而单纯以形态特征为分类依据，由复系类群组成分类单元等，这样的分类应予改正。对于分支系统学中一些重要但并非核心的论点，诸如姐妹群需是同级阶元的要求，干群（“Stammgruppe”）的分类价值和地位的判别，以及不同大类群的阶元级别的划分和确立等，正像分支系统学派内部有些学者提出的，可以采取折中措施使分支系统学的基本理论与以林奈分类和命名法为基础建立的现行分类体系在最大程度上相互吻合。

4）对于因分支点增多而所需阶元数目剧增的矛盾，可采取以下折中措施解决。①对高度不对称的姐妹群不必赋予同级阶元。②对于重要的、在生物学领域中广为人知并广泛应用、而目前尚无更好解决办法的一些大的类群，可实行阶元转移和跃升，如鸟类产生于蜥臀目下的一个分支，可以跃升为纲级分类单元（详见第一卷第一册的“脊椎动物总论”）。③适量增加新的阶元级别，例如 1997 年 McKenna 和 Bell 已经提出推荐使用新的主阶元，如 Legion（阵）、Cohort（部）等，和新的次级阶元，如 Magno-（巨）、Grand-（大）、Miro-（中）和 Parvo-（小）等。④减少以分支点设阶的数量，如仅对关键节点设立阶元、次要节点以顺序先后（sequencing）表示等。⑤应用全群（total group）的概念，不对其中的并系的干群（stem group 或“Stammgruppe”）设立单独的阶元等。

5）保留脊椎动物现行亚门一级分类地位不变，以避免造成对整个生物分类体系的冲击。科级及以下分类单元的分类地位基本上都已稳定，应尽可能予以保留，并严格按照最新的《国际动物命名法规》（1999 年第四版）的建议和要求处置。

根据上述共识，我们在第一卷第一册的“脊椎动物总论”中，提出了一个主要依据中国所有化石所建立的脊椎动物亚门的分类方案（PVS-2013）。我们并不奢求每位参与本志书撰写的人员一定接受它，而只是推荐一个可供选择的方案。

对生物分类学产生重要影响的另一因素则是分子生物学。依据分支系统学原理和方法，借助计算机高速数学运算，通过分析分子生物学资料（DNA、RNA、蛋白质等的序列数据）来探讨生物物种和类群的系统发育关系及支系分异的顺序和时间，是当前分子生物学领域的热点之一。一些分子生物学家对某些高阶分类单元（例如目级）的单系性和这些分类单元之间的系统关系进行探索，提出了一些令形态分类学家和古生物学家耳目一新的新见解。例如，现生哺乳动物 18 个目之间的系统和分类关系，一直是古生物学家感到十分棘手的问题，因为能够找到的目之间的共有裔征（synapomorphy）很少，而经常只有共有祖征（symplesiomorphy）。相反，分子生物学家们则可以在分子水平上找到新的证据，将它们进行重新分解和组合。例如，他们在一些属于不同目的“非洲类型”的哺乳动物（管齿目、长鼻目、蹄兔目和海牛目）和一些非洲土著的“食虫类”（无尾猬、金鼹等）中发现了一些共同的基因组变异，如乳腺癌抗原 1（BRCA1）中有 9 个碱基对的缺失，还在基因组的非编码区中发现了特有的“非洲短散布核元件（AfroSINES）”。他们把上述这些“非洲类型”的动物合在一起，组成一个比目更高的分类单元（Afrotheria，非洲兽类）。根据类似的分子生物学信息，他们把其他大陆的异节类、真魁兽啮型类和劳亚兽类看作是与非洲兽类同级的单元。分子生物学家们所提出的许多全新观点，虽然在细节上尚有很多值得进一步商榷之处，但对现行的分类体系无疑具有重要的参考价值，应在本志中得到应有的重视和反映。

采取哪种分类方案直接决定了本志书的总体结构和各卷、册的划分。经历了多次变化后，最后我们没有采用严格按照节点型定义的现生动物（冠群）五“纲”（鱼、两栖、爬行、鸟和哺乳动物）将志书划分为五卷的办法。其中的缘由，一是因为以化石为主的各“纲”在体量上相差过于悬殊。现生动物的五纲，在体量上比较均衡（参见第一卷第一册“脊椎动物总论”中有关部分），而在化石中情况就大不相同。两栖类和鸟类化石的体量都很小：两栖类化石目前只有不到 40 个种，而鸟类化石也只有大约五六十种（不包括现生种的化石）。这与化石鱼类，特别是哺乳类在体量上差别很悬殊。二是因为化石的爬行类和冠群的爬行动物纲有很大的差别。现有的化石记录已经清楚地显示，从早期的羊膜类动物中很早就分出两大主要支系：一支通过早期的下孔类演化为哺乳动物。下孔类，按照演化分类学家的观点，虽然是哺乳动物的早期祖先，但在形态特征上仍然和爬行类最为接近，因此应该归入爬行类。按照分支系统学家的观点，早期下孔类和哺乳动物共同组成一个全群（total group），两者无疑应该分在同一卷内。该全群的名称应该叫做下孔类，亦即：下孔类包含哺乳动物。另一支则是所有其他的爬行动物，包括从蜥臀类恐龙的虚骨龙类的一个分支演化出的鸟类，因此鸟类应该与爬行类放在同一卷内。上述情况使我们最后决定将两栖类、不包括下孔类的爬行类与鸟类合为一卷（第二卷），而早期下孔类和哺乳动物则共同组成第三卷。

在卷、册标题名称的选择上，我们碰到了同样的问题。分支系统学派，特别是系统发育分类命名法规学派，虽然强烈反对在分类体系中建立绝对阶元级别，但其基于严格单系分支概念的分类名称则是“全套叠式”的，亦即每个高阶分类单元必须包括其最早的祖先及由此祖先所产生的所有后代。例如传统意义中的鱼类既然包括肉鳍鱼类，那么也必须包括由其产生的所有的四足动物及其所有后代。这样，在需要表述某一“全套叠式”的名称的一部分成员时，就会遇到很大的困难，会出现诸如“非鸟恐龙”之类的称谓。相反，林奈分类体系中的高阶分类单元名称却是“分段套叠式”的，其五纲的概念是互不包容的。从分支系统学的观点看，其中的鱼纲、两栖纲和爬行纲都是不包括其所有后代的并系类群（paraphyletic groups），只有鸟纲和哺乳动物纲本身是真正的单系分支（clade）。林奈五纲的概念在生物学界已经根深蒂固，不会引起歧义，因此本志书在卷、册的标题名称上还是沿用了林奈的“分段套叠式”的概念。另外，由于化石类群和冠群在内涵和定义上有相当大的差别，我们没有直接采用纲、目等阶元名称，而是采用了含义宽泛的“类”。第三卷的名称使用了“基干下孔类　哺乳类”是因为“下孔类”这一分类概念在学界并非人人皆知，若在标题中舍弃人人皆知的哺乳类，而单独使用将哺乳类包括在内的下孔类这一全群的名称，则会使大多数读者感到茫然。

在编撰本志书的过程中我们所碰到的最后一类问题是全套志书的规范化和一致性的问题。这类问题十分烦琐，我们所花费时间也最多。

首先，全志在科级以下分类单元中与命名有关的所有词汇的概念及其用法，必须遵循《国际动物命名法规》。在本志书项目开始之前，1999 年最新一版（第四版）的《International Code of Zoological Nomenclature》已经出版。2007 年中译本《国际动物命名法规》（第四版）也已出版。由于种种原因，我国从事这方面工作的专业人员，在建立新科、属、种的时候，往往很少认真阅读和严格遵循《国际动物命名法规》，充其量也只是参考张永辂 1983 年出版的《古生物命名拉丁语》中关于命名法的介绍，而后者中的一些概念，与最新的《国际动物命名法规》并不完全符合。这使得我国的古脊椎动物在属、种级分类单元的命名、修订、重组，对模式的认定，模式标本的类型（正模、副模、选模、副选模、新模等）和含义，其选定的条件及表述等方面，都存在着不同程度的混乱。

这些都需要认真地予以厘定，以免在今后以讹传讹。

其次，在解剖学，特别是分类学外来术语的中译名的取舍上，也经常令我们感到十分棘手。“全国科学技术名词审定委员会公布名词”（网络 2.0 版）是我们主要的参考源。但是，我们也发现，其中有些术语的译法不够精准。事实上，在尊重传统用法和译法精准这两者之间有时很难做出令人满意的抉择。例如，对 phylogeny 的译法，在“全国科学技术名词审定委员会公布名词”中就有种系发生、系统发生、系统发育和系统演化四种译法，在其他场合也有译为亲缘关系的。按照词义的精准度考虑，钟补求于 1964 年在《新系统学》中译本的“校后记”中所建议的“种系发生”大概是最好的。但是我国从 1922 年杜就田所编撰的《动物学大词典》中就使用了“系统发育”的译法，以和个体发育（ontogeny）相对应。在我国从 1978 年开始的介绍和翻译分支系统学的热潮中，几乎所有的译介者都延用了“系统发育”一词。经过多次反复斟酌，最后，我们也采用了这一译法。类似的情况还有很多，这里无法一一列举，这些抉择是否恰当只能留待读者去评判了。

再次，要使全套志书能够基本达到首尾一致也绝非易事。像这样一部预计有 3 卷 23 册的丛书，需要花费众多专家多年的辛勤劳动才能完成；而在确立各种体例和格式之类的琐事上，恐怕就要花费其中一半的时间和精力。诸如在每一册中从目录列举的级别、各章节排列的顺序，附录、索引和文献列举的方式及详简程度，到全书中经常使用的外国人名和地名、化石收藏机构等的缩写和译名等，都是非常耗时费力的工作。仅仅是对早期文献是否全部列入这一点，就经过了多次讨论，最后才确定，对于 19 世纪中叶以前的经典性著作，在后辈学者有过系统而全面的介绍的情况下（例如 Gregory 于 1910 年对诸如 Linnaeus、Blumenbach、Cuvier 等关于分类方案的引述），就只列后者的文献了。此外，在撰写过程中对一些细节的决定经常会出现反复，需经多次斟酌、讨论、修改，最后再确定；而每一次反复和重新确定，又会带来新的、额外的工作量，而且确定的时间越晚，增加的工作量也就越大。这其中的烦琐和日久积累的心烦意乱，实非局外人所能体会。所幸，参加这一工作的同行都能理解：科学的成败，往往在于细节。他们以本志书的最后完成为己任，孜孜矻矻，不厌其烦，而且大多都能在规定的时限内完成预定的任务。

本志编撰的初衷，是充分发挥老科学家的主导作用。在开始阶段，编委会确实努力按照这一意图，尽量安排老科学家担负主要卷、册的编研。但是随着工作的推进，编委会越来越深切地感觉到，没有一批年富力强的中年科学家的参与，这一任务很难按照原先的设想圆满完成。老科学家在对具体化石的认知和某些领域的综合掌控上具有明显的经验优势，但在吸收新鲜事物和新手段的运用、特别是在追踪新兴学派的进展上，却难以与中年才俊相媲美。近年来，我国古脊椎动物学领域在国内外都涌现出一批极为杰出的人才，其中有些是在国外顶级科研和教学机构中培养和磨砺出来的科学家。他们的参与对于本志书达到“当前研究水平”的目标起到了关键的作用。值得庆幸的是，我们所邀请的几位这样的中年才俊，都在他们本已十分繁忙的日程中，挤出相当多时间参与本志有关部分的撰写和/或评审工作。由于编撰工作中技术性任务量大、质量要求高，一部分年轻的学子也积极投入到这项工作中。最后这支编撰队伍实实在在地变成了一支老中青相结合的队伍了。

大凡立志要编撰一本专业性强的手册性读物，编撰者首要的追求，一定是原始资料的可靠和记录及诠释的准确性，以及由此而产生的权威性。这样才能经得起广大读者的推敲和时间的考验，才能让读者放心地使用。在追求商业利益之风日盛、在科普读物中往往充斥着种种真假难辨的猎奇之词的今天，这一点尤其显得重要，这也是本编辑委员会和每一位参撰人员所共同努力追求并为之奋斗的目标。虽然如此，由于我们本身的学识水平和认识所限，错误和疏漏之处一定不少，真诚地希望读者批评指正。

感谢　《中国古脊椎动物志》编研工作得以启动，首先要感谢科技部具体负责此项工作的基础研究司的领导，也要感谢国家自然科学基金委员会、中国科学院和相关政府部门长期以来对古脊椎动物学这一基础研究领域的大力支持。令我们特别难以忘怀的是几位参与我国基础性学科调研并提出宝贵建议的地学界同行，如黄鼎成和马福臣先生，是他们对临界或业已退休、但身体尚健的老科学工作者的报国之心的深刻理解和积极奔走，才促成本专项得以顺利立项，使一批新中国建立后成长起来的老古生物学家有机会把自己毕生积淀的专业知识的精华总结和奉献出来。另外，本志书编委会要感谢本专项的挂靠单位，中国科学院古脊椎动物与古人类研究所的领导和各处、室，特别是标本馆、图书室、负责照相和绘图的技术室，以及财务处的同仁们，对志书工作的大力支持。编委会要特别感谢负责处理日常事务的本专项办公室的同仁们。在志书编撰的过程中，在每一次研讨会、汇报会、乃至财务审计等活动中，他们忙碌的身影都给我们留下了难忘的印象。我们还非常幸运地得到了与科学出版社的胡晓春编辑共事的机会。她细致的工作作风和精湛的专业技能，使每一个接触到她的参撰人员都感佩不已。在本志书的编撰过程中，还有很多国内外的学者在稿件的学术评审过程中提出了很多中肯的批评和改进意见，使我们受益匪浅，也使志书的质量得到明显的提高。这些在相关册的致谢中都将做出详细说明，编委会在此也向他们一并表达我们衷心的感谢。

《中国古脊椎动物志》编辑委员会

2013年8月

本册前言

本册志书包括“脊椎动物总论”与“无颌类”两大部分。无颌类是脊椎动物中最原始也是最早出现的高阶元类群，无颌类册因此成为《中国古脊椎动物志》这套志书的第一册。按照惯例，《中国古脊椎动物志》编辑委员会要求，将“脊椎动物总论”放在本册，作为整套志书的开篇，以便使读者从一开始就对脊椎动物在“生命之树”中的位置、脊椎动物的主要特征与分类有较全面的认识，同时对当前国际学术界关于脊椎动物分类的争论，以及中国古脊椎动物学研究发展的历史，尤其是中国古脊椎动物化石在构建“生命之树”关键环节中所起的重要作用有所了解。这一部分共附有 28 张插图。

“无颌类”的“导言”部分简述了无颌脊椎动物的分类以及各主要类群的形态特征与地史、地理分布；探讨了牙形动物之谜，重点记述了盔甲鱼亚纲的解剖学特征；并总结了中国无颌类化石研究历史。“系统记述”部分对截止于 2013 年年底前所有发现于中国的化石无颌类，包括海口鱼目、圆口纲、花鳞鱼亚纲和盔甲鱼亚纲，共计 18 科 61 属 82 种，分门别类进行了描述，并附有 94 张化石照片及插图。每个属、种均有鉴别特征、产地与层位。在科级及以上的分类阶元中有概述，对该阶元当前的研究现状、存在问题等予以综述。在大多数分类阶元的记述之后附有评注，为编者在编写过程中对发现的问题或编者对该阶元新认识的阐述。

“脊椎动物总论”最初由我编写。在编写过程中邱占祥先生对其中第五、六两节在结构和内容上提出了较多改进的意见，并实际参与了对这两节的撰写和定稿。“无颌类”的“导言”部分由盖志琨、瞿清明、刘玉海和我共同编写，附有 21 张插图，其中“中国无颌类化石研究简史”一节主要由刘玉海先生完成。“系统记述”部分中，盖志琨与我负责海口鱼目和圆口纲的编写，瞿清明与我负责花鳞鱼亚纲的编写，刘玉海、盖志琨、卢立伍（中国地质博物馆）与我负责盔甲鱼亚纲的编写。盖志琨和卢立伍还补充拍摄了部分标本的照片。全书最后由我负责统稿。

从丁文江先生 1914 年滇东地质考察算起，中国无颌类化石已有整整百年的发现史。几代学者的不懈努力，为本册的编写提供了珍贵的基础资料。1987 年，我进入中国科学院古脊椎动物与古人类研究所学习时，中国古生代鱼类研究正进入一个鼎盛发展时期，该年在北京成功举办了早期脊椎动物国际研讨会，我也有幸参会并做了学术报告。当时在第一线从事相关研究的有张弥曼、刘玉海、张国瑞、王俊卿、王念忠、刘时藩先生，中国地质博物馆潘江先生以及中国地质科学院地质研究所王士涛先生，年轻一辈的除我之外还有范俊航先生和中国地质博物馆卢立伍先生，他们出色的工作为我们国家积累了一批对于认识脊椎动物早期演化极为重要的化石标本。1993年，张弥曼等在组织“华南泥盆纪鱼化石研究”申报“中国科学院自然科学奖”和“国家自然科学奖”时，就开始酝酿编写中国古生代鱼类各门类总结丛书，但一直没有找到经费支持。随着老一辈先生们的陆续退休，而我们这批年轻学者又把精力更多地投入到新材料的发现与研究中，此事也就拖沓下来了。

2007年，中国科学院南京地质古生物研究所和古脊椎动物与古人类研究所共同组织申报的“中国各门类化石系统总结与志书编研”项目（负责人：沙金庚、朱敏）获得科技部批准，正式启动了《中国古脊椎动物志》的编撰工作，也就续上了我们在上世纪90年代初的一些想法。按照整体安排，第一卷（鱼类卷）中首先启动了无颌类册的编研，由我具体负责。中国无颌类中的重头戏是盔甲鱼类。2006年年底，我与盖志琨刚完成了一项盔甲鱼亚纲的系统发育系统学研究，这为我们的编研提供了重要参考。因此，在启动阶段，主要由盖志琨协助我完成了无颌类册的框架体系，并着手准备标本的照相以及图件的重绘工作。我们也有幸邀请到中国地质博物馆卢立伍先生加入到编者队伍，他为研究中国地质博物馆的馆藏标本提供了很多方便。随后加入编者队伍的有瞿清明与刘玉海两位先生，他们的辛勤努力再加上邱占祥先生的不断督促与悉心指导最终保障了本册编研的顺利按期完成。刘玉海先生是盔甲鱼类研究第一人，命名了盔甲鱼类最早的3个属——真盔甲鱼属、多鳃鱼属和南盘鱼类，在比较解剖学领域造诣颇深。他做事严谨，一丝不苟，在编研过程中，经常为一个特征的准确描述反复斟酌，他的言传身教为我们后辈的治学树立了很好的榜样。

本册在编研过程中，中国科学院古脊椎动物与古人类研究所张弥曼院士和张江永研究员惠赠孟氏中生鳗的标本照片，西北大学早期生命研究所舒德干院士惠赠海口鱼类相关标本照片，张弥曼院士、邱占祥院士和美国堪萨斯大学（Kansas University）苗德岁教授评阅文稿并提出很多建设性的修改意见，中国科学院古脊椎动物与古人类研究所潘照晖、朱幼安两位同学帮助统稿并编写附录。在此对以上各位老师和同事给予的多方面的帮助表示衷心的感谢。

时光荏苒，我在古生物学领域的求学与科研之路也已走过了30多个年头。1980年，我进入南京大学地质系古生物地层专业学习，一个怀揣着数学家梦想的少年懵懵懂懂地闯入了一个全然陌生的领域，开始接触地质学与生物学方面的知识。古生物地层学教研室的张永辂、张忠英、康育义、方一亭、夏树芳、刘冠邦、边立曾、冯洪真、施贵军等老师的传道授业解惑，唤起了我对地球与生命演化的好奇心与求知欲。大学毕业实习，我有幸跟随张忠英老师去辽宁大连、河北宣化以及天津蓟县等地调查前寒武纪地层并采集化石标本，室内磨了数百片燧石与页岩的切片。显微镜下的观察与找寻，伴随着失望、兴奋与迷茫，让我沉迷其中，也近距离地接触到了充满谜团的早期生命研究。

大学毕业后，在张永辂等老师的推荐下，我来到北京师从中国地质博物馆的潘江老师，开始了古鱼类学的学习与研究。潘江与王士涛老师研究的一个主要方向就是中国与越南所特有的盔甲鱼类，他们采集并发表了很多珍稀标本，如以立体方式保存的都匀鱼脑内模，为认识脊椎动物脑早期演化提供了难得的资料。1985 年夏，受潘江老师的委托，北京大学的郝守刚老师带着我与卢立伍去云南曲靖野外考察，我们第一次在野外亲手采集到了泥盆纪的盔甲鱼类化石。野外情景，仍历历在目。这些无颌类标本后来成为我硕士学位论文的研究材料。

1987 年，我非常幸运地被周明镇先生和张弥曼先生收在门下攻读博士学位。在先生们的鼓励下，除了专业书外，我也读了很多杂书，尤其是科学哲学与科学史方面的书籍，学术视野得到了进一步的拓宽。得益于中国科学院古脊椎动物与古人类研究所深厚的学术积淀与开放的科研文化，我获得了更多与国外同行交流的机会，并因此活跃在国际学术舞台的前沿。在我的成长道路上，先生们甘为人梯的为师风范，惟真惟实的治学理念，使我无论在做学问还是做人方面都受益匪浅。在本册即将付梓之际，特向各位前辈和我的恩师们献上我最真诚的敬意并表达我最由衷的感谢！

在本册编写过程中，曾为中国无颌类化石研究做出过重要贡献的潘江（1927–2010）、王念忠（1941–2010）和刘时藩（1935–2011）三位先生先后辞世，谨以此册纪念这三位前辈学者。

限于编著者的水平，书中难免有疏漏、错误和不妥之处，敬祈读者批评指正。

朱　敏

2013 年 8 月

本册涉及的机构名称及缩写

【缩写原则：1. 本志书所采用的机构名称及缩写仅为本志使用方便起见编制，并非规范名称，不具法规效力。2. 机构名称均为当前实际存在的单位名称，个别重要的历史沿革在括号内予以注解。3. 原单位已有正式使用的中、英文名称及缩写者，本志书从之，不做改动。4. 中国机构无正式使用之英文名称及 / 或缩写者，原则上根据机构的英文名称或按本志所译英文名称字串的首字符（其中地名按音节首字符）顺序排列组成，个别缩写重复者以简便方式另择字符取代之。】

（一）中国机构

ELINWU — 西北大学早期生命研究所（西安）Early Life Institute, Northwest University（Xi'an）

GGBM — 广西地质局陈列馆（南宁）Guangxi Geological Bureau Museum（Nanning）

GMC — 中国地质博物馆（北京）Geological Museum of China（Beijing）

IGCAGS — 中国地质科学院地质研究所（北京）Institute of Geology, Chinese Academy of Geological Sciences (Beijing)

IGYGB — 云南地质局地质研究所（昆明）Institute of Geology, Yunnan Geological Bureau (Kunming)

IVPP — 中国科学院古脊椎动物与古人类研究所（北京）Institute of Vertebrate Paleontology and Paleoanthropology, Chinese Academy of Sciences (Beijing)

RCCBYU — 云南大学澄江生物群研究中心（昆明）Research Center for Chengjiang Biota, Yunnan University (Kunming)

（二）外国机构

MGSV — Museum of the Geological Survey of Vietnam（Hanoi）越南地质调查局博物馆（河内）

目　录

脊 椎 动 物 总 论

脊椎动物，顾名思义，就是具有脊椎骨的动物，包括鱼类、两栖类、爬行类、鸟类与哺乳类，人类是哺乳类中智力水平较高的一员。现生脊椎动物多达56000多种，就物种多样性而言，水中的鱼类大致与其余所有脊椎动物的总和不相伯仲（图1）。脊椎动物分布广泛，它们留踪荒漠、翱翔高空、畅游深海，遍及地球上各个角落。它们形态各异，成体大小差距悬殊。世界上已知最小的脊椎动物是发现于印尼热带雨林中的一种鲤科鱼（*Paedocypris progenetica*），它最小的雌性成体，长仅7.9 mm（Kottelat et al., 2006），而

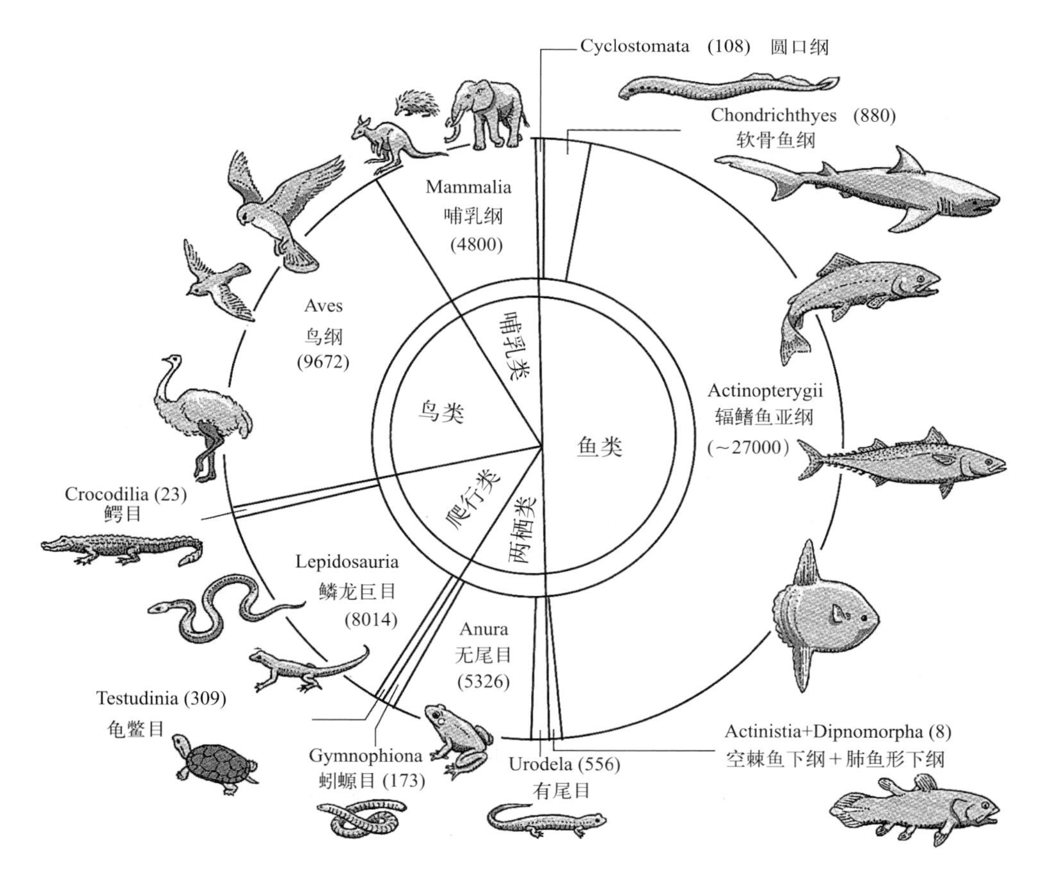

图1　现生脊椎动物的多样性（引自 Pough et al., 2009）
括号中的数字为物种数

最小的一种蜂鸟（*Mellisuga helenae*）体重还不到 2 g。形成鲜明对比的是，当今地球上最大的脊椎动物——蓝鲸（*Balaenoptera musculus*），却长达 30 余米，重达 150 吨。然而，这些现生种类呈现的不过是漫长生命演化史一个时间断面上的场景，不计其数的脊椎动物早已淹没于历史长河之中。经过数百年的发掘与研究，许多形态奇特的化石脊椎动物先后重见天日，譬如，泥盆纪海洋霸主"戴盔披甲"的邓氏鱼、长着七八个指头的棘石螈、四个翅膀的小盗龙、有根长长尾巴的始祖鸟、重返海洋脖子修长的蛇颈龙、背上长"帆"的楔齿龙、巨型犀牛、剑齿虎等。这些化石告诉我们现生脊椎动物源自何方，为绘制脊椎动物"生命之树"提供了不可或缺的实证资料。

一、生 命 之 树

1866 年，德国生物学家厄恩斯特·海克尔（Ernst Haeckel, 1834–1919）最早尝试绘制包括所有已知生命形式的生命之树（图 2）。这棵树有三个主要的分支谱系——原生生物、植物和动物，脊椎动物位于动物界的一个顶端。1937 年，法国微生物学家查顿（Edouard Chatton, 1883–1947）根据生物体是否具有细胞核，将生命划分为两个主要类群——原核生物（prokaryotes）和真核生物（eukaryotes）。1959 年，美国植物生态学家惠特克（Robert Whittaker, 1920–1980）提出了著名的五界树。五界的划分是基于三个组织水平：无核单细胞（原核生物界 Monera）、真核单细胞（原生生物界 Protista）、真核多细胞（真菌界 Fungi、植物界 Plantae、动物界 Animalia）。

分子生物学的发展革新了我们对生命之树的看法。沃斯（Carl Woese, 1928–2012）等通过 rRNA 分子序列的分析，揭示出生命之树的三个主要谱系——真核生物（eukaryotes）、细菌（Bacteria）和古细菌（Archaebacteria）。这个发现的创新之一就是将原核生物分成了两个清楚的谱系（细菌和古细菌）。细菌包括所有已知的病原体（如大肠杆菌、流感嗜血杆菌）以及很多已知的自由生活的细菌（如蓝细菌）。古细菌包括大多数鲜为人知的生活在极端环境（高盐、高温或高压）下的物种，如能产生甲烷的微生物；被称为"古"（archae）是指这些物种生活的小环境类似于人们认为的原始地球环境（缺氧、高温、含有大量氨气和甲烷）。1990 年，这三个类群被指定了一个新的分类学地位——域（domain，表 1），由于古细菌一词很可能被误解为一般细菌的同类而难以彰显其独特性，后缀"bacteria"被干脆去掉，而代之以古生菌域（Archaea）。虽然"三域树"革新了我们对生物多样性涵盖范围的认识，但我们很难推导出它们最近共同祖先的特征，因为我们一般通过外类群来确定演化树的极向，即定根。然而"三域树"包括了所有已知的生命形式，因而它没有外类群，也就无法借此定根以推测祖先节点的位置。近来有通过分析古老的重复基因为生命之树定根的尝试，初步显示真核生物和古生菌构成姐妹群，因而细菌便是生命之树的根（图 3）。

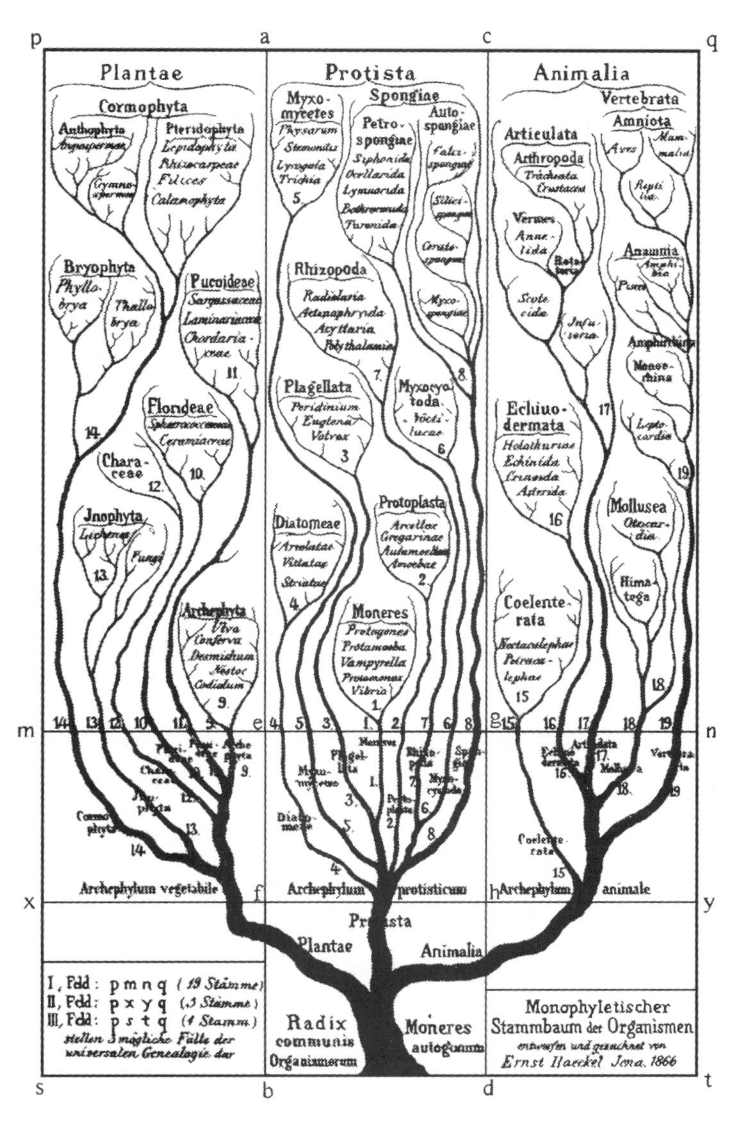

图 2　厄恩斯特·海克尔 1866 年构建的生命之树（引自 Barton et al., 2007）

表 1　生物之树的三域六界系统

域 Domain	细菌域 Bacteria	古生菌域 Archaea	真核生物域 Eukarya			
界 Kingdom	细菌界 Eubacteria	古细菌界 Archaebacteria	原生生物界 Protista	真菌界 Fungi	植物界 Plantae	动物界 Animalia
细胞类型	原核细胞		真核细胞			
细胞壁	细胞壁具肽聚糖	细胞壁无肽聚糖	一些种类的细胞壁具纤维素	细胞壁具甲壳素	细胞壁具纤维素	不具细胞壁
细胞数量	单细胞		单细胞和多细胞	大多数多细胞	多细胞	
营养	自养或异养			异养	自养	异养

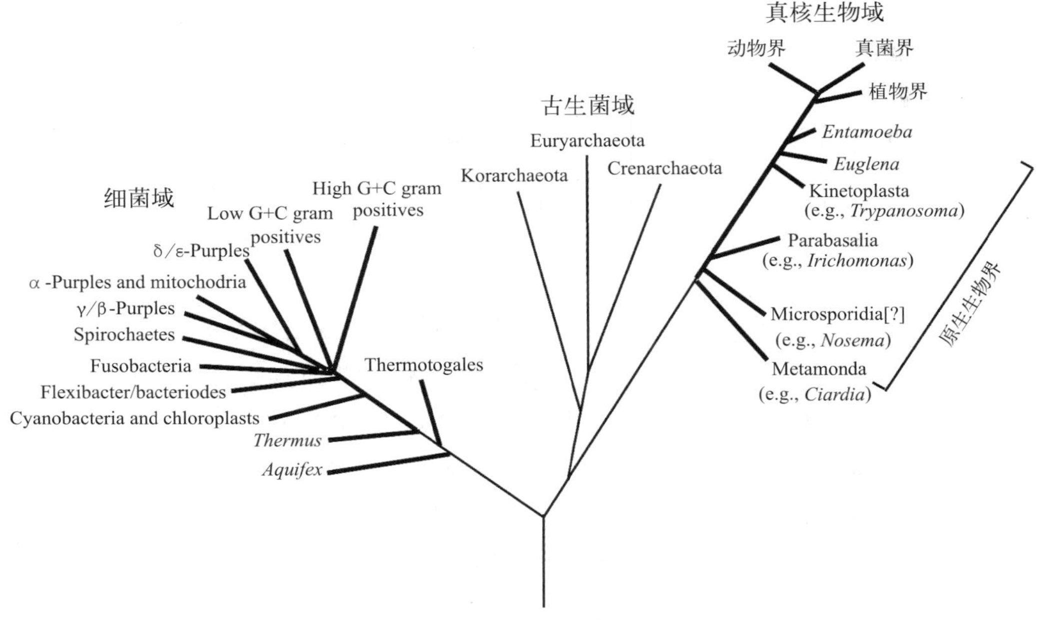

图 3　三个生命域代表物种的系统发生树（引自 Barton et al., 2007）
（该树的根是通过对古老重复基因的研究而定出的）

动物界或后生动物（Metazoa）分为侧生动物（Parazoa）和真后生动物（Eumetazoa）。侧生动物包括海绵动物、扁盘动物和中生动物，组织分化程度低。脊椎动物为真后生动物，组织分化程度高。真后生动物按照其身体对称方式分为辐射对称动物（Radiata）和两侧对称动物（Bilateria）。辐射对称动物包括刺胞动物和栉水母动物。脊椎动物属于两侧对称动物。两侧对称动物按其体腔的有无及真假，分为三类：无体腔动物（Acoelomata）、假体腔动物（Pseudocoelomata）和真体腔动物（Eucoelomata）。脊椎动物为真体腔动物。真体腔动物按照原肠孔（blastoporus）的发展分为原口动物（Protostomia）和后口动物（Deuterostomia）。原口动物包括节肢动物、软体动物和环节动物等，后口动物包括棘皮动物、半索动物和脊索动物。脊椎动物为脊索动物的一个支系。

截至 5.3 亿年前的早寒武世，动物界几乎所有的门一级分类单元都已出现。大约 15 个动物门在寒武纪时就早早灭绝，今天地球上还生活着 30 余个动物门。其中，就物种与生境的多样性而言，只有节肢动物门可以跟脊索动物门比肩。而只有在软体动物门中，才能发现像脊椎动物那样能长得很大的种类，如体长可达 20 m 的大乌贼，或者具有某种复杂学习能力的种类，如 2008 年南非世界杯时名声大噪的章鱼“保罗”。

二、脊 索 动 物

脊索动物门（Chordata Haeckel, 1874）包括尾索动物（Urochordata Lankester, 1877）、头索动物（Cephalochordata Haeckel, 1866）与脊椎动物（Vertebata Lamarck, 1801）三大亚门

（图 4）。脊索动物门由海克尔于 1874 年建立，具有以下裔征：①具一条富弹性且不分节的脊索用以支撑身体。低等种类的脊索终生保留（但有的仅见于幼体），而多数高等种类只在胚胎期具脊索，成体时脊索由分节的脊柱所取代。②具位于脊索上方的背神经管。③具咽鳃裂，其位于消化道前端的两侧，通过对称排列、数目不等的裂孔与外界相通，司呼吸功能。水生的脊索动物终生保留鳃裂，而陆生的脊索动物鳃裂仅见于胚胎期或幼体阶段（如蝌蚪）。④具肛后尾，即位于肛门后方的尾，其中有肌肉和脊索，存在于生命史的某一阶段或终生存在。而绝大多数两侧对称的无脊椎动物，消化道几乎伸展于身体的全长，身体没有明显的尾。⑤具心脏，并总是位于消化道的腹面，通过封闭式的循环系统（尾索动物除外）将血液输送到全身。⑥具中胚层形成的内骨骼，并在其表面附着肌肉。⑦具咽下腺（在原索动物中称内柱，在脊椎动物中称甲状腺），位于咽的腹部，具有和碘结合的能力。

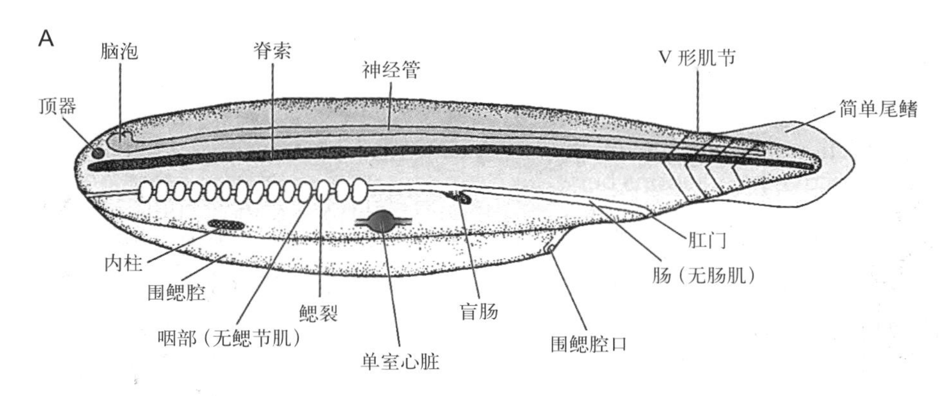

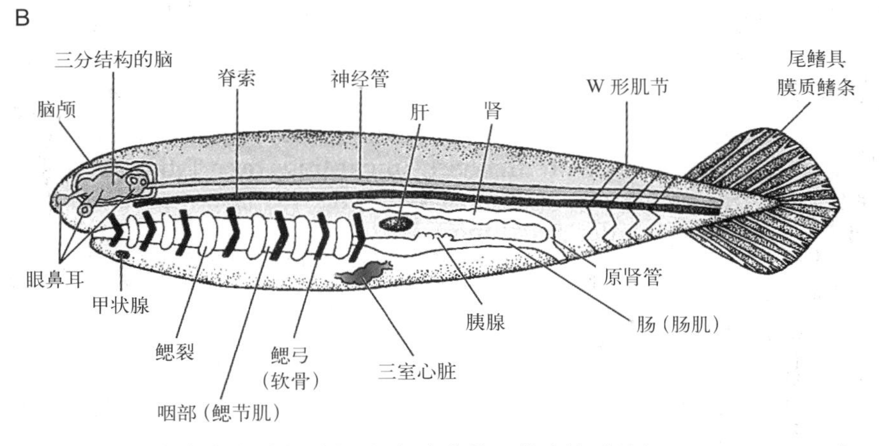

图 4　原索动物（A）与脊椎动物（B）身体构型的比较（引自 Pough et al., 2009）

1885 年，威廉·贝特森（William Bateson, 1861–1926）为柱头虫（*Balanoglossus*）这一类动物建立了半索动物亚门（Hemichordata Bateson, 1884），将其归入脊索动物门。其后研究表明，柱头虫的口索并不是脊索的同源结构，很可能是一种内分泌器官。因此，多数学者都将半索动物从脊索动物门中单列出来，并认为它与棘皮动物构成姐妹群。半索动物包括肠鳃类（enteropneusts）、羽鳃类（pterobranchs）和笔石类（graptolites），其中后两者在管穴中生活。在加拿大中寒武统伯吉斯页岩化石群中发现的一种奇特的蠕虫生物 *Spartobranchus*（Caron et al., 2013），被认为是迄今所知最早的肠鳃类化石。与现生肠鳃类（如柱头虫）不同的是，*Spartobranchus* 在管穴中生活。这些管穴在肠鳃纲的演化过程中丢失了，但在今天的羽鳃类动物中还保留着，而在已经灭绝的笔石类中变得更加复杂。古生代笔石类的辐射演化，正是通过它们管穴的多样化来确定的。

探讨脊椎动物的起源，可以简化为厘清尾索动物、头索动物与脊椎动物三个亚门之间的相互关系（图 5）。三类群之间存在三种可能的相互关系。尽管尾索动物与头索动物合称原索动物（protochordates），但通常认为原索动物仅代表一个进化级，为并系类群。争论激烈的是脊椎动物与头索动物还是尾索动物最近，构成姐妹群关系。基于形态学、发育学以及生理学特征，大多数生物学家认为脊椎动物最近的姐妹群是头索动物（如 Schaeffer, 1987）。英国古生物学家 Jefferies（1986）根据他对一类已灭绝的钙索动物化石的研究，认为脊椎动物的姐妹群是尾索动物而非头索动物，但当时支持者寥寥。不过随着分子系统学的发展，Jefferies 的这一假说开始得到更多的支持，如 Delsuc 等（2006）根据 146 个核基因的基因组系统学分析所得出的支序图就是如此。在这些新的分析结果中，脊索动物的单系性也受到了质疑。

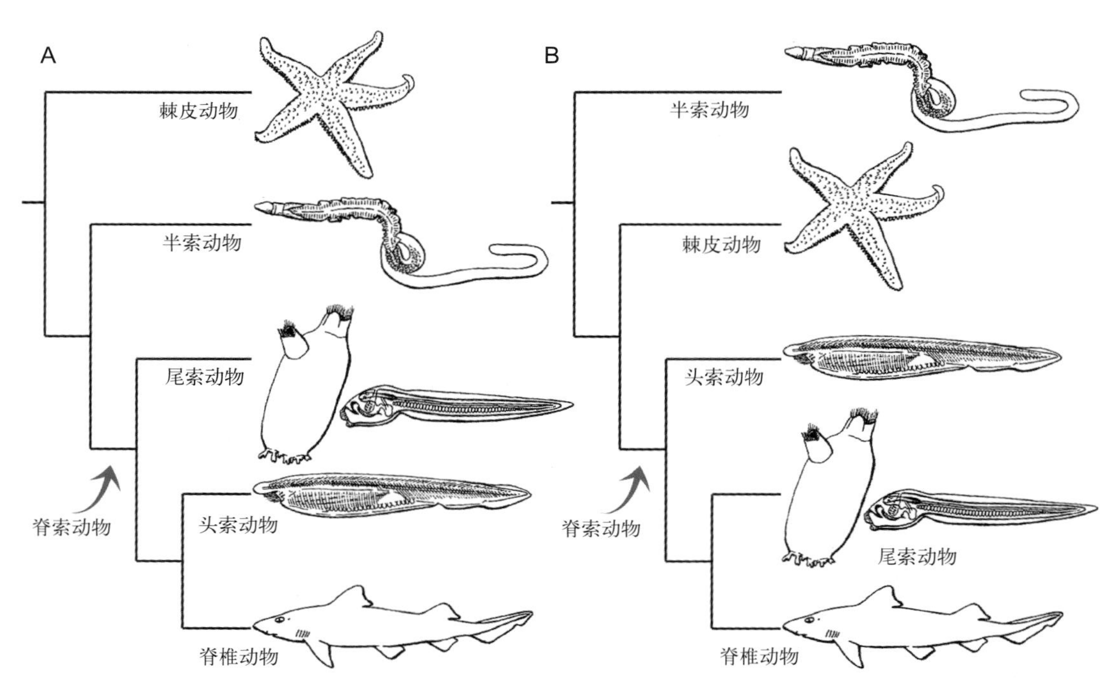

图 5　后口动物的系统发育（引自 Janvier, 1996）

A. 头索动物构成脊椎动物最近的姐妹群；B. 尾索动物构成脊椎动物最近的姐妹群

三、原索动物与原始脊椎动物的特征比较

原索动物作为脊索动物的低等类群，更多地保留了脊索动物的原始特征。从原索动物到最初的脊椎动物（无颌类），经历了一系列从组织到器官和结构的演变（图 5）。Pough 等（2009）以现生的头索动物文昌鱼和最原始的现生脊椎动物盲鳗和七鳃鳗为代表，详细列举了这一演变在各个方面的表现（表 2）。

表 2　原索动物与原始脊椎动物的特征比较（引自 Pough et al., 2009）

原索动物 （依据头索动物文昌鱼的特征）	原始脊椎动物 （依据现生无颌类盲鳗和七鳃鳗的特征）
A. 脑及头端	
脊索向前伸至头端（可能是衍生特征）	脊索未向前伸至头端
无脑颅	具脑颅
简单的脑泡，除感光的顶器（很可能与脊椎动物的眼同源）外，无特化的感觉器官	脑三分，具多细胞的感觉器官（眼、鼻、内耳）
距离感受功能弱	距离感受功能增强：除了眼、鼻外，沿头与身体有侧线系统（盲鳗仅头部有）以侦测水流运动
无电感受器	具电感受器（盲鳗缺失，可能是次生丢失）
B. 咽部及呼吸	
鳃弓用于滤食，呼吸通过体表	鳃弓支持鳃丝，主要用于呼吸
鳃裂数量大，每侧多达 100 个	鳃裂数量小，每侧一般 6–10 个
咽部（除去围鳃腔或外体腔的壁）无肌肉	咽部具特化的肌肉（鳃节肌）
水流借助纤毛活动通过咽部与鳃	水流借助肌肉活动通过咽部与鳃
鳃弓由胶原蛋白状组织（肌硬蛋白）构成	鳃弓由软骨构成，保障水流抽吸过程中鳃弓的弹性反弹
C. 取食及消化	
肠道无肌肉组织，借助纤毛活动输送食物	肠道具肌肉组织，借助肌肉蠕动输送食物
细胞内食物消化：食物颗粒直接进入肠衬壁细胞	细胞外食物消化：酶注入肠道中的食物，分解产物由肠衬壁细胞吸收
不具分离的肝与胰腺：被称为盲肠的结构很可能与之同源	具分离的肝与胰腺
D. 心脏与血液循环	
腹位泵送结构（无真正的心脏，仅为脉管伸缩区，= 脊椎动物的静脉窦），身体其他部位还有辅助的泵送结构	仅有腹位心脏（辅助泵送结构仅在盲鳗中保留），心脏具三室：静脉窦、心房与心室
无中枢神经以调节“心脏”伸缩	中枢神经调节心脏伸缩（盲鳗除外）
开放式循环系统：大的血窦，毛细血管系统不广布	封闭式循环系统：无血窦（在盲鳗与七鳃鳗中部分残留），毛细血管系统广布
血液不专用于呼吸空气的传输（O_2 和 CO_2 的传输主要通过体表作用），无红血球细胞	血液主要用于呼吸空气的传输，具红血球细胞

续表

原索动物 （依据头索动物文昌鱼的特征）	原始脊椎动物 （依据现生无颌类盲鳗和七鳃鳗的特征）
E. 分泌与渗透调节	
无特化的肾脏，体腔通过管细胞过滤，细胞废物进入围鳃腔，经围鳃腔口排到体外	具特化的肾小球肾脏，通过血液的超滤发挥作用，废物经原肾管至泄殖腔排到体外
体液与海水具有相同的浓度与离子含量，无需浓度与离子调节	体液比海水浓度低（盲鳗除外），肾脏在浓度与离子调节中起重要作用
F. 身体支撑与运动	
脊索为身体肌肉提供主要支撑	脊索为身体肌肉提供主要支撑，在所有脊椎动物（盲鳗除外）中在神经管周围有脊椎成分
肌节呈简单的 V 形	肌节呈复杂的 W 形
无偶鳍，奇鳍中仅有尾鳍	原始种类无偶鳍，尾鳍具膜质鳍条，除盲鳗外均具背鳍

四、脊椎动物特征概述

脊椎动物在从无颌类到有颌类，以及从鱼到人的演变中，经历了巨大的变化。下面主要就身体构型、骨骼构造以及其他主要器官这三个方面，对脊椎动物亚门主要类群的特征予以概述。

（一）身体构型与描述性术语

1. 身体构型

脊椎动物的身体由头（head）、躯干（trunk）和尾（tail）构成（图 6）。绝大多数脊椎动物的躯干上具有成对附肢。爬行类、鸟类和哺乳类还发育了颈部。

头：所有的两侧对称动物（包括蠕虫），都有强烈的头向集中（cephalization）倾向，即主要的结构与机能，尤其是感觉器官，向身体的前端集中。头索动物（如文昌鱼）出现了前端膨大的背神经管或脑的雏形，但尚未发生头的分化，头索动物因此被称为无头类（acraniates）。文昌鱼英文名（amphioxus）的原义即“双尖鱼”，也是指其头尾没有明显区分。脊椎动物有一个高度特化的头。头部集中了几对主要感觉器官、由主要神经中枢组成的脑、口（stomodeum）和相关器官。有头类（craniates）的名称由此而来。

躯干：为脊椎动物身体最大的一部分，其末端有肛门（proctodeum）或共泄腔。粗大的躯部有体腔，其中容纳着大多数的内脏器官。体壁主要由肌肉、脊椎、肋骨和胸骨等构成。鱼类的躯干没有胸部和腹部的分化。在低等四足类中，躯干后部的肋骨开始有缩短的趋势，胸腹部开始分化。到了哺乳类，躯干分为明显的胸腹两部：胸

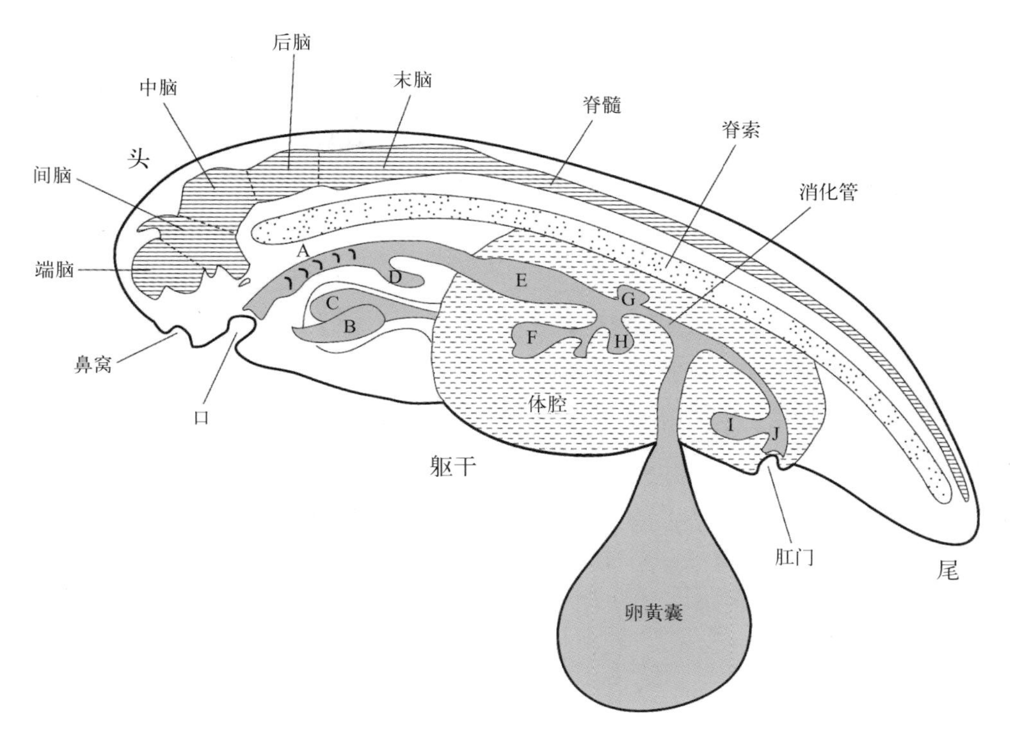

图 6　脊椎动物胚胎的矢切面（引自 Kent, 1978）

A. 位于第二和第三鳃裂间的第三鳃弓，B 和 C. 心室和心房，D. 发育出鱼鳔或四足动物肺的憩室（diverticulum），E. 胃，F. 肝胆芽，G. 腹胰芽，H. 背胰芽，I. 四足动物的膀胱，J. 泄殖腔。口与咽为一薄的口板分隔。肛门与泄殖腔为泄殖腔膜分隔

部（thorax）内有心和肺，腹部（abdomen）无肋骨，容纳大部分消化管；颈部是躯干前端的延伸，主要包括肌肉、脊椎、神经管、食管、主动脉、主静脉、气管和淋巴结等。

尾：原索动物虽然已有尾或肛后尾的分化，但它们的尾还没有膜质鳍条的支撑。对于鱼类，尾是主要的推动器官。在陆生脊椎动物中，尾的重要性逐渐降低。在两栖类和爬行类中，尾仍比较大，常是细长而基部较粗大的结构。在哺乳类中，尾仅是一细长的附属物。现生鸟类的尾很短，其机能已被长的尾羽所替代。有些种类，如蛙类和人类，在成体中已完全没有外显的尾。

附肢：绝大多数脊椎动物有两对偶鳍（鱼类的胸鳍和腹鳍）或四肢（四足类的前肢和后肢）。但并不是所有脊椎动物都有偶鳍，原始的脊椎动物如七鳃鳗类和盲鳗类只有奇鳍没有偶鳍。骨甲鱼类（一类已灭绝的无颌类）演化出了胸鳍，而腹鳍只出现在有颌类中。与节肢动物不同，脊椎动物附肢内有内骨骼，且骨骼上有肌肉助其运动。

体形：多数水中生活的脊椎动物，特别是鱼类，具有纺锤形的体形，宛如潜艇，能有效降低在水中运动时遇到的阻力。鱼类锥形的头部向后逐渐过渡为躯干部，其间没有陆生脊椎动物那样的颈部。躯干部的中段最粗，向后收缩为尾部，其间以肛门为界。这种流线型的体形，加上起平衡作用的鳍，无疑是对水生环境的适应。鱼类还分化出其他

多种多样的体形，如鳐类宽阔而扁平的身体、天使鱼强烈侧扁的身体、鳗类长圆筒形的身体。海马游泳时身体保持垂直，体形更是奇特，头与躯干部成直角，恰似马头一样；尾无论遇到什么东西都能卷起来，最大程度地逃避敌害。许多两栖类的幼体仍然具有纺锤形的体形，但成体的两栖类可以分化出鳗形。那些重新回到水中的四足类，如鱼龙、鲸类等，其体形也趋于纺锤形。

在脊椎动物演化中，为适应在陆地上或空中的运动，体形发生了显著变化。随着颈部的出现与加长，头部的活动性得到了加强。尾部变得越来越细，不过仍主要担负平衡功能。两足行走的爬行类（如恐龙）和哺乳类，其体形会发生更多改变。无尾两栖类身体的缩短、后肢的加强以及尾的消失，则与其跳跃性的运动方式相对应。在一些跳跃性的哺乳类如袋鼠中，尾巴保留下来，起到平衡作用。为适应潜穴生活，一些四足类（如蚓螈类、无足蜥蜴类、蛇类）的身体变长，四肢退化或消失。以飞行为主要运动方式的主要有翼龙类、鸟类与蝙蝠类。少数已灭绝的蜥蜴类、小型兽脚类和早期哺乳类也能够飞行。为适应滑翔或主动飞行，这些脊椎动物的身体一般都趋于缩短。

2. 参照面与描述性术语

脊椎动物的身体基本上是两侧对称的。理论上或实际工作中，其身体可以通过各个不同角度的切面（plane or section）来予以描述（图 7）。矢切面（sagittal plane）指从吻到尾的纵向垂直切面。矢切面有时专称通过中线将身体分为左右相等两半的切面——中矢切面（midsagittal plane）或中切面（median plane）。中矢切面之外的矢切面被称为侧矢切面（parasagittal plane）。水平切面（horizontal plane）指从吻到尾的纵向水平切面，将身体分为背侧部与腹侧部。水平切面亦称额切面（frontal plane），表示这是一个与动物额部平行的面。横切面（transverse plane）指与矢切面和水平切面相垂直的切面。

在大多数情况下，脊椎动物的身体是取一个水平位置，方位名称（前、后、背、腹等）与此相关。前（方的）、后（方的）（anterior, posterior）表示的是脊椎动物的头端和尾端方向。头（端的）、尾（端的）（cranial, caudal）与前、后基本上为同义词，但较少用。背（侧的）、腹（侧的）（dorsal, ventral）亦被称为上（方的）、下（方的）。横切面上各种结构或器官的方位常按中线（midline）命名：内侧（medial）指靠近中线的位置，外侧（lateral）指远离中线的位置。近（端的）和远（端的）（proximal, distal）是另一对描述身体结构位置或方向的极为有用的名称。“近”指一个结构的靠近身体中心或某个特定点的部分，“远”指较远的位置。这两词在对四肢和尾的描述中涵义特别清楚。对头部和躯干部虽不那么清楚，但可说，以脊髓或脑为中心的一根神经的远部或近部，以心为中心的一根动脉的远部或近部，等等。其他描述性术语还包括：浅（层的）、深（层的）（peripheral, deep），表示靠近或远离身体表面的部位；中央的（central），指一个系统靠近身体中轴的部分。

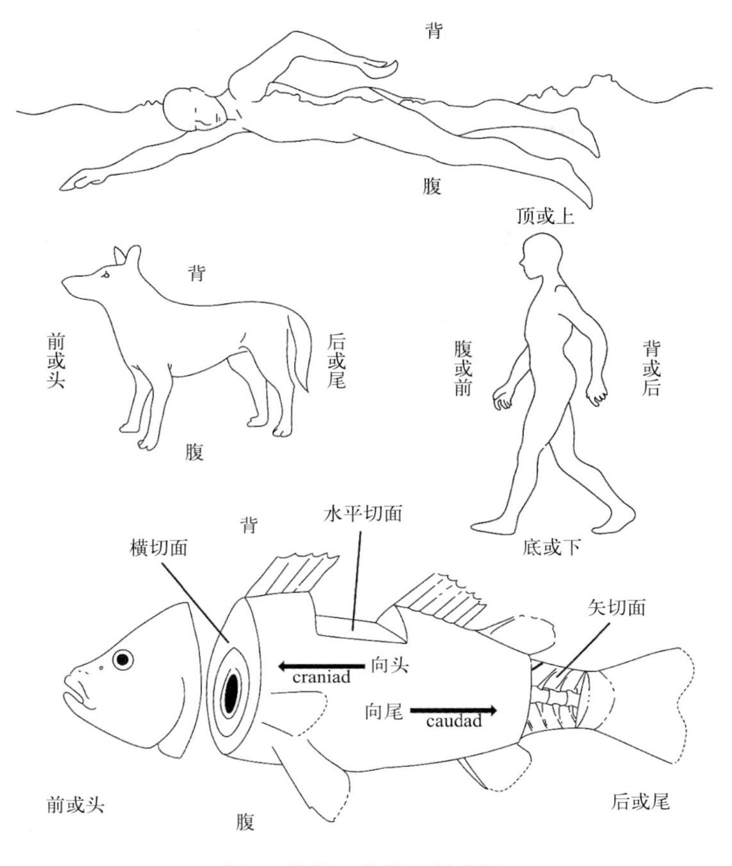

图 7　脊椎动物描述性术语

在英文中，上述表示方位的形容词，在其词尾加“ly”或“ad”就成了表示运动方向的副词，如 posteriorly, craniad, caudad（向后、向头、向尾）。

需要指出的是，在人体解剖学中，由于人体是直立的，其方位名称采用了一套不同的用词，其中有些与动物学中的用词是矛盾的。头端、尾端在人体解剖学中被称为上、下（superior, inferior），而不是前、后。在人体解剖学中，前、后指的是动物学中的腹、背，这就产生了不必要的混乱。例如，每个脊神经有两个根。在人体解剖中叫后根、前根。但研究老鼠时如使用同样的词，必生混乱，一个根并不“前”于或“后”于另一个根。但无论对鼠还是对人，名以背腹是合理且合乎逻辑的。在一些新的人体解剖学命名系统中，已采用了背腹两个词。此外，在人体解剖学中，水平切面在头部被称为冠状面（coronal plane），是以额骨 - 顶骨骨缝方向为准，系一垂直于中矢面的垂向面。

（二）脊椎动物的骨骼构造

脊椎动物保存为化石的通常是其骨骼（图 8）以及皮肤衍生物，因此骨骼和皮肤衍生物（鳞、爪、羽、毛、角、甲、蹄等）对于古脊椎动物学来说是极为重要的研究对象。

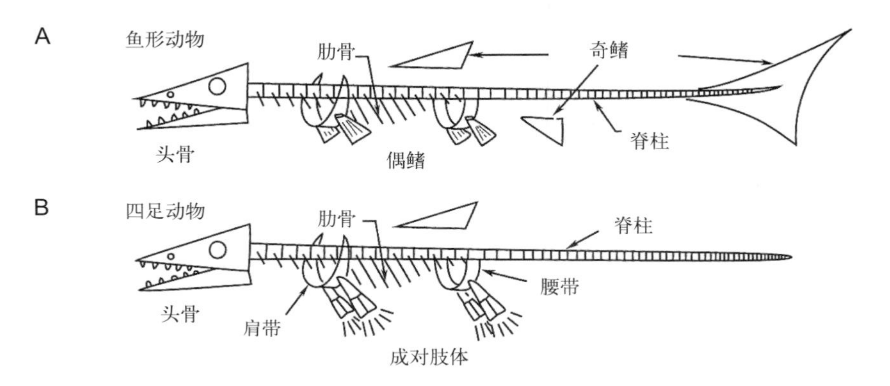

图 8　水生（A）和陆生（B）脊椎动物模式骨骼略图（引自 Colbert et Morales, 1991）

骨骼按组织学结构可分为软骨（cartilage）和硬骨（bone）两类。软骨来源于间充质，由软骨细胞与细胞间质组成。间质中的软骨基质为凝胶状半固体。根据基质中纤维的性质与含量的不同，软骨可分为透明软骨（hyaline cartilage）、弹性软骨（elastic cartilage）和纤维软骨（fibrocartilage）等。每个软骨体的外面包有一层致密而含细胞的结缔组织，名软骨膜（perichondrium）：其内层细胞可变为软骨细胞，因而能增加软骨体的直径。软骨坚韧且有弹性，有较强的支持与保护作用。

硬骨同样来源于间充质，是绝大多数脊椎动物的成体骨骼的主要成分。硬骨基质含有结缔组织纤维，沉淀羟磷灰石，其主要成分是磷酸钙，很快变成坚硬而不透明的钙化物质。硬骨细胞被包于自身分泌的基质内。根据来源，硬骨又可分为两类：一类是在皮肤的深部直接形成的硬骨，叫膜成骨（membrane bone）；一类是由胚胎时期的软骨被逐渐替换而形成的硬骨，叫软骨替换骨（cartilage-replacement bone），又包括软骨外成骨（perichondral bone）和软骨内成骨（endochondral bone）。软骨外成骨在无颌类如骨甲鱼类中就已出现，而发达的软骨内成骨被认为是硬骨鱼纲的一个衍生特征。软骨替换骨与膜成骨在组织学结构上是没有区别的。

根据胚胎发生的部位，骨骼可分为膜质骨骼或皮肤骨骼（dermal skeleton）与内骨骼（endoskeleton）。膜质骨骼以硬骨为主要成分所组成的板或鳞，在皮肤（主要是真皮）内发生，其硬骨的形成未经过替换软骨的阶段。除硬骨外，膜质骨骼还可能包括齿质（dentine）、似釉质（enameloid）和釉质（enamel）等硬组织（hard tissue）。从发生上讲，膜质骨骼就是皮肤衍生物的一种类型。膜质骨骼也被称为外骨骼（exoskeleton），不过外骨骼这一术语的外延更宽，泛指动物体表起保护与支撑作用的硬组织，包括节肢动物体表的几丁质外壳等。内骨骼位于体深部，由中胚层或神经脊来源的间充质细胞所形成，且可终生保留为软骨。

牙齿是膜质骨骼的一种特殊的变形结构，其位于消化管的口咽部，通常被认为与软骨鱼类的盾鳞（placoid scale）同源（图 9B），由外胚层与中胚层共同形成。牙齿的主要成分是釉质（enamel）（或似釉质 enameloid）与齿质（dentine）。表层坚硬的釉质是由外胚层或内胚层的表皮形成的，齿质是由中胚层的真皮形成的，齿质内有髓腔。圆口类的角质齿属于表皮衍生物，还不是真正的牙齿。花鳞鱼类化石的咽部曾发现过多列齿旋，说明牙齿的出现要先于颌的出现。随着颌的形成，牙齿有了新的发生位置，出现了口缘齿，使颌成为能“咬”的口器。

牙齿通常都直接着生在硬骨上。根据着生位置的不同，牙齿分为三种类型（图 9C–E）：①端生齿（acrodont），着生在支持骨的顶面；②侧生齿（pleurodont），着生在支持骨（颌骨）的口缘，蜥蜴类常有这种牙齿；③槽生齿（thecodont），着生在支持骨的齿槽内，鳄类和哺乳动物的牙齿皆为这种类型。软骨鱼类由于没有硬骨，其牙齿是通过结缔组织与颌软骨相连，并不直接着生在颌软骨上（图 9A）。韧带连接的方式也见于若干真骨鱼类、若干蜥蜴类和蛇类。牙齿依形状的相同或相异可分为同型齿（homodont）或异型齿（heterodont）。哺乳动物的牙齿由于功能分工而分化为门齿、犬齿、前臼齿和臼齿，属于异型齿。这种牙齿的分化从一些已灭绝的似哺乳爬行动物就已开始。其他脊椎

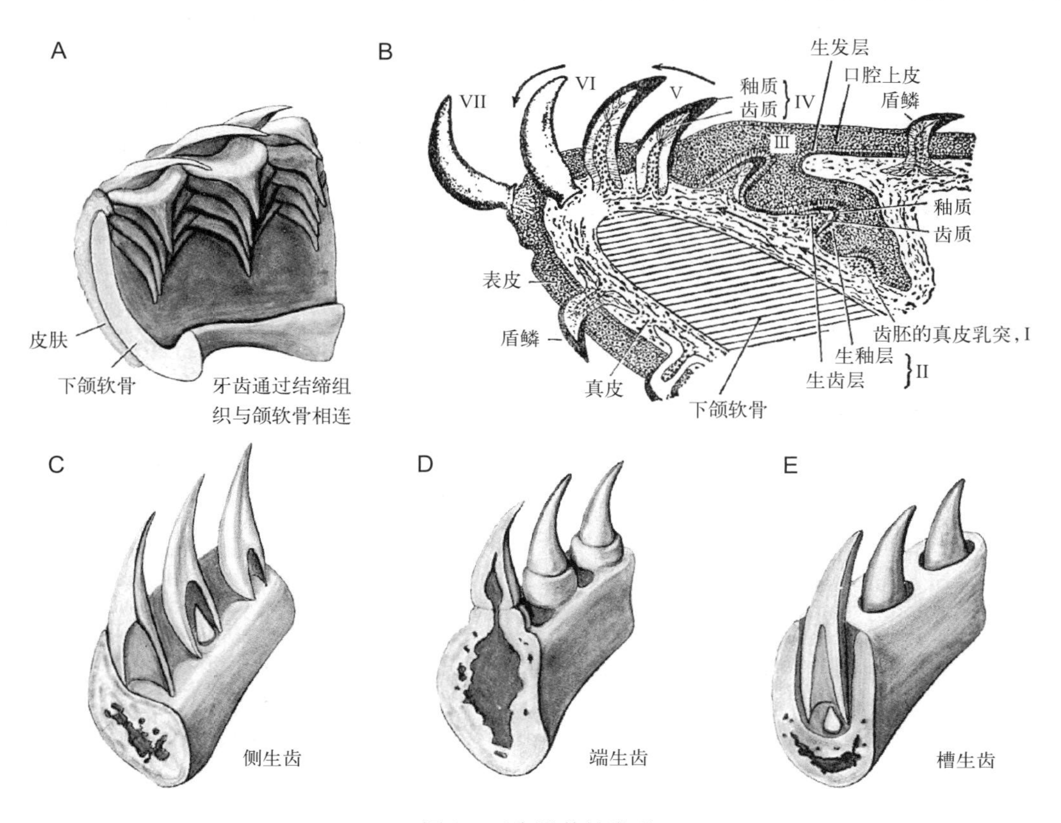

图 9　牙齿附着的类型

A. 牙齿不直接着生在颌骨上；B. 一种鲨鱼下颌的切面，示一个齿从发育到成熟并将脱落的几个阶段，齿与颌软骨间通过结缔组织相连；C. 侧生齿；D. 端生齿；E. 槽生齿（B 引自 Romer et Parsons, 1977, 其余引自 Hildebrand, 1974）

动物的牙齿皆为同型齿。根据置换情况，还可分为不换性齿（monophyodont）、一换性齿（diphyodont）和多换性齿（polyphyodont）。

骨骼按其构造部位可分为头骨（skull）、咽骨骼（visceral skeleton）、中轴骨骼（axial skeleton）和附肢骨骼（appendicular skeleton）等。

1. 头骨

广义的头骨指头部的所有骨骼成分，包括脑颅（neurocranium, braincase）、膜颅（dermatocranium）和围绕消化道前端的咽颅（splanchnocranium）三大部分。狭义的头骨主要指前两大部分。

脑颅，又名内颅（endocranium），包围脑并保护嗅觉、视觉和听觉器官（图 10）。在无颌类和软骨鱼类中，脑颅终生保持软骨质，但在硬骨鱼类和四足动物中，软骨质的脑颅（chondrocranium）或多或少被骨化。软骨质脑颅的形成经过脊索期和颅底形成期两个阶段。在脊索期，头部腹面的间充质细胞形成 2 对软骨棒（索前软骨 prechordal cartilage、索旁软骨 parachordal cartilage）和 3 对包围嗅、视、听觉器官的软骨囊（鼻软骨囊 nasal capsule、眼软骨囊 optic capsule、耳软骨囊 otic capaule）。在颅底形成期，索旁软骨内侧愈合形成

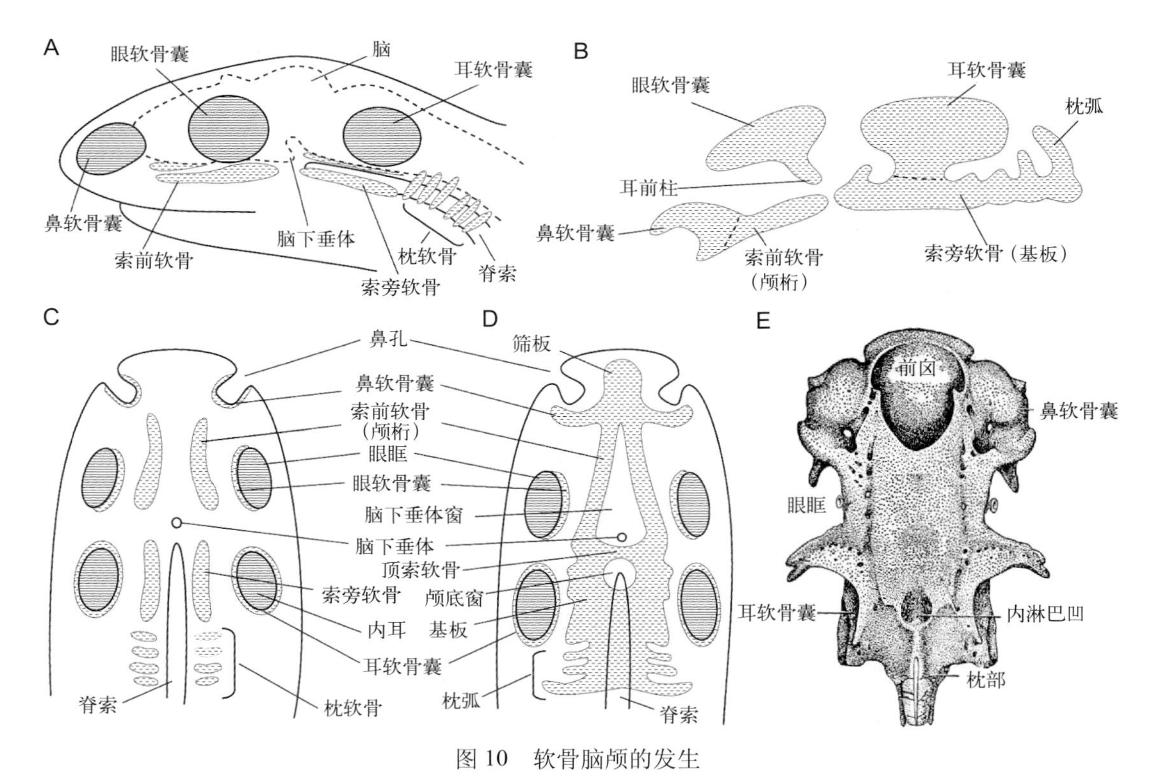

图 10　软骨脑颅的发生

A. 原始脑颅侧面观；B. 尚未完全愈合的鲨鱼脑颅中矢切面图；C. 脊索期（腹面观）；D. 颅底形成期（腹面观）；E.一种鲨（*Chlamydoselache*）的脑颅背面观（A–D, 引自Barghusen et Hopson, 1992，E, 引自Romer et Parsons, 1978）

基板（basal plate），包围脊索，外侧与耳软骨囊相结合，前端两侧与顶索软骨（acrochordal cartilage）的两端相连，因此在顶索软骨后留一空隙，称为颅底窗（basicranial fenestra）。索旁软骨之后是枕软骨（occipitial cartilage），以后发育成为包围脊索的枕弧（occipital arch）。枕软骨来源于最前面几对体节的生骨节（sclerotome），与头后的椎骨同源。索前软骨，亦称颅桁（trabeculae），前端愈合与鼻软骨相连，形成筛板（ethmoid plate），后端与索旁软骨相接。筛板与顶索软骨间又留一空隙，称为脑下垂体窗（hypophysial fenestra）。以鲨类为代表，软骨质脑颅是一个槽状结构，组成了脑的底壁、侧壁和不完整的背壁。背壁通常有一个或多个缺口，名为囟（fontanelle），如前囟（precerebral fontanelle）。在有皮肤骨骼的种类，头顶部有硬骨遮盖，因此软骨质脑颅毋需有一个完整的背壁。

在大多数脊椎动物中，胚胎期的软骨质脑颅形成以后，一般经过骨化成为硬骨（endochondral bone）。依骨化中心的部位，可分为下列各软骨原骨区（图 11）：①筛骨区（ethmoid region）。脑颅最前面的一段，为骨化程度最差的一个区域，与软骨质脑颅的筛板前段和鼻囊相对应。包括中筛骨一块及外筛骨一对。该区包括分隔鼻腔与脑腔的筛状板（cribriform plate）；筛状板上有许多前后贯穿的小孔，供嗅神经纤维通过。中筛骨如果存在，则伸入两鼻腔间成垂直的纵隔板。②蝶骨区（sphenoid region）。与软骨质脑颅的筛板后段和眼囊相对应。软骨质脑颅在间脑（脑垂体）和中脑之下骨化形成基蝶骨（basisphenoid）与前蝶骨（presphenoid），它们与其后的基枕骨共同构成了脑颅底壁。在很多情况下，基蝶骨和邻近的几个成分——前蝶骨、翼蝶骨（alisphenoid）、眶蝶骨（orbitosphenoid）——愈合成一块混合的具“翼”的蝶骨。哺乳动物的翼蝶骨来源于翼方软骨（pterygoquadrate

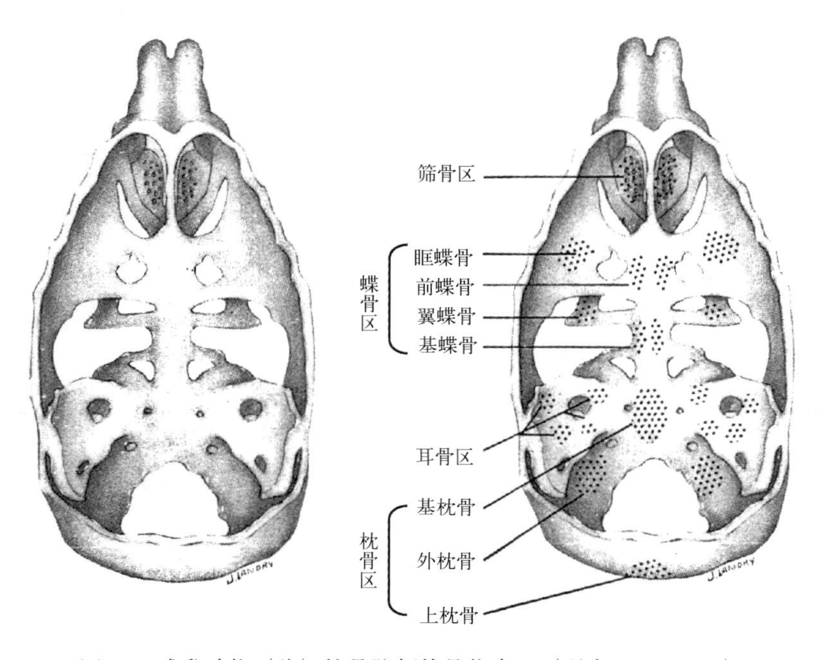

图 11　哺乳动物（猪）软骨脑颅的骨化中心（引自 Kent, 1978）

cartilage）而不是筛板。③耳骨区（otic region）。对应于软骨质的耳囊。原始的每个耳囊是由两个骨化点（前耳骨和后耳骨）形成的。在哺乳类，骨化点的数量有变化，但到成体时总是愈合为一块围耳骨。④枕骨区（occipital region）。由环绕枕大孔的四块骨（孔下一块基枕骨 basioccipital，孔上一块上枕骨 supraoccipital，两侧各一块外枕骨 exoccipital）组成。基枕骨和外枕骨在胚胎发育中是由枕弧成分愈合而成的。上枕骨则是由连接两侧耳囊的一个软骨骨化而成，它在一些硬骨鱼和两栖类中不骨化。鼻软骨囊一般未骨化，但在哺乳类中骨化为卷曲在鼻腔内成对的鼻甲骨。由于保证眼球的活动，眼软骨囊不加入头骨的组成，成为眼球巩膜的软骨。在一些脊椎动物中，该软骨骨化为巩膜骨。

就骨骼胚胎发生而言，膜颅属于膜质骨骼或外骨骼。软骨鱼类只有脑颅而没有膜颅。在硬骨鱼类，脑颅与膜颅之间的界线还是比较分明的，但到了哺乳类，两者已变成一个紧密结合的整体，只能通过胚胎发生来予以区分。按其覆盖的部位，膜颅可分为颅顶甲、颊部膜骨、腭部系列和鳃盖骨骼（图 12）。

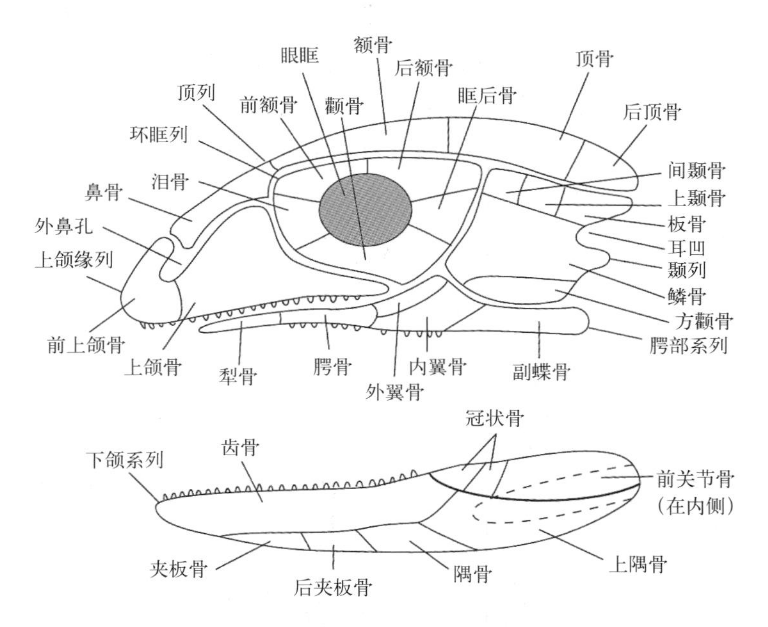

图 12　原始四足动物阶段头部的主要膜质骨骼示意图（引自 Hildebrand, 1974）

颅顶甲：覆盖头的背面和两侧并向下延伸到上颌缘，其颌缘部分具缘齿。为便于记忆，颅顶甲又分为以下几列：①上颌缘列（marginal upper jaw series）。包括前上颌骨（premaxilla）和上颌骨（maxilla），其间的骨缝在外鼻孔之下。在四足类，该缘列将内、外鼻孔隔开。②顶列（roofing bones series）。沿头骨背中线，由鼻骨（nasal）到枕部后缘，由前到后有成对的鼻骨、额骨（frontal）、顶骨（parietal）和后顶骨（postparietal）。③环眶列（circumorbital series）。在原始四足类，每侧的环眶列有五块骨：前额骨（prefrontal）、后额骨（postfrontal）、眶后骨（postorbital）、颧骨（jugal）和泪骨（lacrimal）。

在有些划分中，将眶后骨、颧骨和泪骨归入颊列（cheek series）或颊部膜骨，前额骨和后额骨则构成眶上列。④颞列（temporal series）。在原始四足类，眶后有一个凹缺，名为耳凹（otic notch），被认为是鼓膜附着之处。在耳凹的背侧，颅顶侧缘是成列的三块小骨——间颞骨（intertemporal）、上颞骨（supratemporal）和板骨（tabular）。耳凹之下有一块宽大的片状的鳞骨（squamosal），其下有一块较小的方颧骨（quadratojugal）。在鱼类，这两块骨之后，通常还有一块前鳃盖骨。需要指出的是，在鱼类中，一般将眶后骨、颧骨和泪骨等从颅顶甲中单列出来，称为颊列。

腭部系列（palatal series）：腭方软骨内面的口顶盖皮肤产生的膜质骨骼。在硬骨鱼类中，包括犁骨（vomer）、腭骨（palatine）、外翼骨（ectopterygoid）、内翼骨（endopterygoid）和副蝶骨（parasphenoid）。

在鱼类中，还有鳃盖骨骼，为覆盖鳃弓的膜质骨骼，包括鳃盖骨、下鳃盖骨、间鳃盖骨和鳃条骨等。在四足类中，此组骨骼已丢失。

前上颌骨、上颌骨、颧骨、方颧骨和鳞骨等，皆为加在上颌腭方软骨（palatoquadrate）上的膜质骨骼。加在下颌麦氏软骨（Meckel's cartilage）上的膜质骨骼，构成了下颌系列（lower jaw series）。肉鳍鱼类下颌膜质骨骼的数目最多：从外面看，除齿骨（dentary）外，还有 4 块下齿骨（infradentary），分别是夹板骨（splenial）、后夹板骨（postsplenial）、隅骨（angular）和上隅骨（surangular）；从内面看有前关节骨（prearticular）和多块冠状骨（coronoid）。在四足类演化过程中，下颌膜质骨骼的数目不断减少，以致在哺乳类中仅存齿骨。隅骨在哺乳类中被改造成为鼓骨（tympanic），构成中耳腔的外壁以及外耳道的一部分。

2. 咽骨骼

咽骨骼，或称咽颅（splanchnocranium），由外胚层神经脊的间充质细胞发生而来，在低等脊椎动物为支持鳃的内骨骼，即鳃弓（gill arches）。在无颌类中，咽骨骼形成一个背面愈合到中轴骨和头骨的笼状构造，称为鳃笼（branchial basket)。在有颌脊椎动物中，鳃弓之间除腹面通过基鳃骨（basibranchial）相连外，背面是相互分隔的（图 13A）。由腹向背，每个鳃弓通常由下鳃骨（hypobranchial）、角鳃骨（ceratobranchial）、上鳃骨（epibranchial）和咽鳃骨（pharyngobranchial）组成。在软骨鱼冠群中，从侧面看，单个鳃弓的形态呈 Σ 形。在硬骨鱼类、棘鱼类和原始的软骨鱼类中，单个鳃弓的形态呈＜形，代表了有颌类的原始状态。有颌类的颌弓（mandibular arch）和舌弓（hyoid arch）是从鳃弓演化而来的，功能发生了转变。陆生脊椎动物用肺呼吸，鳃弓系统仅存颌弓与舌弓，功能进一步分化，舌弓的舌颌骨和颌弓的麦氏软骨逐渐演化成听觉器官的一部分。四足动物的舌器（hyoid apparatus）与喉骨骼（laryngeal skeleton）同样属于鳃弓的衍生成分。

咽骨骼的功能改造成就了脊椎动物演化史上的多次重大进步，其中最具革命性意义的

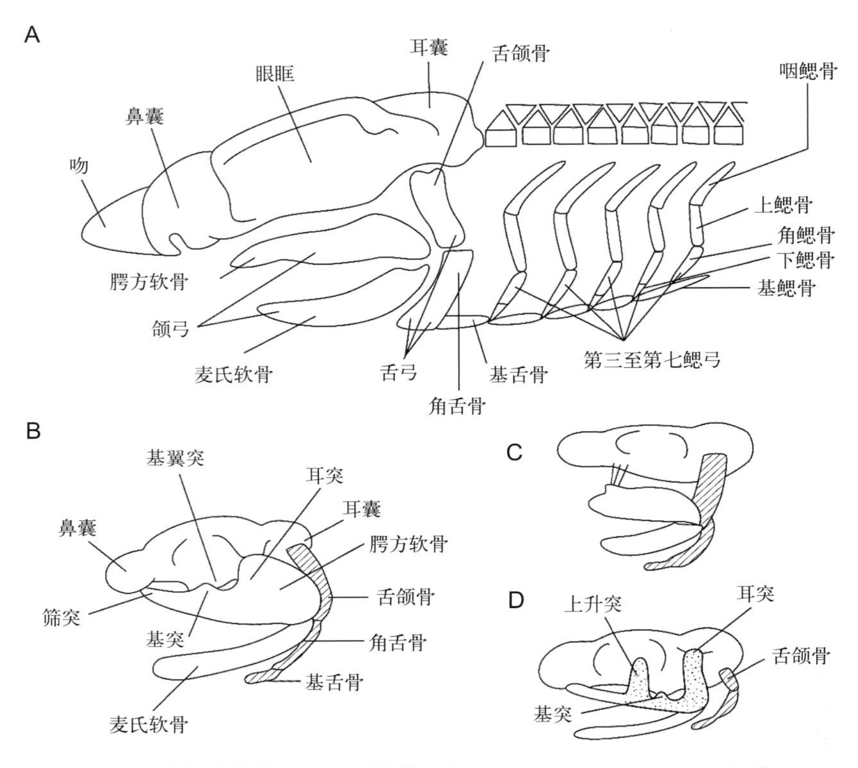

图 13　脊椎动物的咽颅与颌关节（引自 Barghusen et Hopson, 1992）

是颌的产生，由此引起早期鱼类生活方式的变革——从被动摄食到主动捕食的转变。颌弓由腭方软骨（上颌）与麦氏软骨（下颌）构成。颌弓是否对应于无颌类祖先的最前面的鳃弓是一个长期争论的问题。有最新研究认为，无颌类（如七鳃鳗）在缘膜（velum）和下唇（lower lip）中的软骨成分衍生出了颌弓（腭方软骨与麦氏软骨），而上唇（upper lip）中的软骨成分参与到了索前软骨的形成。无颌类最前面的鳃弓与有颌类的舌弓同源。舌弓最初是作为支持颌的结构从鳃弓中特化而来，鳃弓与舌弓间的鳃裂变成了喷水孔。舌弓的上段即上舌骨常常扩大并称为舌颌骨（hyomandibular），其上端连在耳骨区而下端以韧带连在颌关节。这种悬挂于脑颅的方式是对颌的有效支持。根据舌颌骨所起的不同作用，可将颌弓与脑颅的连接方式分为三种类型（图 13B–D）：①舌接型（hyostylic），颌与脑颅不直接连接，颌关节完全依赖舌颌骨支持；②双接型（amphistylic），除通过舌颌骨连接外，上颌与脑颅直接关节；③自接型（autostylic），舌颌骨已失去悬器的作用，上颌与脑颅相连或完全愈合。所有陆生脊椎动物都是广义的自接型，其舌颌骨已改造成为一个听小骨，名镫骨（stape, columella）。哺乳动物中的另两块听小骨——砧骨（incus）与锤骨（malleus），则分别从上颌的方骨（quadrate）与下颌的关节骨（articular）衍生而来（图 14）。

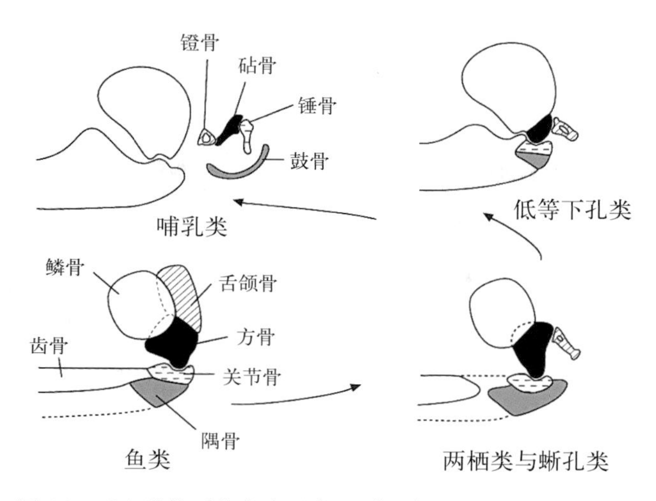

图 14　听小骨的系统发生示意图（引自 Hildebrand, 1974）

3. 中轴骨骼

少数低等种类的脊索终生保留，仅髓突部分骨化分节，无真正的脊椎；绝大多数种类具软骨性或硬骨性中轴骨——脊柱（vertebral column），其由许多分节的脊椎（vertebra）互相连接而成。每个脊椎由三个基本部分组成：中央的椎体（centrum），其背面的髓弧（neural arch）和腹面的脉弧（haemal arch）。椎体的形态根据其前后凹凸变化分为四种类型（图 15）：①双凹型（amphicelous），鱼类、多数有尾两栖类和少数爬行类的椎体属此种类型；②前凹型（procelous），多数无尾两栖类、部分爬行类具此种椎体；③后凹型（opisthocelous），少数两栖类和大部分爬行类具此型椎体；④无凹型（acelous），哺乳类特有此种类型椎体。鸟类颈椎呈现与上述椎体型不同的一种变异，椎体关节面呈马鞍形，亦被称为异凹型（heterocelous）。

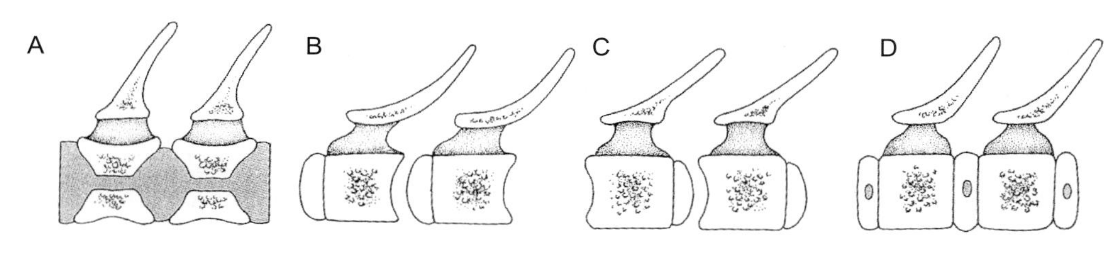

图 15　椎体的类型

A. 双凹型；B. 后凹型；C. 前凹型；D. 无凹型

在脊椎动物演化中，脊椎（vertebra）在身体不同部位的分化逐渐加强（图 16）。在许多鱼类、早期两栖类和若干爬行类中，头后至尾基部的每个脊椎都可连着一对肋骨。鱼类的脊柱可分出具脉弧的尾椎（caudal）。在四足类中，分化出一种支持腰带的荐椎（sacral），

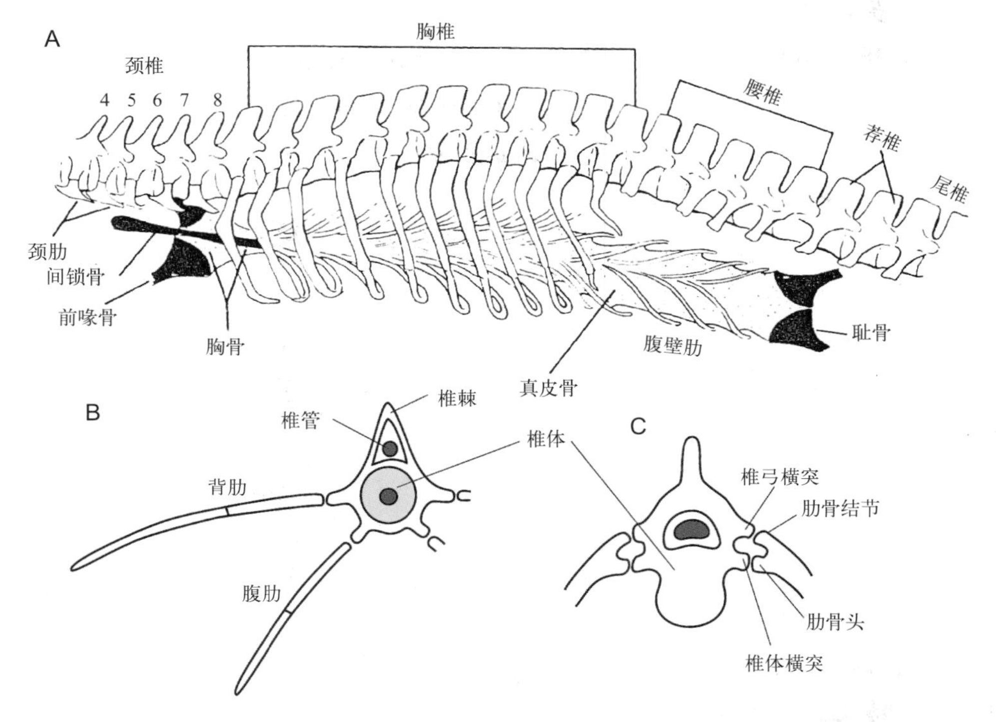

图 16　脊椎动物椎骨与肋骨（引自 Kent, 1978）

A. 鳄脊柱的分化；B. 真骨鱼的单头肋；C. 四足动物的双头肋

与其后的尾椎及其前的尾前椎（presacral）相区别。陆生脊椎动物颈部的肋骨有缩短、愈合或消失的趋向，据此尾前椎可分为颈部（cervical）和背部（dorsal）两组。躯干后部的肋骨也有缩短的趋向，到哺乳类成为无肋骨的腰部（lumbar）并与胸部（thoracic）相区别。

4. 附肢骨骼

附肢骨骼由肢带和肢骨组成。附肢在正常情况下有两对：在鱼类为偶鳍，在四足类为四肢。鱼类的奇鳍骨及其支持骨也可归入附肢骨骼。肢骨由一系列复杂的、互相联结的软骨或硬骨所组成。肢骨通过前部的肩带和后部的腰带与中轴骨骼相联结。附肢在水生脊椎动物中是作为平衡和运动器官，而在陆生脊椎动物中已变成至关重要的运动器官。在传统分类中，指（趾）骨的出现是四足类区别于鱼类的关键特征。尽管成对的鳍状构造在很多已灭绝的无颌类（如花鳞鱼类、缺甲鱼类）中已出现，但有内骨骼（肩带）支持的胸鳍直到相对比较进步的无颌类骨甲鱼类才真正出现。而有内骨骼（腰带）支持的腹鳍仅见于有颌类。

一般认为，肩带（pectoral girdle）和腰带（pelvic girdle）的一个重要区别，在于前者是由膜质骨骼与内骨骼共同组成，而后者完全来自内骨骼，没有膜质骨骼的加入。在四足类演化进程中，肩带的膜质骨骼成分逐渐减少，但没有完全消失。就现生脊椎动物而言，这种认识无疑是正确的。然而化石资料表明，在最原始的有颌类盾皮鱼类甚至早期硬骨鱼类中，腰带与肩带的构造非常相像，同样是由膜质骨骼与内骨骼共同组成，说明腰带与肩带可能具有接近的发育模块（modularity）。腰带膜质骨骼成分的完全消失发生于泥盆纪，其发育调控机理也许只能通过研究肩带膜质骨骼成分的减少予以探讨。

奇鳍包括背鳍、臀鳍和尾鳍。背鳍通常是一个或两个。在有颌类中，软骨鱼类和原始的肉鳍鱼类通常具有两个背鳍，代表一种原始状态；辐鳍鱼类丢失了一个背鳍。尾鳍构造变化很大，且反映演化历史，主要分为三种类型（图 17）：①歪型尾（heterocercal），尾鳍上下两叶不对称，脊柱尾端向上或向下弯，伸入到尾鳍上叶或下叶；前一种情况称为上歪尾（epicercal），常见于软骨鱼类和鲟类，后一种情况称为下歪尾（hypocercal），见于一些化石无颌类中，如异甲鱼类、缺甲鱼类等；②圆型尾（diphycercal），见于多鳍鱼类、现代肺鱼类和空棘鱼类，脊柱尾端平直，将尾鳍平分为上下对称的两叶；③正型尾（homocercal），见于真骨鱼类，脊柱尾端向上弯，但仅达尾鳍基部，尾鳍的外形上下两叶是对称的，但内部不对称。

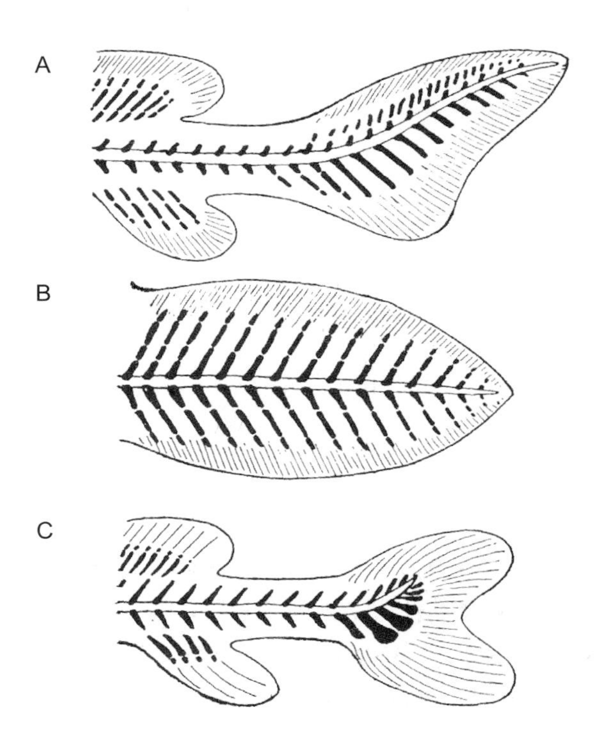

图 17　鱼类尾鳍的三种类型（引自 Goodrich, 1930）
A. 歪型尾；B. 圆型尾；C. 正尾型

（三）脊椎动物的其他主要特征

1. 体被

脊椎动物的体被（integument）由皮肤（skin）及其衍生物构成。皮肤是身体与外界直接接触的部分，由外层的表皮（epidermis）和内层的真皮（dermis）组成（图 18）。皮肤衍生物（腺体、毛、发等）是脊椎动物所特有的。体被有多种重要机能：防御外界机械损伤、抵御细菌等微生物的入侵、体温与水分调节、电解质平衡的保持、钙储库、维生素 D 合成、生成外激素、分泌废物以及呼吸等。体被状况通常反映了动物的健康水平。

表皮是由胚胎外胚层产生的一种上皮组织。在头索动物文昌鱼中，表皮非常简单，仅是一层柱状细胞，没有腺体；这些细胞在幼体时具有纤毛，而在成体时则向外分泌出

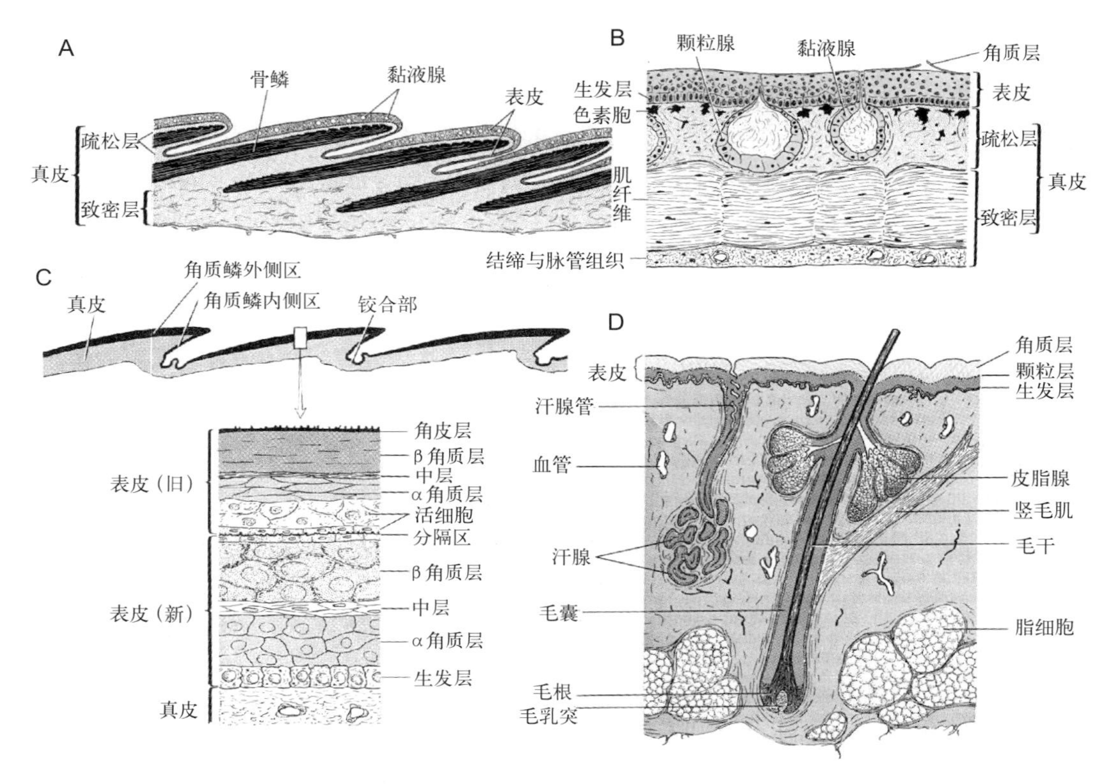

图 18　皮肤切面示意图（引自 Hildebrand, 1974）

A. 真骨鱼；B. 两栖类；C. 即将蜕皮的有鳞类；D. 哺乳类

一层角皮（cuticle）。除圆口类外，脊椎动物的表皮外面都没有角皮膜。脊椎动物成体的表皮都是复层上皮，内有皮肤腺，也可有黑色素（melanin）。表皮的黑色素是由真皮色素细胞经细胞间传递而来，其不同密度使皮肤呈现不同程度的黑色或褐色。在一些特异保存条件下，黑色素可保存为化石。但鱼类和两栖类的皮肤颜色主要是取决于真皮的色素细胞。

鱼类的表皮都是由活细胞组成的，但近表面的细胞有少量的角蛋白（keratin）。这些外层细胞常因摩擦或受伤而脱落，又不断由内面补充。表皮腺分泌形成的黏液层阻滞了水分的渗入渗出，加强了抵御微生物入侵的能力，降低了游泳摩擦力。两栖类为适应陆地生活，其表皮开始出现内外层的分化。内层由活细胞组成，称为生发层（stratum germinativum），外层由角质化的、扁的死细胞组成，称为角质层（stratum corneum）。在两栖类中，角质层还比较薄。在爬行类中，角质层增厚并形成角质鳞（horny scale）或角质甲（horny scute），以更大程度地阻滞水分散失，并防御敌害的袭击；在有些情况下（如蛇类），角质鳞还能辅助运动。角质化的表皮衍生物还包括关系到脊椎动物内温性（endothermy）起源的羽毛与毛发。在鸟类、龟鳖类以及一些化石双孔类中，颌缘角质化的表皮形成了代替齿功能的喙。哺乳类的爪、蹄、指甲等也属于表皮衍生物。

表皮的内层至外层，一般是逐渐过渡的；但哺乳类中，两层有明显的界线。除生发层及角质层外，哺乳类许多部位的表皮有一个过渡的颗粒层（stratum granulosum）。有些部位的表皮在角质层和颗粒层之间还有一透明层（stratum lucidum）。

真皮位于表皮下面，比表皮厚，主要由胚胎间充质产生的胶原蛋白纤维组成，变化较少。在文昌鱼中，真皮除它的内面和外面有少数纤维外，主要是一层胶状物。脊椎动物的真皮经鞣制可制成皮革，有很好的绝缘性能。真皮深层的结构通常是松弛的且有脂肪储结，与内面包围肌肉或其他器官的结缔组织之间界线不明显。在圆口类中，真皮内没有骨质的鳞或板。而在其他鱼类（包括已灭绝的无颌类甲胄鱼类）中，真皮结缔组织在很大程度上为骨质的鳞或板这类特化的真皮间充质产物所代替。在陆生脊椎动物中，除头骨外，这种真皮起源的硬骨结构，已大大退化或消失。真皮鳞在早期两栖类中并不罕见，但在现生两栖类中，真皮鳞仅残存于营潜穴生活的蚓螈中。

很多类群（特别是哺乳动物）具有角或角状构造，但来源不尽相同。犀牛的角完全来源于角质化的表皮，为许多发状的角质丝的紧密结合体。爬行类中也有类似结构，但不常见。牛科动物的角（或称洞角）是套在头骨上一块膜骨角心上的空心角质套，由角质化的表皮所组成。这种类型的角及其骨心，有各种形状的弯曲，通常不分叉也不脱换。鹿类的角则是截然不同的结构，并常仅存在于雄体。长成后的鹿角完全是真皮产生的硬骨结构。鹿茸指的是成长中的真皮未骨化或未完全骨化的鹿角，外面包着活的未角质化的皮肤。茸角没有真正的角质。其他区别是，鹿角按年脱换且常分叉，年老者叉数增加。

2. 肌肉系统

鱼类的体肌（body musculature）主要为轴肌（axial muscle），占了身体的大部重量（图19）。这些肌肉的大部分是沿身体的纵轴按节排列于身体两侧的连续肌节（myomere），肌节间由肌隔（myoseptum）——一种薄而坚韧的结缔组织膜所分隔。文昌鱼（头索动物）的肌节，从侧面看是尖端向前的简单 V 形。脊椎动物的肌节趋于复杂化。从侧面看，每个肌节成为上端向前的 W 形。有颌类中，一个水平膈膜（horizontal septum）将每个肌节分隔为背部与腹部。此膜与每个肌隔的交割线是产生背肋的位置。由于产生了水平膈，有颌类的轴肌可分为两大类：背肌或轴上肌（dorsal or epaxial muscle），在水平隔上面和背肋的（如有的话）外面；腹肌或轴下肌（ventral or hypaxial muscle），在水平隔下面，大部分在背肋的内面。鱼类轴肌的协调收缩为鱼类运动提供了主要动力。随着脊椎动物的登陆，轴肌在运动中所起的作用逐渐让位于附肢及其肌肉。当附肢肌肉（appendicular muscle）和肩、腰带肌肉延伸扩展到轴肌之上，轴肌的这种原始分节性就趋于模糊。在鸟类、蝙蝠等会飞的脊椎动物中，附肢肌肉变得非常发达，其轴肌也就相应退化。

有些鱼类，如电鳐、电鳗、电鲇等，具有一种特殊器官，在接触其他动物时能发出强烈的电流。其他几种鳐类和真骨鱼类也有同样的但电力较弱的发电器官。这类发电器

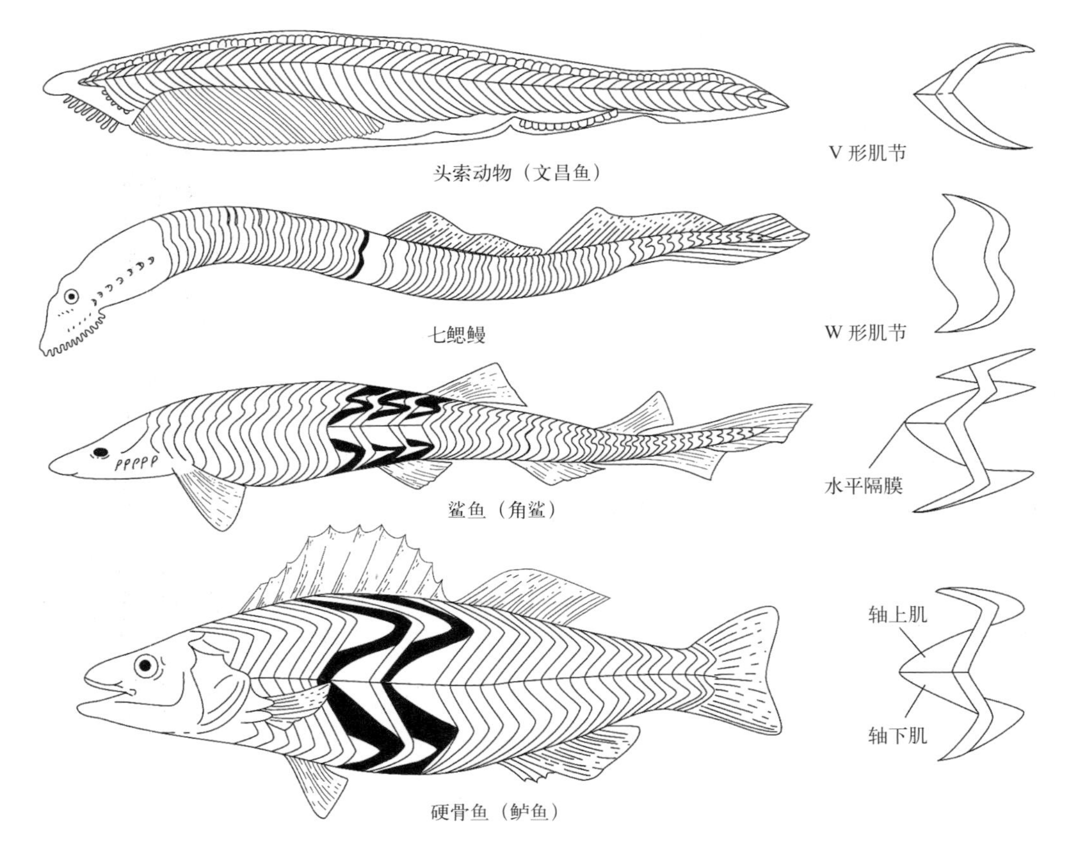

图 19　脊索动物体肌肉（肌节）的对比（引自 Pough et al., 2009）

官大多数是特殊的肌肉组织。大功率的电流对吓走敌害或麻痹捕获物显然是有用的。有些弱电流的用途可能类似于人类发明的雷达。鱼类通过发射电波形成电场，附近的物体反射回来的电波被这些鱼类的侧线器官所感觉。这对在黑暗中或浑水中活动的鱼类是很有用的。在有这种结构的真骨鱼类中，与侧线联系的脑区特别发达。

3. 呼吸系统

通过呼吸，脊椎动物将空气或水中的氧气交换到血管中，同时不断向体外排出血管中的二氧化碳。少数脊椎动物会通过皮肤或口腔上皮进行呼吸，但绝大多数种类都有专门的呼吸器官。鱼类主要通过位于咽区的鳃从水中获取溶解氧。鳃是一种有着丰富脉管和润湿薄膜的结构，而且薄膜有复杂褶叠，以增加气体交换的面积。由于水中的平均溶解氧只有空气中氧含量的 1/30，这种有效的氧摄取机制至关重要。在大多数呼吸空气的脊椎动物中，体腔内的肺是气体交换的场所，而肺机能的效率主要决定于能交换气体的膜的总面积。肺是四足动物的典型呼吸器官，但两栖类并不都有肺。任何黏湿的膜，只要有适量的血流，都可进行氧和二氧化碳的交换。很多两栖类的湿润皮肤以及口腔上皮都具呼吸功能。在演化史上，肺是一个古老结构。肺鱼类因有肺而得名。最原始的现生辐鳍鱼——多鳍鱼类也有肺，与其他辐鳍鱼的鳔是同源器官。在肺鱼类和多鳍鱼类中，肺呼吸已成为鳃呼吸的重要补充。在辐鳍鱼类演化中，鳔逐渐发展成为有用的浮沉器官。

4. 脑与感觉器官

在脊椎动物演化中，头显著分化，脑和感觉器官（视觉、听觉、嗅觉、触觉等）获得更完善的发展。有头类的名称由此而来。脊椎动物的脑汇集了主要感觉器官，也是各种感觉冲动的联络调整处所（图 20）。脑在早期发育阶段中分为前脑（prosencephalon, forebrain）、中脑（mesencephalon, midbrain）和菱脑（rhombencephalon, hindbrain）。这种分节在成体依然可辨，并合称为脑干（brain stem）。脑干分为三部分，与早期演化历史上发生鼻、眼和耳 + 侧线这三对主要感官有关。原始脊椎动物的这三种主要感官，各与脑干的一部分相联系，且每节脑干背面的“灰质”层各产生一个隆起，以与三种感官相适应；这三种隆起分别名为大脑（cerebrum）、中脑顶盖（tectum）和小脑（cerebellum）。进一步发育中，这三“节”脑干变成了五部的大脑。中脑变化不大，只是背面隆起一对中脑顶盖，但前脑和菱脑各分为两部。前脑分为端脑（telencephalon）（嗅球 olfactory bulb、大脑半球 cerebral hemisphere）和间脑（diencephalon）（丘脑 thalamus、松果体 pineal organ / epiphysis、副松果体 parapineal / parietal orgna、脑垂体 pituitary）两部分。菱脑的顶有一个隆起，形成了小脑；延脑或延髓（medulla oblongata）位于小脑下方与后方，在绝大多数脊椎动物中没有大的变化。延脑位于小脑下方的部分，在哺乳类中则扩大为脑桥（pons）。脑桥和小脑合称为后脑（metencephalon），延脑的后部名为末脑（myelencephalon）。

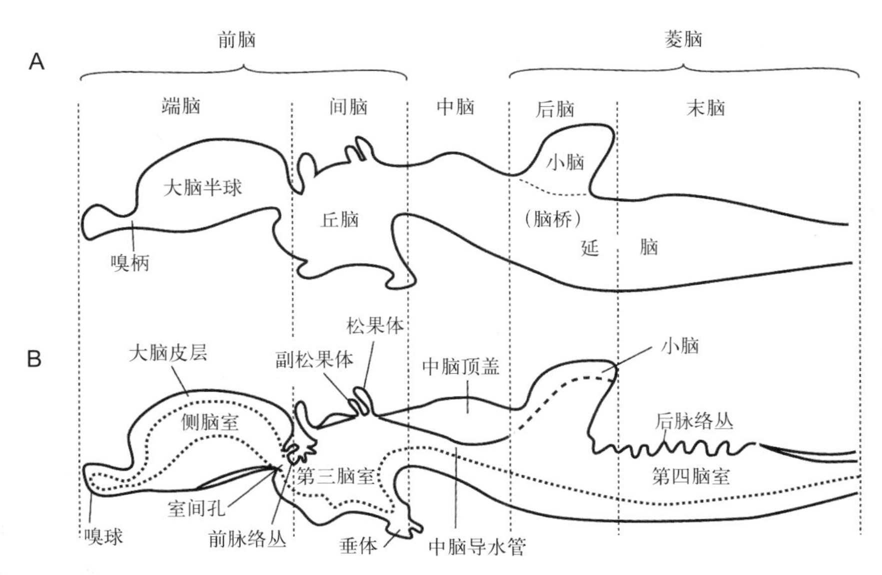

图 20　脊椎动物脑结构（引自 Pough et al., 2009）

A. 侧面观；B. 中矢切面观

成体脑中有一系列的腔和管道，充满脑脊液，被称为体室（ventricle）。两大脑半球内各有一个侧体室（lateral ventricle）。侧体室经一个室间孔（interventricular foramen）通到间脑内的第三脑室（third ventricle）。在低等脊椎动物中，中脑也有一个脑室，但在羊膜动物中缩小为一个细管道，称为中脑导水管（cerebral aqueduct）。延脑内是第四脑室（fourth ventricle），向后变细并通入脊髓的腔。 脑的各处脑室通常有神经组织的厚壁，但有两处的壁很薄：一处位于两大脑半球与间脑之间，另一处位于第四脑室顶部，各有一个脉络丛（choroid plexus），通过此处进行血液与脑脊液间的物质交换。

盲鳗类、七鳃鳗类和软骨鱼类通过嗅觉来定位食物，其前脑高度发达。随着演化进程，大脑半球变为越来越重要的联合中枢。由于视觉在觅食或飞行中所起的重要作用，中脑在辐鳍鱼类和鸟类中获得了较大的发展。小脑控制与协调肌肉的活动，并保证着其他中枢的运动命令的准确性。延髓包括脑桥是神经冲动的传递中心，也是调节诸如血压、呼吸功能的一个中心。

脊椎动物有很复杂的感觉系统，如味觉、触觉、嗅觉、视觉和听觉等。

嗅觉：嗅觉的主要器官是鼻。所有脊椎动物都具有嗅觉，但有些脊椎动物类群的嗅觉不起重要作用；如真骨鱼类的嗅觉不发达，鸟类、海生兽类和高级灵长类（包括人）的嗅觉也很弱。在大多数鱼类中，嗅器官是位于头前端的一对嗅囊。在四足动物中，嗅囊通过内鼻孔与口腔相通，鼻与呼吸发生了联系。

视觉：成对的眼是脊椎动物相对稳定的视觉器官。然而，在一些适应洞穴或地下生活的种类中，由于光刺激的减弱或缺如，眼趋于退化或消失。此外，早期脊椎动物和一些楔齿蜥、蜥蜴类还有第三个眼——中眼，位于头前部的背中线上。中眼由间脑顶部伸出，基本上是脑的一部分。中眼在各类脊椎动物中不完全是同源结构，既可能产生于松果体也可能产生于副松果体。松果体和副松果体可并存于一个动物，在七鳃鳗类中都形成眼状结构，不过松果体起主要视觉功能。在楔齿蜥、蜥蜴类中，起作用的是副松果体。

听觉与振动感觉：耳的主要的和原始的机能是平衡器官。听觉能力只是在脊椎动物向高级演化过程中才逐步变得重要起来。声波受体以及平衡受体都位于内耳的膜迷路中。鱼类通常没有四足动物所具有的那些将声波传入内耳的附属结构，有关鱼类是否有听觉是一个争论很久的问题。有些真骨鱼类产生了听觉的附属结构，但这是另一个演化方向所形成的，与四足动物不具同源关系。这些鱼利用鳔作为感觉振动的器官。在骨鳔鱼类中，最前几个脊椎分离出几对小骨，名为韦氏小骨（Weberian ossicles）。这几块小骨连成一串，由鳔向前伸到耳。和哺乳类三块听小骨的方式相似，这几对韦氏小骨能把鳔的振动传到内耳的淋巴系。侧线器官是一类典型的振动感觉器官，常见于两栖类的幼体和鱼类，在陆地脊椎动物中已丢失。软骨鱼类的罗氏壶腹（ampullae of Lorenzini）是一种由含胶液的小管组成的丛状结构，分布于这类动物的头部尤其是吻部，其基部有感觉细胞。这些结构可能与侧线器官一样，能感觉水压；但有些对水的温度变化特别敏感，有些能感觉电荷。

5. 内分泌系统

神经系统通过接收和传送“讯号”（冲动）的方式，在身体特定部位之间进行迅速而准确的联系，最终达到协调身体活动的目的。内分泌器官代表了第二种调整系统，通过将化学“讯号”（即内分泌腺所分泌的激素）送入血液而实现联系。这种联系方式，显然要比用神经冲动联系的方式缓慢；而且与神经系统传导目标的准确性相反，激素常广泛地传送到许多器官和组织。神经与激素的作用方式虽不相同，但相互间存在联系。神经系统直接或间接受激素的影响。另外，最大的内分泌腺，即垂体，受其附近的丘脑下部的强烈影响，且有几种垂体激素实际上源自丘脑。有些结构，如松果体和副松果体，其组织具有腺体的形状，也被认为有内分泌性质。在鲨类和蛙类，松果体虽未通到表面，但有感觉细胞，仍是一感光器。哺乳动物的松果体在视机能退化后仍不消失，其分泌细胞通过接受日照长短的信息产生一种褪黑素，并进而影响其他激素尤其是性激素的分泌水平。

脊椎动物内分泌器官的来源与演化，是当前人类健康研究的一个重点。其中最重要的内分泌器官是脑垂体，包括腺垂体和神经垂体；腺垂体在四足动物中还可分为远侧部、中间部与结节部。结节部的出现被认为与脊椎动物适应陆地生活相关。也有很多研究探讨垂体在原索动物中的同源结构。如成体海鞘有一个神经腺，其若干特点很像垂体。从形态方面看，该神经腺可视为原始垂体结构。激素不是脊椎动物或脊索动物所特有的，现在知道无脊索动物已有许多激素，生殖腺同时也是内分泌腺。

6. 循环系统

具有腹位心脏、红血球细胞以及封闭型的血液循环系统，是所有脊椎动物的共同特点（见表 2）。循环系统最主要的机能是运输，即输送维持细胞生存和活动的物质（氧气、葡萄糖、氨基酸、脂肪等），并清除细胞活动所产生的废物（二氧化碳、含氮废物）。在恒温动物中，循环系统还通过血液在体内的不断循环，帮助保持温度的相对稳定。

以鳃呼吸的鱼类，其心脏有一心房（atrium）、一心室（ventricle），心脏内全部是缺氧血（deoxygenated blood），心脏承担的任务是将缺氧血压至鳃部，经过气体交换后，转变成多氧血（oxygenated blood）（图 21A, B）。多氧血不再回到心脏，而是直接流经身体各部分，通过毛细血管释出氧气，重新变成缺氧血返回心脏。血液每循环全身一周只经过心脏一次，循环途径为一个大圈，称为单循环。在脊椎动物演化中，伴随着肺呼吸逐渐替代鳃呼吸的进程，循环系统由单循环演变为不完全的双循环（图 21C），再演变为完全的双循环（图 21D）。肺鱼、两栖类和爬行类中，心房出现了不完全或完全的分隔，

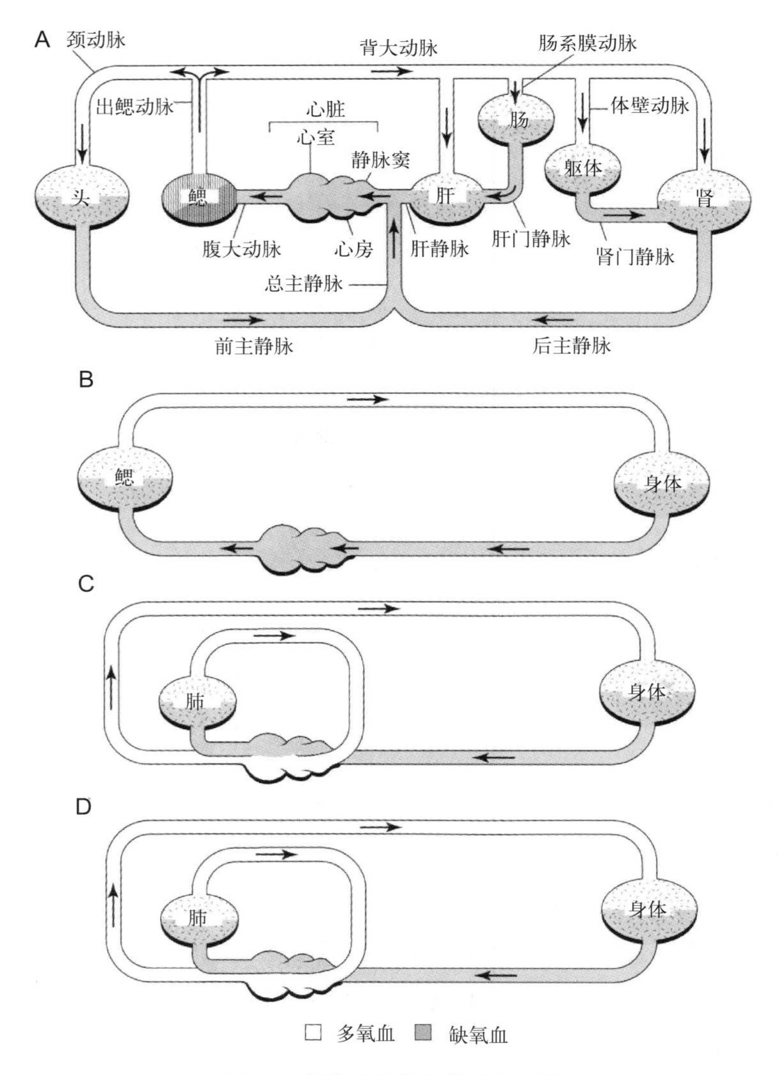

图 21　脊椎动物的血液循环系统

A. 鱼类循环途径模式图，除了背大动脉、腹大动脉外，所有血管都是成对的，位于身体的两侧，注意前主静脉、后主静脉在实际的动物身上为背位，分别在颈动脉和背大动脉的两侧；B. 单循环；C. 不完全的双循环；D. 完全的双循环（A 引自 Pough et al., 2009，B–D 引自杨安峰等，1999）

心脏过渡到二心房一心室。左心房接受由肺静脉返回的多氧血，右心房接受由体静脉返回的缺氧血以及接受由皮静脉返回的多氧血。随着心室室间隔的分隔程度加强，多氧血和缺氧血的混合程度逐渐减少。此时的心脏承担着把缺氧血和多氧血分别压送到肺与身体各部的任务。血液每循环全身一周需经过心脏两次，循环途径为一个大圈（体循环）和一个小圈（肺循环），称为双循环。多氧血和缺氧血不能完全分开的血液循环，称为不完全的双循环。在鸟类和哺乳类中，心脏完全分隔为左、右心房和左、右心室，多氧血和缺氧血完全分开，形成了完全的双循环。

7. 消化系统

消化系统包括消化管及其衍生的器官——肝和胰。原索动物只有一个分化不明显的消化管，脊椎动物除具有逐渐高度分化的消化管外，还有分离的肝和胰。消化管从前向后分化为口、咽、食道、胃、肠和肛门。鱼类的食道并不明显。到了四足类，随着颈部的发育以及鳃呼吸的消失，食道相应伸长。在大多数脊椎动物，胃是一个形状变化不大的器官。但在许多鸟类，出现了特化的肌胃，具有碾磨食物的机能。偶蹄目中的反刍类（如牛、羊、鹿等）的胃也很特化，具有四个室，被称为反刍胃。鱼类没有大肠、小肠的分化。植物性食物要比动物性食物更难消化，因此，以植物为食的动物的肠通常比肉食动物的长。螺旋瓣存在于软骨鱼类、肺鱼类、低等辐鳍鱼类和某些蜥蜴的肠中，也是提高肠吸收能力的一条路径。

8. 泌尿与生殖系统

泌尿、生殖系统的机能虽然毫无共同之处，但从胚胎发生过程上看，两个系统的关系很密切，且有共同的管道。泌尿系统由肾管组合成的肾脏、专司排泄的输尿导管和膀胱组成。脊椎动物普遍都是有性生殖且雌雄异体。最重要的生殖器官是生殖腺——卵巢或精巢。生殖腺通过生殖管（输卵管或输精管）与外界相通。生殖管的外口可以产生帮助体内受精的交配器官。如雄性鲨鱼由腹鳍骨骼形成的交配器——鳍脚。身体的其他部位，可具有“次性征”。性别常影响身体的大小和比例，也影响某些结构的形成，如鸟类的羽，兽类的茸角或真角。对于古脊椎动物，次性征是判别性双性的重要依据。鱼类和两栖类受精卵的发育都离不开水环境。到了爬行类，出现了具壳的羊膜卵，是一种适应在陆地而不是水中发育的卵。除了保护性的卵壳外，这种卵的胚胎具有几种胎膜；胎膜包围在胚胎外面，包裹着胚胎并帮助胚胎的代谢活动。

五、现代动物分类学与脊椎动物的分类

（一）分支系统学派兴起前现代动物分类学的发展

Taxonomy（分类学）一词源于拉丁语 *taxis*（安排、分类）。分类学是关于生物分类、鉴定和命名的原理及方法的学科。辛普森（Simpson, 1961, p. 11）对分类学的定义是：“对分类的理论研究，包括其基础、原理、程序和规则”。分类学这个词经常和系统学（systematics）相混，许多早期的分类学家把这两者等同起来。不过当代大多数分类学家，包括辛普森（George Gaylord Simpson, 1902–1984）和亨尼希（Willi Hennig, 1913–1976）在内，都认为系统学的含义更为宽泛。辛普森（Simpson, 1961, p. 7）对系统学的定义是：

“对生物体的种类和多样性以及它们之间任何和全部关系的科学研究”。有时分类学和分类（classification）也会被混淆。辛普森（Simpson, 1961, p. 9）对动物分类（zoological classification）的定义是：“基于关系，亦即基于连续性或相似性，或基于两者，而将动物分成组”。辛普森（Simpson, 1961, p. 11）还形象地说：“……分类的对象是生物体，而分类学的对象则是分类”。

现代生物分类学（modern biological taxonomy）始于林奈（Carl von Linné, 1707–1778），这已是生物学界的共识。植物分类学始于1753年，该年林奈出版了第一版《植物种志》(Species Plantarum)，双名法随之问世。《国际藻类、真菌、植物命名法规》(墨尔本法规，2011）规定1753年5月1日作为植物命名法的起始日期。林奈在其1758年出版的第十版《自然系统》(Systema Naturae）中，第一次系统地将动物种名从描述性语句简化为拉丁化的双名。在动物学界，林奈的双名法此后逐渐被广泛接受。1842年，英国鸟类学家Hugh Edwin Strickland（1811–1853）撰写了第一部动物命名规则，被称为《Strickland法规》。此后经过无数次在国际会议（特别是1901年在柏林召开的第五次国际动物学会会议）上的商讨，最终于1905年出版了第一部《国际动物命名规则》(Régles internationals de la Nomenclature zoologique）。从此林奈双名法在世界范围内获得正式推荐，并规定1758年1月1日作为动物命名法的起始日期。1999年第四版《国际动物命名法规》(International Code of Zoological Nomenclature）仍然坚持这一传统（International Commission on Zoological Nomenclature, 1999）。因此，1758年也逐渐被接受为以双名法为形式标志的现代动物分类学的开端。

林奈从其《自然系统》第一版(1735)起就使用了套叠式的等级系统(nested hierarchic system)，到1758年在动物中正式使用了7个级别的系统：EMPIRE (IMPERIUM)、KINGDOM (REGNUM，界)、CLASS（CLASSIS，纲）、ORDER（ORDO，目）、GENUS（属）、Species（种）和Variety（品种，只在*Homo sapiens*之下使用）。这个系统和现在动物分类中常用的已经有了很大的差别。例如，EMPIRE因其包含太广（所有生物与非生物）而被弃置不用；Variety已从正式等级系统中排除；此后不久又在界和纲之间增加了Phylum（门），在目和属之间增加了Family（科）和Tribe（族）等主阶元。随着动物属、种数量的大量增加，新的次级阶元也被启用。虽然有这些变化，但其基本模式仍然是林奈的套叠等级体系。McKenna和Bell（1997, p.14）认为，林奈对后来动物系统学主要的贡献正是这套等级体系，而不是双名法。

林奈分类（Linnean classification）背后的思想理论基础是欧洲中世纪的经院哲学(scholasticism)的实质论(essentialism)，利用物体的实质(essence)和特殊性(differentia)作为动物属、种组合和划分的依据，并相信所有生物都是上帝创造的。模式概念是林奈分类的精髓。模式标本是建立物种的基础。通过与模式标本的比较，化石或现生个体被归入到相应的种。就化石而言，只要这些标本的形态差异处于一个有限的连续变化范围之内，它们皆可归入一个特定的种。相近的种被归入到更高级别的属，相近的属被归入到更高级别的科，科归入到目，目归入到纲，纲归入到门。顺次依靠门、纲、目、科、属、种等这些分类级别，可以将一个动物归入到它在某个门类中所应占有的位置。在近代分类实践中，一些过渡性的等级（如亚门、亚纲、次纲、超目、亚目、超科、亚科等）引入分类体系中，以更清楚地表述某个生物的分类位置及其与其他生物之间的复杂关系。需要指出的是，与种的建立一样，科级与属级类群的建立需要指定模式。目级以及目级以上类群的建立尽管仍基于模式概念，但按照《国际动物命名法规》，已无须指定模式。

应该说，双名法、套叠等级体系和模式概念是林奈分类的三大基本要素，构成了在此后近 300 年中一直为生物分类学家所遵循的基本模式。为林奈现代分类学和科学命名法的创立与发展奠定基石的是林奈的同代人，被誉为“现代鱼类学之父”的阿特迪（Petrus Artedi, 1705–1735），但林奈作为现代生物分类学创始人的地位则是无可置疑的。

林奈之后和达尔文演化理论发表之前的 18 世纪后半叶至 19 世纪前半叶，在动物分类领域，基本上是对林奈动物分类的补充和修正的时期。这一时期在动物解剖学方面有很大的进展，发现了大量更能反映物种之间亲缘程度的新特征，订正了林奈已有分类方案（特别是目一级的分类组合）上的错误。其中贡献较大的是布鲁门巴赫（Johann Friederick Blumenbach, 1752–1840）、圣提雷尔（É. Geoffroy Saint Hilaire, 1772–1884）、居维叶（Geoges Cuvier, 1769–1832）以及德布兰维尔（H. M. D. de Blainville, 1777–1850）等。

达尔文（1809–1882）1859 年《物种起源》的发表虽然对整个生物科学产生了前所未有的巨大而深刻的影响，以至以 1859 年为界整个生物科学的研究进入了一个全新的时代，即达尔文时代，但从表面和形式上看，达尔文的生物演化学说并没有给分类学带来同样巨大的影响和改变。这一方面是由于林奈分类的命名法和套叠等级体系从形式上可以用来表达生物演化理论，另一方面则是达尔文本人并没有对建立在他的演化理论基础上的分类学进行十分清楚明了的阐述，也没有提供具体的应用实例［其唯一的一部分类著作（关于藤壶）是在 1859 年之前完成的］。实际上，按照 Mayr 和 Bock（2002）的观点，达尔文在其《物种起源》的第 4 章“自然选择”及其唯一一幅插图和第 13 章“生物间的亲缘关系：形态学、胚胎学和退化器官的证据”中，对其分类学的观点已有很清楚的说明，亦即分类应该建筑在特征的相似性（similarity）和共祖世系（common descent）这两类准则之上。海克尔（Ernst Haecker, 1834–1919）1866 年创造了系统发育（phylogeny）一词，并用树形图来表示达尔文的演化思想与分类的观点，但对动物分类学也没有更大的贡献。

正像亨尼希和辛普森所指出的，在 19 世纪末和 20 世纪初，生物学家对生物分类学的热情被新兴的遗传学和生物化学所取代。大约在 20 世纪 30 年代，生物学家对分类学的关注又开始恢复了。这时生物科学的新学科的发展已取得了相当的成就。一部分生物学家认为，这些新学科所积累的新资料、新成果和新认识也应该纳入到生物分类之中，而且发现过去的生物分类学在分类原则、方法、哲学理论基础等方面都缺乏深入的思考和探讨。另一些人则不这么认为。对这些问题的争论，在小赫胥黎（Julian Sorell Huxley, 1887–1975）根据一次研讨会于1940年编辑出版的《新系统学》（Huxley, 1940）中，得到了很好的反映。1942年，迈尔（Ernst Mayr, 1904–2005）出版了《系统学与物种起源》（Mayr, 1942）。在此后20多年中，这些争论持续进行，并最终形成了以迈尔和辛普森为代表的演化分类学派（evolutionary taxonomy）或演化系统学派（evolutionary systematics）。这些争论首先涉及的是，分类的对象究竟是什么，是个体，是居群（population），还是种？其次是对模式概念（typology）的批判，并在种的概念和定义中引入数学统计的方法。再次是关于种以上的高阶分类元（supraspecific taxa）是以其所包含的子单元的内容，还是以特征列举，抑或是以其亲缘或遗传关系为定义？以及如何理解亲缘关系分析中的单系性（monophyly）等等。这些争论涉及大量在分类中经常使用但又理解各异的概念与术语，如和分类直接有关的系统学（systematics）、分类学（taxonomy）、分类（classification）、自然分类（natural classification）、人为分类（artificial classification）、特征分析中的定义（definition）、相似性（similarity）、演化中的亲缘（affinity）、系谱（genealogy）、单系（monophyly）、复系（polyphyly）等等。对于厘清这些概念，演化分类学派（特别是其代表人物迈尔和辛普森）更是花费了很大的精力。1961年出版的辛普森的《动物分类学原理》（Simpson, 1961）一书，是演化分类学派的代表性的经典之作。

（二）分支系统学派的兴起及其演变

分支系统学是由德国昆虫学家亨尼希于1950年最早创立，但直到他的《系统发育系统学》的英译本（Phylogenetic Systematics）于1966年出版，才真正标志着生物学界一个新时期的来临。系统发育系统学的精髓是如何正确地辨识分支（clade），并依此作为分类的对象，所以后来也被称作分支系统学（cladistic systematics），简称分支学（cladistics）。该书的出版，首先在北美和英国的古生物学界产生了极大的反响。在此后的几十年里，阐释、深化、修改、完善和运用这一学说的大量论文和专著迅速跟进发表或出版。虽然其中也有很多质疑和批评的声音，但在这场辩论中，分支系统学的主要论点日臻成熟，其影响也很快扩散至整个生物学界。

几乎与此同时还出现了另一个分类学派，被称为数值分类学派（numerical taxonomy），有时也被称为表征分类学派（phenetics）。该学派的主要代表人物是索卡尔（Robert R. Sokal, 1926–2012）和斯尼思（Peter H. A. Sneath, 1923–2011），代表作是1963年出版的《数值分类学原理》（Sokal et Sneath, 1963）以及1973年出版的《数值分类学》（Sneath et Sokal, 1973）。这一学派的主旨是根据所研究的分类元的尽量多的可观察性状，计算出分类元之间的总体相似度（overall similarity），然后进行聚类分析（cluster analysis），这样就得出所研究分类元之间的假想的表征分类图（phenogram）。这样一来，在20世纪

60–70 年代，就形成了演化分类、分支分类和数值分类三个学派的“三国鼎立”的局面。到了 70 年代末，分支分类学派或分支系统学派开始占据上风。分支系统学在生物系统发育关系重建方面,以其严密的逻辑和严格的术语定义征服了绝大部分生物学家和古生物学家。

分支系统学的基本原理和方法在我国已有许多介绍。除大量有关文章的翻译（周明镇等，1983，1996 等）外，若干国外留学人员和国内学者也撰写了不少专著和文章，如：孟津和王晓鸣于 1988–1990 年发表的 7 篇介绍分支系统学的连载论文；黄大卫 1996 年所著《支序系统学概论》和周长发 2009 年编写的《生物进化与分类原理》等。分支系统学的基本原理及方法可以简短地概括为以下三点：①基于衍生特征（derived characters）或裔征（apomorphies）而不是基于整体相似性（overall similarity）来建立生物间的相互关系；②只承认单系类群，摒弃那些由一个共同祖先的部分后裔所组成的分类学类群（并系类群或复系类群）；③生物的分类体系直接反映系统发育关系。希望了解详情的读者可以首先阅读上面所介绍的著作和文章。这里仅阐述该理论中与分类学直接有关的若干问题。

亨尼希本人在将该学说的基本原理应用于生物分类时，和演化分类学及传统的分类产生了极大的分歧。

1）经典分支系统学对于支系发生的概念和术语应用十分严格。亨尼希将生物类群分为单系（monophyly）、并系（paraphyly）和复系（polyphyly）三类，各有很严格的定义和外延。其中并系的概念是分支系统学所独创的，而单系的概念和定义则和演化分类学派者有很大的不同。分支系统学对单系类群的经典定义是：“从单一一个种（“基干种”）演化出的一组种，而且它必须包括从这一基干种所产生出的所有种”（Hennig, 1999）。辛普森（Simpson, 1961, p. 124）对单系的定义是：“经过一个同级或更低级别的分类元的直接祖先所产生的一个或多个支系的后代即是单系”。Mayr 和 Bock（2002）对单系的定义则是：“一个分类元，其所有成员都产生于一个最晚近的共同祖先，即为单系”。辛普森用分类元（可以高于种级！）而不是单一的祖先作为系谱追溯的标准，这使单系变得暧昧难解；而 Mayr 和 Bock 则是从所研究的分类元向前追溯，而不是自一个祖先向后追溯，因此其单系可以并不包含从一个基干种所产生出的所有后代，亦即是经典分支系统学中的并系。

对于如何区分一个类群是单系、并系还是复系，已有许多学者进行了讨论。相关定义主要有两种类型，一种是基于一种假设的共同祖先关系，另一种是基于反映这种关系的性状相似性。

依据第一种类型的定义（图22），单系类群包括了一个共同祖先及其所有后裔物种，构成了一个完整的姐妹群系统，属于自然分类单元；并系类群构成了一个不完整的姐妹群系统，缺少一个物种或一个单系物种群；复系类群同样构成了一个不完整的姐妹群系统，它缺少两个物种或两个单系物种群，而这两个物种或物种群不能形成单独的单系类群。并系类群和复系类群皆包括了一个共同祖先和它的部分而非所有后裔物种，属于人

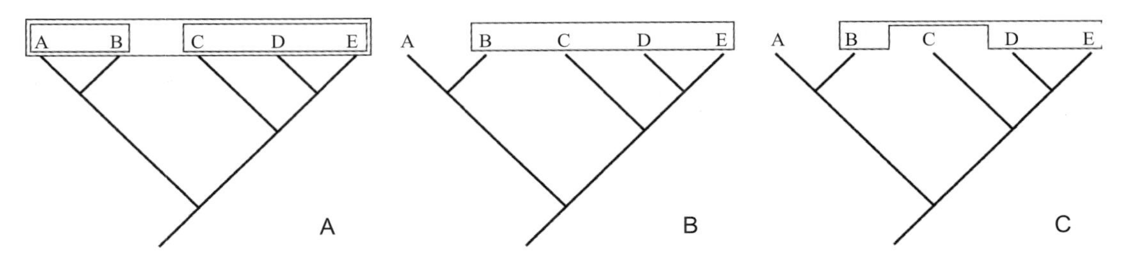

图 22　基于共同祖先关系的类群定义

A. 单系类群；B. 并系类群；C. 复系类群

为分类单元。曾有学者（Patterson, 1982）指出，基于共同祖先关系的判别标准在逻辑上有问题，因为它们都依赖于未知的所谓共同祖先关系。不过，这种类型的定义由于其通俗简明的特点仍被学术界广泛采用。

依据第二种类型的定义（图 23），如 Benton（2005）在《Vertebrate Palaeontology》中所采用的，单系类群是一个基于裔征相似性的类群，其所有成员至少共有一个裔征。并系类群同样是一个基于裔征相似性的类群，但从中剔除了由其他裔征所定义的一个或多个单系类群，代表了一个进化级（grade）。复系类群是一个基于趋同相似性的类群，包含了许多系统发育关系较远的类群。需要指出的是，在第二种类型的定义中，并系类群的外延更宽，包括了在第一种类型的定义中的部分复系类群，这也反映出在实践中区分并系类群与复系类群所出现的困境。以传统定义中的“爬行纲”(Reptilia）为例，“爬行纲”无疑具有一个共同祖先，然而将其衍生的鸟类与哺乳类排除在外。鸟类和哺乳类各自都是由其他共近裔性状所定义的单系类群，但仅由它们不能构成单独的单系类群，因此按照第一种类型的定义，“爬行纲”应属于复系类群。然而在第二种类型的定义中，“爬行纲”一般被认为是并系类群。复系类群仅指那些由趋同性状所定义的类群。在脊椎动物中，将鱼类与鲸类归类在一起的“游行类”（‘Natantia’），将长鼻类、河马类和犀类聚在一起的“厚皮类”等，都属于复系类群。

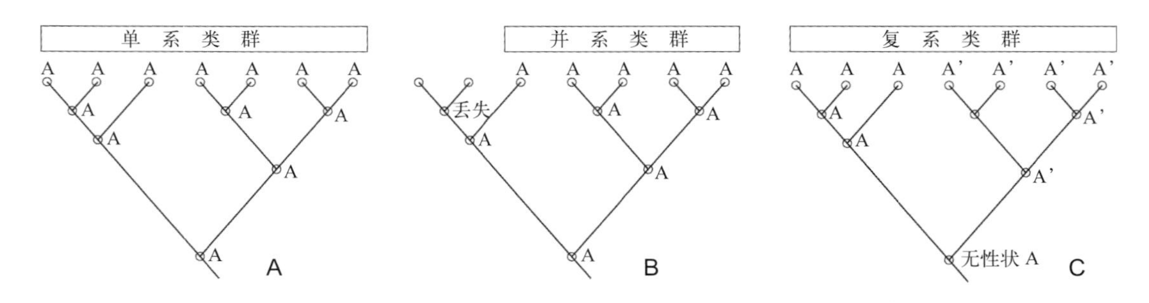

图 23　基于性状相似性的类群定义（引自 Benton, 2005）

A. 分支的所有成员都具有共有裔征 A；B. 并系类群，分支的部分成员丢失了共有裔征 A；C. 复系类群，分支成员所共有的 A’ 和 A 是趋同性征

分支系统学和演化系统学或演化分类学派都是基于裔征来建立系统发育关系，它们间的最大区别就在于分类思想。分支系统学在分类时只考虑演化关系，认为分类就是系统发育关系的镜像反映；系统发育关系一旦建立，分类框架也就形成，不会因人而异（图24）。任何一个种以上的分类元必须是单系类群（monophyletic group），亦即分支（clade）；并系或复系类群在分类体系中是不被承认的。这就和现行的经典分类及演化分类学派的主张产生了很大的矛盾（图25）。演化分类学派在分类时考虑的因素比较多，包括演化关系、生态因素、演化水平等。由于能够反映生物的演化水平或对不同生境的适应，演化系统学的分类比较容易被公众所接受。然而，其多重依据导致了分类体系的主观性比较强。在分类实践中，由于分支分类只承认单系类群，而演化分类同时还承认并系与复系类群，具有同一名称的生物类群在两个分类体系中所包括的成员有时会产生很大的出入，这对于习惯传统分类的读者有一个适应的过程。以现行的爬行纲为例，鸟纲和哺乳动物纲都是从爬行纲中的某个基干种中产生出来的，因此按照分支分类，鸟纲和哺乳动物纲必须归入爬行动物纲，否则爬行动物纲因为没有包括其基干种所产生出来的所有后代而成为并系分类元。

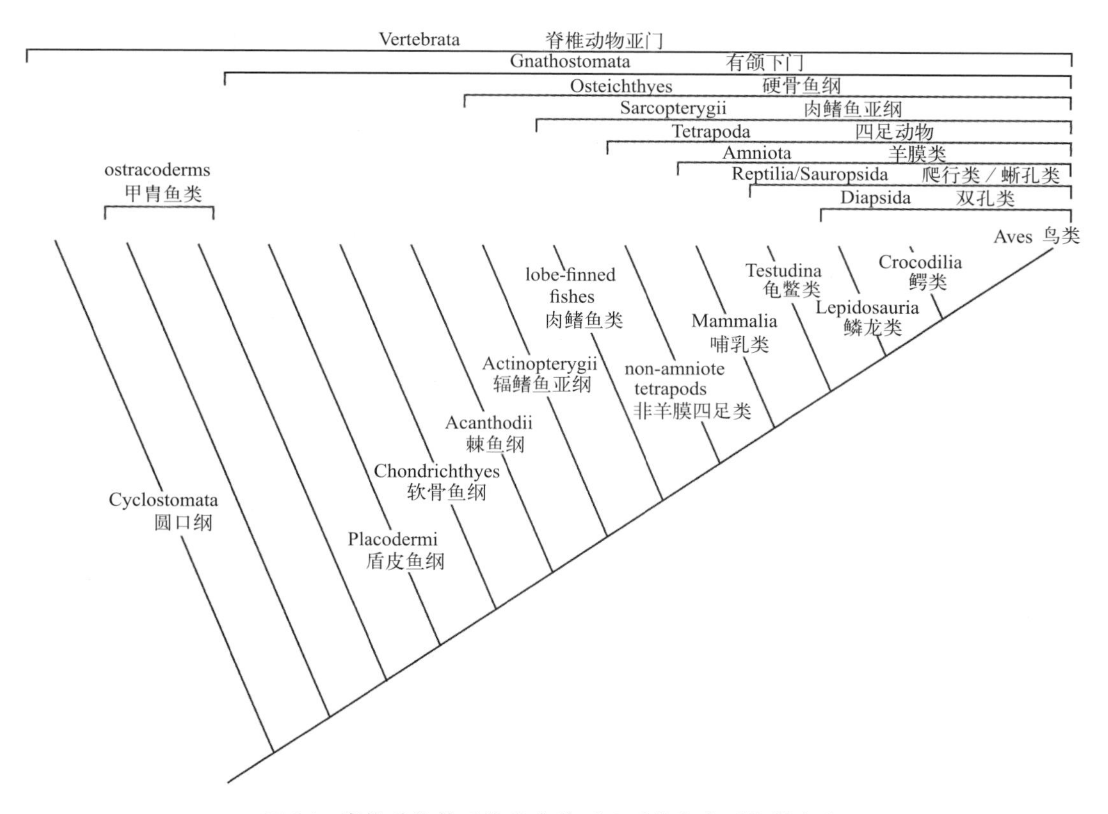

图 24　脊椎动物的系统发育关系及系统发育系统学分类

为避免混乱，四足动物各类群的中文译名皆称为某某类，不指示分类阶元

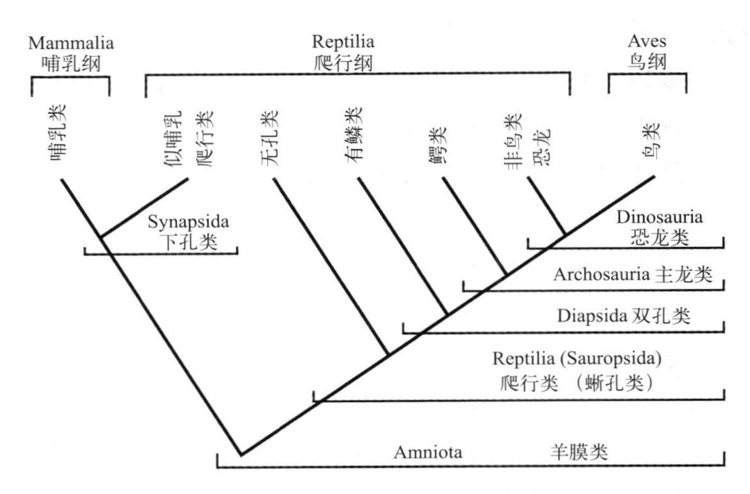

图 25　羊膜动物传统分类（上）与系统发育系统学分类（下）的对比

2）按照经典分支系统学的观点，分支越早，其分类阶元也应越高；而每一分支的两姐妹分类元应属同级阶元。随着研究和认识的深入，分支会大量增加，理论上讲，是向无穷多的方向发展。这样一来，在整个生物分类系统中势必要建立海量的高阶元，而且会产生极多寡种或孤种的冗余（redundant）高阶元。这是现行生物分类的等级体系根本无法承受的。

亨尼希本人注意到了这些矛盾。他提出了一种妥协的办法，即“不同的动物类群应用不同的时间表，以便使大部分次级类群仍能保留现今的绝对级别”(Hennig, 1966, p.191)。根据他的总结，以他所熟悉的昆虫纲为例，寒武纪—泥盆纪（II 期）为产生纲的时期（class stage），石炭纪—二叠纪（III 期）为产生目的时期（order stage），三叠纪—早白垩世（IV 期）为产生科的时期（family stage），而晚白垩世—渐新世（V 期）则为产生族的时期（tribe stage）。亨尼希注意到了这种方法不可能应用于所有其他动物的大类中，例如哺乳动物纲。按照上述标准，哺乳动物纲，即使把下孔类（最早出现于石炭纪）也算在内，那也只能称作“目”，而有袋类和有胎盘类则只能称之为“科”，下属各目则只能称之为“族”了。为了解决这一类矛盾，亨尼希提出，对于哺乳动物来说，第 IV 期即为产生纲的时期，而第 V 期则为产生目的时期。亨尼希同意做出这种妥协的前提是，分支系统学根本性的原则是：该系统应该只包含单系类群和姐妹组必须赋予同等级别。不同大类群之内同一级别的阶元是否直接可比，则不如上述根本性原则那么重要。另外，从根本上来说，分类学家都是某一门类的专家，他们的工作和关心的是在他们研究的门类内建立起整体一致的分类体系，而不太关心它和其他门类内同级分类单元是否可直接对比。

亨尼希的这种观点，加上他对化石中所谓的“祖先种”的真实地位所持的暧昧态度，在生物分类学家中引起了激烈的争论。在其支持者中，一部分人主张应严格遵从分支系统学的基本教义，认为分类应成为一对一式的完全对应于分支系统学所推导出来的演化过程。鉴于化石类群的加入使以现生生物为基础所建立的演化系列变得十分复杂而难以确定，有人提出，将化石和现生生物分别建立各自的分类体系；也有人（如 Crowson, 1970）提出，按不同的时间段（例如单就泥盆纪）建立不同时段的分类系统。还有人（如 Løvtrup, 1977）则主张，完全摒弃林奈式的等级体系，而采用数字化的表现方式等等。其中影响最大的则是兴起于 20 世纪 90 年代的系统发育分类学派（phylogentic taxonomy）。

这一学派的基本论点是在 de Queiroz 和 Gauthier（1990, 1992, 1994）连续发表的 3 篇文章中首次系统提出的。这一学派最初是从对现行生物分类体系的批判开始的。他们的主要论点是：①现行的以林奈分类为基础的分类元都是以生物体的特征为定义。这种定义传承自亚里斯多德"实质论"中对"定义"(definition）的概念，没有反映祖先 - 后裔的演化关系，因此是非演化的（non-evolutionary）。其界定手段多以列举该分类元所包括的次级分类元的成员为主，因此是没有明确空间界限的。②现行分类中的阶元（category）是相互排他性的（mutually exclusive），其中不包含共同祖先方面的信息，例如猿科和人科互不包容，实际上猿科中包含人科的祖先在内；现行分类中的阶元（门、纲、目、科、属等）是绝对的，具有人为强制性（mandatory），按照现行命名法规的要求，每一个种都应归属于所有层级的阶元，即使只包含一个单型属的种的目，也必须有中间阶元，如非洲的管齿目（Tubulidentata）只包括一个单型属的土猪（*Orycteropus*），但也必须单独建科（Orycteropodidae）等阶元。这样就会造成大量"冗余阶元"。因此强制性的等级阶元体系应予废除。③种级双名法也应废除，因为其中包含了强制性的属级阶元。总之，现行的各种生物分类系统脱胎于持非演化世界观的林奈命名法，而此后兴起的演化论并没有真正成为其分类的中心法则（central tenet）。系统发育分类学派最初的设想是彻底摒弃现行的各种生物分类的原理和命名法规，用系统发育分类理论和基于该理论的全新的命名法规来代替之。

他们的具体主张中比较核心的部分可以归纳为以下两点：

1）为了使演化论真正成为分类的中心法则，首先必须使分类的对象，亦即分类元（taxon）在概念上和名称定义上都以演化为基础。要反映演化关系，分类元则必须包括祖先及后代，这就是有着严格定义以系统演化为基础的、一定是单系的分支（clade）。de Queiroz 和 Gauthier（1990）首次指出，分支可以有三种不同类型的定义（图 26）：裔征型定义（apomorphy-based definition）、节点型定义（node-based definition）和干支型定义（stem-based definition）。裔征型定义（图 26A）是指，由具有某一特定裔征的最早祖先及其所有后裔所组成的一个分支。譬如，"四足动物"(Tetrapoda）可以用出现指（趾）骨、鸟类可以用出现羽毛来对分支进行定义。节点型定义（图 26B）是指，由两个次级分类元的最近共同祖先所衍生的所有成员所组成的分支。譬如，哺乳类可以由单孔类与兽类的最近共同祖先所衍生的所有后裔所组成的分支来进行定义。干支型定义（图 26C）是指，所有享有较之与另一分类元而言，与已知分类元有更近共同祖先的所有生物所组成的分支。在该文的另一处，de Queiroz 和 Gauthier（1992, p. 470）对干支型定义的分支的内涵表述得更为清晰，即：“包括一个冠支和与此冠支具有共同祖先，而和任何其他冠支则无共同祖先的所有灭绝分类元”。譬如，鸟类可以定义为，较之于非兽脚类恐龙，与现代鸟类有着更近共同祖先的所有成员。关于干支型定义的分支的名称，de Queiroz 和 Gauthier 在同一篇文章中使用了不同的叫法：在一处（p. 470）叫做“较大包容支”(more inclusive clade)，也称之为“全群”(total group)；而在对他们所建议的分类的第八条注释中则又使用了干支（stem clade）。这在以后的讨论中造成了一定程度的混乱。

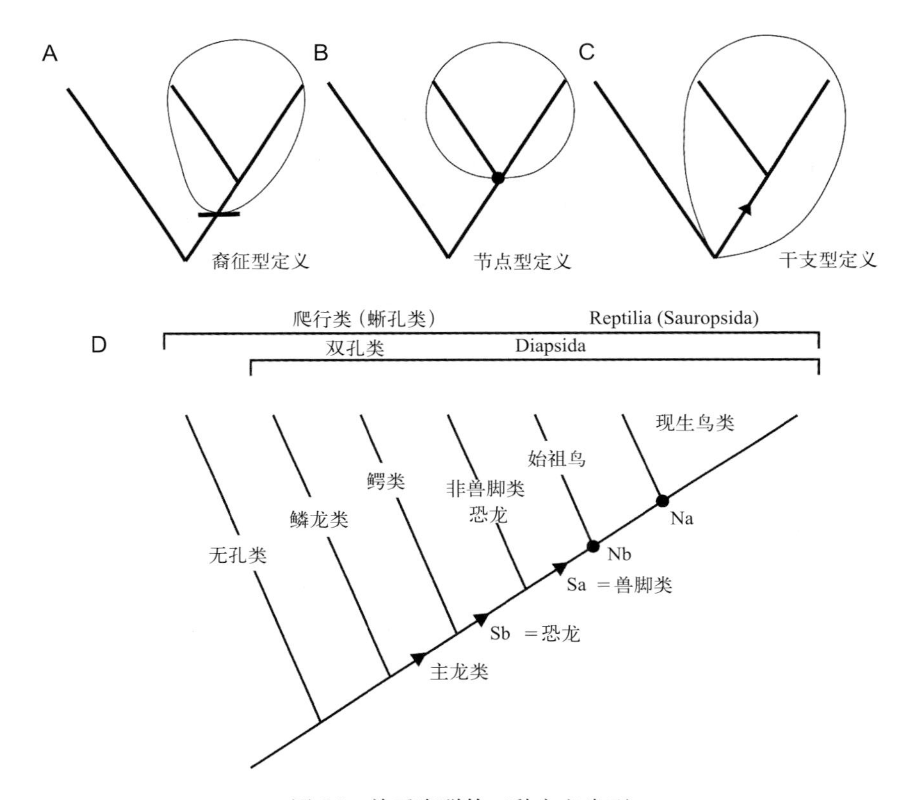

图 26　单系类群的三种定义类型

A. 裔征型定义；B. 节点型定义；C. 干支型定义；D. 爬行类的系统发育，图示鸟类的不同定义。Na, Nb, 两种节点型定义，其中 Na 即鸟类冠群，Sa, Sb, 两种干支型定义，其中 Sb 即鸟类全群

上述对分支定义的新概念的提出，在生物分类学家中引发了热烈的讨论，并很快转向深入探讨分支定义与其内涵（例如冠群 [crown group]、干群 [“Stammgrupe”] 和全群 [total group]）之间的关系，及其对命名法的影响。关于冠群、干群与全群的概念，最早是由 Jefferies 于 1979 年提出的。Sereno（1999, p. 336, 337）在分析冠分类元或冠支（crown taxon or clade）的概念时指出，冠支的最直接的外类群是灭绝类群，而这个（或这些）外类群正是 Jefferies（1979, p. 449）所提出的干群（stem group）和亨尼希所提出的“Stammgrupe”的概念。这样的外类群是灭绝种类，虽然它本身可以是单系的，但在

绝大多数情况下是并系的（因不包括节点之上的部分）。de Queiroz 和 Gauthier（1992）所建议的以干支型定义的分支应与全支（total clade）对应，亦即 de Queiroz 和 Gauthier 所使用的干支（stem clade）实际上应是全支（total clade）。现在一般都认为，节点型定义的分支一般对应于冠群（对于系统发育分类学家来说是冠支 [crown clade]），而干支型定义的分支则与全群或全支（total group or clade）相对应。干群（stem group）由于不是单系类群，不能称之为支，所以干支（stem clade）一词已不再使用。四足动物、鸟类、哺乳类的传统定义都属于裔征型定义。

上述观点的提出无疑是系统发育分类学派对生物分类学非常重要的贡献。分类的实用性特性要求分类群的相对稳定性，然而，化石类群的加入往往使得类群间的界线越来越难以界定。系统发育分类学对分支定义、内涵及命名所提出的新观点，为解决上述问题提出了全新的思路，在生物分类学家中得到比较广泛的赞同，并被广泛应用于系统发育系统学的分类实践中。以哺乳类为例（图 27），哺乳动物冠群或冠支，是由现生哺乳动物的共同祖先所界定的一个类群，包括单孔类（鸭嘴兽）和兽类（有袋类加有胎盘类）的共同祖先及其所有后裔（Rowe, 1987）。哺乳动物全群或全支，通常称为下孔类，则是由现生哺乳动物及其最近的现生类群（蜥孔类）所共同界定的一个类群，包括所有与蜥孔类（鳄、蜥蜴、鸟等）远，而与单孔类或兽类有更近亲缘关系的物种。全群或全支减去冠群或冠支就构成了干群。干群都是并系类群，且一定是化石种类，不能称之为支（clade）。哺乳动物干群既包括一些哺乳形动物（Mammaliaformes），如中生代的摩根兽（*Morgenucodon*）和中国锥齿兽（*Sinoconodon*）等，也包括过去归入爬行类的下孔类（Synapsida），如盘龙类、二齿兽类和犬齿兽类等。

2）废除强制性的阶元。《国际动物命名法规》中关于科级阶元词尾的规定（-dae 和 -nae）不再是科级阶元的标示符号；其他一些高阶元的习用词尾也不再具有阶元含义，并建议用一些中性词尾（如 -morpha, -formes 等）代之。种名虽然可以保持不变，但其中的属名部分并不代表属级阶元，而仅看作种名的一部分，可称作前名（prenomen）。系统发育分类学派的拥戴者们认为，这样的命名法规会在命名的明确性（unambiguity）、普适性（universality）和稳定性（stability）等方面都远比现行的生物分类命名法规要好。Paul C. Sereno 从 20 世纪 90 年代后期开始，对恐龙各分支的系统发育定义进行了多方面的尝试，特别是在规范定义用语方面提出了很多有益的建议。2005 年 Sereno 甚至在网上创建了关于主龙类（Archosauria）的对公众开放的数据库（TaxonSearch）。

被某些记者冠以"革命"标签的系统发育分类学说获得了大批生物学家，特别是年轻一代的拥戴。后者也提出了许多修订和改进的意见。在此后的数年里，系统发育分类学派连续召开了 3 次专题研讨会（1995, San Diago, California; 1996, Claremont, California; 1999, St. Louis, Missouri）。从 1997 年秋开始起草命名法规（PhyloCode）文本。1998 年 8 月 7–9 日在哈佛大学召开了由 5 国 27 人参加的工作会议，会上讨论了由 Cantino 和 de

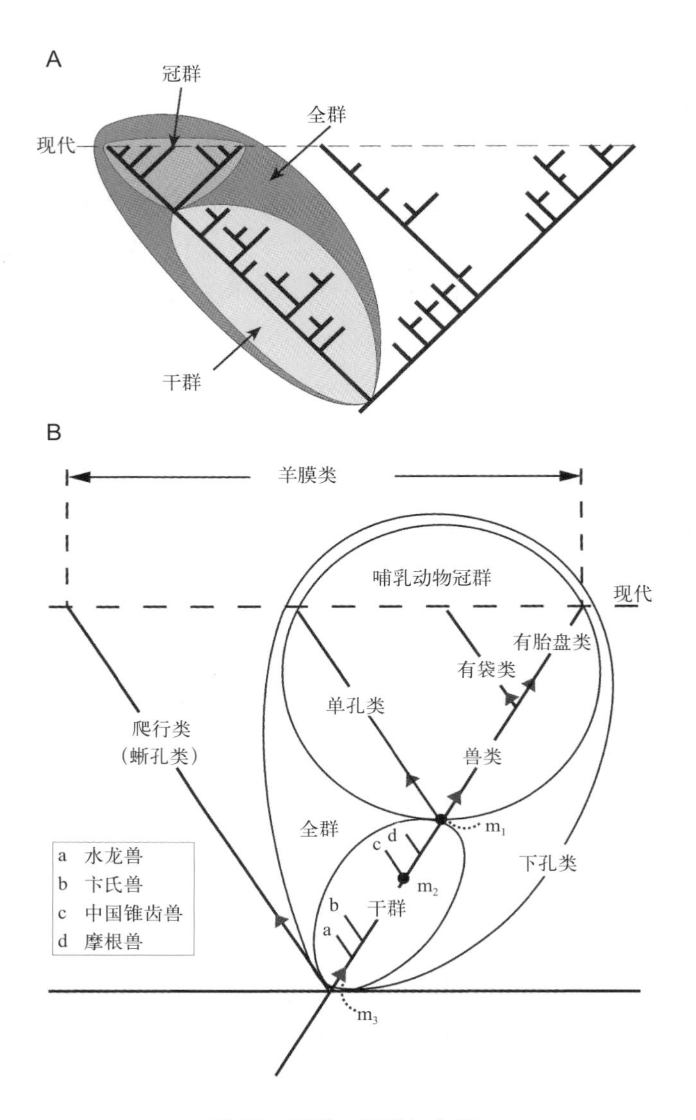

图 27　干群、冠群与全群

A. 定义，干群为并系类群，冠群与全群皆为单系类群，冠群定义属节点型定义，而全群定义则属干支型定义；B. 以哺乳类为例，m_1: 节点型定义，由单孔类（鸭嘴兽）和兽类（有袋类加有胎盘类）的共同祖先及其所有后裔构成的一个类群（Rowe, 1987）。这是由现生哺乳动物的共同祖先所界定的一个类群，亦称哺乳动物冠群。根据这一定义，某些过渡型的种类，如中生代的摩根兽（*Morgenucodon*）和中国锥齿兽（*Sinoconodon*）等就被排除在哺乳动物之外，被称为哺乳型动物（Mammaliaformes）。m_2: 节点型定义，由中国锥齿兽和兽类的共同祖先及其所有后裔构成的一个类群（Kielan-Jaworowska et al., 2004）。m_3: 干支型定义，由所有相对蜥孔类（鳄、蜥蜴、鸟等）而言，与单孔类或兽类有更近亲缘关系的物种所组成的类群。这是由现生哺乳动物及其最近的现生类群（蜥孔类）所共同界定的一个类群，亦称哺乳动物全群，通常被称为下孔类

Queiroz 起草的最初草案，简称为 dPhyloCode, 于 2000 年 4 月在互联网上公布。2004 年 7 月 6–9 日在巴黎召开了成立“国际系统发育命名学会（International Society for Phylogenetic Nomenclature，简称 ISPN）”的第一次会议（70 人与会）。紧接着又召开了第二次（2006 年 6 月 28 日 –7 月 2 日在耶鲁大学）和第三次国际会议（2008 年 7 月 20–22 日在加拿

大 Halifax）。另外，在 2002–2007 年间公布了 PhyloCode Version2, 2a, 2b, 3a, 4a, 4b。根据 2008 年的统计，有 14 个国家的 136 位作者答应参与撰写 PhyloCode 最后版本的指南。2010 年 1 月最新版本的 PhyloCode（Version 4c）公布（Cantino et de Queiroz, 2010）。

不过我们注意到，PhyloCode（Version 4c）较之早期提出的主张已有很大的改变。其中最重要的是：①明确宣称，PhyloCode 的目标并非取代现行的命名法规，而只是提供另一个可供选择的体系；②原先声称要专门就种的名称制定的条例不再履行，种名的管理完全留给现行的生物分类命名法规。

系统发育分类学派的主张，特别是 PhyloCode 学派的极端主张，在分支系统学派的内部也遇到了很多反对意见。许多学者早就提出，应采取一些折中措施以保留现行的林奈分类。例如，Nelson（1972, 1973）提出，可以同时应用两种反映单系姐妹群关系的约定方法进行分类，即层级隶属（subordination）和顺序排列法（sequencing）。即当系统发育树不对称时，分类元可以归为同级阶元，其分支先后由书写的顺序表示。例如 A 分类元之下可以分为 3 个次一级的同阶分类元：B, C, D；而 B 是先于 C 和 D 分支出来的，而不必为 B 和 C+D 再建一个新阶元。Wiley 等（1991）也同意这一建议，并把它作为一项重要的约定列入他改造林奈分类的建议中。Farris（1976）提出了一系列的折中措施，例如，单型的高阶元（冗余阶元）可予废除；姐妹组不必要求具有同级阶元；阶元的级别不必由起源的年代决定，可以分异年代为标尺；等级名称应按系统规则产生；阶元在平面上以列举方式表示时可采取缩格和 Nelson 所建议的顺序排列法表示等。

系统发育分类学派的主张在演化系统学家中自然会引起强烈的反对。Mayr 和 Bock（2002）发表了长文对前者的主张进行了剖析。他们认为，以分支（clade）作为分类学的分类排序系统（ordering systems）的排序对象脱离了分类学的本意，他们认为这样的排序不能称之为分类（classification），而只能称为“分支排列”（cladification）。另外，Mayr 和 Bock（2002）认为所有的分支分类学家在排序中只采用系谱（genealogy）这单一的标准，而完全不反映演化中实际发生的不同的分异（divergence）和多样性（diversity），是从达尔文分类思想的倒退。

以 Benton（2000, 2007）、Nixon 和 Carpenter（2000）等为代表的一大批生物学家和古生物学家认为，系统发育分类学派，除了其理论和方法上本身的种种瑕疵之外，从根本上讲，他们误解了系统发育本身和分类之间的关系。对前者认识的终点是真实的、单一的生命树；而后者是实用性的，可以有多种表现方式和方法。两者既不等同，后者不能、也不必完全一对一的表达前者。单从实用的观点看，把十几代科学工作者历经 250 余年按照演化理论不断改进的、由近 200 万个物种组成的庞大的阶元体系彻底抛弃而另建一新体系，是不可想象的，也是极难实现的。

分支系统学派的 N. Bonde 在 1977 年曾预言：“廿多年后，系统学和系统发育研究领域将由分支系统模式主宰；表征分类学（亦即数值分类学）将只用于特殊的目的；而综合手段（指演化分类学）则主要只有历史意义”(Bonde, 1977, p. 743)。到现在，30 余年过去了，Bonde 的预言有一部分是言中的：分支系统学现在确实占据了主导地位。在近 20 年来发表的有关系统发育和分类的专业论文中，已经鲜见非分支系统学观点的文章了。但是，数值分类学派所开创的运用计算机对分类系统进行模拟运算的方法（非加权配对均数法，UPGMA），大大地推动了数字化在分支分析和分支图创建中的应用。1969 年，A. G. Kluge 和 J. S. Farris 推出瓦格奈算法（Wagner algorithm）。此后大批计算机软件包相继问世，如 PAUP（Swofford, 1985）、Hennig86（Farris, 1988）、PHYLIP（Felsenstein, 1990）、MacClade（Maddison et Maddison, 1992），以及 TNT（Goloboff et al., 2011）等等。随着计算机技术的飞速发展，演算所用数据库越来越大，最近 O'Leary 等（2013）在 Science 上发表的关于有胎盘哺乳动物祖先的文章，就使用了 86 个分类元的 4541 个性状的矩阵。这似乎与数值分类学派依据“整体相似性”原则进行分类研究的初衷越来越接近了。另外，把演化分类学派看成是“主要只有历史意义”也是言过其实。至少 Mayr 和 Bock 在 2002 年对分支分类学派关于“谱系不能单独产生分类”的批评，仍然是很具说服力的。随着原始资料的快速积累和认识的不断深入，相信在不久的未来，在博采众长的基础上，以系谱（genealogy）和相似性（similarity）两项原则进行分类的排序系统（ordering system）定会出现，并将获得越来越多的生物学家的赞同。

（三）脊椎动物的分类

在传统教科书中，依据演化系统学的分类思想，脊椎动物，作为脊索动物门的一个亚门，一般被划分为圆口纲（Cyclostomata）、甲胄鱼纲（Ostracodermi）、盾皮鱼纲（Placodermi）、棘鱼纲（Acanthodii）、软骨鱼纲（Chondrichthyes）、硬骨鱼纲（Osteichthyes）、两栖纲（Amphibia）、爬行纲（Reptilia）、鸟纲（Aves）和哺乳纲（Mammalia），如图 28 所示。也有人（如 Nelson, 1994, 2006）对上述分类提出一些稍微不同的意见，如将硬骨鱼纲的两个亚纲提升到纲级分类单元，分别是辐鳍鱼纲（Actinopterygygii）与肉鳍

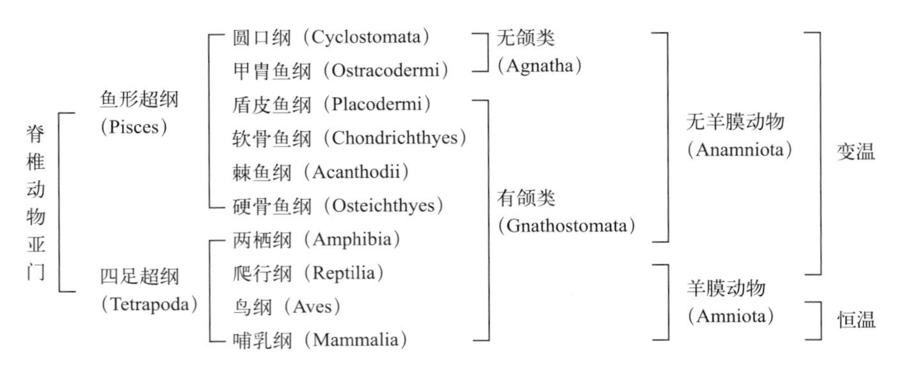

图 28　脊椎动物的传统分类

鱼纲（Sarcopterygii）等等。

系统发育分类学的创建人 de Queiroz 和 Gauthier 于 1992 年按照他们的学说提出了一个脊椎动物的分类（以下简称 QG92 分类），方案如下：

[unnamed] – Craniata

□Myxini – Myxinoidea

□Myopterygii – Vertebrata

□□Petromyzontida – Petromyzontidae

□□[unnamed] – Gnathostomata

□□□[unnamed] – Chondrichthyes

□□□□[unnamed] – Holocephali

□□□□[unnamed] – Elasmobranchii

□□□Teleostomi – Osteichthyes

□□□□Crossopterygii – Sarcopterygii

□□□□□Actinista – Latimeria

□□□□□Rhipidista – Choanata

□□□□□□Porolepida – Dipnoi

□□□□□□Osteolepida – Tetrapoda

□□□□□□□Temnospondyli – Amphibia

□□□□□□□□Apoda – Gymnophoina

□□□□□□□□Paratoidea – Batrachia

□□□□□□□□□Urodela – Caudata

□□□□□□□□□Salientia – Anura

□□□□□□□Anthracosauria – Amniota

□□□□□□□□Synapsida – Mammalia

□□□□□□□□□Prototheria – Monotremata

□□□□□□□□□Theriiformes – Theria

□□□□□□□□□□Metatheria – Marsupialia

□□□□□□□□□□Eutheria – Placentalia

□□□□□□□□Sauropsia – Reptilia

□□□□□□□□□Anapsida – Chelonia

□□□□□□□□□Diapsida – Sauria

□□□□□□□□□Lepidosauromorpha – Lepidosauria

□□□□□□□□□□Rhychocephalia – Sphenodon

□□□□□□□□□□Lacertia – Squamata

□□□□□□□□□Archosauromorpha – Archosauria

□□□□□□□□□□Pseudosuchia – Crocodylia

□□□□□□□□□□Ornithosuchia – Aves

□□□□[unnamed] – Actinopterygii

□□□□□Cladistia – Polypterus

□□□□□[unnamed] – Actinopteri

□□□□□□[unnamed] – Chondrostei

□□□□□□Neopterygii – Holostei

□□□□□□□Ginglymodi – Lepisosteidae

□□□□□□□[unnamed] – Halecostomi

□□□□□□□□Halecomorphi – Amia

□□□□□□□□[unnamed] – Teleostei

De Queiroz 和 Gauthier 对于 QG92 分类所作的注释是：①所有名称均系分支（clade）；②下属分类元依次缩格以表示其级别关系；③没有采用林奈式等级体系；④相当于属的名称（如 Sphenodon）和其他分类元的名称一样，首字母大写，但不用斜体；⑤不用冗余（阶元）名称；⑥每一对姐妹分类元中，前者比后者所含的现生种少；⑦同一级的两个名称中，前者系干支型定义的分支（实际应为 Sereno 后来所称之全支 [total clade]），该分支包含后面所列之冠支（crown clade），以及在亲缘关系上与该冠支近而与其他冠支远的灭绝分类元。后者系冠支，为节点型分支。⑧广用名称用于冠支，不太知名的名称用于干支型定义的分支（应为全支）。

QG92 分类应该是系统发育分类学派严格按照其理论标准作出的分类。它具有三个主要特点：①分类为二分 - 全套叠 - 相对等级体系，级别从祖先向后代逐级降低，以缩格形式表现；二分的姐妹群具有同等相对级别。②分类阶元等级的确定仅基于现生类群；③用成对名称对每一阶元的分类元进行命名：基于干支型定义的全支（total clade）名称在前，冠支（crown clade）名称在后，前者将后者包括在内。

按照 QG92 分类，有头类（Craniata）分为盲鳗类（Myxinoidea）和脊椎动物类（Vertebrata）两类；脊椎动物又分为七鳃鳗类（Petromyzontida）和有颌类（Gnathostomata）两类；有颌类又分为软骨鱼类（Chondrichthyes）和硬骨鱼类（Osteichthyes）两类；硬骨鱼类又再分为肉鳍鱼类（Sarcopterygii）和辐鳍鱼类（Actinopterygii）两类；从肉鳍鱼类中通过多次双分过程最后分别产生出哺乳动物和鸟类；从辐鳍鱼类中双分出大部分现生的鱼类。虽然在这个分类中只分出了 11 个级别，但仅划分到现行分类的纲级（哺乳动物和鸟类），如再继续划分下去将有更大量的级别出现，这是以缩格方式表达级别的手段所无法承受的。其次，以全支和冠支组合所形成的成对名称命名同一级别的做法会造成逻辑上的混乱，即同一级别同一分类元却又内涵不同（前者包含后者）。这一成对命名法至今无人在实践中采用，de Queiroz 和 Gauthier 本人也没有再用。

Machael J. Benton 一贯主张既要充分遵循分支系统学的基本要义，又要采取某些必要的折中措施以保留林奈分类学的套叠等级体系。他于 2005 年提出了一个“保守的分支系统”或“分段套叠等级体系”的方案（以下称为 B05 分类）。这一方案既保留了林奈式的绝对级别（门、纲、目等），又接受了诸如姐妹组不必赋于同级阶元等的修订意见，并且仍然将传统的基于冠群的鱼、两栖类、爬行类、鸟和哺乳动物分段叙述；此外也采取缩格以表示阶元的高低和以顺序排列表示分支的先后等。

简化的 B05 分类方案（* 代表并系类群，† 代表已灭绝的分类元）如下：

Phylum Chordata
 Subphylum Tunicata
 Subphylum Cephalochordata
 Subphylum Vertebrata
 Class Agnatha*
 Infraphylum Gnathastomata
 Class †Placodermi
 Class Chondrichthyes
 Class †Acanthodii
 Class Osteichthyes
 Subclass Actinopterygii
 Subclass Sarcopterygii
 Order Dipnoi
 Infraclass Crossopterygii
 Infraclass Tetrapodomorpha
 Order †Rhizodontida
 Order †Osteolepiformes
 Order †Panderichthyida
 Superclass Tetrapoda
 Class Batrachomorpha
 Class Unnamed
 Superorder †Lepospondyli
 Superorder Reptiliomorpha
 Order †Anthracosauria*
 Order †Seymouriamorpha

Order †Diadectomorpha
Series Amniota
Class Synapsida
Order †Pelycosauria
Order Therapsida
Suborder Cynodontia
Class Mammalia
Class Sauropsida
Subclass Anapsida
Subclass Diapsida
Infraclass †Ichthyosauria *sedis mutabilis*
Infraclass Lepidosauromorpha
Infraclass Archosauromorpha
Division Archosauria
Subdivision Crurotarsi
Subdivision Avemetatarsaria
Infradivision Ornithodira
Order †Pterosauria
Superorder Dinosauria
Order †Ornithischia
Order Saurischia
Suborder †Sauropodomorpha
Suborder Theropoda
Infraorder Coelophysoidea
Infraorder Ceratosauria
Infraorder Tenanurae
Division †Carnosauria
Division Coelurosauria
Subdivision Maniraptoriformes
Infradivision Maniraptora
Class Aves

从根本上说，B05 分类是建立在分支系统学基础之上的。这表现在：①其分类元绝大多数都是单系类群，仅保留了少数并系类群，如 Agnatha, Anthracosuria 等；②它体现了根据共祖晚近程度（recency of common ancestry）确定阶元级别这条主线，即分类元产生的阶元越老，其级别越高。

但 B05 分类又在采取一系列补救和折中措施的基础上保留了林奈分类的阶元等级体系。其补救措施是，为了解决因分支大量增加而产生的增加阶元数目的需求，在 B05 分类中增加了两个主阶元，即 Division 和 Series。遗憾的是，在 Division、Series 的使用上明显有前后不一致的地方。在四足动物分类中，Division 介于 Class 和 Order 之间，而在鱼类分类中，Division 与 Order 两个阶元级别之间的套叠关系不稳定。Series 的使用更是比较随意，在鱼类分类中 Series 介于 Superorder 和 Order 之间，而在四足动物分类中，Series 处在纲级分类阶元之上。另一个重要的补救措施是采用了分段的套叠等级体系。在分段的重要节点（如四足动物、鸟类、哺乳动物等）上，有关类群的阶元等级发生转换和提升。这兼顾了多样性程度不同这条辅线，同时也可以显著减少分类体系中的级别数，使得分类更简明。B05 分类所采取的折中措施主要是大量使用了以顺序排列表示分支先后的办法，从而大大减少了分支的层次。

总之，B05 分类既坚持了分支系统学这条主线，同时又兼顾了体现多样性程度不同（degree of diversity）这条辅线。这与 Mayr 和 Bock（2002）所强调的、由达尔文首先提出的以系谱和相似性这两条标准作为分类依据的思想是吻合的。Mayr 和 Bock（2002）把这种以双标准为基础的分类也称作达尔文分类（Darwinian classification）。

以 QG92 分类为代表的现行系统发育分类方案，已不再强调林奈分类中的绝对阶元体系（至少在目级以上如此），其套叠关系以缩格方式表示。然而，林奈分类的绝对级别（门、纲、目等）能更直观地体现分类元之间的相互关系，因此有其存在的合理性。不过，如果严格地将姐妹群赋以同级阶元，分类阶元的级别数将变得很多。即使按照 QG92 分类，分类阶元的等级仅基于现生类群，级别数仍很多。此种情况下，如仍保留林奈分类学的套叠等级体系，只好通过补充一些新的阶元级别（如 division, cohort, tribe 等）或在原有阶元级别前加前缀（sub-, infra-, super- 等）来实现。同时，在一个完整的分类体系中（如脊椎动物的分类），有一些习惯使用的分类元（如四足动物）的级别会压得很低，这就会跟通行的分类方案发生很大的冲突。

为了避免上述问题，我们对 B05 分类略加改进，提出以下的分类方案（在鸟纲和哺乳动物纲内略去次级阶元），供本志书编撰者和读者参考。主要改进处有以下三点：①删去 B05 分类中创建的 Division 和 Series 阶元，代之以其他现成的阶元级别。②尽量完整地体现依据分支的早晚确定阶元的级别和两分的演化模式。在脊椎动物亚门（Subphylum）之下分为无颌和有颌两个下门（Infraphylum），将有颌下门再分为鱼和四足动物两个巨纲（Magnoclass），但四足动物巨纲只设一个羊膜动物超纲（Superclass），羊膜动物超纲再分为爬行动物（由此产生鸟纲）和下孔类（由此产生哺乳动物纲）两个大纲（Grandoclass）等等。③以更明确的方式标示出四次分类元级别的转换和跃升（Tetrapoda, Amniota, Aves 和 Mammalia）。

下面的分类主要依据我国已发现的化石门类建立。个别在我国未发现、但较重要的化石门类用下划线表示；分类元（以 * 标注的除外）皆为单系类群。* 代表并系类群，是传统上惯用的分类群名称。† 代表仅在化石中保存的分类元；< 表示在该分类元中的一个分支（以括号在其后列出，粗体）在本志分类体系中发生分类元级别的转换。

Phylum Chordata 脊索动物门

□Subphylum Urochordata 尾索动物亚门

□Subphylum Cephalochordata 头索动物亚门

□Subphylum Vertebrata（= Craniata） 脊椎动物亚门

□□Infraphylum Agnatha* 无颌下门

□□□□□□□□□□□□Order †Myllokunmingiida 昆明鱼目

□□□□□□Class Cyclostomata 圆口纲

□□□□□□□Subclass Myxini 盲鳗亚纲

□□□□□□□Subclass Petromyzontida 七鳃鳗亚纲

□□□□□□Class †Ostracodermi* 甲胄鱼纲

□□□□□□□Subclass †Anaspida 缺甲鱼亚纲

□□□□□□□Subclass †Astraspida 星甲鱼亚纲

□□□□□□□Subclass †Arandaspida 阿兰达鱼亚纲

□□□□□□□Subclass †Heterostraci 异甲鱼亚纲

□□□□□□□Subclass †Thelodontida 花鳞鱼亚纲

□□□□□□□Subclass †Pituriaspida 茄甲鱼亚纲

□□□□□□□Subclass †Osteostraci 骨甲鱼亚纲

□□□□□□□Subclass †Galeaspida 盔甲鱼亚纲

□□Infraphylum Gnathostomata 有颌下门

□□□Magnoclass Pisces* 鱼巨纲

□□□□□□Class †Placodermi* 盾皮鱼纲

□□□□□□□□□□□□Order †Antiarcha 胴甲鱼目

□□□□□□□□□□□□Order †Arthrodira 节甲鱼目

□□□□□□□□□□□□Order †Petalichthyida 瓣甲鱼目

□□□□□□□□□□□□Order †Acanthothoraci 棘胸鱼目

□□□□□□□□□□□□Order †Ptyctodontida 褶齿鱼目

□□□□□□□□□□□□Order †Rhenanida 萌鳐鱼目

□□□□□□Class †Acanthodii* 棘鱼纲

□□□□□□□□□□□□Order †Climatiiformes 栅棘鱼目

□□□□□□□□□□□□Order †Ischacanthiformes 锉棘鱼目

□□□□□□□□□□□□□Order †Acanthiformes 棘鱼目
□□□□□□□Class Chondrichthyes 软骨鱼纲
□□□□□□□□Subclass Holocephali 全头亚纲
□□□□□□□□Subclass Elasmobranchi 板鳃亚纲
□□□□□□□Class Osteichthyes 硬骨鱼纲
□□□□□□□□Subclass Actinopterygii 辐鳍鱼亚纲
□□□□□□□□□Infraclass Cladistia 枝鳍鱼下纲
□□□□□□□□□Infraclass Actinopteri 辐鳍鱼下纲
□□□□□□□□Subclass Sarcopterygii 肉鳍鱼亚纲
□□□□□□□□□Infraclass Actinista 空棘鱼下纲
□□□□□□□□□Infraclass Dipnomorpha 肺鱼形下纲
□□□□□□□□□Infraclass Tetrapodomorpha 四足形下纲 <（Tetrapoda）
□□□Magnoclass **Tetrapoda** 四足动物巨纲
□□□□□□□□□□□□□Order †Ichthyostegalia* 鱼石螈目
□□□□□□□Class Amphibia（=Batrachomorpha） 两栖纲（= 蛙型纲）
□□□□□□□□□□□□□Order †Lepospondyli 壳椎目
□□□□□□□□□□□□□Order †Temnospondyli* 离片椎目
□□□□□□□□Subclass Lissamphibia 滑体两栖亚纲
□□□□□□□□□□□□□Order Gymnophiona 蚓螈目
□□□□□□□□□□□□□Order Anura 无尾目
□□□□□□□□□□□□□Order Urodela 有尾目
□□□□□□□Class Reptiliomorpha 爬行型纲
□□□□□□□□□□□□□Order Anthracosauria 石炭蜥目
□□□□□□□□□□□□□□Suborder †Embolomeri 楔椎亚目
□□□□□□□□□□□□□□Suborder †Seymouriamorpha 西蒙螈型亚目
□□□□□□□□□□□□□□Suborder Diadectomorpha 阔齿龙型亚目 <（Amniota）
□□□□Superclass **Amniota** 羊膜动物超纲
□□□□□Grandoclass Reptilia（= Sauropsida） 爬行大纲
□□□□□□□Class Anapsida 无孔纲
□□□□□□□□□□□□□Order †Procolophonia 前棱蜥目
□□□□□□□□□□□□□Order †Pareiasauroidea 锯齿龙目
□□□□□□□□□□□□□Order Testudina 龟鳖目
□□□□□□□Class Eureptilia 真爬行纲
□□□□□□□□Subclass †Captorhinida 大鼻龙亚纲

□□□□□□□Subclass Diapsida 双孔亚纲

□□□□□□□□Infraclass †Ichthyosauria 鱼龙下纲

□□□□□□□□Infraclass Lepidosauromorpha 鳞龙型下纲

□□□□□□□□□□Magnorder †Sauropterygia 鳍龙巨目

□□□□□□□□□□□□Order †Placodontia 楯齿龙目

□□□□□□□□□□□□Order †Nothosauroidea 幻龙目

□□□□□□□□□□□□Order †Plesiosauria 蛇颈龙目

□□□□□□□□□□Magnorder Lepidosauria 鳞龙巨目

□□□□□□□□□□□□Order Rhychocephalia 喙头蜥目

□□□□□□□□□□□□Order Squamata 有鳞目

□□□□□□□□Infraclass Archosauromorpha 主龙型下纲

□□□□□□□□□Parvclass Archosauria 主龙小纲

□□□□□□□□□□Magnorder Crurotarsi 镶嵌踝巨目

□□□□□□□□□□□Superorder Crocodylomorpha 鳄型超目

□□□□□□□□□□□□Order Crocodylia 鳄目

□□□□□□□□□□Magnorder Avemetatarsalia 鸟蹠巨目

□□□□□□□□□□□Superorder †Pterosauria 翼龙超目

□□□□□□□□□□□Superorder Dinosauria 恐龙超目

□□□□□□□□□□□□Order †Ornithichia 鸟臀目

□□□□□□□□□□□□Order Saurischia 蜥臀目

□□□□□□□□□□□□□Suborder Theropoda 兽脚亚目 <（Aves）

□□□□□□Class **Aves** 鸟纲

□□□□□Grandoclass Synapsida 下孔大纲

□□□□□□□□□□□□Order †Pelycosauria 盘龙目

□□□□□□□□□□□□Order Therapsida 兽孔目

□□□□□□□□□□□□□Suborder Cynodontia 犬齿兽亚目 <（Mammalia）

□□□□□□Class **Mammalia** 哺乳纲

六、中国古脊椎动物学发展简史

（一）中国古代对脊椎动物化石的认识

在中国古代，脊椎动物化石很早就引起了普通百姓的关注。这主要是由两个极为特殊的因素造成的：一是中国早在六千多年前的红山文化时期就已孕育形成了对“龙”的崇拜，而“龙”又被和脊椎动物化石联系在了一起；二是古人对于中药材知识的重视和认知，而哺乳动物化石（可能也有少量爬行类的化石）又被看作是“龙骨”，是一种传统的中药。

“龙骨”一词，在历史文献中最早出现于《山海经》。该书由战国初至汉代初的不同作者编写，最后由西汉末年刘向（公元前77– 公元6）和刘歆（？ – 公元25）父子校订合编而成，当于公元元年前后成书。在《山海经》第五卷（中山经）中记载：“……又东二十里，曰金星之山，多天婴，其状如龙骨，可以已痤”。《山海经》中所述之事，据有关专家考证，大多发生于战国（公元前476– 前221）至西汉（公元前202– 公元9）初期，亦即最早可前溯至公元前五世纪。此处“龙骨”用来描述一种未知植物“天婴”的形状（例如，可理解为形状如“龙”之骨的植物）。这样一来，这一记载中的 “龙骨”是否就是后来用作药材的龙骨，也就很难确切断定。根据李约瑟的提示，班固（公元32–92）在其所著《前汉书 沟洫志》中记载：“自徵引洛水至商颜下。……穿得龙骨，故名曰龙首渠”（李约瑟，1976，326页）。前汉书中所发生的事，据李约瑟的推算，当发生在公元前133年。《汉书》中有关部分还记载：“师古曰：徵，即今所谓澄城也”。澄县位于西安东北约130 km，附近黄土地层发育，发现哺乳动物化石的可能性非常大。这表明，至少在公元前二世纪中国古人已对“龙骨”有所认知。在文献中，真正把“龙骨”和药材联系在一起的是在魏朝（220–265）吴普（华佗弟子）所撰《吴普本草》中。据专家考证，该书分记神农、黄帝、岐伯、桐君、雷公、扁鹊、华佗、弟子李氏等对各类药品的认识，所说性味甚详，也是《神农本草经》古辑最早的注本。该书虽托神农之名，实述皆为秦汉时期诸多医学家的经验总结。该书中记载，作为上品药用的“龙骨，是龙死骨也”。综上所述，古人至少在公元前二世纪就对“龙骨”有所认识，至公元元年前后已有文字记载，至公元三世纪，其药物特性已广为医药界人士所了解。

公元五世纪，北朝时期北魏郦道元（约470–527）在《水经注》中就有对鱼化石较准确的记载：“涟水……出湘乡县西百六十里，控引众流，合为一溪，东入衡阳湘乡县，历石鱼山，下多玄石。山高八十余丈，广十里。石色黑而理若云母。开发一重，辄有鱼形，鳞鳍首尾宛如刻画，长数寸，鱼形备足，烧之作鱼膏腥，因以名之。”

此后历朝历代在各种版本的《本草》中都有关于龙骨和鱼化石的记载。唐宋时期（公元七至十三世纪），不但对“龙骨”和鱼化石的记载大量增加，而且对于它们的认识也增加了很多科学成分。例如，宋朝的杜绾（号云林居士），写了一本关于石头的著作，叫作《云林石谱》（约成书于1118–1133年间），其中详细记载和描述了116种石头的产地、采法和形状。关于鱼龙石的一段引录如下：“鱼龙石：潭州湘乡县山巅，有石卧生土中。凡穴地数尺见青石，即揭去，谓之盖鱼石。自青石之下，色微青或灰白者，重重揭去。两边石面有鱼形，类鳅鲫，鳞鬣悉如墨描。穴深二三丈，复见青石，谓之载鱼石。石之下，即着沙土。间有数尾如相随游泳，或石纹斑剥处全然藻荇。凡百十片中无一二可观。大抵石中鱼形反侧无序者颇多。或有石中两面如龙形作蜿蜒势，鳞鬣爪甲悉备，尤为奇异。土人多作伪，以生漆点缀成形。但刮取烧之有鱼腥气，乃可辨。又陇西（今甘肃渭源县东南）地名鱼龙川。掘地取石，破而得之，亦多鱼形，与湘乡所产无异。岂非古之陂泽，鱼生其中，因山颓塞岁久，土凝为石而致然欤。杜甫诗有水落鱼龙夜，山空鸟鼠秋，正谓陇西尔。”从此文可以看出，杜绾已相当准确地论述了鱼化石形成过程，甚至连造假化石的现象都记录了下来。由此李约瑟甚至推测，杜绾的上述见解较之于达·芬奇关于鱼化石成因的观点要早近四百年。

到明朝李时珍编撰出版《本草纲目》(1578 年完成，去世后于 1596 年出版）时，对作为药用的“龙骨”的种类、品质、产地等都有了很详细的记述。这可以看作是古人对作为药用的“龙骨”的认识的最高峰。

古人并没有在唐宋时期认识到鱼化石的生物属性的基础上继续前进，而是沿着把“龙骨”看作是药材和观赏石的方向走了下去。这虽然导致了对“龙骨”的无法估量的破坏和损失，但也逐渐积累了丰富的关于“龙骨”产地的信息。在 19 世纪和 20 世纪初期，这些信息对于外国考察者来中国搜寻脊椎动物化石曾经起到过十分重要的作用。

1949 年中华人民共和国成立之后，政府曾多次采取措施、制定法令，对脊椎动物化石予以保护，但收效时好时坏，总体效果不佳。20 世纪 80 年代以后，民间将“龙骨”作为观赏石的一类予以交易，市场经济利益逐渐成为民间采挖“龙骨”的主要驱动力，“龙骨”造假之风也随之猖獗起来。总之，民间自发采集“龙骨”的活动，对于古脊椎动物学这门相对新生的学科来说有利有弊，但总体来讲弊大于利。

（二）现代古脊椎动物学在中国的诞生与发展

古脊椎动物学作为现代科学的一个分支学科产生于 19 世纪初的欧洲，并很快传入中国。法国动物解剖学家居维叶（G. Cuvier, 1769–1832）被公认是古脊椎动物学的创始人。他运用解剖学的方法对当时已知的脊椎动物化石与现生门类进行了科学的对比，并大体确定了它们与现生门类的关系以及分类位置。其经典著作《脊椎动物化石骨骼研究》于 1812–1836 年连出 4 版。居维叶以其缜密的研究折服了整个欧洲学术界。1825 年，法国另一研究脊椎动物化石的权威学者布兰维伊（H. M. Ducrotay de Blainville, 1777–1850）创造了古生物学（Paléontologie）一词，该词原意就是研究古代生物的学问。古脊椎动物学是其中的一部分。

中国古脊椎动物学的发展进程大致可划分为三个阶段。

1. 中国古脊椎动物学的萌芽阶段（1839–1911 年）

第一个把中国的脊椎动物化石作为科学研究对象看待的是苏格兰学者法孔内（Hugh Falconer, 1808–1865）。他于 1839 年写了一篇短文，记述了发现于喜马拉雅山尼提山口

（Niti Pass）以北（中国西藏阿里地区扎达附近）的一些哺乳动物化石，其中包括犀类的一些牙齿和肢骨及某些牛类的肢骨。1847 年在他和考特雷（Proby Thomas Cautley, 1802–1871）一起出版的《Fauna Antiqua Sivalensis》图集中，发表了上述犀及牛类肢骨的图片，但正文直至法孔内去世后的 1868 年在其遗著出版时，才正式发表。

鸦片战争（1840 年）后，英、德、美、俄、法、日、瑞典、比利时、匈牙利等国的地质、地理学家，曾通过不同渠道和方式来华考察。他们的足迹几乎遍及全中国，获得了相当丰富的地质、地层和古生物资料，其中就包括大量收购到的“龙骨”。先后参与这些“龙骨”研究的主要是英、法、德、匈等国的学者，如 Adams（1868）、Owen（1870）、Gaudry（1872）、Koken（1885）、Lydekker（1881, 1883, 1891, 1901）、Széchenyi（1899）和 Schlosser（1903）等。其中有比较重要学术价值的文献有以下一些：①英国解剖学家欧文（Richard Owen, 1804–1892）于 1870 年在伦敦地质学会会刊上发表的“中国出产的哺乳动物化石”一文，该文详细记述了 6 个第四纪哺乳动物的新种。这一文献至今仍有很重要的参考价值，标志着对中国脊椎动物化石研究的真正开始。②德国学者寇肯（Ernst Hermann Friedrich von Koken, 1860–1902）于 1885 年出版的《关于中国化石哺乳类》专著。该专著所依据的材料主要是李希霍芬（Ferdinand Freiherr von Richthofen, 1833–1905）于 1868–1872 年在中国从事地理地质调查期间所搜购的“龙骨”和“龙牙”。李希霍芬是在我国最早比较系统地采集“龙骨”的外国学者。他用了近四年的时间，几乎走遍了我国东部各省，而且还深入到西北内地。考察中，李希霍芬随时注意搜购“龙骨”。这些材料虽无确切产地，但绝大多数都来自滇、川、晋、陕、甘等省。寇肯在其专著里共记述了 27 个新类别的哺乳动物化石，其中有 7 个新种和 4 个未定新种。这是有关我国新生代晚期哺乳动物化石的第一部专著。③德国古哺乳动物学家舒罗塞（Max Schlosser, 1854–1932）于 1903 年出版的《中国的化石哺乳动物》。这是研究我国新生代晚期哺乳动物化石最重要的一部经典著作。

1902 年是我国首次发现恐龙化石的一年。是年俄国马纳金（Manakin）上校从黑龙江省嘉荫县渔民手中收集到一些在黑龙江南岸发现的大型动物化石。遗憾的是，当时人们认为是猛犸象的化石，只是到了十几年后，这些化石才被确认是中国首次发现的恐龙化石。

1903 年 9 月至 1904 年 1 月，供职印度支那地质调查所的 H. Lantenois 和 M. Counillon 在滇越铁路沿线附近的地质调查中，获得了一些化石，交其同事满苏（H. Mansuy）研究。其中云南华宁县盘溪的鱼化石，代表了中国古生代脊椎动物化石的最早报道（Mansuy, 1907）。1912 年，满苏还首次描述了澄江动物群中的软躯体化石。有重要古生物学贡献的是戴普拉（Jacques Deprat, 1880–1935）的考察。他从 1909 年冬开始在滇东开展地质调查，历时逾 15 个月，调查面积达五万平方公里，采集了大量化石。戴普拉因对滇东地质包括对化石的研究而一举成名，但也因此遭到猜疑和诋毁。法国人曾为此专门开过听证会，有人说他的大作《滇东地质研究》仅仅百分之二十是比较可靠的。戴普拉由于这一“丑闻”而丢了工作。今天看来这可能是古生物学史上的一桩学术冤案（Janvier, 1997）。

2. 中国古脊椎动物学的诞生和初期发展阶段（1912–1949 年）

（1）中国地质调查所的创建

1912 年 1 月孙中山在南京就任国民政府临时大总统时，我国刚刚有了第一批从国外学成回国的地质专门人才。1911 年辛亥革命胜利之前不久，章鸿钊（1877–1951）从日本东京帝国大学地质系毕业后回国；丁文江（1887–1936）则在英国格拉斯哥大学获动物学和地质学双学士后回国。他们都在京师学部举行的留学生考试中以最优等成绩成为清朝最后一批“格致科进士”。国民政府随即在实业部下设矿物司地质科，任命章鸿钊为科长。是年 4 月临时政府北迁后实业部分为工商和农林两部；章被改任农林部技正。1912 年底，翁文灏（1889–1971）从比利时天主教鲁汶大学（Catholic University of Louvain）获博士学位（我国第一位地学博士）后归国。1913 年 2 月丁文江被任命为工商部（是年 10 月又与农林部合并为农商部）矿政司地质科科长。章、丁、翁三位元老从一开始就十分注意我国地质专门人才的培养。是年 6 月成立了以培养地质人才为目的的地质研究所（Geological Institute），章和丁都曾任过该所所长。地质研究所开办至 1916 年 7 月，第一批 22 名学员结束学业，其中 18 名获毕业证书，在毕业生中有 13 人直接进入农商部地质调查所工作，成为该所的骨干。此后地质研究所即停办。1913 年 9 月工商部任命丁文江为地质调查所（Geological Survey）所长兼地质研究所所长（李学通考证）。此时，或稍后，丁文江和德国地质学家梭尔格（F. Solger）赴河北、山西进行地质矿产调查，随后又只身赴云南考察，直至 1915 年初才回到北京。1916 年 2 月地质调查所升为农商部直属的地质调查局。张轶欧任局长，丁文江和安特生任会办（副局长），下设四股一馆。丁文江实为实际领导人，兼任地质矿产博物馆馆长，章鸿钊任地质股长兼编译股长，翁文灏任矿产股长兼地形股长。至此中国政府才正式有了负责全国地质调查工作的专门机构。1916 年 10 月地质调查局又恢复原地质调查所的名称和地位（农商部矿政司属下）。鉴于地质调查工作对大批地质专门人才的迫切需求，经丁、翁两位积极筹划组织与推荐，当时已是国际古生物学权威的葛利普（Amadeus William Grabau, 1870–1946），于 1920 年到北京大学任教，11 月开始授课；我国在国外留学生中的佼佼者李四光，也于 1921 年 1 月赴北京大学就任。从此北京大学地质古生物学人才的培养很快步入正规。至此中国的地质事业已有了系统的管理、调查和人才培养的机构。

（2）中国新生代研究室的成立和中国古脊椎动物学学科的诞生

地质调查所创立的初期，虽然也有地质调查所的地质工作者短期参与过少量的脊椎动物化石的调查和发掘工作［例如谭锡畴（1892–1952）于1922年陪同安特生（Johan Gunnar Andersson, 1874–1960）在山东蒙阴调查白垩纪地层，发现鱼、龟和恐龙化石］，但此时我国尚无专门从事脊椎动物化石的研究人员。我国第一位真正的古脊椎动物学家是杨钟健（1897–1979）。杨于1918年21岁时考入北京大学，先为理科预科学生，1919年转入地质系本科。1920年，葛利普开始在北京大学讲授古生物课程，使杨对古生物学产生了极大的兴趣。杨毕业前，葛利普建议他将来从事古脊椎动物学事业。1923年北京大学毕业后，考虑到最早系统研究中国古哺乳动物化石的大师舒罗塞即在慕尼黑，因此杨持葛利普写给德国慕尼黑大学布洛里（F. Broili）的推荐信来到了慕尼黑。根据翁文灏（时为中国地质调查所代理所长）、李四光和安特生的建议，杨的博士论文材料确定为安特生在我国华北所采三趾马动物群中的啮齿类化石。1927年杨钟健的博士论文《中国北部之啮齿动物化石》以专著形式在《中国古生物志》丙种发表（Young, 1927）。这是中国学者发表的第一部古脊椎动物学专著，也标志着中国古脊椎动物学家研究工作的开始。

1926年周口店两颗人牙化石的发现，大大激发了北京协和医学院教授步达生（Black Davidson, 1884–1934）在中国寻找早期猿人化石的热情。与此同时，安特生团队此前在河南、山西等地发现的丰富的三趾马动物群的化石，也使中国的古哺乳动物和古人类及新生代陆相地层的研究日益受到关注。步达生建议时任地质调查所所长的翁文灏，向洛克菲勒基金会申请资助，对周口店遗址进行系统发掘。稍后，翁文灏、丁文江和步达生等又开始筹划建立专门研究新生代地层和哺乳动物化石的研究机构。经过多次商讨后决定，由地质调查所与由洛克菲勒基金会资助的协和医学院合作创办“新生代研究室”。1929年2月8日，翁文灏和步达生拟订了《中国地质调查所新生代研究室组织章程》，是年4月19日新生代研究室正式成立。丁文江为名誉主持人，步达生为主任，1928年春刚从德国慕尼黑大学学成归国的杨钟健任副主任，地质调查局顾问德日进兼任古生物学研究员，刚从北京大学地质系毕业的裴文中（1904–1982）为古生物学助理研究员。从此，中国有了专门研究古脊椎动物学和古人类学的学术机构。这可以看作是古脊椎动物学学科正式在中国诞生。

（3）周口店遗址的系统发掘和化石研究

周口店遗址的系统发掘实际上始于1927年。1927年1月，美国洛克菲勒基金会正式决定拨款2.4万美元支持为期3年（1927–1929年）的周口店遗址发掘计划。1927年2月，翁文灏和步达生草拟了《中国地质调查所与北京协和医学院关于合作研究华北第三和第四纪堆积物的协议书》，规定了双方合作的基本原则，并对周口店系统发掘工作的主要人员作了安排。项目名誉主持人是丁文江，中外专家共同参加。1927年4月项目开始实施。根据安特生的建议，步林（B. Bohlin, 1898–1992）作为瑞方的代表，在1927–1928

年间作为古生物学家参加周口店的发掘工作。李捷（1894–1977）作为地质调查所的官方代表，负责地质和地形测量。1927 年步、李从 4 月开始一直工作至 10 月，发现了大量的哺乳动物化石，共装500余箱。其中最大的收获是，在发掘的最后阶段，在师丹斯基（Otto Zdansky, 1894–1988）原先发现过古人类牙齿的地方又发现一颗下臼齿。是年 12 月步达生主要根据这颗下臼齿定了人科的一个新属新种，*Sinanthropus pekinensis*（李济开始译为“支人”北京种，后多称为“中国猿人北京种”，简称“中国猿人”或“北京猿人”）。1928 年，除步林外，杨钟健取代李捷，裴文中作为杨钟健的助手一起参加了周口店遗址的野外发掘。

新生代研究室成立后，周口店遗址的发掘继续进行。1929 年秋，步林参加中 - 瑞中国西北考察团，而杨钟健和德日进（Pierre Teilhard de Chardin, 1881–1955）赴晋、陕等地考察新生代地层，裴文中成为周口店野外发掘工作的实际负责人。十分幸运的是，就在这年冬天 12 月 2 日下午快收工时，在开掘后来称之为“猿人洞”底部地层时发现了一具保存相当完好的“北京猿人”的头盖骨。1930 年开始在第三、四、九地点和山顶洞进行了发掘。1931 年春，贾兰坡（1908–2001）被地质调查所录取为练习生，开始参加周口店的野外发掘。1931 年，卞美年（1908–2002）于燕京大学地质系毕业后参加周口店工作。1933 年，开始在山顶洞（更新世晚期沉积）发掘，于 11 月一举发现智人头骨 3 个、若干躯干骨、石器及装饰品等；同时在第三和新发现的第十二、十三和十四等地点开始发掘，其中第十三地点哺乳动物化石尤多。1935 年开始在第十五地点发掘。1936 年，李悦言（1908–1995）从北京大学地质系毕业，考入实业部地质调查所，被派到周口店协助贾、卞主持发掘工作。这一年是丰收的一年：11 月 15–26 日 12 天内贾兰坡连续发现了 3 个“北京猿人”的头盖骨，贾兰坡也因此优异成绩而于 1937 年初被晋升为技士。总之，到抗日战争爆发前，在周口店发掘中总共获得约 40 个北京猿人个体的化石（包括 5 个头盖骨，若干头骨碎块，14 件下颌，单个牙齿 64 枚及若干肢骨）以及大量动物化石、石器、骨器、用火遗迹等；此外，还发现包括 3 个较完整头骨在内的、约 8 个个体的“山顶洞人”化石。对这些化石的研究，绝大部分都在 20 世纪 30 年代至 40 年代初即已完成并发表。除去大量报道和短文之外，仅专著就出版 22 部。其中人类化石有 8 部（1927–1943 年），由步达生和魏敦瑞（Franz Weidenreich，1873–1948）撰写；石器、骨器及文化有 2 部（1938–1941 年），分别由步日耶（Henri Edouard Prosper Breuil, 1877–1961）和裴文中发表；周口店各个地点的哺乳动物化石 11 部（1930–1941 年），主要由杨钟健和裴文中研究发表，其中只有一部由师丹斯基完成，另有两部是德日进作为合作者参与完成的。此外尚有鱼类等化石一部，由卞美年于 1934 年完成。至此，周口店已经成为全世界在第二次世界大战结束前发掘出“猿人”及其伴生动物化石最丰富、研究程度最高的一个地点。不幸的是，所有人类化石在第二次世界大战中都丢失了。

（4）杨钟健对新生代晚期陆相地层与哺乳动物化石的考察（1929–1937 年）

新生代研究室成立后，杨钟健立即展开对我国新生代地层的大范围考察，以每年至少 3 个月的野外调查的力度，8 年间几乎跑遍全国当时已知的新生代哺乳动物化石产地附近的地层，还发现了一批新的化石地点。1929 年夏，杨和德日进赴晋西和陕北考察，自太原至静乐，西去保德，过黄河抵府谷，西南行至神木、榆林，又东行过黄河至吕梁山西麓，向南直至稽山，然后沿汾河回太原，把安特生等在晋、陕发现哺乳动物化石的地点全都重新考察了一遍。此行的收获已于 1931 年在《中国古生物志》丙种以专著形式发表（Teilhard de Chardin et Young, 1931）。1930 年杨钟健 3 次出差，先与步达生、德日进、裴文中同去唐山，发现贾家山裂隙堆积及哺乳动物化石，又与德日进和王恒升（1901–2003）同去东北，最后又与广州中山大学地质系教授张席褆（1898–1966，师从欧洲著名古生物学家 Othenio Abel 教授，1928 年获维也纳大学博士学位后回国）和德日进，共同参加了美国第三中亚考察团在内蒙古通古尔附近铲齿象动物群的发掘。1931 年杨钟健参加中法科学考察团在内蒙古至新疆一带考察。1932 年春，杨钟健与德日进同行，考察了整个晋东南地区，在寿阳及榆社地区发现了极为丰富的以上新世哺乳动物为主的化石地点。这些地点后来成为法国神父桑志华（Emile Licent, 1876–1952）和美国人弗里克（Childs Frick, 1883–1965）进行大规模采集的基地。1933 年，杨钟健与裴文中先赴河北井陉考察第四纪裂隙堆积，然后南行入豫至新乡，再西行至晋豫交界处考察安特生所发现的化石地点。1934 年杨钟健将考察延伸至长江流域，先至南京考察雨花台砾石层及下蜀红黏土，又至庐山参观冰川沉积，向西至重庆万县，考察盐井沟裂隙堆积中的动物群，直至成都。是年秋又与卞美年一起赴鲁东，考察蒙阴之恐龙化石地点及附近古近纪的哺乳动物化石地点。1935 年春，杨钟健与德日进和裴文中共同考察了两广的洞穴，后来又单独去山东临朐采集中新世化石，收获颇丰；稍后又与卞美年共同赴甘，至兰州和永登一带考察咸水河地层，并根据所采化石定其为中新世地层。1936 年杨钟健和袁复礼（1893–1987）陪同加利福尼亚大学的甘颇（Charles L. Camp）一起至晋东南考察中生代红层，结果在武乡县石壁附近的三叠纪地层中发现了爬行动物化石（后来证明这是我国华北非常重要的兽孔类化石地点）。1937 年春，杨钟健又陪同美国古植物学家钱耐（R. W. Chaney），再次到山旺去采集化石。1937 年 7 月 7 日抗日战争爆发，杨钟健对华北新生代地层及哺乳动物化石考察被迫全部停止。

（5）抗日战争期间和战后国内革命战争时期中国古脊椎动物学的发展（1937–1949 年）

随着抗日战争爆发前的形势日益紧张，1935 年地质调查所迁往南京，北平分所改由杨钟健任所长。抗战爆发后，战火首先波及周口店遗址，不但现场受到破坏，还有 3 名留守的工人被逮捕并遭杀害。遗址的发掘工作就此夭折。根据时在南京的翁文灏所长的安排，1937 年 10 月刚从法国辗转回国的裴文中代管北平分所事务，贾兰坡等人仍留守北平。在主政北平分所的时期，裴文中虽不断遭受日军迫害，但始终坚持不与日本人合作。此时野外工作已很难进行，但室内研究仍在继续。这种情况一直坚持到 1941 年年底珍珠港事件爆发。1942 年 1 月协和医学院被日军关闭，新生代研究室亦随之解散。在这一时期（1938–1941 年），裴文中发表了 7 篇论文，出版 2 部专著，还和德日进一起共同出版了 1 部专著。魏敦瑞关于“北京猿人”的全部 9 部专著中的 7 部都于此时完成并出版。此后北京猿人头盖骨等珍贵标本在战乱中丢失，留下了难以弥补的损失。

杨钟健和卞美年于 1937 年 11 月奉翁文灏所长之命逃离北平，经香港转至长沙，与为逃避战火而暂迁长沙的地质调查所人员会合。杨钟健在长沙逗留的半年多时间里，仍抓紧时间和卞美年及李悦言（1908–1995）一起调查了长沙附近的红层盆地，并在湘乡下湾铺采得古近纪的鱼化石。1938 年中，地质调查所奉命由南京迁往重庆。此时翁文灏辞去所长职，由黄汲清（1904–1995）接任；而杨钟健则奉命至昆明主持成立新的办事处。杨于 1938 年秋辞去昆明办事处主任职，由尹赞勋（1902–1984）接任。1940 年秋昆明办事处撤销，人员全部撤往重庆北碚总所。中央研究院地质研究所同样被迫内迁，先到庐山，后迁桂林，最后撤至重庆。

在昆明期间（1938–1940 年），杨钟健与卞美年调查了路南盆地的红层，并发现了哺乳动物化石。1938 年 10 月，卞美年和王存义受杨钟健指派到元谋调查新生代地层时，返回途中在禄丰发现了大批骨化石，初步鉴定后确知为中生代爬行动物化石。这就是后来我国著名的“禄丰蜥龙动物群”。1940–1942 年间，杨钟健很快发表了其中的 4 类：中国兀龙（*Gyposaurus sinensis*）、许氏禄丰龙（*Lufengosaurus huenei*）和黄氏云南龙（*Yunnanosaurus huangi*）及一种犬齿兽类的云南卞氏兽（*Bienotherium yunnanense*），1941 年并将许氏禄丰龙复原装架，在北碚公开展出，在战时的重庆引起极大轰动。卞氏兽的发现，由于其在哺乳动物起源研究中所处的关键位置，在国际学术界也引起很大反响。1944 年杨钟健就是随身携带卞氏兽作为深入研究的标本出国进行考察，至 1946 年 3 月回国。总之，从 1939–1951 年间杨钟健就禄丰蜥龙动物群共发表了论文 14 篇，出版专著 4 部，描述了 7 种恐龙、3 类鳄、1 种肺鱼以及卞氏兽和昆明兽两种犬齿兽类。通过对禄丰动物群的研究，杨钟健的主要研究领域从哺乳类化石和新生代地质逐渐拓展到了爬行动物和中生代地层方面。

这一时期也为我国古脊椎动物学准备了后备人才。刘东生（1917–2008）于 1942 年从西南联大地质地理气象系毕业，1946 年 2 月考入地质调查所，1947 年初入新生代研究室随杨钟健学习古脊椎动物学，后来逐渐集中于鱼化石研究，并做出了很好的成就。1953 年因工作需要调入地质研究所。刘宪亭（1921–2001）系北平辅仁大学生物系毕业，1947 年与贾兰坡一起整理周口店遗址所发现的标本，1949 年正式入地质调查所新生代研究室，后来一直从事中、新生代鱼化石研究。周明镇（1918–1996）于1943年毕业于西南联大地质地理气象系。1947年赴美留学，1951年获里海大学地质学博士学位后回国，1952年调新生代研究室，成为古哺乳动物学方面的掌门人。吴汝康（1908–2008）1940年毕业于中央大学生物系。1946年赴美留学，1949年获圣路易斯华盛顿大学体质人类学和解剖学博士学位，随即回国。1949年底受聘至大连大学医学院解剖学系任教授，几个月后升任该系主任。1953年起兼任新成立的古脊椎动物研究室研究员，每年在该室工作3个月，1956年正式调入该研究室，从此成了中国古人类学方面的掌门人。

1945年8月15日抗日战争胜利后，大后方的地质古生物机构和人员开始忙于回迁。工作尚未及恢复，1946年第三次国内革命战争爆发，直至1949年10月新中国建立。1946年卞美年奉命赴美，从此脱离了古脊椎动物学。总之，这一时期野外考察几乎完全处于停顿状态，只是某些室内工作（包括标本整理等）仍不同程度地坚持着。

（6）外国学者对中国“龙骨”的规模发掘和研究（1912–1946年）

20世纪初，外国的一些探险家、地质和古生物学家对我国的化石，特别是“龙骨”的兴趣日益增加。随着1912年中华民国临时政府的成立，外国人的活动由零星收购的个人行动逐渐向规模调查、系统采集和研究转变。参与其中的有我国政府邀请的外国专家、来华传教的传教士、也有外国人自行组织或以某种名义与我国进行“合作”的团队。其中有些人对我国比较友好，有些则不那么友好，甚至是相当霸道。从政治上讲，他们的活动大多是带有掠夺性质的，应予谴责；但从学术上讲，他们的工作大多是在现代科学理念的指导下，运用科学的方法采集和研究，他们所获得的成果丰富，具有很高的科学价值，对我国古生物学的发展起到了直接或间接的推动作用。

法国神父桑志华在甘肃、河北等地采集“龙骨”的活动（1914–1938年） 法国神父、昆虫学家桑志华于1914年来到天津。桑志华的兴趣根本不在传教布道上，而是热衷于采集和收藏各类自然标本，后来尤其钟情于“龙骨”的采集，并且确实收获很大。他一手筹建了“北疆博物院”(今天津自然博物馆前身)，发现了4个重要的新生代哺乳动物化石地点群并采集了大量保存完好的化石：甘肃庆阳三趾马动物群（1919–1920年)、宁夏水洞沟和内蒙古萨拉乌苏第四纪晚期哺乳动物群和石器地点（1923年）、河北蔚县泥河湾第四纪早期哺乳动物群（1924–1929年）和山西榆社晚中新世—第四纪哺乳动物群（1934–1935年）。难能可贵的是这些化石的绝大部分，根据桑志华本人的意愿都保留在天津自然博物馆内。其中产于庆阳的化石仅于1922年发表过一个简报，而榆社的化石有一半尚未研究发表，泥河湾的化石中1925年以后采集的也没有研究过。桑志华在中国呆了整整25年。抗日战争爆发后，于1938年回国。

瑞典人安特生对“龙骨”的大规模调查和发掘（1916–1926年） 1914年，在丁文江的安排下，安特生受聘为北洋政府农商部矿政司顾问，司煤及金属矿产调查之职。

两年后（1916 年）安特生还被任命为地质调查局的副局长。安特生的学术生涯始于矿产资源调查，年轻时两次参加南极考察活动，并曾任瑞典地质调查所所长、万国地质学会秘书长。一次偶然的机会使安特生把自己的兴趣转到了华北新生代陆相地层的研究，特别是“龙骨”的采集上，并且很快就使我国丰富的“三趾马动物群”(后来还有“仰韶文化”）扬名于世。事情的起因是，1916 年他在考察晋南铜矿后返京途中穿过垣曲段黄河时，匆忙中在岸边一陡崖的黄土之下的泥灰岩地层中发现了大量的淡水介壳类化石。经瑞典介壳类专家 N. H. Odhner 鉴定，其时代竟然是始新世！在我国，这是首次发现始新世陆相地层，预示着有找到哺乳动物化石的可能。瑞典乌普萨拉大学古生物学教授魏曼（Carl Wiman, 1867–1944）得知后致信祝贺，并希望他能进一步找到哺乳动物化石：“没有什么比在中国找到始新世哺乳动物化石会更令人感兴趣的了。”这使安特生第一次产生了投身新生代地层研究和大力寻找“龙骨”的冲动 [后来于 1921 年安特生确实在该处找到了两栖犀（*Amynodon*）的下颌]。1918 年冬，他在河南新安第一次见到在地层内叠压在一起的三趾马动物群各种动物骨骼的化石块。1919 年冬，他派到山西保德的工人给他带回了远比河南新安更多更好的化石。安特生萌发了为瑞典博物馆采集哺乳动物化石的想法。他写信给魏曼教授以及他们共同的朋友、富有的出版商拉各雷留斯（Axel Lagrelius, 1863–1944）寻求帮助。拉各雷留斯为安特生提供了第一批数量不菲的启动资金（4.5 万瑞典克朗，当时相当于约 1.2 万美元）。1919 年拉氏又为此创立了一个私人的“中国基金”。据不完全统计，拉氏大概为安特生先后筹集了不少于 8.3 万瑞典克朗的资金。

由于魏曼本人不能来中国，魏曼推荐奥地利籍的年轻古生物学家师丹斯基来中国工作，主要从事三趾马动物群化石的发掘和研究。1922 年，师丹斯基在保德连续工作了 8 个多月，采集到 100 多箱化石。在安特生的安排和支持下，师丹斯基在两年多时间里，在晋、豫、甘、鲁等省发现了 80 多个化石地点，采集了大量的哺乳动物化石。1923 年 12 月，师丹斯基返回欧洲，并在乌普萨拉大学着手研究他从中国运去的化石标本。安特生请师丹斯基、步林，还有几位欧洲的学者按门类研究这些化石，仅在 1924–1935 年间已出版专著 20 部，其中师丹斯基本人就出版了 9 部。

安特生也是周口店北京猿人遗址的第一发现人。1918 年，在北京大学化学系教授 J. M. Gibb 的指引下，安特生考察了北京周口店“鸡骨山”化石地点。由于忙于其他事务，安特生一直没有安排进一步的工作。直到 1921 年夏，受邀前来发掘三趾马动物群化石的师丹斯基来到北京后，为了使师丹斯基对中国的情况有所了解，安特生派他先去周口店实习一下。稍后，美国第三中亚考察团的古生物学家葛兰阶（Walter Willis Granger, 1872–1941）来访时，他们一起到周口店去了解师丹斯基的工作。在他们搜寻化石时，经一位乡民的指点，这才发现了后来被称为第一地点的真正含北京猿人化石的洞穴堆积。安、葛呆了几天就回北京了，师丹斯基则在周口店继续发掘和考察地质、地层。安特生在视察师氏工作时注意到在底部第 2–3 层堆积中含有石英片，有些还具锐缘。安特生怀疑这些石片可能是早期人类祖先使用过的。他曾对师氏说，“我有一种预感，这里就躺着一种我们的祖先的化石，唯一的问题是你要去找到他。”

1926 年，瑞典王太子古斯塔夫六世・阿道夫作环球旅行，其中一站就是北京。此前安特生曾受托为王太子安排在中国进行一些考古文化活动。安特生准备为王太子在北平举办一场学术欢迎会，安特生本人也希望能在会上宣布一些重要的发现。安特生此前曾专门致信魏曼，看能否从他寄回瑞典的材料中找到一些有意义的新发现。大大出乎安特生的意料，师丹斯基提到在周口店的材料中发现了两颗人牙。一颗臼齿实际上是师氏于 1921 年（也可能是 1923 年）主持周口店发掘时发现的，而另一颗前臼齿则是在运回的标本中后来辨认出来的。1926 年 10 月 22 日，在欢迎瑞典王太子访华的学术会上，安特生宣布了这一发现。步达生也参加了这次欢迎会。步达生是加拿大解剖学家，1919 年被协和医学院聘为神经病学与胚胎学教授。作为人类学家，步达生立即意识到这一发现的重大意义。同年底，步达生即在《Nature》和《Science》上撰文报道了他对这两颗古人类牙齿的研究结果（Black, 1926a, 1926b）。这一报道立即在国际学术界引起了轰动，周口店的大规模系统发掘由此开始。

美国人弗里克通过代理人在华北采集的“龙骨”（1932–1937 年） 美国自然历史博物馆的副馆员弗里克，出身豪门，曾出巨资在美国各地采集古哺乳动物化石。受葛兰阶（曾任美国第三中亚考察团首席古生物学家）的鼓励，弗里克与时在山西太原“中瑞科研协会”工作的瑞典人 E. T. Nyström 教授商定，由后者代弗里克在中国收集哺乳动物化石，一切费用全由弗里克承担。Nyström 雇了两名曾在美国第三中亚考察团采集过“龙骨”的技工（Kan Chuen Pao 和刘希古）在山西寿阳、保德、府谷和榆社等地坐地收购“龙骨”，主要收购中等大小的头骨化石（以食肉类和小型偶蹄类头骨为主）。收购后运往美国，作为弗里克个人的收藏。弗里克去世后，这批化石于 1968 年全部赠给美国自然历史博物馆收藏。这批化石的确切数量不知，仅知 Kan Chuen Pao 从榆社收购的头骨化石为 226 个。

美国第三中亚考察团的活动（1922–1930 年） 美国自然历史博物馆馆长奥斯朋（Henry Fairfield Osborn, 1857–1935），基于长年研究哺乳动物化石的经验，于 1900 年大胆地预言，亚洲可能是所有北大陆陆生哺乳动物的发源地和扩散中心。本来研究鲸类的动物学家安德鲁斯（Roy Chapman Andrews, 1884–1960）从 1912 年起就萌生了验证这一假说的设想。安德鲁斯从 1916 年开始曾组织过两次以采集云南现生动物标本为主要目的的小型考察。经过多年的筹备，安德鲁斯最终于 1921 年组成了一个庞大的“第三中亚考察团”。该考察团共对蒙古高原进行了 5 次大规模的考察（1922 年、1923 年、1925 年、1928 年和 1930 年）。队伍最大时达到团员 40 多人，8 辆汽车，125 头骆驼。1922–1923 年在蒙古高原白垩纪地层中发现了大量原角龙头骨、骨架和世界上首次发现的恐龙蛋化石，以及中生代哺乳动物化石。此后又不断发现各种各样怪诞的哺乳动物；例如，地球上最大的陆地哺乳动物——渐新世的巨犀（当时称 *Baluchitherium*）、头骨有 83 cm 长的肉食性动物——安德鲁斯兽（*Andrewsarchus*）、以及下颌像巨大的铁铲一样的象类——铲齿象（*Platybelodon*），等等。随着考察活动的推进，大量科学论文和报道不断涌现。仅 1918–1929 在美国自然历史博物馆“简报”和“新知”上就发表论文 96 篇，其中绝大多数都是关于脊椎动物化石的新知。另有各种演讲和报道 180 余篇（次）。他们的成果使全球的古生物学家都为之惊叹，蒙古高原一时成了无数探险家寻找宝藏最理想的天堂。

中 - 瑞中国西北科学考察团的活动（1927–1933 年） 瑞典学者斯文赫定（Sven Hedin, 1865–1952）于 1926 年 11 月来华商谈合作考察。合作的目的是对从内蒙古到新疆沿途的地质、地理、气候、古生物以及文物古迹等进行考察和研究。整个考察前后历时 6 年（1927 年 5 月 –1933 年 5 月）。

在考察的初期，在化石的采集上已获重要新发现。1928 年 9–10 月，袁复礼在新疆乌鲁木齐东吉木萨尔—奇台一带发现了 42 个个体的二齿兽类化石。由于这是我国首次发现与非洲相似的爬行动物，消息公布后受到了学界和媒体的高度关注。斯文赫定在世界各地演讲，谈到西北科学考察团的功绩时，总是把袁复礼的发现放在第一位。袁复礼在组织工作和考察研究方面的出色业绩，深受国内外同行赞扬，他后来获瑞典皇家科学院颁发的北极星奖章。

步林是斯文赫定指定的该团研究古脊椎动物的古生物学家。因为周口店的工作任务至 1928 年年底才结束，所以步林 1929 年才开始参加该团的工作。步林率领的小分队在 1929–1931 年上半年主要是在内蒙古和甘肃一带考察，发现了若干中生代爬行类化石，但在哺乳动物化石方面收获最大。1931–1932 年先在河西走廊的党河流域发现了非常丰富的渐新世小哺乳动物化石，后来又在青海柴达木盆地发现了晚中新世早期三趾马动物群的丰富化石。考察结束后出版的科学专著达 55 部之多。步林本人共撰写了 10 部（1937–1960 年）。

（7）外国友好学者个人所做出的特殊贡献（1920–1946 年）

在我国古生物学创始和前期拓展阶段有几位对我国极为友好、在育人和研究两方面都产生过无人可及的重大影响的国外的古脊椎动物学家。

一位是法国神父、古生物学家德日进。桑志华在甘肃庆阳和内蒙古萨拉乌苏采到大批哺乳动物化石和石器后，由于桑志华本人不是古生物学家，在北疆博物院里也没有这方面的专家，桑氏不得不求助于法国的古生物学界。经其导师布尔（M. Boule）的推荐，已有十余年研究法国始新世哺乳动物群经验的德日进神父于 1923 年接受桑志华的邀请来到中国。德日进来华的主要任务是对桑氏所采标本进行研究。不过，由于其丰富学识和友善的态度，德日进很快就融入到我国新生代地层和哺乳动物的研究队伍中来。1929 年新生代研究室成立时，他被聘任为该室的名誉顾问。从此时开始，他几乎参加了中国当时所有有关哺乳动物化石的调查、采集和研究。他是桑志华花费了 20 多年时间在我国华北（主要是萨拉乌苏、泥河湾和榆社 3 个地区）所采集的极为丰富而又保存完好的哺乳动物化石的主要研究者。据初步统计，仅就中国的地质和古生物方面的文章，德日进就发表了 140 余篇，另有 17 部专著。其研究领域涵盖之广阔、成果之丰富，超过了曾经在中国进行过脊椎动物化石研究的任何个人。他为培养我国古脊椎动物研究者同样付出了辛勤的劳动，杨钟健、裴文中和贾兰坡都曾受益于他的教导。他在中国工作了 20 多年，1946 年离开中国。他对中国古脊椎动物学发展的贡献无人能比。

另一位则是加拿大解剖学家步达生。步达生是第一个首先认识到师丹斯基在周口店发现的两颗人类牙齿化石具有重大科学意义的科学家。他不但立即向科技界报道了这一重大发现，而且积极筹措经费，成功地促成了在周口店进行大规模的系统发掘的规划。最终还促成了新生代研究室（古脊椎动物与古人类研究所的前身）的成立。更为难能可贵的是，1927 年他代表协和医学院与中国地质调查所签署了由翁文灏起草的对周口店进行发掘和合作研究的协议（见翁心钧等，2008，147–148 页）。该协议规定：①设立研究基金（洛克菲勒基金会赠与 24000 美元，中国地质调查所拨出 4000 元，……在考察过程中意外发现的历史时期的不管何种文物，将交给适当的中国博物馆。②……步达生博士在双方指定的其他专家协助下负责野外工作……。③一切采集到的标本归中国地质调查所所有，但人类学材料在不运出中国的前提下，由北京协和医学院保管以供研究之用。④一切研究成果均在《中国古生物志》或中国地质调查所其他刊物上以及在中国地质学会的出版物上发表。即使从现在的眼光看，这也是一份充分照顾到双方利益、对双方大体平等的协议。

此外，作为个人，师丹斯基和步林对中国古哺乳动物学的发展也做出了很大的贡献。

1946 年，随着德日进的离去和葛利普的去世，外国人在中国古脊椎动物研究领域的活动也就终止了。

（8）我国政府对外国人在华采集脊椎动物化石活动中所发挥的管理作用

对安特生采集的脊椎动物化石标本的处理 1912 年中华民国政府实业部成立，不久即着手聘请国外专家作为顾问参与中国地质事业的开发。安特生的来华就是其中较为成功的一个实例。安特生大部分时间主要是和丁文江、翁文灏等中国地质界人士交往。他们之间一直很友好，彼此尊重。在对待化石标本的问题上，安特生曾和中国地质调查所有过多次协商。这从保存下来的双方来往的信函中可以得到证实。在“瑞典支持安特生在中国的科学委员会”1924 年 11 月 10 日致翁文灏的信中提到：“Wiman 教授和 Halle 教授曾提出过一个关于将动物化石和植物化石标本归还中国地质调查所的声明……。”（该声明没有查到，其确切分配方案不得而知）。在上述信中同时也提到关于考古标本也将采用同样模式处理。经过双方若干次讨论，翁文灏最后于1924年11月17日复信安特生，表示同意将涉及考古标本分配的方案定为："归还中国地质调查所的标本（包括先前交给中国研究机构的少量标本），应尽可能地达到值得保存的材料的1/2左右。"在安特生1926年12月7日致翁文灏的信中，就脊椎动物化石的分配方案提到："瑞典东方博物馆拥有第一套标本，中国地质调查所博物馆将得到第二套标本，且在质和量上尽可能地达到所有材料的半数。"这大概就是上述信中所提到声明的基本原则。安特生本人一直坚守这一原则和承诺。由于目前尚不清楚的原因（可能和战争也有关系），这一承诺并没有全部兑现。安特生所采集的大部分化石仍然保存在瑞典乌普萨拉大学的中国馆内，只有一小部分未研标本和已研标本的模型保留在我国。

丁文江和翁文灏所采取的另一项影响深远的举措是，在葛利普的建议和安特生的大力协助下，适时创办了《中国古生物志》。该刊分甲种（古植物）、乙种（古无脊椎动物）、丙种（古脊椎动物）和丁种（古人类及旧石器），主要用英文和德文发表中国古生物学的研究成果。丁文江和翁文灏任主编，周赞衡任秘书。为了保证在瑞典印刷高清晰度的图版，安特生于1923年从瑞典火柴大王克鲁格（I. Kreuger）那里争取到5万瑞典克朗的赞助，安特生本人也从他个人在中国领取到的工资中拿出大约10万瑞典克朗。在他们的努力推动下，《中国古生物志》不仅在数量上，而且在研究水平、印刷质量等方面，都达到了很高的水准，很快在国际学术界受到高度重视，并成为中国最早具有国际声誉的科学刊物。

美国第三中亚考察团 美国第三中亚考察团庞大的考察活动（1922–1930年），事先既没有充分征询过中国学者的意见，也没有得到当时中国政府的正式批准。在开始几年，我国正处于军阀混战的时期，国人没有特别注意他们的活动。1926年随着北伐的节节胜利，民众的民族情绪高涨，要求管控外国人在我国的考察活动的呼声日渐高涨。安德鲁斯本人在言谈举止中透露出来的对中国学界和主权的傲慢与蔑视，激起了国人的义愤和抗议。1928年该团所采87箱化石在张家口为官方扣留，引起一片哗然。后经交涉，验后绝大部分仍予放行。中国保护文物委员会提出了要继续进行考察需满足我方的4个条件。几经反复，最后双方还是签订了协议意见，但是大多并未真正执行。这样，在1930年考察时，他们不得不同意在考察团的前面加上"中国"的字样，并同意张席 、德日进和杨钟健作为中方成员参加。当然，这次考察所采集的化石几乎全部都被运往美国。1930年之后第三中亚考察团即草草收兵。

中-瑞中国西北科学考察团 这个考察团最初的计划十分庞大，也完全没有考虑到中方的利益和诉求。后来"中国学术团体学会"提出强烈抗议，经过磋商，于1927年4月，瑞方同意将原"斯文赫定中亚探险队"更名为"中-瑞西北科学考察团"，双方并订立19条协议，规定双方地位平等，斯文赫定仍任瑞方团长，中方亦设一团长（前期由北京大学徐炳昶担任，后期由袁复礼代理），双方团员数目相等；考察团采集和挖掘的一切动植物标本、化石、矿石样品等都是中国的财产等条款。这是我国和外国就在我国进行科学考察所签订的第一份正式书面平等协议。袁复礼所发现的爬行动物化石都留在了中国；步林对我国十分友善，他研究过的哺乳动物化石标本，在 20 世纪 50 年代初期都交还给了我国。

我国政府对桑志华所采集的化石没有采取什么具体的监管措施。不过，桑志华所采集的绝大部分化石都由时在中国工作的德日进所研究，其标本都留在了中国。弗利克雇人在中国采集的数百件标本都运回了美国，至今仍没有系统研究发表。

3. 中国古脊椎动物学的独立发展阶段（1949 年至今）

（1）机构重组、建设与快速发展阶段（1949–1965 年）

1）机构恢复、调整和队伍建设

1949 年夏，尚在筹建中的新政府的联络员就找到贾兰坡，告诉他，政府决定要恢复周口店遗址的发掘工作，请贾制订发掘计划。9 月 27 日，新中国成立前夕，中断了 12 年的发掘工作重新开始。这些都为新中国成立后古脊椎动物学的迅速恢复和发展奠定了良好的基础。

1949 年 11 月 1 日中国科学院成立。是年 12 月杨钟健受命任中国科学院编译局局长。1950 年 9 月中国地质工作指导委员会成立，主任为李四光。原地质调查所北平分所属下的新生代研究室，接受中国科学院和地质工作指导委员会的双重领导。1951 年中国科学院古生物研究所在南京成立，李四光兼任所长。新生代及古脊椎动物组名义上仍由杨钟健负责，但此时杨钟健人已在北京了，而且杨同意来京的真正目的仍然是想重整新生代研究室。1953 年 4 月新生代研究室划归中国科学院领导，并正式成立“古脊椎动物研究室”，杨钟健任主任。

从 1956 年开始，研究室下设三组一站：低等脊椎动物组（组长由杨钟健兼任）；高等脊椎动物组（组长：周明镇）；人类化石及文化组（组长：裴文中；副组长：吴汝康）和周口店工作站（站长：贾兰坡）。1957 年 9 月研究室发展成研究所，即“中国科学院古脊椎动物研究所”(1960 年更名为中国科学院古脊椎动物与古人类研究所，下文简称“古脊椎所”）。这一所名和所的基本结构模式沿用至今。

这一时期古脊椎所在队伍建设方面也取得了很大的进展。研究所一方面采取积极措施吸引留学归国的高端人才（周明镇、吴汝康）入所，另一方面大力吸收优秀的青年知识分子，特别是在应届大学毕业生中选拔人才。从 1951–1955 年，共增加研究人员 12 人（胡长康、周明镇、黄为龙、邱中郎、孙艾玲、徐余瑄、黄万波、苏德造、叶祥奎、翟人杰、李玉清、李有恒）。1956 年是研究所大发展的一年，共增加 9 位（吴汝康、张国瑞、胡寿永、李传夔、张玉萍、汤英俊、韩德芬、张森水和刘昌芝）。1957 年增加 6 位（吴新智、林一璞、刘后一、周本雄、刘玉海和赵资奎）。1958 年增加 5 位（周家健、郑家坚、李炎贤、戴尔俭和顾玉珉）。1959 年又增加 2 位（童永生和计宏祥）。此后，直到 1965 年“文化大革命”爆发前，每年仍以 6–7 名大学生入所的速度扩充研究队伍。至 1965 年年底统计，全所共有研究人员 68 人，其中绝大多数都是研究实习员，助理研究员 12 人，研究员只有 5 位（杨钟健、裴文中、贾兰坡、周明镇、吴汝康）。

2）比较重要的野外发掘工作

杨钟健从 1955 年就提出“两个堆积”（南方“红层”和北方“土状堆积”）和“四个起源”（脊椎动物、陆生脊椎动物、哺乳动物和人类及其文化的起源）的研究方向。1958 年又补充提出“填三白”（填补古脊椎动物演化、地层层序和地区空白）和“还三愿”（“为地质、为生物、为人民”的心愿）。这些都成为此后几十年来研究工作中一直遵循的准则。经过不断努力，中国古脊椎动物和古人类研究得到了迅速发展。

周口店北京猿人遗址发掘　1949 年 9 月 27 日北京猿人遗址地点的野外发掘在中断了 12 年之后重新开始，由贾兰坡主持。在清理浮土时贾兰坡发现了 3 颗北京猿人牙齿。在一个半月的发掘过程中又发现了一批哺乳动物化石。此后，又不定期地对第一地点（北京猿人产地）和周边地区进行了多次发掘。除贾兰坡主持发掘时发现了 8 个新的含哺乳动物化石点外，1959 年赵资奎主持发掘时又发现了一件比较完整的下颌骨；1966 年裴文中主持发掘时发现的部分头骨碎片竟然能够和 1936 年发现的 5 号头骨拼合在一起，使原有的头骨更为完整。1951–1953 年刘宪亭主持了对第十四地点洞穴堆积中的鱼化石的系统发掘。

晋西南旧石器时代考古遗址发掘　1954 年 9 月贾兰坡率山西省文物管理委员会王择义等对山西襄汾丁村新发现的旧石器中期化石地点进行发掘，获人牙 3 枚，大量石器、瓣鳃类、鱼类和哺乳动物化石，裴文中和吴汝康都参加了这项工作。1957 年为配合三门峡水库建设，王择义、翟人杰、黄万波等组成调查队对三门峡库区附近进行第四纪哺乳动物和旧石器普察，在芮城匼河附近发现了石器和哺乳动物化石。1959 年进行了补采，并发现了西侯度新地点。1960 年贾兰坡率王择义、顾玉珉等对匼河地点进行系统发掘，共发现中更新世早期的化石和文化点 11 处。1961–1962 年，主要由山西省博物馆王建、陈哲英等对西侯度地点组织进行了两次发掘，发现了时代更早（早更新世）的哺乳动物化石和石器。

山西东南部古脊椎动物化石考察和发掘　1955–1956 年由杨钟健指导、刘宪亭、孙艾玲领导的考察队对武乡 - 榆社地区二叠 - 三叠纪爬行动物及晚中新世—更新世哺乳动物和鱼类化石地点进行了综合考察。考察队在二叠 - 三叠纪地层中发现了大量爬行类化石，包括杯龙类、主龙类、特别是下孔类，后者包括若干完整的骨架；在新生代地层中也发现若干保存完好的食肉类及鹿类头骨（薛祥煦、徐余瑄参加）。

河南卢氏的考察和发掘　1956 年由周明镇领导对卢氏古近纪地层和哺乳动物群进行考察和发掘，发现了大量哺乳动物标本，至今仍没有研究完。

广西含巨猿化石洞穴调查　1955 年裴文中组织了一个庞大的队伍（队员有贾兰坡、邱中郎、黄万波、李有恒、翟人杰、吴新智等 20 余人）对广西石灰岩洞穴堆积进行考察。1957 年发现柳城巨猿洞，此后直到 1961 年对广西西部 300 多个洞穴进行考察，在其中 80 多个洞穴中发现了大量动物化石。

中 - 苏古生物考察队　1958 年秋，中国科学院古脊椎动物与古人类研究所和苏联科学院古生物研究所共同组成“中 - 苏古生物考察队”，计划以中亚古脊椎动物调查和发掘为主旨，杨钟健和叶夫连莫夫（I. A. Eflemov）为科学顾问，周明镇和罗日杰斯特文斯基（A. K. Rozhdestvensky）为中、苏各方队长，双方古生物学家和技术人员约 40 人，辅助人员约 40 人，配备有 12 辆卡车和吉普车，1 辆推土机等后勤设施。这是新中国建立后我国古生物领域最大的一次考察，其规模已超过了我国过去所有的大型考察团。原计划考察五年（1959–1963 年）。1959 年 6–10 月间考察队考察了内蒙古二连、河套和阿拉善地区，总行程约 1.5 万公里，重点在二连地区进行大规模发掘，总共采化石约 300 箱，最重者达两吨。重要的标本包括四五个鸭嘴龙类骨架，三十几个完整的古麟鹿骨架，几个雷兽的骨架和一个个体很小的巨犀类的完整骨架。实际参加人员 75 人，中方古生物学家有胡长康、孙艾玲、徐余瑄、张玉萍等，留苏学生赵喜进和邱占祥也参加了工作。1960 年考察队的工作进行得很不顺利。1959 年发现的毛尔图恐龙化石地点被当地居民破坏。在水洞沟遗址工作刚开始不久，苏联一方奉命撤回，考察中止。

新疆古生物考察　这实际上是在苏方中止合作后由中方单独进行的考察。1963–1964 年由刘宪亭和孙艾玲领导，赵喜进、董枝明等参加，在准噶尔和吐鲁番盆地的二叠 - 三叠纪和白垩纪地层中进行了大规模的发掘，采集到大量古鳕类、主龙型类的阔口龙、准噶尔翼龙、属于下孔类的二齿兽类、水龙兽类和肯氏兽类等，其中包括由西域肯氏兽（*Xiyukannemeyeria*）组成的著名的“九龙壁”。1964 和 1966 年由翟人杰领导，郑家坚、童永生等参加，以吐鲁番盆地新生代地层和哺乳动物化石为主的考察和发掘同样取得了很丰富的成果，在古近纪各世地层中都发现了很好的哺乳动物化石，包括我国第一个完整的巨型巨犀（准噶尔巨犀）的头骨等。

陕西蓝田地区新生代地质调查　1963 年古脊椎所新生代研究室由张玉萍、黄万波和汤英俊领导的野外队在蓝田县陈家窝附近的红色土中发现了一个人类（即后来的蓝田人）的完好的下颌骨。这一消息震动了杨钟健，他立即前往视察了这个地点，并决定将该地点作为重点进行深入调查。1963–1965 年，除在始新世至第四纪地层（约 60 个地点）中发现大量哺乳动物化石外，在多个兄弟单位的大力协助下，完成了该地区 1800 km^2 新生代地层 1∶10 万的地质图。这是古脊椎所 1929 年建所以来完成得最系统的一项地层工作。

3）研究工作方面的进展

古鱼类 最主要的一项工作是志留 - 泥盆纪无颌类及盾皮鱼类的研究。新中国成立前，中国古鱼类研究相对薄弱。1935 年，瑞典古鱼类学家史天秀在《中国古生物志》丙种上发表了山东蒙阴早白垩世的师丹斯基中华弓鳍鱼（*Sinamia zdanskyi*）的研究成果（Stensiö, 1935）。该批标本由师丹斯基在 1923 年采集，运到瑞典后交史天秀研究。1940 年，计荣森（Chi, 1940）记述了在湖南发现的中泥盆世的中华沟鳞鱼（*Bothriolepis sinensis*）。1948 年刘东生报道了在云南发现的一件泥盆纪鱼化石。这一时期，研究过中国鱼化石的还有杨钟健、秉志、卞美年、张席禔、葛利普等（Young, 1945）。新中国建立后，经过十多年的努力，古脊椎所的刘东生（1953 年调出）、刘宪亭、刘玉海、张国瑞和地质部地质科学院的潘江等在川、滇、粤、鄂、苏等省发现了大量的泥盆纪的无颌类和盾皮鱼类化石，开启了我国早古生代鱼类化石研究的新时代。特别是在云南曲靖下泥盆统翠峰山群中发现的无颌类真盔甲鱼（*Eugaleaspis*）和多鳃鱼（*Polybranchiaspis*），以及盾皮鱼类云南鱼（*Yunnanolepis*）等，后来都证明系包含众多属种，并为我国南方所特有的鱼类。它们的分类地位和地方特性都得到国际古生物学界的普遍承认。此外，棘鱼类和肉鳍鱼类方面也有大量发现，且许多标本的内部构造保存极为精美，在类型及其时间跨度上，均为世界罕见。新疆和东南沿海中生代晚期鱼类的研究，也是这个时期的重要成果。这一时期共出版专著 3 部：刘宪亭的《周口店第十四地点鱼化石》(1954 年)，刘东生、潘江的《南京附近五通系泥盆纪鱼化石》(1958 年）和刘宪亭等的《华北的狼鳍鱼化石》(1963 年)。

古爬行动物 这一时期贡献最大的仍然是杨钟健。仅就爬行动物而言，至 1966 年发表各种论文约 40 篇，内容涉及几乎爬行动物的各个方面，其中大多是在我国的新发现，如在四川发现的较完整的合川马门溪龙（*Mamenchisaurus hochuanensis*）骨架、剑龙类嘉陵龙（*Chialingosaurus*），在湖北发现的水生爬行动物南漳龙（*Nanchangosaurus*），在贵州发现的水生爬行动物贵州龙（*Keichousaurus*），以及在新疆发现的堪称中国第一“飞龙”的准噶尔翼龙等等。杨钟健在《中国古生物志》出版 3 部专著。《禄丰蜥龙动物群》（1951 年）是对抗战时期所采集的蜥臀类恐龙的系统总结。《山东莱阳恐龙化石》（1958 年）是对青岛龙（*Tsintaosaurus*）骨架的系统研究和总结。《中国的假鳄类》（1964 年）则是在山西中部榆社—武乡—宁武一带发现的二叠 - 三叠纪材料的基础上对该门类进行的系统总结。孙艾玲 1963 年在《中国古生物志》出版的《中国的肯氏兽类》专著是对中国特有中国肯氏兽（*Sinokannemeyeria*）和副肯氏兽（*Parakannemeyeria*）的最系统的描述和研究。叶祥奎 1963 年在《中国古生物志》出版的《中国龟鳖类化石》也是我国这类化石首次系统总结。

古哺乳动物 首先，古哺乳动物研究室的同仁报道了大量“填三白”的新发现。其中比较重要的有：周明镇报道的原恐角兽（*Prodinoceras*）、裂齿类官庄兽（*Kuanchuanius*）、异节类钟健兽（*Chunchienia*）、原始猪齿兽类始豨（*Eoentelodon*）、河马（*Hippopotamus*）等；与李传夔共同发表的始祖貘（*Homogalax* 和原始貘（*Heptodon*），以及吴汝康和周明镇 1957 年所发表的我国最早的灵长类黄河猴（*Hoanghonius*）等。这些新的发现发表后引起了国内外广泛的关注。其次，周明镇和李传夔对蓝田人遗址的大、小哺乳动物化石的研究，对于确定其时代（比北京猿人者稍早）起了重要作用（1964–1965 年）。最后，裴文中 1957 年将我国第四纪哺乳动物群的分布首次划分为北方区、南方区、淮河区和东北区，并总结出南北主要区域不同时期动物群的组成特征。

古人类和旧石器考古 吴新智对山顶洞人进行了再研究，认为其代表原始的黄种人，与中国人、爱斯基摩人和美洲的印第安人特别接近（1960–1961 年）。裴文中和吴汝康 1957 年对我国早期现代人资阳人的研究在《中国科学院古脊椎动物研究所甲种专刊》以专著形式出版。吴汝康对早期现代人柳江人（1959 年）、对直立人蓝田人下颌骨（1964 年）和头骨（1965–1966 年）的研究确定了这些人类化石在人类演化中的地位，得到了世界古人类学家的肯定。古猿化石的研究也取得重要进展。裴文中领导的考察队在广西洞穴考察中所发现的巨猿的 3 个下颌骨和 1000 多枚牙齿，经吴汝康系统研究后于 1962 年在《中国古生物志》出版。裴文中于 1965 年将柳城巨猿洞的发掘和广西其他山洞的探察在《中国科学院古脊椎动物研究所甲种专刊》上发表。这一时期共有 3 部旧石器考古专著在《中国科学院古脊椎动物研究所甲种专刊》出版：裴文中主编的《山西襄汾县丁村旧石器时代遗址发掘报告》(1958 年)，邱中郎的《山西旧石器》(1961 年）和贾兰坡等的《匼河——山西西南部旧石器时代初期文化遗址》(1962 年)。

（2）发展停滞阶段（1966–1978 年）

1966 年 5 月“文革”爆发。在最初的三四年中，古脊椎所和其他研究机构一样，原有的组织完全瘫痪，老一辈的科学家和少数比较杰出的中青年人才受到冲击，正常工作完全停顿，出版物停刊。中国古脊椎动物学研究陷入低谷。

即使处在这样的逆境中，我国老一辈古生物学家中仍然有人念念不忘古生物学的发展。1972 年，尹赞勋率先向国内介绍了正在国外地质学界兴起的“板块构造学说”，这一介绍对我国地层古生物学界乃至整个地学界都产生了很大影响。同年，杨钟健撰写并用中文打字机打印了“古脊椎动物的研究和问题”长文，阐述其对我国古脊椎动物学发展的反思与今后发展的方向。

从 1970 年开始，古脊椎所与地方地质队和博物馆相结合的考察和发掘工作逐渐恢复。1970–1976 年为解决江西 909 地质队在红层中发现大盐矿而不知其地质时代的问题，组成了庞大的“华南红层考察队”。该队由南、北两队组成。南队先后考察了粤、桂、赣等省份的红层盆地（南雄、百色、池江等）；北队先后考察了皖、浙、湘、鄂、豫等省份的潜山、衢县、茶陵、郧县、房县、吴城、淅川等盆地。这次考察一个重大的进展是在华南找到了非常丰富的古新世动物群，改变了我国缺少这一时期动物群的历史，对哺乳动物早期演化和分布格局的研究具有重大意义。此外，在始新世地层中也发现了许多重要的新材料。周明镇等 1977 年在《中国古生物志》新丙种出版的《广东南雄古新世哺乳动物群》和 1978 年出版的《华南中、新生代红层——广东南雄"华南白垩纪—第三纪红层现场会议"论文集》是华南红层考察的部分代表性成果。

在古人类学方面，较重要的成果是：1970 年在鄂西建始龙骨洞发现的巨猿动物群，包括大量巨猿牙齿和 3 枚似猿似人的下臼齿和 1973–1974 年发现的郧县人的 3 颗牙齿。

此外，中国科学院组织了珠穆朗玛峰地区大型科学考察（1966–1968 年，1974–1976 年）和西藏地区综合科学考察（1973–1976 年）。由黄万波、计宏祥、陈万勇、徐钦琦、郑绍华等组成的古脊椎动物小分队在西藏境内吉隆和比如两地发现了三趾马动物群的化石，首次为青藏高原在晚中新世所达到的高度提供了可靠的证据。

与此同时，许多研究人员利用一切可能的时间，把此前所积累的大量野外采集和室内研究的资料进行系统的整理，准备出版。1973 年《古脊椎动物与古人类》和《中国科学院古脊椎动物与古人类研究所甲种专刊》等恢复出版，一时竟形成了一股不小的出版热潮。至 1978 年前在《中国古生物志》新丙种出版的，除《广东南雄古新世哺乳动物群》外，还有胡长康和齐陶的《陕西蓝田公王岭更新世哺乳动物群》（1978 年）；在甲种专刊上出版的专著有 9 部，包括杨钟健和赵喜进的《合川马门溪龙》(1972 年)，杨钟健和董枝明的《中国三叠纪水生爬行动物》(1972 年)，刘宪亭等的《新疆古生物考察报告（一）—（三）》(1973–1978 年)，张弥曼和周家健的《浙江中生代晚期鱼化石》(1977 年)，张玉萍等的《陕西蓝田地区新生界》(1978 年)。此外尚有 1978 年记述云南新生代和陕西蓝田地区新生代哺乳动物化石的专辑——《地层古生物论文集 · 第七辑》，以及单独出版的周明镇和张玉萍的《中国的象化石》（1972 年）和郑绍华等的《黄河象》（1975 年）。

（3）"改革开放"初期与我国古生物学发展的"黄金时代"（1978 年至今）

1）"改革开放"初期（1978－1992 年）

1978 年 3 月 18–31 日全国科学大会在京召开，中国科学院院长郭沫若发表了《科学的春天》的书面讲话，标志着我国科技界正式进入改革开放新时代。

1972–1992 年是中国国门乍开与改革初期的阵痛交织的 20 年。1972 年 2 月尼克松访华，并签署了"上海公报"，代表着中国向世界开放之门重新开启，改革开放的春风已然吹起。1975 年 5 月以美国自然历史博物馆古人类学家 E. Delson 为首的古人类学代表团访华，是为中美古生物学术交流的破冰之旅。随着"文革"的结束，从 1976 年年底开始，国际学术交流已成不可阻挡之势。学科特性和已有的学术积累，使古生物学成为当时国际交流最为活跃的学科。1978 年 5 月孙艾玲率中国古脊椎动物代表团出访了大英自然历史博物馆。1979 年 7 月 H. Tobien 和 V. Fahlbusch 率德国古生物代表团访华，商谈合作事宜。1979 年 9–10 月古脊椎所派出邱占祥、李传夔和邱铸鼎出席在希腊雅典召开的第 7 次地中海区新近纪大会。1980 年 4–5 月以周明镇为团长的中国新近纪研究代表团回访德国，并签订 1980 年中德合作对内蒙古化德二登图地区的新近纪哺乳动物化石点进行考察和发掘的协议。1980 年 9 月中德合作期间将在欧洲已广为流行的小哺乳动物水筛选法引入中国。1980 年以后国际交流日渐频繁，并逐渐成为常态。

国际交流的另一个重要的举措则是大量派遣留学人员。古脊椎所从 1978 年开始，至 1989 年，12 年间共派出留学人员 34 人，最多的一年（1982 年）派出 12 人。另派出进修或合作超过一年以上的中年科技人员 5 人。

国际学术交流使中国的古生物学家眼界大开。国际上自 20 世纪 60 年代兴起的地学革命和现代生物学研究的深化发展，古生物学的新理论、新思想、新假说，多学科交叉、渗透产生的新方向和新生长点，以及新技术、新方法的应用，极大地震撼了他们的心灵。一股新的学习和引进的热潮逐渐兴起。邱占祥（1978）对分支系统学说的简介，周明镇等（1983）译编的《分支系统学译文集》，孟津和王晓鸣（1988, 1989a, 1989b, 1990）以及王晓鸣和孟津（1989a, 1989b, 1990）对生物系统学所作的系列评述等，对我国古生物学研究的发展，都起到了积极的推动作用。

频繁的国际学术交流也大大地促进了国外先进技术和新方法在我国的应用和推广。其中特别重要的是计算机技术、新的物理测年手段（同位素和古地磁）、以及新的化石采集和处理方法等。

如果说对外开放和国际交流的进展是非常顺利而迅猛的话，那么科技体制的改革则相对缓慢，不乏痛楚与煎熬的历程。“文革”后的几年是我国国民经济陷入最低谷的时期。科技体制改革只能从科技与经济密切结合，尽快积累社会财富开始，亦即从“放开一片”开始。国家自然科学基金委员会虽然于 1986 年 12 月成立，但对基础性学科的支持力度有限。这一时期绝大多数能够和国民经济直接挂钩的科研单位都采取了“一所两制”的发展模式，用“放开”的一头来反哺基础研究的一头。随着“改革开放”政策的推行，在人们的衣食住行各个方面都大幅度改善的 20 世纪 80 年代后期，单纯依靠国家拨款运行的基础性研究和公益性研究的单位经历了极大的经费短缺的困难。

即使在这种情况下，国内有关的古生物研究机构仍然积极面对，想方设法努力克服困难。1989 年古脊椎所新办公大楼破土动工。

2）中国古脊椎动物学发展的“黄金时代”（1992 年至今）

这种困境直到 1992 年，在“放开一片”政策取得了决定性的胜利之后，才有所改变。这时国家提出要同时“稳住一头”，即稳住基础性和公益性研究这一头的政策导向。1994 年 10 月，温家宝副总理在视察古脊椎所时明确提出，要保证这类单位有“稳定的研究课题、稳定的研究人员、稳定的经费来源”。至20世纪90年代中期，不仅每年可获得多项面上基金项目，更有多项课题被选为科技部或国家自然科学基金委的“攀登计划”、基础性工作专项、重点基金项目和国际合作专项等，经费短缺的情况普遍有所缓解。1998年中国科学院“创新工程”试点项目正式批准运行。此后随着国家经济状况的改善，科研经费的支持力度开始有较大幅度的增加。古脊椎所进入中国科学院“知识创新工程”系列，我国古脊椎动物和古人类学从此进入了飞跃发展的“黄金时代”。截止到2012年年底，全所在职职工为152人，其中科研人员67人；另有流动研究人员98人。研究所的仪器装备也大为改善，新增的大型设备包括激光共聚焦显微镜、高精度计算机断层扫描系统（CT）等。

这一时段也是研究工作的主力从第二代逐渐向第三代转移的阶段。一大批得益于改革开放政策接受过欧、美等先进国家教育或培养的第三代的杰出人才逐渐脱颖而出，成为各自学科的领跑人。朱敏、周忠和、徐星、汪筱林、张福成先后获得国家杰出青年基金。一批定居海外的学者，如于小波、孟津、王晓鸣、吴肖春、苗德岁、罗哲西、沈辰、杨东亚等，也积极参与到对中国古脊椎动物或古人类材料的研究中，孟津、王晓鸣、沈辰曾获得国家杰出青年基金（B类）；他们中的多人也是《中国古脊椎动物志》的重要撰稿人或审稿人。

这一时期，大学（如北京大学、西北大学）、地矿部门（如中国地质科学院地质研究所）和博物馆系统（如北京自然博物馆、甘肃省博物馆、中国地质博物馆）对脊椎动物化石发现和研究的热情激增，同样聚集了一批充满活力的研究力量。

3）化石发现与研究工作方面的重要进展

随着经费投入的增加，在化石的发现上有了空前的突破，如志留-泥盆纪的鱼类化石群、三叠纪海生爬行动物群、侏罗-白垩纪的燕辽-热河脊椎动物群以及甘肃临夏盆地从渐新世至第四纪的多个哺乳动物群。每一个集群的化石标本都达到数以万计的量级。在研究工作上取得的许多新成果也为国际学术界所瞩目。以古脊椎所为例，1992年后，仅在《Nature》和《Science》上发表的论文就有近百篇。《Nature》杂志于2001年还破例编辑出版了一部中国古生物专集——《腾飞之龙》。该集主编Henry Gee在导言中发出由衷赞叹：“在短短不足10年的时间内，随着对生命演化史上一些关键阶段具有重要意义的一系列引人瞩目的化石的发现，中国的古生物学研究从相对平静的状态，一跃成为国际科学界的一支中坚力量。”下面是对这一时期研究工作的主要进展的简述。

i. 燕辽和热河生物群的突破性进展

热河生物群早在20世纪20年代就已为古生物学家所知（Grabau, 1923），至20世纪中叶在古生物学界已相当知名（顾知微，1962）。但是真正使这个生物群名声大噪则是在1992年之后。1988年当地群众发现了鸟化石之后，许多古生物研究单位都至该地采集化石。1992 年 Sereno 和饶成刚根据 1988 年群众发现的材料，在《Science》上报道了中国鸟（*Sinornis*），同年周忠和、金帆和张江永根据他们 1990–1991 年采集的化石在《科学通报》上记述了华夏鸟（*Cathayornis*）。此后众多的鸟类新材料陆续发表。季强和姬书安于 1996 年在《中国地质》上报道了首件带毛恐龙——中华龙鸟（*Sinosauropteryx*）标本，把该地化石采集与研究推向了一个新的高潮。此后一系列突破性的发现很快使热河生物群成为国内外科技界注目的焦点。热河生物群的发现和研究极大地带动并改变了我国整个脊椎动物研究格局。燕辽生物群系由洪友崇所提出的燕辽昆虫群（1983 年）和任东等的燕辽动物群（1995 年）扩展而来，其时代为侏罗纪。脊椎动物化石以翼龙最多，没有发现鸟类。

经过廿余年的不懈努力，热河生物群在脊椎动物化石研究方面已取得了累累硕果。

鱼类　2006 年，张弥曼等在《Nature》上记述了热河生物群中的中生鳗（*Mesomyzon*）。这一发现不仅填补了我国七鳃鳗类化石的空白，而且为阐明七鳃鳗类的起源以及何时从海生转化为淡水动物提供了可靠的证据。

滑体两栖类　1998 年，热河生物群中的两种有尾类（塘螈 *Laccotriton* 和辽西螈 *Liaoxitriton*）和一种无尾类（辽蛙 *Liaobatrachus*）先后被记述。1999 年，王原和高克勤又描述了无尾类的中蟾（*Mesophryne*）、宜州蟾（*Yizhoubatrachus*）和属于有尾类的中华螈（*Sinerpeton*）等。这些研究填补了我国两栖类化石在门类和时代上的空白。辽西两栖类化石代表了滑体两栖类在东亚地区最早的一次辐射事件。

翼龙　直到 1997 年，我国的翼龙化石记录屈指可数：准噶尔盆地的准噶尔翼龙（*Dsungaripterus*）和湖翼龙（*Noripterus*），甘肃庆阳的环河翼龙（*Huanhepterus*）和狭鼻翼龙（*Angustinaripterus*），以及浙江临海的浙江翼龙（*Zhejiangopterus*）。其后，大量翼龙化石发现自燕辽 - 热河生物群中。1997–2008 年间至少已经研究发表了各种翼龙共 19 个属，使我国一跃成为世界上翼龙最丰富的国家之一。燕辽 - 热河生物群中的翼龙化石，无论在保存质量还是种类的多样性方面都超过了国外著名的翼龙组合，成为研究翼龙起源和辐射的最主要的证据。产自燕辽生物群中的热河翼龙（*Jeholopterus*）不但保留飞行翼膜，而且全身覆盖毛状结构。产自热河生物群中的森林翼龙（*Nemicolopterus*）是目前所知最小的翼龙，翼展仅 25 cm，而顾氏辽宁翼龙则是目前中国最大者，翼展可达 5 m。此外，还发现了翼龙的胚胎化石，首次证明了它的胎生习性。

恐龙　至 2012 年为止，在热河生物群中已研究发表的恐龙有近 30 个属。化石中大多是蜥臀类兽脚类恐龙中的非鸟虚骨龙和手盗龙类。化石中有大量带有不同形式的羽毛或丝状皮肤衍生物，如：中华龙鸟（*Sinosauropteryx*）、尾羽龙（*Caudipteryx*）、原始祖鸟（*Protarchaeopteryx*）、北票龙（*Beipiaosaurus*）、中国鸟龙（*Sinornithosaurus*）、小盗龙（*Microraptor*）、帝龙（*Dilong*）以及羽王龙（*Yutyrannus*）等。这些材料成为研究鸟类起源、羽毛和飞行起源的重要资料。张福成等对羽毛形成和演化过程以及其中黑色素体的研究开辟了恐龙和鸟类化石研究的新领域，引起了国际古生物学界的高度关注。徐星等根据小盗龙后肢附近保存的羽状皮肤衍生物提出了四翼恐龙的概念，认为鸟类飞行演化过程中曾经经历过四个翅膀的阶段。多种具有树栖能力恐龙的发现也有力地支持了鸟类飞行树栖起源的假说。

鸟类 多姿多彩的鸟类化石的发现是热河生物群中最大的亮点，使下白垩统一跃成为中生代鸟类保存最为丰富的地层。到 2008 年为止，共发现各种鸟类 24 属 27 种，已超过全球中生代鸟类化石种总和（约 100 种）的 1/4。更为宝贵的是，绝大多数鸟化石保存了几近完整的骨架，许多还伴有精美的羽毛。在提供早期鸟类演化的丰富信息方面具有其他地区无法替代的优势。这些鸟类无论在形态、大小、飞行能力，还是食性和习性等方面也都显示出显著的分化现象。同时还发现了迄今所知最古老的早成型的鸟类胚胎化石，由此可以确信，在鸟类演化历史上，最早出现的是早成型的鸟类。以周忠和为代表的中国古爬行动物和鸟类专家，根据这些新材料对鸟类起源、早期鸟类的分类地位、生存环境等提出了许多新的看法，特别是提出了一系列支持“树降”飞行起源假说的有力的新证据。这些在国际古生物学界都引起了很大的反响。

哺乳动物 到 2008 年为止，已经报道的热河生物群的哺乳动物化石共 11 属 12 种，且化石大多保存完整。其中以基干类型的兽类（多瘤齿兽类、三尖齿兽类和对齿兽类）最多，共 9 属 10 种。由于其中 6 个属（热河兽 *Jeholdens*、燕兽 *Yanoconodon*、爬兽 *Repenomamus*、张和兽 *Zhangheotherium*、毛兽 *Maotherium* 和尖吻兽 *Akidolestes*）都保存有完整骨架，使我们对这些早期的哺乳动物的整体形态和某些关键部位的解剖特点（例如耳区和下颌的麦氏软骨的有无等）都有了更深入、更确切的了解。其中的巨爬兽（*R. giganticus*）是目前所知中生代最大的哺乳动物，其头 - 体长可达 68 cm，体重可达 12–14 kg，而且其胃中还保存了幼年鹦鹉嘴龙的两列牙齿和部分残骨，成为哺乳动物以恐龙为食的第一件化石证据。在这个动物群中还发现了我国最早的后兽类——中国袋鼠（*Sinodelphys*）。在燕辽生物群中发现的翔兽（*Volaticotherium*）发育有用于滑翔的翼膜，是最早的会滑翔的哺乳动物。2011 年，罗哲西等记述发表的侏罗母兽（*Juramaia*）更是把基干真兽类的出现时间提前到了距今约 160 百万年。

ii. 古脊椎动物研究在其他领域和地区的进展

● 鱼类

最早的鱼类 在早寒武世澄江生物群中发现世界上最早的脊椎动物软体印模化石。1999 年，西北大学舒德干等在《Nature》上报道了昆明鱼（*Myllokunmingia*）和海口鱼（*Haikouichthys*）；2003 年舒德干等又在《Nature》上发表了根据 500 多件标本对海口鱼所做的详细描述。同年舒德干在《科学通报》上又记述了钟健鱼（*Zhongjianichthys*）。虽然对化石所显示的特征的解释尚有不同的意见，但目前绝大多数国内外的同行都基本认可它们应该归属于最早期的脊椎动物化石。这些发现，连同其他的一些可能应该归入脊索动物门的化石一起，极大地推动了对脊椎动物亚门的起源的研究。

颌起源研究 借助于同步辐射X射线断层扫描技术，盖志琨等对中国4亿多年前的盔甲鱼类曙鱼（*Shuyu*）的脑颅进行了三维虚拟复原，揭示出曙鱼已具有彼此独立的鼻囊和垂体，为无颌类鼻垂体复合体在颌起源之前的分裂提供了化石实证，从而佐证了颌演化的异位理论，为解开颌的起源之谜提供了关键证据。

志留纪盾皮鱼类 2013年，朱敏等报道了完整保存的志留纪有颌脊椎动物——全颌鱼（*Entelognathus*）。该鱼前所未有地既具有典型盾皮鱼纲的躯体与颅顶甲，又具有过去仅在硬骨鱼纲中发现过的边缘膜质颌骨（前上颌骨、上颌骨和齿骨）。这一奇特的特征组合将盾皮鱼纲和硬骨鱼纲紧密联结起来，改变了我们对于早期有颌类演化的传统认识。

硬骨鱼纲的起源与演化 这一方面取得的重大进展首先要归功于保存异常完好的化石的大量发现。早期硬骨鱼类的化石过去发现得很少，而且极不完整。1982年张弥曼对杨氏鱼（*Youngolepis*）脑颅的精细切片复原研究证实，这类原始的肉鳍鱼并没有内鼻孔。这一观察在古鱼类学界引起了很大的轰动，导致了对早期肉鳍鱼类研究的热潮。朱敏等从20世纪90年代以来又发现了斑鳞鱼（*Psarolepis*）、无孔鱼（*Achoania*）、蝶柱鱼（*Styloichthys*）、弥曼鱼（*Meemannia*）和鬼鱼（*Guiyu*）等非常丰富的早期鱼类的材料。这些鱼类大部分都不同程度的保留有肉鳍鱼、辐鳍鱼，甚至棘鱼或盾皮鱼的某些特征或特征组合。他们据此对硬骨鱼纲早期演化与分类作了很大的修正。这些突破性的进展激发起国际学术界对硬骨鱼纲起源研究的浓厚兴趣，为探讨包括硬骨鱼纲在内的有颌类各大类群间的相互关系提供了关键资料，同时揭示中国南方是肉鳍鱼类的起源中心（Yu et al., 2010）。鬼鱼是志留纪唯一完整保存的有颌类，为脊椎动物演化的一个重大分歧事件（辐鳍鱼类与肉鳍鱼类的分化）提供了一个新的确凿无疑的最近时间点，可以应用于分子钟的校准。

三叠纪海生鱼类的大量发现 虽然我国三叠纪海生鱼类化石早已有所报道，但最丰富的化石还是在20世纪80年代后期和90年代发现的。几乎同时，在上扬子区（贵州兴义贵州龙地点、盘县、关岭、云南罗平等）和下扬子区（江苏句容）都发现了数以千计的鱼化石。材料分散存放于有关博物馆、大学和研究所中。已发表初步研究报告的有软骨鱼类、空棘鱼类、裂齿鱼类、副半椎鱼类等20余个属种。

青藏高原新生代鱼类化石的发现 2008年张弥曼等在《美国科学院院刊》上发表了在柴达木盆地上新世湖相沉积中发现的一种全身骨骼异常肿胀的裂腹鱼化石，定名为伍氏献文鱼（*Hsianwenia wui*）。类似骨骼肿胀的现象过去只在地中海地区著名的“墨西拿期”（Messinian）极度干旱期的地层中发现过。因此，伍氏献文鱼也是柴达木地区在上新世气候干旱化的有力证据。

● 两栖类和爬行类

泥盆纪四足动物 泥盆纪是四足动物起源的时代，但我国一直没有发现这类化石。经过不懈的努力，朱敏等2002年终于在宁夏上泥盆统中发现了距今大约3.55亿年的潘氏中国螈（*Sinostega pani*）。这是鱼石螈类化石在亚洲的首次发现，将亚洲地区四足动物的化石记录提前了近一亿年。

扬子区三叠纪水生脊椎动物的大发现 20世纪50年代我国化石保存较好、了解较清楚的海生爬行动物仅胡氏贵州龙（*Keichousaurus hui*）一种。此后至1972年在皖、鄂、桂、西藏等省区又发现十余种海生爬行动物，但大多保存欠佳。80年代末开始，随着“化石收藏热”的逐渐兴起，在贵州兴义—关岭一带发掘出成千上万件各种生物的保存异常精美的标本，以水生爬行动物化石尤其令人注目。其中重要的发现有：最原始的龟类化石——半甲齿龟（*Odontochelys semitestacea*）。该化石清楚地告诉我们：一种具牙、背甲尚未形成、生活于海边区的龟类，才是目前所知的龟鳖类祖先。其次是大规模海生爬行类的发现，水生爬行动物的各个大类几乎均有代表。鱼龙类中有中三叠世的混鱼龙（*Mixosaurus*）、晚三叠世的黔鱼龙（*Qianichthyosaurus*）和贵州鱼龙（*Guizhouichthyosaurus*）等。海龙类中有在中、上三叠统发现的安顺龙（*Anshunsaurus*）、上三叠统底部发现的新铺龙（*Xinpusaurus*）等。鳍龙类中有多种幻龙和鸥龙以及在上三叠统底部发现的楯齿龙类，如豆齿龙（*Sinocyamodus*）和砾甲龟龙（*Psephochelys*）等。此外，海生的原龙类和主龙类也首次在此发现。

恐龙化石 徐星和美国乔治华盛顿大学的科拉克组织的有关新疆准噶尔盆地侏罗系地层的科学考察活动取得重要成果。经过连续7年的考察和发掘，他们发现了许多恐龙类群的早期代表，其中世界上最早的暴龙和角龙类业已报道，许多新材料还在修理和研究中。未来的工作有望会对中侏罗世这一恐龙演化的关键时期的研究有较大的推动。此外，徐星等在宁夏灵武地区发现了过去在亚洲从未发现过的梁龙类恐龙，李大庆和尤海鲁在兰州盆地发现了长有最大牙齿的植食性兰州龙，吕君昌等在河南汝阳发现的巨大的黄河巨龙等，都是我国恐龙家族重要的新成员。

恐龙蛋的分类和足迹化石研究 随着20世纪90年代“恐龙蛋热”的兴起，在粤、赣、鄂、豫、鲁等地发现了大量保存完好的恐龙蛋化石，使我国成为全球恐龙蛋化石最丰富的国家。这大大促进了我国恐龙蛋化石的研究。根据赵资奎的统计，目前发现的蛋种已超过70个。系统的分类和整理工作正在进行中。恐龙足迹的研究也取得了很多新进展，我国主要分布地区包括辽宁朝阳、山东诸城、内蒙古鄂多克旗和甘肃永靖。1999年以来，由中、日、英、美四国专家对内蒙古鄂尔多斯鄂托克旗察布地区出露300多平方公里的恐龙足迹进行了系统的考察。

- **哺乳动物**

小哺乳动物化石研究进展 从1980年与德国古生物学家合作使用水筛洗法采集小哺乳动物化石以后，小哺乳动物化石采集的数量急剧增加，同时也使小哺乳动物化石在确定地层时代中的作用大增。李传夔从1956年参加工作时就被选派专攻小哺乳动物，但由于化石难找，从者甚少。新方法的引进使研究小哺乳动物的人越来越多，到20世纪80年代末，吴文裕、邱铸鼎、郑绍华、童永生和王伴月等都加入了这个行列，至90年代又增加了金昌柱、张兆群等，工作也取得了多项重要成果。李传夔等在我国古新统发现了长期寻而未果的啮齿目和兔形目的共同祖先类型——鼠兔（*Mimotona*）。这一时期出版的小哺乳动物方面的专著有5部：郑绍华的《川黔地区第四纪啮齿类》(1993年)，邱铸鼎的《内蒙古通古尔中新世小哺乳动物群》(1996年)，王伴月的《中、东亚中第三纪梳趾鼠科》(1997年)，童永生的《河南李官桥和山西垣曲盆地始新世中期小哺乳动物》(1997年）和孟津等的《菱臼齿兽（*Rhombomylus*）骨骼学》(2003年)。

和政哺乳动物化石集群的发现 1999年初，古脊椎所从甘肃省博物馆得知，和政县发现大量哺乳动物化石。初步考察表明，整个临夏盆地富含从渐新世至第四纪至少6个层位的极为丰富的哺乳动物化石，特别是中中新世铲齿象动物群和晚中新世三趾马动物群的化石。经过多年努力，已在近100个化石点中发现和征集了几万件标本，其中还有十多具完整的骨架。这是新中国建立以来在新近纪哺乳动物方面最重要的一次发现。目前大部分化石仍在修理和整理中，只有邱占祥等著的《甘肃东乡龙担早更新世哺乳动物群》(2004年）一部专著出版。

青海柴达木盆地和西藏新生代晚期哺乳动物群的发现 1998年开始了青海柴达木盆地新近纪地层及脊椎动物化石的考察，并逐渐向西藏高原深入，经过十几年的探索，最终在阿里地区札达附近发现了相当丰富的上新世哺乳动物化石。邓涛等2011年对札达披毛犀类化石的研究表明，在第四纪大冰期之前某些大型植食动物已经开始在西藏高原地区有了某种耐旱的适应，到第四纪冰期时它们逐渐从高原来到了亚洲东部大陆，并逐渐适应了冰期气候。

某些门类和地区的系统总结 改革开放后仅古脊椎所的研究人员所出版专著就有14部：李传夔和丁素因的《中国的老第三纪哺乳动物》(1983年)，丁素因的《广东南雄古新世贫齿目化石》(1987年)，Russell和翟人杰的《亚洲古近纪：哺乳动物和地层》(1987年，英文)，邱占祥等的《中国的三趾马化石》(1987年)，邱占祥的《中国路西尼期和维拉方期的鬣狗化石》(1987年)，裴文中的《广西柳城巨猿洞及其他山洞之食肉目、长鼻目和啮齿目化石》(1987年)，郑绍华的《川黔地区第四纪啮齿类》(1993年)，邱铸鼎的《内蒙古通古尔中新世小哺乳动物群》(1996年)，宗冠福等的《横断山地区新生代哺乳动物及其生活环境》(1996年)，童永生的《河南李官桥和山西垣曲盆地始新世中期小哺乳动物》(1997 年)，王伴月的《中、东亚中第三纪梳趾鼠科》(1997 年，英文)，邱占祥等的《甘肃东乡龙担早更新世哺乳动物群》(2004 年)，童永生和王景文的《山东昌乐五图盆地早始新世哺乳动物群》(2006 年)，邱占祥和王伴月的《中国的巨犀化石》(2007 年)。

中国新生代陆相地层阶 / 期的建立 1984 年李传夔等首次提出依据哺乳动物化石建立我国新近纪陆相地层阶 / 期的建议。1995 年童永生等则提出了一个整个新生代陆相地层的阶 / 期划分方案。但是这些方案分别是按照欧洲的“MN”和北美的“Mammal Age”的模式建立的。这两者都不是国际地层委员会所要求的年代地层和地质年代单元，而是生物年代单元，而且也没有按照国际地层委员会建议的程序建立界线层型。这导致了我国古哺乳动物学家对几乎遍布全国的新生代哺乳动物化石地点和大约 1500 种哺乳动物的年代排序的大调查。在此基础上已对古近纪和新近纪的阶 / 期提出了改进的划分方案，并对某些界线层型提出了选择方案。

七、中国脊椎动物化石与“生命之树”关键环节

“从鱼到人”是“生命之树”中最受学术界与公众关注的一个枝杈。由于生物的灭绝，现生脊椎动物各大类群间皆存在着很深的形态学鸿沟，这些“缺失的环节”直接影响到脊椎动物谱系的建立。中国脊椎动物化石的研究虽然只有百余年的历史，但已为重建“生命之树”脊椎动物枝杈的很多关键环节提供了影响深远的实证，填补了脊椎动物演化很多“缺失的环节”。下面列举一些处于“生命之树”关键环节上的中国脊椎动物化石。

1）海口鱼类：早寒武世澄江生物群中发现的海口鱼类（昆明鱼、海口鱼和钟健鱼）是目前所知最古老的脊椎动物，对于探讨脊椎动物、头索动物和尾索动物间的相互关系具有重要意义。

2）盔甲鱼亚纲：盔甲鱼亚纲是化石无颌类中与骨甲鱼亚纲、异甲鱼亚纲并列的三大亚纲之一，仅发现于中国与越南北部。盔甲鱼的脑颅为无颌类鼻垂体复合体在颌起源之前的分裂提供了化石实证，从而佐证了颌演化的异位理论，为解开颌的起源之谜提供了关键证据。

3）云南鱼类：盾皮鱼类中的胴甲鱼类是目前所知最原始的有颌脊椎动物，其晚期种类缺失成对偶鳍中的腹鳍。在中国南方与越南北部志留纪—早泥盆世地层中发现的云南鱼类是胴甲鱼类中的最原始种类，但发育了腹鳍，显示腹鳍的出现并不晚于颌的出现。

4）全颌鱼：软骨鱼纲、硬骨鱼纲以及已灭绝的棘鱼纲共同组成了有颌类的冠群。全颌鱼的发现为现生有颌类最近共同祖先的形态提供了一个重要参考，它将过去只有硬骨鱼纲才有的典型颌骨特征追溯到盾皮鱼纲，在盾皮鱼纲和硬骨鱼纲两大支系间架起了直

接的桥梁，其研究改变了我们对于早期有颌类演化的传统认识。

5）早期硬骨鱼类：斑鳞鱼、无孔鱼和鬼鱼等早期硬骨鱼的发现，填补了硬骨鱼类与非硬骨鱼类群之间的形态缺环，为探讨硬骨鱼纲的起源与演化带来新的启示。鬼鱼是迄今为止全球最古老的保存完整的硬骨鱼乃至有颌脊椎动物化石，也是志留纪唯一完整保存的有颌类，为辐鳍鱼类和肉鳍鱼类分化时间提供了精准的分子钟校正点。

6）肉鳍鱼类冠群的原始代表：肉鳍鱼类冠群包括肺鱼、空棘鱼和四足动物三大支系。杨氏鱼和奇异鱼是肺鱼支系的原始代表，其发现与研究曾引发过去30余年对肉鳍鱼类各大类群间的系统发育关系的热烈讨论。云南孔骨鱼是最古老的空棘鱼类化石代表，头部显示典型的空棘鱼类特征，表明空棘鱼类在其演化初期就已高度特化。东生鱼是四足动物支系的最原始代表，脑颅研究指示与陆地生活相关的某些重要脑部特征在四足动物演化初期即已出现，对追溯四足动物祖先的演化历程具有重要意义。

7）早期滑体两栖类：燕辽和热河生物群中的两栖类化石包括原始的无尾类与有尾类，对探讨滑体两栖类的早期分化十分重要。大量的蝾螈类化石、包括从幼年到成年不同发育阶段的个体，为研究其个体发育提供了难得的资料。

8）最原始的龟类：贵州三叠纪地层中发现的半甲齿龟，已有完整腹甲，但吻部尚有小柱状尖齿，背甲还没有形成，仅由脊板和加宽但并不相连的肋骨组成。该化石为厘清龟鳖类特有特征的来源提供了实证资料。

9）带毛恐龙：继首件带毛恐龙（中华龙鸟）标本被报道以来，热河生物群中已记述了大量带有不同形式的羽毛或丝状皮肤衍生物的兽脚类恐龙，如尾羽龙、原始祖鸟、北票龙、中国鸟龙和小盗龙等。这些材料成为研究鸟类起源、羽毛和飞行起源的重要资料，有力地支持了鸟类的恐龙起源说以及鸟类飞行树栖起源的假说。

10）早期鸟类：热河生物群中已发现各种早期鸟类近30种。这些鸟类化石反映了鸟类演化历史上第一次大规模的发展和快速分化，填补了侏罗纪晚期至白垩纪晚期大约7000万年间鸟类化石记录的空白，其发现与研究极大地推动了国际学术界对鸟类起源与早期分化的研究。

11）基干下孔类（似哺乳爬行动物）：晚三叠世“禄丰蜥龙动物群”中的卞氏兽已具有哺乳动物的某些特征，如牙齿已开始分化，因此在哺乳动物起源研究中处于一个相当关键的位置，一经发现就在国际学术界引起很大反响。中国是似哺乳爬行动物化石的重要产地，除卞氏兽外，还发现了中国颌兽、吉木萨尔兽、中国肯氏兽、西域肯氏兽和副肯氏兽等，这些材料对于厘清哺乳动物重要特征的出现序列具有重要价值。

12）多瘤齿兽类、三尖齿兽类和对齿兽类：哺乳动物干群包括似哺乳爬行动物和一些传统定义上的原始兽类（多瘤齿兽类、三尖齿兽类和对齿兽类）。热河生物群中的很多原始兽类都保存有完整骨架，对于我们认识这些早期的哺乳动物的整体形态和某些关键部位的解剖特点作用巨大。在燕辽生物群中发现的翔兽发育有用于滑翔的翼膜，是最早的会滑翔的哺乳动物。

13）哺乳动物冠群的原始代表：在热河动物群中发现了我国最早的后兽类——中国袋鼠。燕辽生物群中发现的侏罗母兽更是把基干真兽类的出现时间提前到了距今约 1.6 亿年。这些化石的发现为哺乳动物冠群的分化提供了重要的分子钟校正点。

14）低等灵长类：在湖南、湖北发现的距今 5500 万年的德氏猴和阿喀琉斯基猴支持了现代灵长类起源于亚洲的假说，也为确定类人猿与其他灵长类的分异时间和早期演化模式提供了非常关键的证据。阿喀琉斯基猴也是迄今为止发现的保存完好的最古老灵长类动物化石，为眼镜猴类已知最早的记录。

15）高等灵长类：在江苏发现的距今 4500 万年（中始新世中期）的中华曙猿是高等灵长类的一个早期代表，对于探讨高等灵长类的起源具有重要价值。

16）古人类："北京猿人"（直立人）的发现与研究曾被誉为近代中国在国际学术舞台获得的第一块有分量的奖牌。在人类演化研究中，来自中国的化石材料占据着举足轻重的地位，如"蓝田人"、"元谋人"、"丁村人"、"马坝人"、"山顶洞人"。

无 颌 类（AGNATHANS）

导 言

一、概 述

无颌类动物，按照本册志书的分类方案，属于无颌下门（Agnatha）（图 29）。这一分类单元名称，最初是作为纲级分类单元由 Cope 于 1889 年建立，当时包括两个亚纲：甲胄鱼亚纲（Ostracodermi）和囊鳃鱼亚纲（Marsipobranchii）。由于甲胄鱼类也具有鳃囊，Woodward（1898）在他的分类方案中用圆口亚纲（Cyclostomi）替代了囊鳃鱼亚纲。其中圆口亚纲包括穿腭目（Hyperotreti，＝盲鳗目 Myxiniformes）、完腭目（Hyperoartia ＝七鳃鳗目 Petromyzoniformes），甲胄鱼亚纲包括异甲鱼目（Heterostraci）、骨甲鱼目

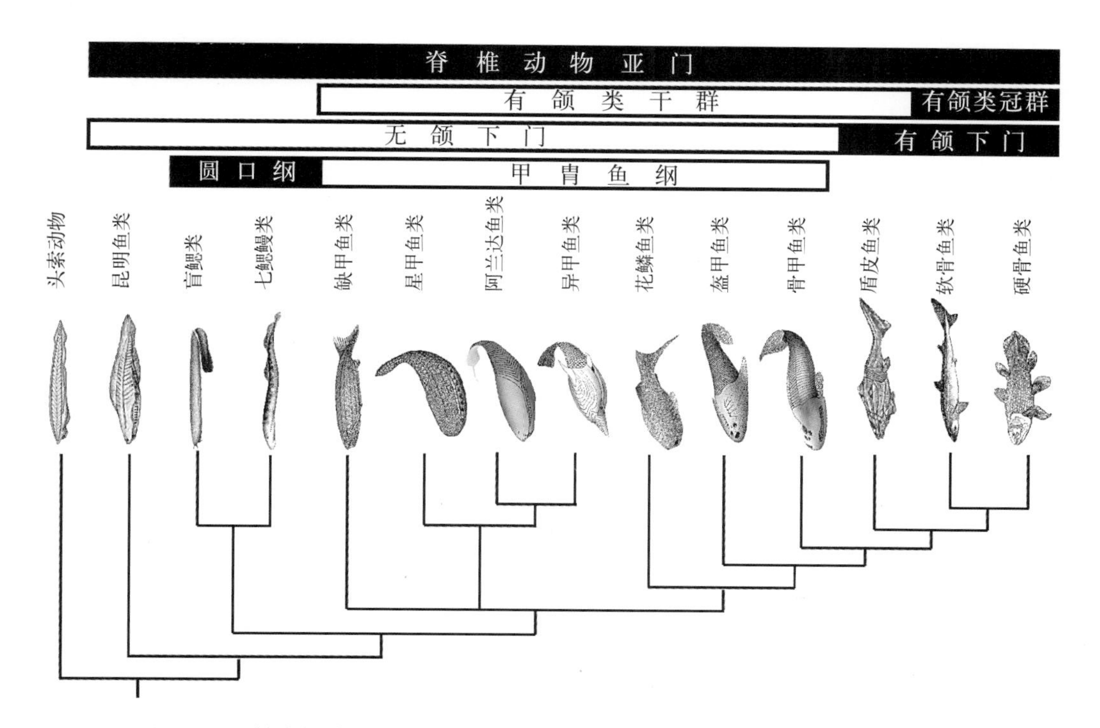

图 29 低等脊椎动物主要类群的系统发育关系（改自盖志琨、朱敏，2012）

（Osteostraci）和胴甲鱼目（Antiarchi）。胴甲鱼类后来被证明具有颌，被归入到盾皮鱼纲（Placodermi）。Woodward（1898）还将中泥盆世的古椎鱼（*Palaeospondylus*）归入圆口亚纲，不过其亲缘关系迄今仍争议不断。

脊椎动物纲级分类单元有过多种归类方案。Romer（1966）在《Vertebrate Paleontology》（第三版）一书中将脊椎动物所有纲分成两组：鱼形类（Pisces）与四足类（Tetrapoda）。Colbert 和 Morales（1991）在《Evolution of the Vertebrates》（第四版）中将 3 种不同的归类作为脊椎动物亚门之下可能的超纲级分类单元（表 3）。Nelson（1994）在《Fishes of the World》（第三版）中和 Jurd（1997）在《Instant Notes in Animal Biology》中将脊椎动物亚门分为无颌超纲（Agnatha）和有颌超纲（Gnathostomata）。Colbert 等（2001）在其分类中将无颌类和有颌类提到了下门级，本志采用该分类单元等级的提升。

无颌下门包括圆口纲（Cyclostomata）、甲胄鱼纲（Ostracodermi）以及脊椎动物的一些干群，如昆明鱼类，已有至少 5.2 亿年的演化历史（图 30）。无颌类的特征包括没有上下颌、没有水平半规管、单一的外鼻孔（鼻垂体孔）等，但是这些特征都是脊椎动物的

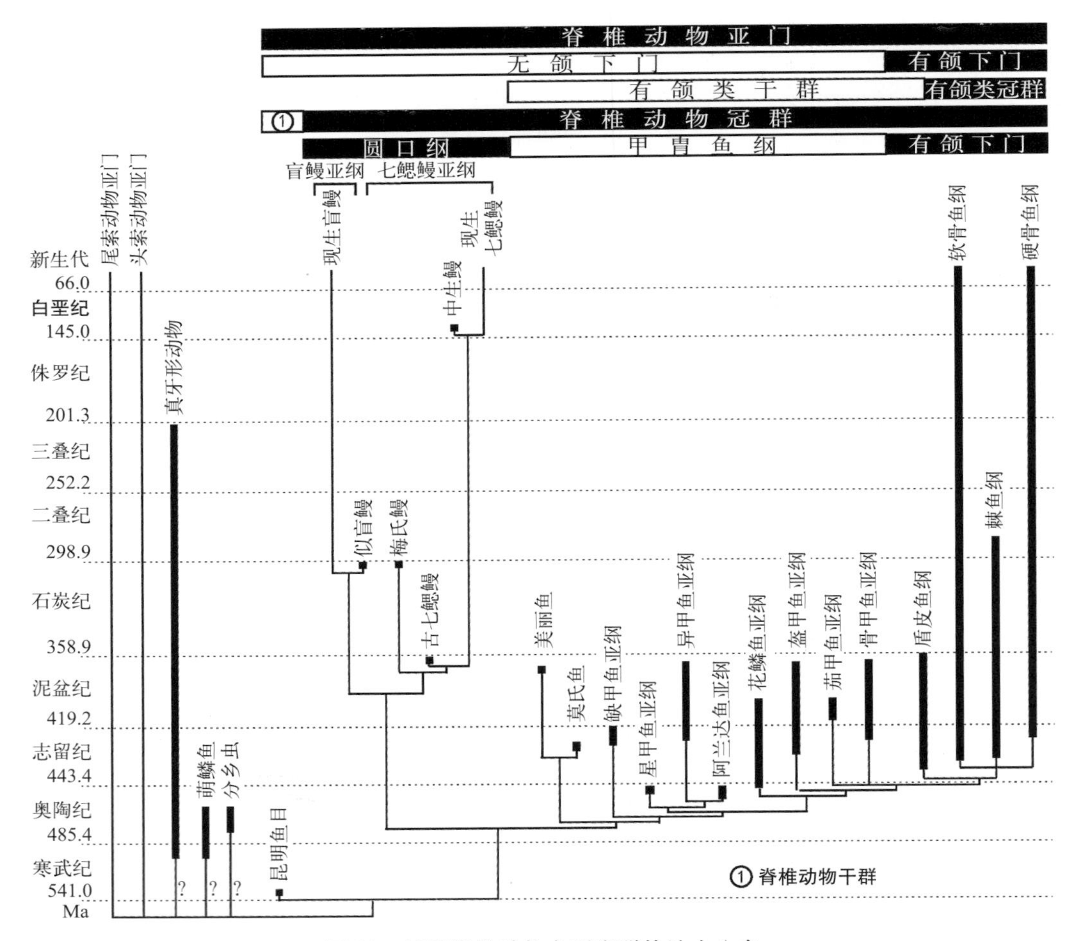

图 30　低等脊椎动物主要类群的地史分布

原始特征，而非共有裔征，因此无颌下门是一个并系类群，而非自然类群，为脊椎动物门剔除有颌类（有颌下门）之后的集合。无颌下门中的某些类群（如盔甲鱼类、骨甲鱼类）相对于具有现生种类的圆口纲，与有颌类具有更近的亲缘关系。这些化石类群虽然还没有演化出上下颌，但被称为有颌类干群。而另一些类群，如寒武纪的昆明鱼类，可能占据着脊椎动物谱系树更基干的位置，为脊椎动物干群（stem-group vertebrates）。

表 3　脊椎动物各纲（传统定义）的多种归类方案

<table>
<tr><th></th><th>依体形的不同</th><th>依颌的有无</th><th>依羊膜的有无</th><th>依体温的情形</th></tr>
<tr><td>圆口纲</td><td rowspan="6">鱼形类
（Pisces）</td><td rowspan="2">无颌类
（Agnatha）</td><td rowspan="7">无羊膜类
（Anamniota）</td><td rowspan="8">变温（冷血）动物</td></tr>
<tr><td>甲胄鱼纲</td></tr>
<tr><td>盾皮鱼纲</td><td rowspan="8">有颌类
（Gnathostomata）</td></tr>
<tr><td>软骨鱼纲</td></tr>
<tr><td>棘鱼纲</td></tr>
<tr><td>硬骨鱼纲</td></tr>
<tr><td>两栖纲</td><td rowspan="4">四足类
（Tetrapoda）</td></tr>
<tr><td>爬行纲</td><td rowspan="3">羊膜类
（Amniota）</td></tr>
<tr><td>鸟纲</td><td rowspan="2">恒温（温血）动物</td></tr>
<tr><td>哺乳纲</td></tr>
</table>

二、无颌类解剖学术语缩写

aa, anterior ampulla 前半规管的壶腹
abr.o, afferent branchial opening 入鳃孔
ac, abdominal cavity 腹腔
adl, antero-dorsal lobe 前背叶
af, anal fin 臀鳍
an, anus 肛门
an.c, annular cartilage 环状软骨
ao, dorsal aorta 背大动脉
aod, adorbital depression 近眶凹
arc, arcualia 弓片
asc, anterior semicircular canal 前半规管
avp, anterior ventral plate 前腹片
avr，anterior visceral rib 基部前肋突
a.pf, area for attachment of pectoral fin 胸鳍附着区
b, base of scale 鳞片基部
bp, branchial plate 鳃片
bra, brain 脑
bra.c, brain cavity 脑腔
brc, braincase 脑颅
br.a, branchial arch 鳃弓
br.c, branchial cavity 鳃室
br.d, branchial duct 鳃管
br.f, branchial fossa 鳃穴
br.o, branchial opening 鳃孔

br.p, dermal plate covering of oralobranchial fenestra 口鳃片
c, corner 角
cb, cancellous bone 松质骨
ce, conodont elements 牙形分子
cf, caudal fin 尾鳍
com, commissural division of anterior and posterior semicircular canals 前、后半规管的联合部
cp, cornual plate 角片
cr, crown of scale 鳞片冠部
d, dentine 齿质
dcm, dorsal commissure 背联络管
de.c, dentigerous cartilage 角质齿软骨
df, dorsal fin 背鳍
dfe, dorsal fenestra 背窗
die, diencephalon 间脑
dit, digestive tract 消化道
drs, dorsal ridge scales 背脊鳞
dsp, dosal spine 背棘
ds.v, dorsal superficial vein 背浅静脉
dhs, dorsal head shield 头背甲
dt, dentine tubule 齿质管
e, eye 眼
ebr.a, efferent branchial artery 出鳃动脉
ebr.v, efferent branchial vein 出鳃静脉
en, enameloid 似釉质
en.d, endolymphatic duct 内淋巴管
endo, endoskeleton 内骨骼
en.o, endolymphatic opening 内淋巴孔
et.r, ethmoid rod 筛骨小棒
exbr.v, extrabranchial vein 鳃外静脉
fa.a, facial artery 颜面动脉
g, gill 鳃
gas, galeaspidin 盔甲质
gcc, globular calcified cartilage 球状钙化软骨
gf, gill filament 鳃丝
gl, growth line 生长纹
gon, gonad 生殖腺
hab, habenular recess 松果凹
hcl, horizontal caudal lobe 水平尾叶
hm.f, hyomandibular fossa 舌颌囊
hm.o, hyomandibular opening 舌颌孔
hy, hypophysis 垂体
hy.d, hypophysial duct 垂体管
hy.o, hypophysial opening 垂体孔
hy.r, hypophysial recess 垂体凹
ic, inner corner 内角
ic.a, internal carotid artery 颈内动脉
ifc, infraorbital canal 眶下管
in, intestine 肠道
lab.v, labyrinth vein 迷路静脉
lb, laminar bone 板状骨
ldc, lateral dorsal canal 侧背管
ldf, lateral dorsal fenestra 侧背窗
lf, lateral field 侧区
lh.c, lateral head cartilage（planum viscerale）头侧软骨
li, liver 肝脏
ll, lateral line 侧线
lsc, lateral scale 侧鳞
ltc, lateral transverse canal 侧横管
lul, lobed upper lip 上唇叶
lvc, lateral ventral canal 腹侧管
lvsc, latero-ventral scale 腹侧鳞
m, mouth 口
mb.p, median basal plate of lingual apparatus 舌器的中基板

mc.v, middle cerebral vein 大脑中静脉
md.o, median dorsal opening 中背孔
mdc, median dorsal canal 中背管
mds, median dorsal scute 中背鳞
mes, mesencephalon 中脑
met, metencephalon 后脑
mf, median field 中区
mtc, median transverse canal 中横联络管
mu.g, mucous gland 黏液腺
mvr, medial visceral rib 基部中肋突
my, myotome 肌节
my.d, posterior dorsal myodome 背后肌室
my.v, ventral myodome 腹侧肌室
mye, myelencephalon 延脑
myo, myosepta 肌隔
n, neck of scale 鳞片颈部
na, nasal sac 鼻囊
nc, neural canal 神经管
no, nostril 鼻孔
nt, notochord 脊索
oa, overlapped area 被覆压区
obc, orobranchial cavity 口鳃腔
oes, oesophagus 食管
olf, olfactory organ 嗅觉器官
olf.b, olfactory bulb 嗅球
olf.t, olfactory tract 嗅束
on.c, oronasal cavity 口鼻腔
or, oral opening 口孔
or.c, oral cavity 口腔
or.d, oral disc 口吸盘
orb, orbital opening 眶孔
or.p, oral plate 口板
orp, orbital plate 眶片
ot.c, otic capsule 听囊
pa, posterior ampulla 后半规管的壶腹
pb.w, postbranchial wall 鳃后壁
pb.s, postbranchial spine 鳃后棘
pc, pericardial area 围心区
pe.c, pericardic cartilage 围心软骨
pf, pectoral fin 胸鳍
pha, pharynx 咽
pi, pineal opening 松果孔
pi.c, piston cartilage 活塞软骨
pll, posterior lateral line nerve 后侧线神经
pr.n, prenasal sinus of nasopharyngeal duct 鼻咽管的前鼻窦
psc, posterior semicircular canal 后半规管
puc, pulp cavity 髓腔
ra, radial 鳍条
rdl, ridgelet on the posterolateral crown wall 冠部后侧面的小脊
rf, radial fibers 辐射状纤维
ro, rostral process 吻突
rsc, rectangle-shaped ridge scale 矩形的脊鳞
sel_{1-5}, canal to the lateral field 通向侧区的小管
Sf, Sharpey's fibres 沙普氏纤维
sg, sensory groove 感觉沟
sin, sinus 静脉窦
sll，supratemporal lateral line nerve 颞上侧线神经
sn.c, subnasal cartilage 鼻下软骨
sp, spinal nerve 脊神经
spp, spinal process 脊突
soc_1, anterior supraorbital canal 前眶上管
soc_2, posterior supraorbital canal 后眶上管
t, tesserae 嵌片
t.dhs, tessellated dorsal head shield 嵌片状头背甲

t.vhs, tessellated ventral head shield 嵌片状头腹甲
te, tentacle cartilage 触须软骨
ten, tentacle 触须
te.c, tectal cartilage 顶盖软骨
tel, telencephalon 端脑
ter, terminal nerve 端神经
tr, trematic ring 鳃孔环
tu, tubercle 瘤突
vas, vascular plexus 脉管丛
vc, vascular canal 脉管
vcl, dorsal jugular vein 背颈静脉
vel, velum 缘膜
vel.c, velar cartilage 缘膜软骨
vel.f, velar fossa 缘膜囊
vel.o, velar opening 缘膜孔
ves, vestibular division 前庭部
vhs, ventral head shield 头腹甲
vlf, ventro-lateral fin 腹侧鳍褶
vp, ventral plate 腹片
vr, ventral rim 腹环
I, olfactory nerve 嗅神经
II, optic nerve 视神经
III, oculomotor nerve 动眼神经
IV, trochlear nerve 滑车神经
V_0, superficial ophthalmic branch of trigeminal nerve 三叉神经浅眼支
V_1, deep ophthalmic or profundus branch of trigeminal nerve 三叉神经深眼支
$V_{0,1}$, ophthalmic branch of trigeminal nerve 三叉神经眼支
$V_{2,3}$, maxillo-mandibular branch of trigeminal nerve 三叉神经颌支
VI, abducens nerve 外展神经
VII, facial nerve 面神经
VIII, acoustic nerve 听神经
IX, glossopharyngeal nerve 舌咽神经
X, vagus nerve 迷走神经
$X_{.br}$, branchial branch of vagus nerve 迷走神经的鳃支
$X_{.in}$, intestinal branch of vagus nerve 迷走神经的肠支

三、圆　口　纲

现生的脊椎动物可以分为盲鳗类、七鳃鳗类和有颌类。盲鳗类和七鳃鳗类是目前仅存的无颌类（图 31），其中七鳃鳗类计 8 属 43 种，盲鳗类计 7 属 77 种（www.fishbase.org；Nelson, 2006）。其余的现生脊椎动物皆为有颌类，占到脊椎动物物种数的99.8%以上，主要包括软骨鱼类、辐鳍鱼类、空棘鱼类、肺鱼类和四足动物。

现生盲鳗类体型呈鳗状（图 31A），均为海生。盲鳗眼睛极小，被皮肤覆盖，没有晶状体，眼肌不发育，但这些特征可能是由于长期在深海黑暗环境生活退化所致。头中部有一个鼻孔（nostril），鼻咽管（naso-pharyngeal duct）通入口腔，可用于吸入水流（图 32C）。这也是 Cope（1889）将盲鳗命名为穿腭目（Hyperotreti）的缘由。盲鳗吻端具有四对口须，体表没有鳞片覆盖，仅有尾鳍。身体左侧外鳃孔之后有一特殊小孔，是食道小管通向体外的开口。身体腹面两侧各有一排黏液腺，在受到惊吓时会分泌大量黏液来

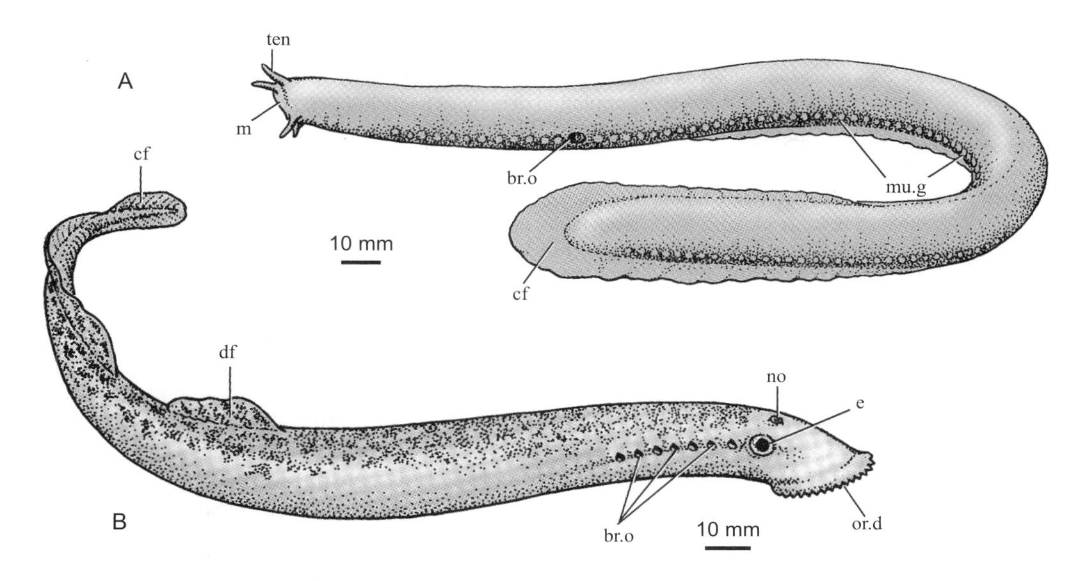

图 31　盲鳗（A）与七鳃鳗（B）的外部形态（引自 Pough et al., 2009）

帮助逃脱危险。头部骨骼由一些软骨棒组成（图 32A），只有一个半规管，鳃篮（branchial basket）不完整。外鳃孔的数目在不同种类有所变化，甚至在同种的不同个体间也会有不同。与七鳃鳗和有颌类不同，盲鳗并没有真正保护脊索的脊椎骨骼。盲鳗通常在白天将身体埋入泥沙中，到晚上捕食小型的无脊椎动物。盲鳗有时也会食腐，钻入其他死去生物的体内进食，甚至可以通过鳃和皮肤来吸收和溶解有机物。

盲鳗亚纲（Myxini）仅有盲鳗目（Myxiniformes）、盲鳗科（Myxinidae），分为盲鳗亚科（Myxininae）和黏盲鳗亚科（Epatretinae）。盲鳗亚科只有 1 对总外鳃孔（图 31A），而黏盲鳗亚科有 5–16 对外鳃孔。我国的盲鳗代表有中国黏盲鳗（*Eptatretus chinensis*），分布于南海海域。盲鳗类确切的化石记录目前只有一个属，为美国伊利诺伊州晚石炭世 Mazon Creek 动物群（大约 3 亿年前）的似盲鳗（*Myxinikela*），中国目前尚没有盲鳗类的化石记录。

现生七鳃鳗也呈鳗状（图 31B），包括 3 个科。大部分属种成体生活在海中，生殖季节洄游到河流中产卵，幼体在完成发育过程和变态之后返回海中生活，但是有些种类（如东北七鳃鳗）终生生活在淡水中。具 7 对外鳃孔（我国东北地区将七鳃鳗俗称为七星子）；由于外鳃孔靠近眼睛且大小、外观与眼睛接近，七鳃鳗也被俗称为八目鳗。头背中部有唯一的鼻垂体孔，但是不与口腔相通（图 32D），不用于吸入水流。这也是 Cope（1889）将七鳃鳗命名为完腭目（Hyperoartia）的缘由。无偶鳍，奇鳍除尾鳍外还有两个背鳍。眼睛和眼肌都很发育。与盲鳗相比，七鳃鳗的内骨骼更加发育（图 32B），具有两个半规管和完整的鳃篮，脊索上可见软骨弓片（脊椎的一部分）。大多数七鳃鳗靠吸食其他鱼类或哺乳动物的血液进行体外寄生生活，依靠口器吸盘及上面的牙齿吸附于其他生物的皮

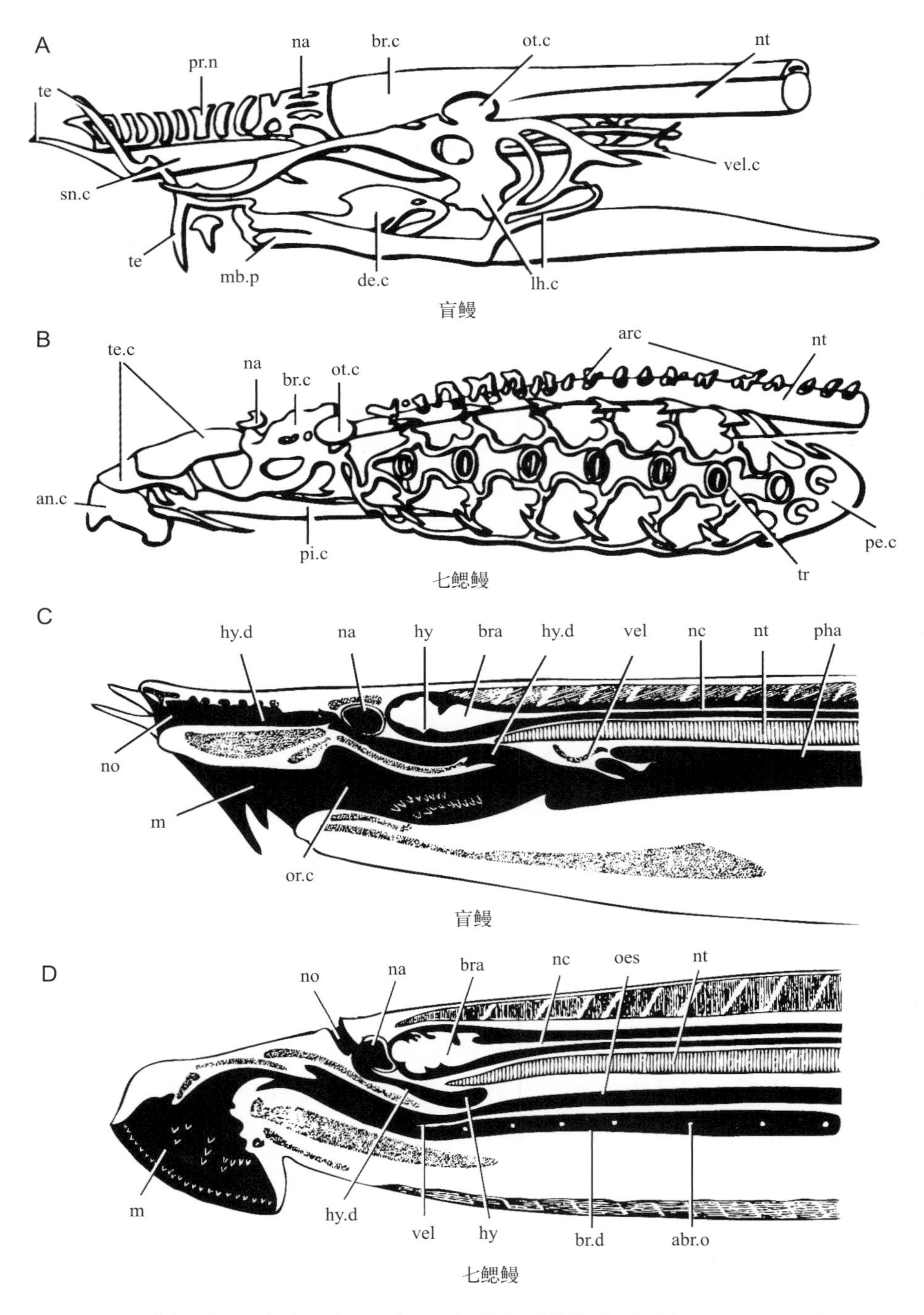

图 32　盲鳗（A, C）与七鳃鳗（B, D）的解剖学构造（引自 Janvier, 1996）

肤上（表 4）。

七鳃鳗亚纲（Petromyzontida）也仅有七鳃鳗目（Petromyzontiformes），分为七鳃鳗科（Petromyzontidae）、囊口七鳃鳗科（Geotriidae）和袋七鳃鳗科（Mordaciidae）。此外，还有 1 个化石科梅氏鳗科（Mayomyzontidae）。七鳃鳗科分布于北半球，其余两个现

表 4　七鳃鳗亚纲与盲鳗亚纲的比较

	七鳃鳗目	盲鳗目		七鳃鳗目	盲鳗目
鼻腔	呈盲囊状	通于口腔	脑颅	完整	不完整
背鳍	有	无	眼与眼肌	发达	退化
口须	无	4 对	半规管	2 个	单个
吸盘	有	无	脑	大小脑均明显	不明显
外鳃孔	7 对	1–16 对	脊椎	软骨弓片	无
鳃篮	完整	不完整	螺旋瓣	有	无

生科分布于南半球。我国的七鳃鳗代表有东北双齿七鳃鳗（*Eudontomyzon morii*，英文名：Yalu river lamprey）和雷氏叉牙七鳃鳗（*Lethenteron reissneri*，英文名：Far East brook lamprey），主要分布于鸭绿江。七鳃鳗类的化石记录最早可以追溯到 3.6 亿年前的晚泥盆世，目前只有4个属被描述，分别为发现于南非晚泥盆世法门期的古七鳃鳗（*Priscomyzon*）、美国蒙大拿州早石炭世晚期的哈迪斯蒂鳗（*Hardistiella*）、美国伊利诺伊州晚石炭世晚期的梅氏鳗（*Mayomyzon*）和我国内蒙古早白垩世的中生鳗（*Mesomyzon*）。与梅氏鳗同层位产出的 *Pipiscius* 也有可能归入七鳃鳗类。我国发现的中生鳗代表了七鳃鳗类向淡水生活环境入侵的最早记录。

学术界对于盲鳗亚纲或七鳃鳗亚纲的单系性并无争议，圆口纲（Cyclostomata 或 Cyclostomi）作为无颌下门或超纲之下的一个纲级分类单元长期以来被广泛使用。在分支系统学思想引入之后，争论的焦点集中在由盲鳗亚纲和七鳃鳗亚纲组成的圆口纲是单系还是并系（图 33）。在 20 世纪 70 年代前，一般认为，圆口类没有外骨骼是一种次生退化现象，当时的化石记录似乎也支持了这一点；与有颌类比较，盲鳗类和七鳃鳗之间的关系更加密切，圆口纲为单系类群。由于盲鳗没有脊椎也被认为是次生退化，脊椎动物与有头类两个分类单元包括完全相同的类群。1977 年，瑞典生物学家 Søren Løvtrup 提出与盲鳗比较，七鳃鳗与有颌类具有更近的亲缘关系。这一假说基于他提出的一系列七鳃鳗和有颌类可能具有的共有裔征，这些重要的形态学和生理学特征包括脊椎弓片、眼肌结构和螺旋瓣肠等，这些特征也让生物学家开始重新思考现生脊椎动物之间的系统发育关系，而且越来越多的人开始接受现生无颌类（圆口纲）是并系类群。基于这一结论七鳃鳗和有颌类被归入脊椎动物（Vertebrata），盲鳗与脊椎动物被归入有头类（Craniata）。因此基于以上两种分类假说，脊椎动物这一分类单元所包括的类群也稍有差别。20 世纪 90 年代流行起来的分子系统学使得生物学家可以从分子生物学的数据来验证基于形态数据的分类假说，让人意外的是，几乎所有的分子生物学数据都支持盲鳗和七鳃鳗形成一个单系即圆口纲，特别是最近利用 miRNAs 数据进行的分类学研究更支持了这一单系类群的存在（Heimberg et al., 2010）。miRNAs 是一类内源性小分子，转录自 DNA 特定的

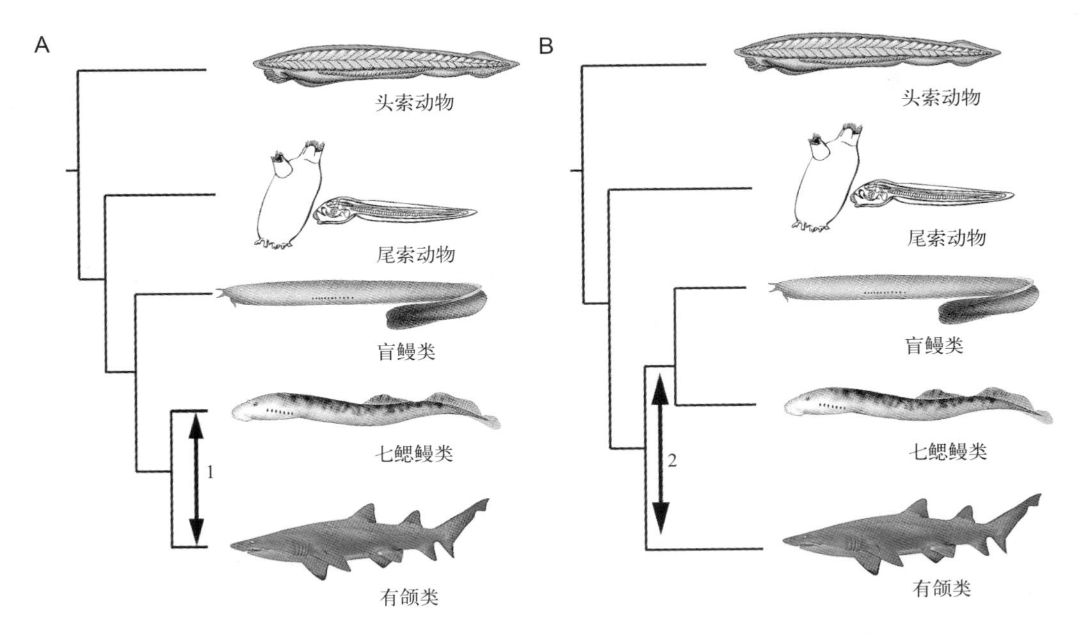

图 33　圆口纲单系（A）与并系（B）假说（引自 Janvier, 2007）

非编码序列，用于调节细胞分化和体内代谢平衡，在个体发育过程中起到重要作用。因为该类分子的极度保守性，在演化过程中很少有丢失现象，所以在讨论各类群系统发育关系上具有明显的优势。根据这些分子生物学结果，以往提出的七鳃鳗和有颌类的共有裔征面临着重新解释，而支持圆口类单系的特征如取食器官（可前后伸缩的具角质齿的“锉舌”）和缘膜（velum）等可能并非脊椎动物的原始特征。

四、昆明鱼目与甲胄鱼纲

无颌类虽在现生脊椎动物中占极小的物种比例，但是众多化石无颌类的发现表明这一类群在地史时期也曾一度繁盛并且构成当时脊椎动物的主体。虽然最新的系统发育分析表明现生的无颌类（圆口纲）很可能是单系类群（图 33B），但是众多化石类群的加入表明无颌下门作为一个更大的类群仍是并系（图 29）。这些已灭绝的无颌类可以分为两大类别，一类是发现于云南昆明海口下寒武统筇竹寺组中的昆明鱼类，为澄江生物群的重要成员，另一类则是最早由 Cope（1889）命名为甲胄鱼类的其他无颌类（图 34）。前者具有 W 形肌节、软骨质头颅、鳃弓、心脏和鳍条，这些特征与现生的七鳃鳗的幼体十分相似，身体没有外骨骼覆盖，是迄今所发现的最早的无颌类或脊椎动物化石。后者身体都有外骨骼覆盖，占据了无颌类中的绝大多数，主要包括以下几个大的类群：阿兰达鱼亚纲（Arandaspida）、星甲鱼亚纲（Astraspida）、异甲鱼亚纲（Heterostraci）、缺甲鱼亚纲（Anaspida）、骨甲鱼亚纲（Osteostraci）、盔甲鱼亚纲（Galeaspida）、茄甲鱼亚纲

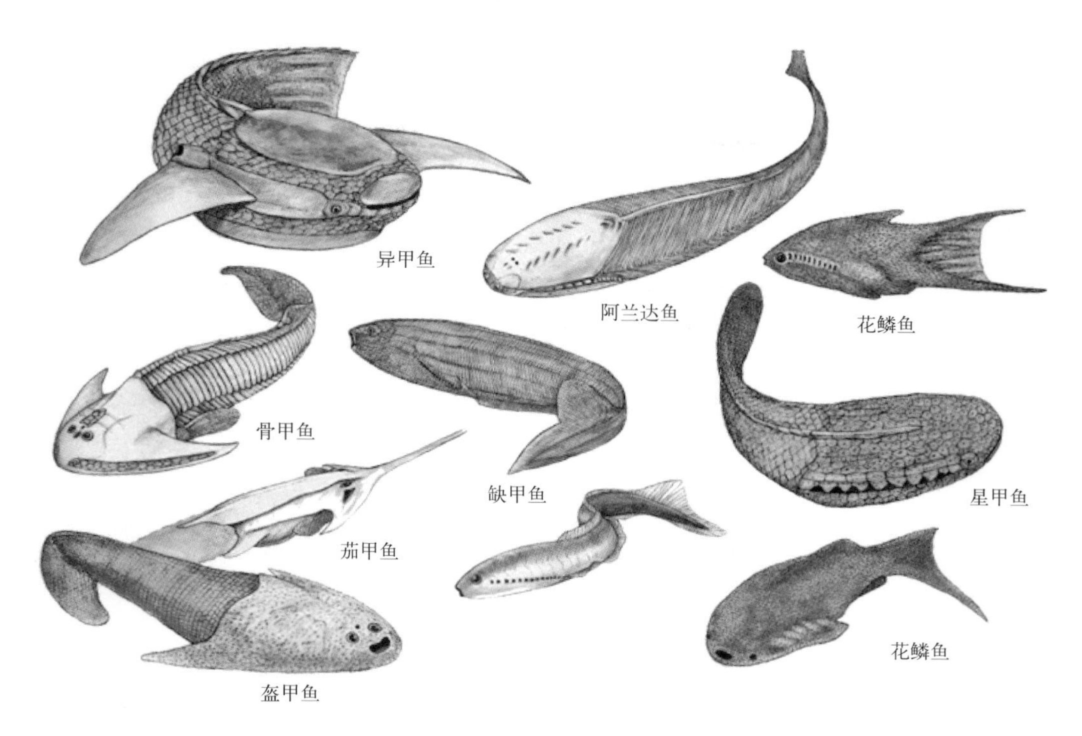

图 34　形形色色的甲胄鱼类（引自 Forey et Janvier, 1994）

（Pituriaspida）及花鳞鱼亚纲（Thelodonti）。

在 20 世纪很长一段时间内，这些已经灭绝的甲胄鱼类被认为是现生七鳃鳗和盲鳗的祖先，它们中的某些类群被认为与七鳃鳗具有较近的亲缘关系，而另一些则被认为与盲鳗具有较近的亲缘关系。瑞典古生物学家史天秀（Erik Stensiö, 1891–1984）首次详细研究了古无颌类骨甲鱼的脑颅形态结构。骨甲鱼类的脑颅软骨已经有骨化结构（软骨外成骨），使得脑颅能在化石中保留下来。史天秀基于这些形态研究提出了七鳃鳗与骨甲鱼类具有较近的亲缘关系，而盲鳗则衍生自异甲鱼类。时至今日，越来越多的证据表明这些身披盔甲的古无颌类可能与有颌类具有更近的亲缘关系，并且与盾皮鱼类一起作为有颌类的干群（图 29）。

甲胄鱼类对于探讨脊椎动物的早期演化，有颌脊椎动物的起源，以及有颌脊椎动物如何逐步获得其关键的特征，起着至关重要的作用。例如，目前大部分人认为骨甲鱼亚纲是有颌脊椎动物最近的无颌类祖先，它提供了很多有颌类关键特征的演化证据，像有内骨骼支撑的成对胸鳍、具有骨细胞的外骨骼、软骨外成骨、巩膜环和上歪尾等，也就是说现生有颌类区别于现生无颌类（圆口纲）的很多特征实际上起源于这些已经灭绝的有颌类干群（图 29），这些化石类群填补了现生类群间的演化空白。显然，对这些化石类群的研究为揭示现生类群的起源过程提供了独一无二的信息。

无颌类虽然在距今 5.2 亿年的早寒武世就已出现，但很长一段时间里，这些全身裸露的原始鱼形动物并未得到发展，古海洋中仍然是无脊椎动物的天下。但是这种化石记录所呈现出来的演化格局也有可能是化石的差异埋葬所致，最早期的脊椎动物还没有演化出硬质的外骨骼，导致它们很少被保存下来，正如盲鳗和七鳃鳗的化石记录十分少见。迄今为止，公认的具有外骨骼的脊椎动物最早的地层记录已经是中奥陶统，这与早寒武世的最早脊椎动物记录具有明显的时间间隔。虽然近年来陆续有一些晚寒武世和早奥陶世的脊椎动物报道，基于组织学的研究也都支持将它们归入脊椎动物，但是这些材料大都不完整，这些零散的化石材料还需要进一步的发掘工作和研究来证实它们的系统发育位置。目前具有奥陶纪脊椎动物的化石产地只有6个，分别是北美、澳大利亚、玻利维亚、阿根廷、阿拉伯地区和中国。到了志留纪，地层中的脊椎动物记录逐渐丰富起来，出现了上述的甲胄鱼类的各大类群。在我国志留系、泥盆系中花鳞鱼亚纲和盔甲鱼亚纲的物种多样性较高，本志将专节予以介绍，以下对甲胄鱼纲的其余亚纲进行简单介绍。

（一）阿兰达鱼亚纲

目前包括4个属，分别是阿兰达鱼（*Arandaspis*）、孔甲鱼（*Porophoraspis*）、萨卡班坝鱼（*Sacabambaspis*）和安迪纳鱼（*Andinaspis*），它们之间的区别主要在于膜质骨表面的纹饰有所不同。Ritchie和Gilbert-Tomlinson（1977）描述了澳大利亚中部阿玛迪斯盆地（Amadeus Basin）发现的中奥陶世早期楼梯砂岩（Stairway Sandstone）的锯鳞阿兰达鱼（*Arandaspis prionotolepis*）。属名源自化石产地的澳大利亚土著居民阿兰达人。阿兰达鱼是在南半球首次发现的奥陶纪脊椎动物化石，其在两眼孔之间还有左右并排的两个鼻孔，与两个眼睛一起看起来就像四只眼睛，非常特别，所以又被称为“南方四眼鱼”。这是世界上迄今所知能够根据一些相关联的主要骨片复原其部分形态的最古老的脊椎动物，比星甲鱼还要早200万年。阿兰达鱼与鹦鹉螺、三叶虫等海洋无脊椎动物伴生在一起，与它伴生的还有孔甲鱼（*Porophoraspis*）等其他一些鱼类。阿兰达鱼最初被归入异甲鱼类，也曾与星甲鱼类和异甲鱼类一起被归入鳍甲鱼形纲（Pteraspidomorphi），鉴定特征为头部背腹面中部均由一大骨片覆盖，鳃孔位于两块骨片之间，身体外形呈蝌蚪状（图35）。

Gagnier等（1986）在南美玻利维亚中部的萨卡班坝（Sacabamba）又发现了第三个奥陶纪脊椎动物产地，其中有两个属被描述，分别为萨卡班坝鱼（*Sacabambaspis*）和安迪纳鱼（*Andinaspis*），它们的时代与美国的哈丁砂岩（Harding Sandstone）差不多。新的研究表明萨卡班坝鱼的外骨骼可以分为三层（图35），最表层的瘤突由似釉质和齿质构成，中部为丰富的脉管和无细胞骨（aspidin）共同组成的松质骨（cancellous bone），最下部为不具骨细胞的板状骨（laminar bone）。

Wang和Zhu（1997）报道了发现于内蒙古乌海市桌子山地区中奥陶统下部的脊椎动

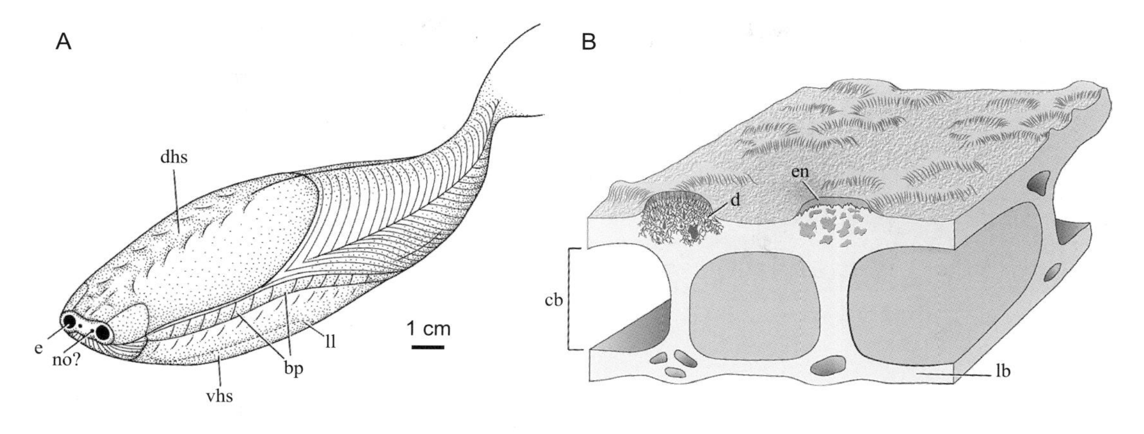

图 35 阿兰达鱼类

A. 玻利维亚中奥陶世的萨卡班坝鱼（*Sacabambaspis*）复原图，前侧视（引自 Sansom et al., 2001）；B. 萨卡班坝鱼外骨骼组织学模式图（引自 Sansom et al., 2005）

物化石。该化石的时代与澳大利亚阿兰达鱼的时代相当，而比北美的星甲鱼和南美的萨卡班坝鱼的时代早 200 多万年。但该件标本与晚寒武世至中奥陶世的萌鳞鱼（*Anatolepis*）更为接近。长期以来，萌鳞鱼被认为是脊椎动物或可疑的脊椎动物（Smith et al., 2001），其系统学位置的确定仍有待更多化石资料的补充。

Long 和 Burrett（1989）将在湖北宜昌黄花场下奥陶统分乡组和红花园组中发现的一批微体动物化石命名为张文堂分乡虫（*Fenhsiangia zhangwentangi*），并认为其与脊椎动物可能存在某种联系。分乡虫也被认为是可疑的脊椎动物（Turner et al., 2004）。

（二）星甲鱼亚纲

美国古生物学家华可特（Charles D. Walcott, 1850–1927）是著名的加拿大布尔吉斯生物群（Burgess Biota）的发现者（1909 年）。Walcott（1892）描述的星甲鱼（*Astraspis*）是当时所知最早的脊椎动物化石，标本发现于北美科罗拉多、怀俄明和蒙大拿地区的距今约 4.5 亿年前的中奥陶世哈丁砂岩，在西伯利亚地区的奥陶系也有报道。在 1977 年阿兰达鱼被报道之前，星甲鱼一直被视为世界上最早的脊椎动物。星甲鱼类主要包括两个属：星甲鱼和坚甲鱼（*Pycnaspis*）。材料多是一些零散的小骨片，仅有几块相对完整的标本可知星甲鱼的大致外部结构（图 36）。星甲鱼类的外骨骼表面具有形态各异的瘤突，组织学上瘤突的表面都具有一层较厚的似釉质结构（图 36），这也是目前星甲鱼类的重要鉴别特征，骨甲的下部主要由一种特殊的无细胞骨构成，与异甲鱼类的骨组织类似。与阿兰达鱼类不同的是其外鳃孔较大，而且没有骨片覆盖。另有显褶鱼（*Eriptychius*）目前也被归入星甲鱼类，但是关于该属的材料十分有限。Ørvig（1989）认为该属的组织学与异甲鱼类更为相似，但是也有材料显示该属具有多个独立的外鳃孔，而异甲鱼类仅具有一个总鳃孔，因此关于该属的具体分类位置仍有待进一步的研究。最近的研究表明哈

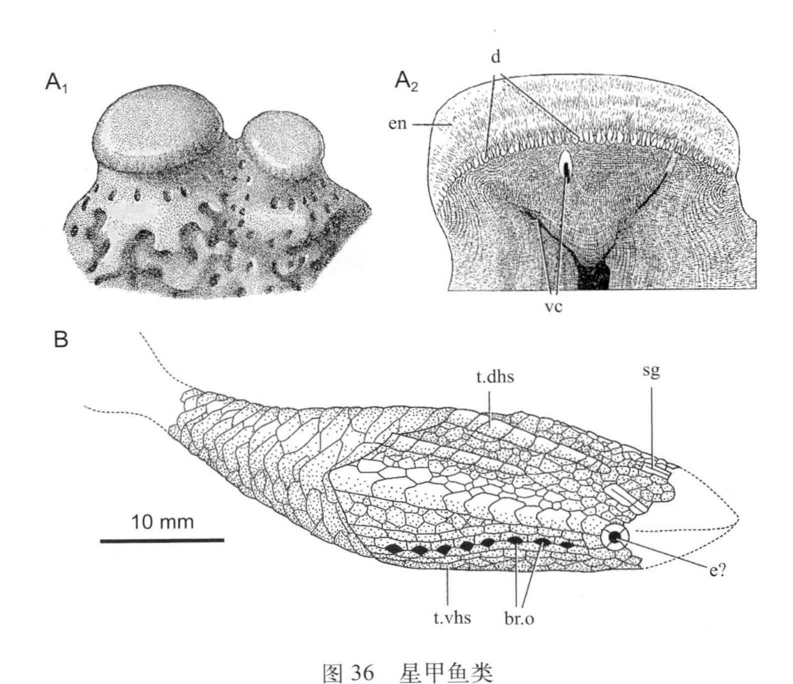

图 36　星甲鱼类

A_1，A_2. 北美中奥陶世的坚甲鱼（*Pycnaspis*）外骨骼表面瘤突形态（A_1）及其组织学（A_2）（引自 Ørvig, 1958）；B. 星甲鱼（*Astraspis*）复原图（引自 Sansom et al., 1997）

丁砂岩代表了一种滨海相的沉积环境，这些早期的脊椎动物可能生活在类似于三角洲的复杂浅海环境。

（三）异甲鱼亚纲

最初发现时曾被误认为是鱿鱼或甲壳动物的外壳。直到1858年，英国博物学家赫胥黎（Thomas Huxley，1825–1895）才认识到它们属于早期脊椎动物。异甲鱼类是多样性较为丰富的一个类群，目前已描述约300个种，主要发现于北美、欧洲和西伯利亚地区的早志留世到晚泥盆世地层中（图37）。异甲鱼类的特征是头部及躯干前部被大小不等的若干骨板包围，骨板由无细胞骨构成，头甲分为背甲和腹甲两部分，头后的身体部分则被细小的鳞片覆盖。与骨甲鱼类和盔甲鱼类不同的是，异甲鱼类头甲背面没有单个鼻孔；鳃孔也不是直接通向体外，而是通过一个总鳃孔通向体外（图37C, D）。异甲鱼类的组织学特征常被研究人员用于讨论脊椎动物硬组织的起源等相关问题，通常情况下异甲鱼类的骨甲也分为三层（图37E），最上层的纹饰部分由似釉质（有些属种没有）和齿质构成，中层或海绵层（spongy layer）为脉管系统丰富的松质骨，下层为致密的板状骨，但是这些骨组织都不具有骨细胞。

异甲鱼类曾与阿兰达鱼类、星甲鱼类一起被归入鳍甲鱼形类（Pteraspidomorphi），它们具有以下共同特征：骨组织为一种特殊类型的无细胞骨（可能是脊椎动物的原始特征），口下部具有风扇状排列的骨片（星甲鱼类未知）以及外骨骼表面橡树叶状的瘤突（星甲鱼类不确定）。

伊瑞芙甲鱼（*Errivaspis*）为本亚纲的典型代表（图 37C），其身体接近于流线形，没有偶鳍，尾鳍为下歪尾，粗壮且有力，背面和侧面的棘可能有一定的平衡作用，眼睛位于头甲的侧面，这些特征表明异甲鱼类可能是相对灵活的游泳者，并能很自由的接近水面觅食，而不像骨甲鱼类和盔甲鱼类那样只是过一种底栖生活。异甲鱼类口的周围由骨板包围，有人提出可能具有啃食作用，但是这些骨板上并没有明显的进食痕迹，因此这一结论还有待研究。还有一些异甲鱼类身体平扁且骨化减少，但眼睛在侧位，而口近于背位，因此其生活方式很难推测。

迄今为止，中国没有异甲鱼类化石的发现。潘江（1962）曾报道了产自南京志留系的异甲鱼类，该件标本后被认为是节肢动物。

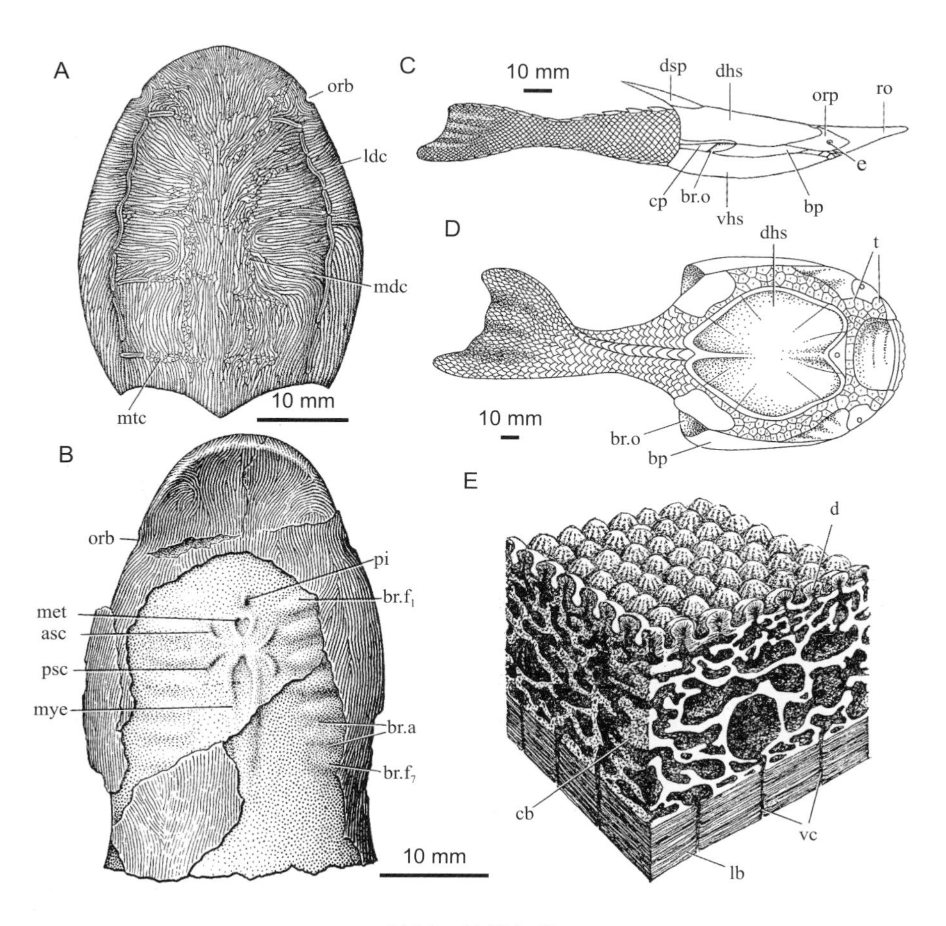

图 37　异甲鱼类

A. 副丽莉鱼（*Paraliliaspis*）头甲，背视（引自Novitskaya, 2004）；B. 线孔鱼（*Poraspis*）头甲，背视（引自Novitskaya, 1983）；C. 伊瑞芙甲鱼（*Errivaspis*）复原图，侧视（引自Mark-Kurik et Botella, 2009）；D. 镰甲鱼（*Drepanaspis*）复原图，背视（引自Moy-Thomas et Miles, 1971）；E. 异甲鱼类头甲的组织学模式图（引自Halstead, 1969）

（四）缺甲鱼亚纲

该类群是甲胄鱼类中少数几类没有较大头甲骨片的类型之一，也因此得名缺甲鱼。身体细长，整体外部形态与七鳃鳗相似，头部呈纺锤形，被细小鳞片覆盖；鳃孔数目在不同属种有所不同，通常为6–15对；身体被长条形的鳞片覆盖，鳞片排列呈人字形，可能对应于下部的肌节结构，在个别属种鳞片几乎完全退化，仅剩鳃后的三角形骨片；除躯干鳞片外通常在背中部还有一列中脊鳞；鳃裂后部具三角形鳃后棘（图38），这也是该类群的重要识别特征；尾型为下歪尾，尾鳍较大。组织学十分特殊，骨片和鳞片均由一种类似于无细胞骨的骨组织构成，没有齿质和釉质结构（图38）。

目前发现的缺甲鱼类都出自志留系，主要发现于北美和欧洲，均为海生。另有几个特殊的属不具有缺甲鱼类的一些识别特征，但是通常被认为与缺甲鱼类具有较近的亲缘关系，常在系统发育分析中作为缺甲鱼类的外类群，其中最著名的是发现于苏格兰地区下志留统的莫氏鱼（*Jamoytius*）。迹鳞鱼（*Endeiolepis*）、美丽鱼（*Euphanerops*）、勒氏鱼（*Legendrelepis*）发现于加拿大魁北克地区的上泥盆统，被认为与莫氏鱼有着很近的亲缘关系。Newman（2002）所命名的发现于苏格兰北部中泥盆统艾菲尔阶 Achanarras 鱼层的阿卡纳鱼（*Achanarella*）被认为是莫氏鱼的一个新的近亲。莫氏鱼和美丽鱼都曾被认为是七鳃鳗类的近亲（Arsenault et Janvier, 1991; Gess et al., 2006）。新的系统发育分析表明，阿卡纳鱼、莫氏鱼和美丽鱼位于有颌类干群最基干的位置（Sansom et al., 2010）。

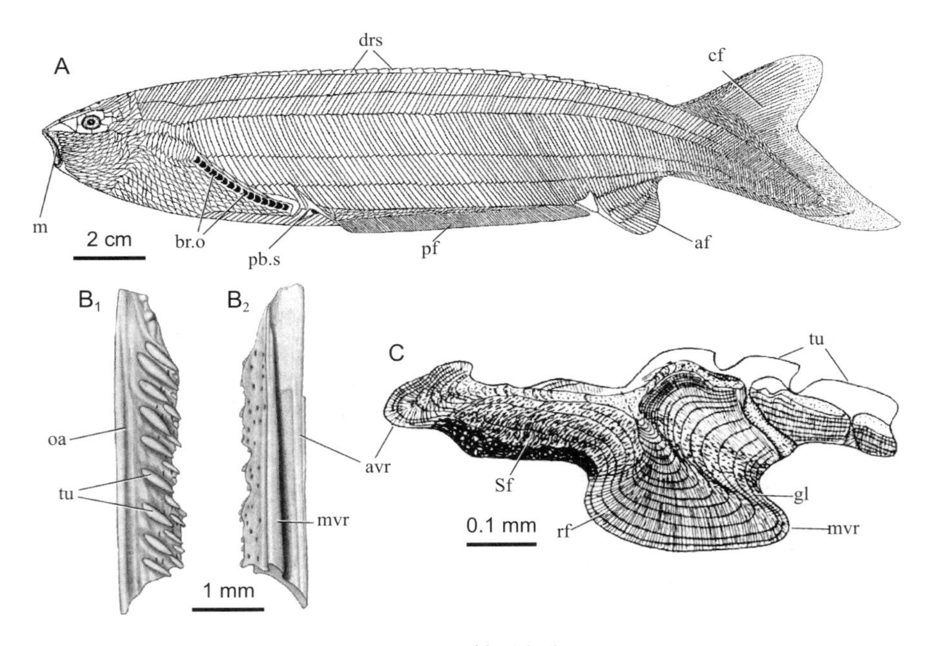

图38　缺甲鱼类

A. 咽鳞鱼（*Pharyngolepis*）复原图（引自 Ritchie, 1964），侧视；B_1, B_2. 缺甲鱼类（不定属）不完整鳞片素描冠视（B_1）和基视（B_2）；C. 缺甲鱼类（不定属）鳞片纵切面（B_1, B_2, C 引自 Gross, 1958）

刘时藩（1983）报道了产于重庆秀山迴星哨组中的一些无颌类化石，其中包括一件被归入到缺甲鱼类的鳞列。这些鳞列印痕与盔甲鱼类的头甲位于一块石板上，应属于该盔甲鱼的头后躯干部分。

（五）茄甲鱼亚纲

英文名称 Pituriaspida 一词由 pituri 和 aspida 构成，pituri 是澳大利亚的一种植物——皮特尤里树，属茄科，灌木；aspida 意为盾甲，所以本志意译为茄甲鱼。对该类群的认识仅仅基于几件澳大利亚昆士兰地区乔治娜盆地（Georgina Basin）发现的印痕化石，时代为早泥盆世，这些材料被归入了两个属：茄甲鱼（*Pituriaspis*）和尼雅坝鱼（*Neeyambaspis*）（Young, 1991）。茄甲鱼属的材料较为完整，头甲较长，呈背腹向扁平状，分为背甲和腹甲，腹甲上有一较大的口咽窗开口（图 39）。头甲左右向后侧方伸出一对角状结构，角内侧具有胸鳍与头部连接的关节，基于具有胸鳍这一特征该类群被认为与有颌类和骨甲鱼类具有较近的亲缘关系。印痕化石上保存的一些脑颅结构表明茄甲鱼可能与骨甲鱼类和有颌类一样，具有骨化的脑颅。

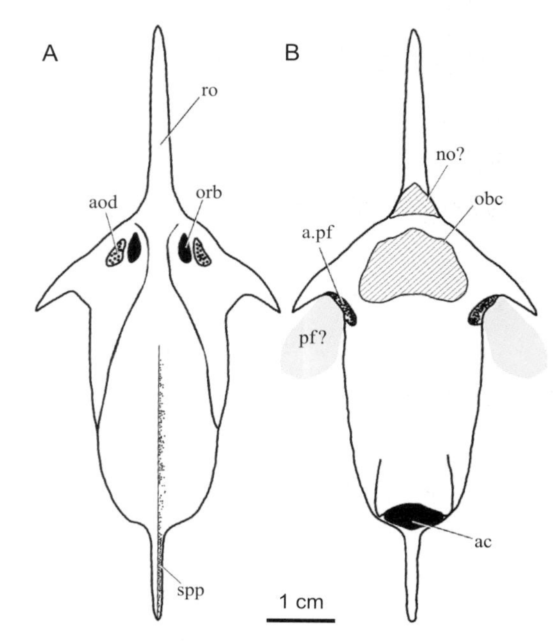

图 39　茄甲鱼类（引自 Young, 1991）
A, B. 茄甲鱼（*Pituriaspis*）头甲复原图，A，背视，B，腹视

（六）骨甲鱼亚纲

作为甲胄鱼类中发展非常成功的一个类群，骨甲鱼类有近200个种，出现于北美、欧洲、西伯利亚及中亚地区的志留纪罗德洛世—晚泥盆世的地层里。它是所有化石无颌类中在内部解剖结构方面了解最清楚的一个门类（图 40）。典型的骨甲鱼类的整个头部背面被一整块半圆形或马蹄形的骨质头甲包裹，腹面是口孔和外鳃孔的位置，周围镶嵌满了微小的骨片或鳞片。头甲前部有一对眶孔，中间为单一的鼻垂体孔，后方为一个小的松果孔。鼻垂体孔与现生七鳃鳗的鼻孔十分相似，所以最初科学家们一直认为这两个类群可能有着直接的亲缘关系。但现在的研究结果表明它们的相似可能是平行演化的结果。

大多数的骨甲鱼类看起来好像都已经具有了成对的胸鳍和柔韧的尾鳍（上歪尾），这些特征表明骨甲鱼类可能是甲胄鱼类中身体最为灵活、运动能力最强的一个类群。骨

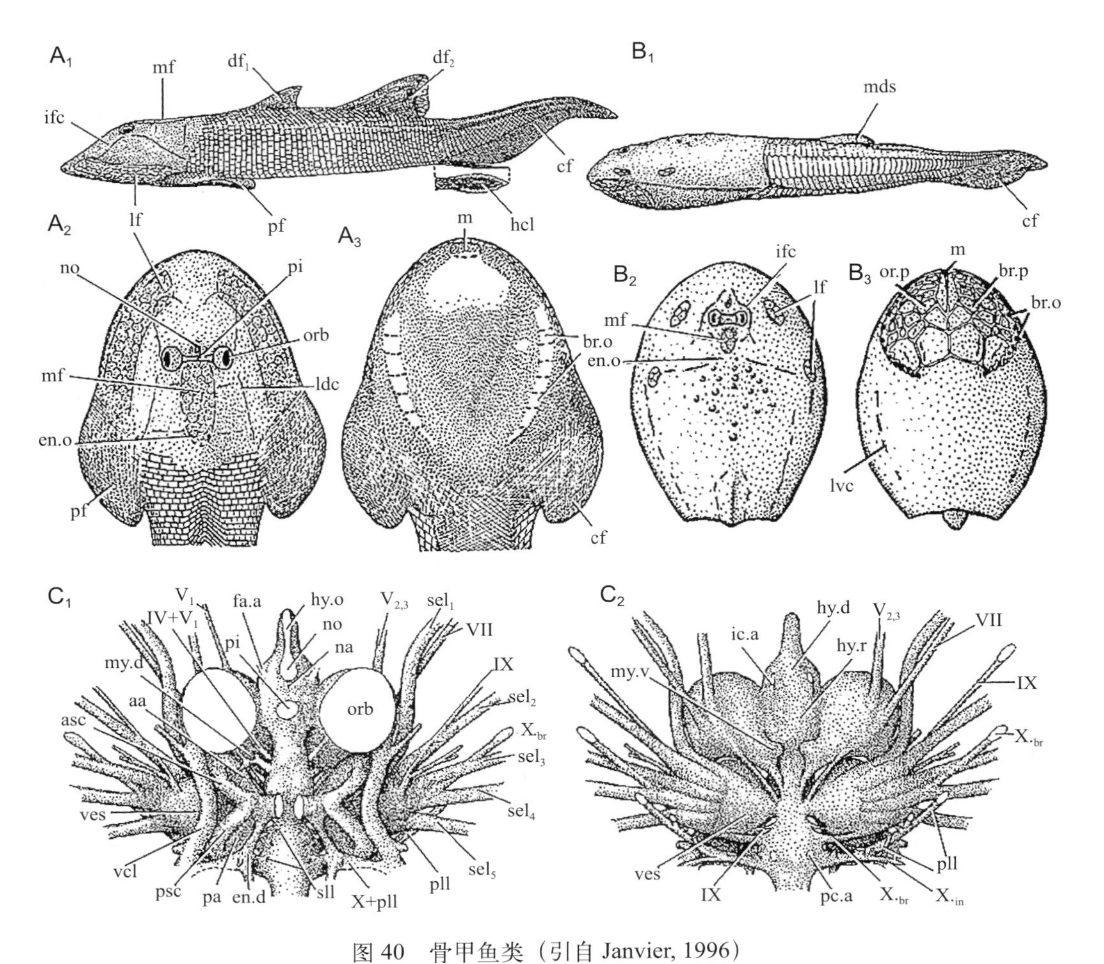

图 40　骨甲鱼类（引自 Janvier, 1996）

A_1–A_3. 缺角鱼（*Ateleaspis*）头甲复原图，A_1，侧视，A_2，背视，A_3，腹视；B_1–B_3. 洞甲鱼（*Tremataspis*）头甲复原图，B_1，侧视，B_2，背视，B_3，腹视；C_1，C_2. 挪瑟鱼（*Norselaspis*）脑颅内模复原，C_1，背视，C_2，腹视

甲鱼类主要生活于河湖中，体型较小，一般体长 30–40 cm，然而中泥盆世的硕大头甲鱼（*Cephalaspis magnifica*），体长可达 60 cm。骨甲鱼类最明显的特征是头甲侧缘和眼睛后面的感觉区非常发达，这些感觉区通过放射管系与内耳相连。也有研究者认为这些感觉区可能是一种发电器官，就像现生的电鳐一样通过电场的变化来感知外来的物体。

多数分支系统学研究表明骨甲鱼类是无颌类中与有颌脊椎动物亲缘关系最近的一个类群。

五、牙形动物之谜

目前还有一类生物被部分古生物学家认为属于脊椎动物，并被置于比圆口纲进步而比甲胄鱼纲原始的演化位置，这就是牙形动物（conodont animals，图 41）。关于这类生

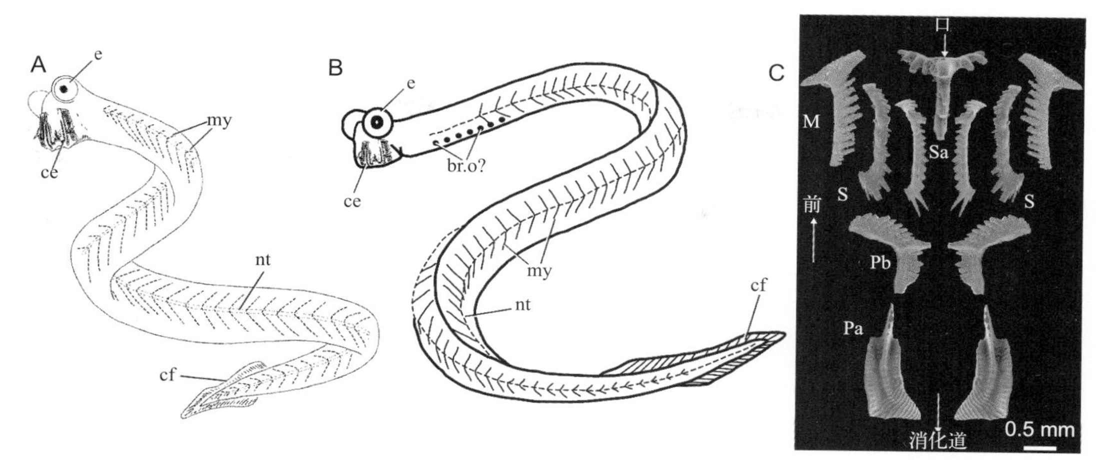

图 41　牙形动物

A. 牙形动物复原图（引自 Aldridge et Donoghue, 1998）；B. 牙形动物复原图（引自 Aldridge et Briggs, 2009）；C. 牙形分子在牙形动物的原位分布模式，最后端为 P 型分子，前端中间细长状为 S 型分子，前端两侧为 M 型分子（引自 Turner et al., 2010）

物的系统发育位置仍然存在很大的争议，这从它们的中文译名就能略知一二，牙形石、牙形刺、牙形齿、锥齿、牙形虫、牙索动物、牙形动物、锥齿类等十多个名词都曾被用于描述这类生物，至今都没有得到统一。这类动物虽名为牙形动物，但很少在化石中完整保存，通常保存下来的只是它们身体中较硬的一些类似于牙齿的结构，在文献中常被称作牙形分子（conodont elements）。这些化石十分微小，主要成分是磷酸钙，属于微体化石的范畴。牙形动物最早在晚寒武世出现，至晚三叠世灭绝。这种齿形化石在海相地层中极为常见，全球广布，演化迅速，因此通常被生物地层学家用于地层对比、生物事件研究等，其在生物年代学上具有重要意义。这些微体化石依据形态主要被分为三种类型，分别是原牙形类（protoconodonts）、真牙形类（euconodonts）和副牙形类（paraconodonts）。关于这三种类型的牙形分子是否来自于单系类群仍然在讨论中，有证据表明原牙形类这种形态上较为简单的类型很可能来自于毛颚类动物的捕食器官，争论的焦点主要在于真牙形类是否属于脊椎动物。

在完整的牙形动物标本发现之前，这些微体齿形化石的生物属性显得十分模糊，有十多种可能性被提及。Briggs 等（1983）首次报道了与真牙形类分子一起保存的软躯体化石，为讨论这一类群的生物属性提供了新的材料。到目前为止，已经发现的牙形动物软躯体标本都是与真牙形类分子保存在一起，因此关于牙形动物生物属性的讨论也主要围绕真牙形类展开。基于这些新发现的软躯体标本以及对真牙形类组织学的再研究，一些研究者（主要来自英国，因而被称作英国学派）提出了牙形动物属于脊椎动物这一假说，并且通过系统发育分析将真牙形类置于圆口纲与甲胄鱼纲之间的位置。自此以后，这一假说被大多数非牙形类研究者接受，并且开始出现在一些学术刊物和基础教材之中。

与此同时，有关这一假说的反对声音似乎被忽视了，特别是那些研究早期脊椎动物组织学的学者（有时被称作大陆学派）提出的意见。基于已发现的较完整标本，英国学派认为有以下特征可以将真牙形类归入脊椎动物：尾鳍具有支撑鳍条，身体具有人字形肌节以及身体最前端具有一对眼睛。基于这一假说和系统学框架，英国学派认为牙形分子的硬组织只能与脊椎动物的釉质、齿质和骨组织进行对比以及判断同源性，并陆续在牙形分子中鉴定出了齿质、釉质和骨组织。与此同时，大陆学派认为这一分类假说以及硬组织的鉴定并不是基于完全令人信服的证据：比如牙形动物的完整标本没有明显的鳃裂结构，而目前发现最早的脊椎动物昆明鱼和海口鱼的标本都保存有明显的鳃裂结构；没有任何听囊和脑区结构，这些结构同样在昆明鱼和海口鱼的标本上十分明显；其肌节形态为V形而非圆口类及有颌类的W形，与头索类更接近。总而言之，这些真牙形动物的软躯体标本并不具有圆口纲和现生有颌类组成类群的共近裔特征，甚至不具有昆明鱼和海口鱼所具备的特征，所以将其置入高于现生无颌类的位置是值得商榷的。

值得注意的是，最早对真牙形动物进行系统分析的性状矩阵中具有很多与神经脊细胞相关的特征，神经脊细胞及其衍生物通常被认为是脊椎动物的定义特征，被认为是脊椎动物的第四胚层，脊椎动物的硬组织结构如牙齿、鳞片等都由神经脊细胞发育而来。如果认为牙形分子的组织与齿质、釉质等结构同源，就意味着牙形动物也具有神经脊细胞及相关的衍生结构，进而进一步支持将真牙形动物归入脊椎动物，这里显然存在循环论证的问题。如果仅仅考虑牙形分子的硬组织形态特征并与典型的脊椎动物硬组织进行对比，这些牙形分子所体现的特征与脊椎动物的釉质、齿质和骨组织具有明显的区别：如没有髓腔结构；所谓的齿质和釉质是共同生长的，形成同心结构，与脊椎动物的齿质和釉质发育模式完全不同；牙形分子的硬组织具有很大的晶体结构，与脊椎动物硬组织不可比。牙形分子的硬组织与脊椎动物的硬组织很可能并不是同源的，而只是生物界在硬组织上的一次平行演化。所有这些比较都表明将牙形动物归入脊椎动物这一结论并不能令人完全信服，解答牙形动物的系统分类位置这一问题需要发现更多完整的标本。

六、花鳞鱼亚纲

Märss 等（2007）对花鳞鱼类进行了详细的总结，本志书的花鳞鱼部分主要基于他们提出的分类与定义。已经发现完整标本的花鳞鱼类共计 25 种，从外形上看可以分为两个大类，一类是主要发现于苏格兰和爱沙尼亚地区的类群，其具有相对均一的体型（纺锤形或前部略微扁平），亦被称为传统类群的花鳞鱼类（图 42A）；另一类则是发现于加拿大马更些山脉（Mackenzie Mountains）地区的类群，体侧扁，前部略短，具叉状尾（图 42B, C）。

花鳞鱼类具有独特的鳞列系统，身体不同区域的鳞片形态各异，因此，完整的花

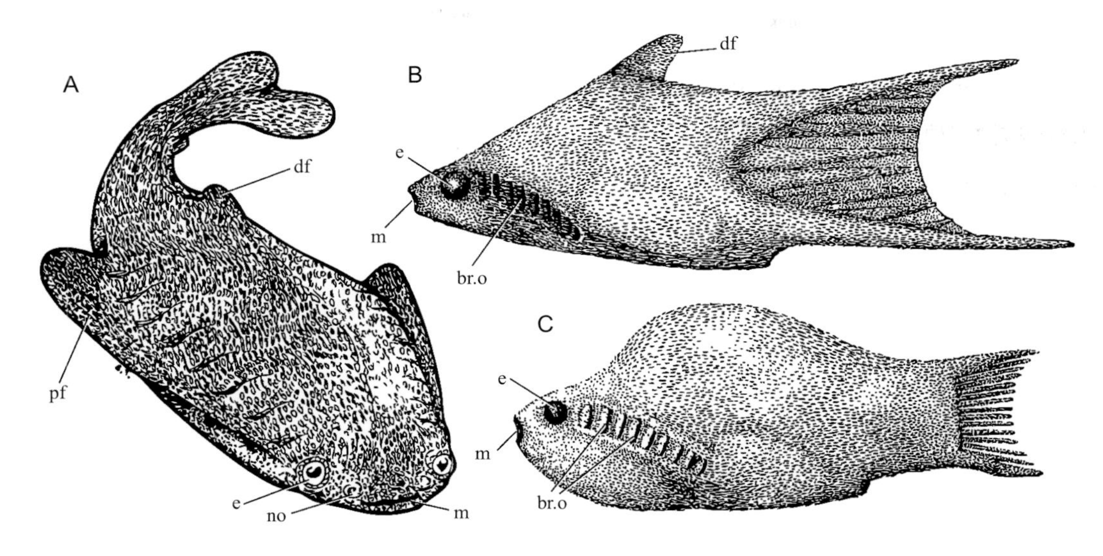

图 42 花鳞鱼类

A. 棘椎鳞鱼（*Lanarkia spinosa*），发现于苏格兰地区晚志留世地层（引自 Turner, 1992）；B. *Furcacauda fredholmae*，发现于马更些山脉地区下泥盆统（引自 Wilson et Caldwell, 1993）；C. *Pezopallichthys ritchiei*，发现于马更些山脉地区志留系温洛克统（引自 Wilson et Caldwell, 1993）

鳞鱼标本可以对其鳞列系统进行细致的分区。某些属种的分区甚至多达 10 个（Turner, 2000）。迄今为止，大部分花鳞鱼类属种都是基于鳞片建立的。对从同一批酸处理样本中获得的花鳞鱼微体化石，现在通常会参考完整标本的鳞列系统进行归类，尽量避免将同一属种不同区域的鳞片归入不同的属种。早期的研究者提出，在对同一批样本的研究中至少要鉴定出 3 种主要类型（头部、过渡区域和体部）鳞片才能建立新属种（Traquair, 1899a, 1899b），这一观点也在大多数后续研究中得到体现（例如 Gross, 1947, 1967）。

从形态上看，花鳞鱼类的鳞片可分为冠部（crown）、颈部（neck）和基部（base）（图 43），这种外形特征与现生软骨鱼的楯鳞十分相似，不同之处在于花鳞鱼类鳞片的颈部通常没有开孔，而且很多花鳞鱼类的鳞片基部具有连接真皮层的固着结构（通常为一刺突状构造）。不同身体区域及不同属种的鳞片在冠部纹饰和形状、颈部高低以及基部的髓腔形态上有所不同，而鳞片在个体生长过程中基部深度和基部髓腔开口的模式会发生变化。

从古组织学上看，鳞片的冠部和颈部都由齿质组成，基部类似骨组织，但是没有骨细胞，与异甲鱼类的无骨细胞骨相似，基部通过沙普氏纤维与身体连接。目前鳞片在组织学上被分为 10 类（Märss et al., 2007），主要区别在于齿质管的分布和粗细、髓腔（管）的形态和数目等特征。古组织学也是目前对微体鳞片化石进行分类的最重要依据。

花鳞鱼类的单系性及其系统发育位置一直都是研究人员重点讨论的问题。关于花鳞鱼类是否是单系类群仍在争论中，支持花鳞鱼类是单系的研究者认为其鳞片特征可以用于定义该类群（譬如 Turner, 1991），但是也有人认为这些鳞片特征很可能是具有外骨骼脊椎动物的原始特征，并不是花鳞鱼类的自有裔征（譬如 Janvier, 1981, 1996）。尽管如此，

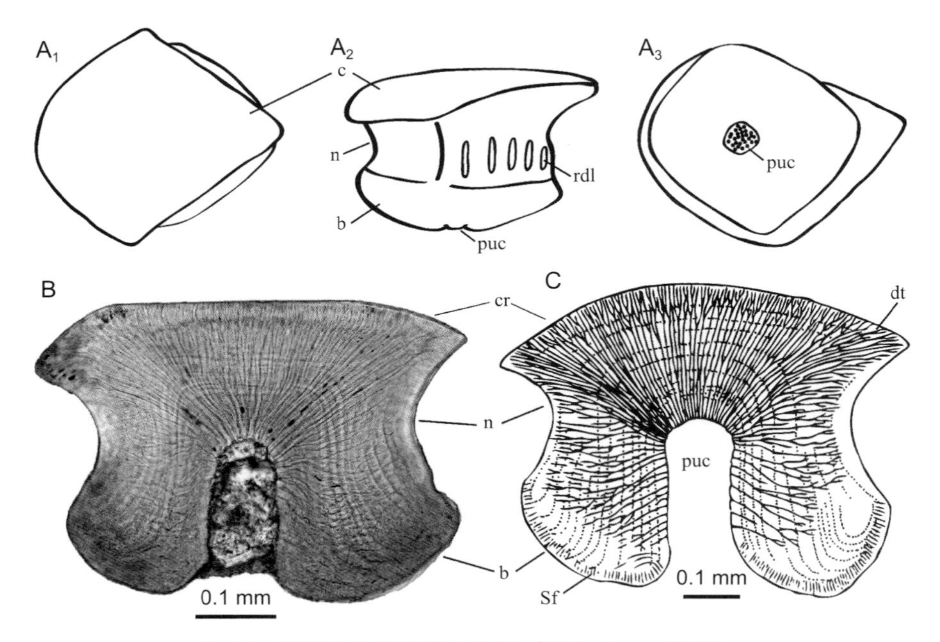

图 43　花鳞鱼类鳞片基本特征（引自 Gross, 1967）

A_1–A_3. 爱沙尼亚晚志留世 *Thelodus parvidens* 体部鳞片素描图，A_1，冠视，A_2，侧视，A_3，基视；B. 体部鳞片纵向切片照片，GIT 232-112，该彩图引自 http://geokogud.info/git，原黑白图见于 Märss（1986）；C. 体部鳞片纵向切片素描图

本志书仍然采用了 Wilson 和 Märss（2004, 2009）的系统发育分析结果，将花鳞鱼类作为单系来简化处理。

与此同时，即使作为单系的花鳞鱼类与其他无颌类和有颌类的系统发育位置也是有争议的问题，与异甲鱼类为姐妹群（Halstead, 1982）、与盔甲鱼类为姐妹群（Donoghue et Smith, 2001）、与骨甲鱼类为姐妹群（Gess et al., 2006）、与有颌类的软骨鱼类为姐妹群（Turner, 1991；Turner et Miller, 2005）等可能性都被提出过。这种不定性可能是由于完整的花鳞鱼标本也仅仅保存了很少的解剖学信息（如鳞片形态和分布，鳍的位置和形态，头部的外部形态等），而脑颅等特征完全没有保存。尽管如此，该类群对研究相关特征（偶鳍、尾型、体型等）在颌起源之前的演化仍具有重要意义（Wilson et al., 2007）。

中古生代时期，中国的华南、华北和塔里木板块位于冈瓦纳大陆西缘，该地区独特的鱼类组合共同构成了具有一定地方性的泛华夏盔甲鱼生物区系（Zhao et Zhu, 2010），其中最重要的就是目前仅在该区域才有发现的无颌类——盔甲鱼类。除此之外，其他无颌甲胄鱼类中目前仅有花鳞鱼类在该生物区系中有所发现。我国到目前为止尚未发现过完整保存的花鳞鱼类标本，所有记录都是微体化石标本。该类群微体化石在全球具有广泛的分布，最早出现于中奥陶世，晚泥盆世灭绝。其鳞片特征明显，演化速度较快，非常适合作为标准化石，在欧洲波罗的海地区建立的志留纪脊椎动物年代地层格架中具有重要作用（Märss et al., 1995）。我国发现的花鳞鱼类对该类群在全球的古地理分布研究具有重要意义，也为我国部分地区古生代地层的海相 - 非海相对比提供了新的证据。截止到目前为止我国共报道花鳞鱼类 3 属 7 种，Wang（1995a, 1995b）、王念忠（1997）提到在甘肃西秦岭地区的早泥盆世普通沟组下部发现了 *Canonia* sp.，该属的完整标本发现于加拿大地区（Wilson et Caldwell, 1993, 1998），但是由于这些西秦岭地区的花鳞鱼类材料一直没有得到正式描述，本志书暂不将其计入已知属种。

七、盔甲鱼亚纲

盔甲鱼类是甲胄鱼类中最为繁盛的类群之一，约有 56 属 73 种被描述。与骨甲鱼类一样，盔甲鱼类具有一个由内骨骼和外骨骼形成的整块头甲（图 44），头甲背腹扁平，向背面凸起。不同的是，盔甲鱼类没有成对的胸鳍，头甲上也没有背区和侧区（可能

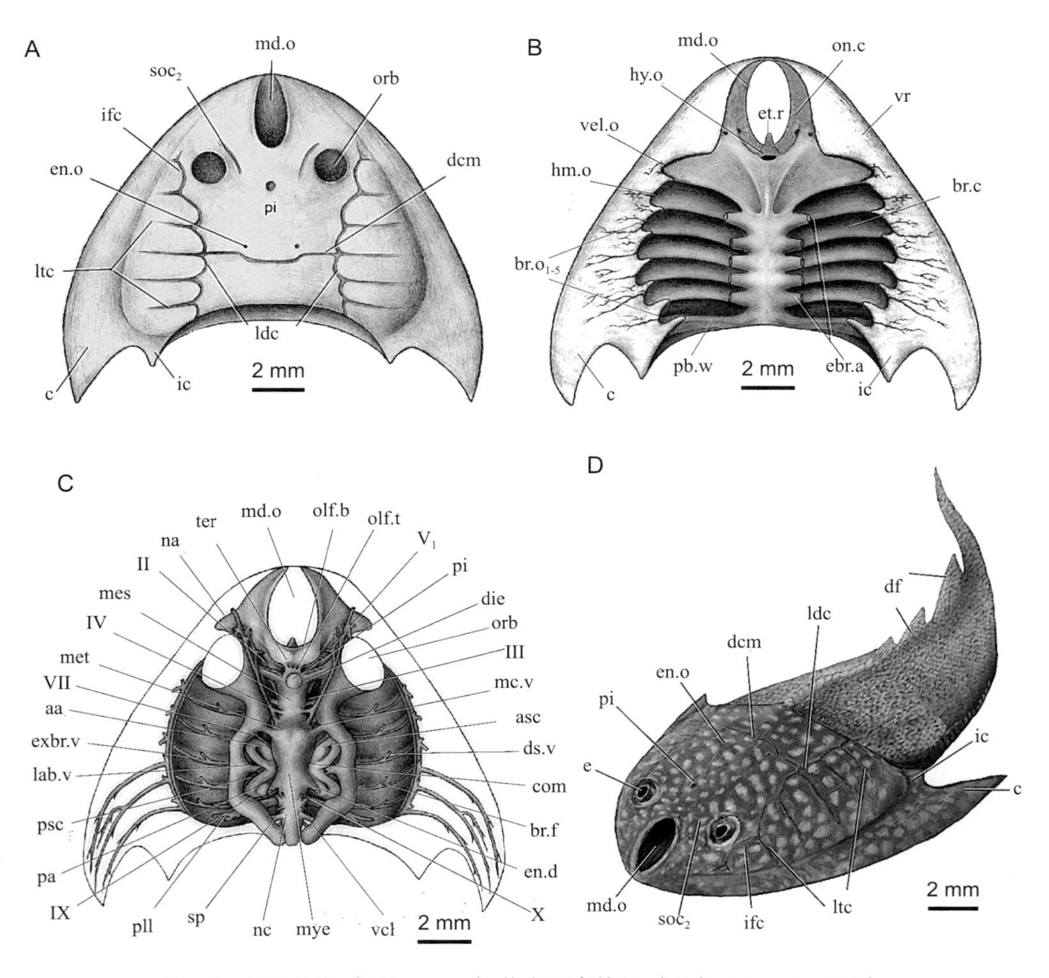

图 44　盔甲鱼类（曙鱼 *Shuyu*）基本形态特征（引自 Gai et al., 2011）
A. 头甲复原，背视；B. 头甲复原，腹视；C. 脑颅内模复原，背视；D. 鱼体整体复原，前侧视

为电区或感觉区）。盔甲鱼类的共有裔征包括：头甲前部具有一个大的中背孔（median dorsal opening）或鼻孔；头甲背面饰以格栅状分布的感觉管系统；具盔甲质（galeaspidin，一种特殊的无细胞骨，Wang et al., 2005）。

目前大多数学者认为盔甲鱼类是骨甲鱼类和有颌类的姐妹群（Forey et Janvier, 1993；Forey, 1995；Janvier, 1996；Donoghue et al., 2000；Donoghue et Smith, 2001），也有学者认为它是有颌类的最近姐妹群（Wang, 1991）。因此，对于探索颌的起源，弄清盔甲鱼类的特征组合极为关键。近年来，对早期盔甲鱼类曙鱼的脑颅三维复原为解开颌起源之谜提供了关键证据（Gai et al., 2011；Gai et Zhu, 2012；图 44C）。研究显示盔甲鱼类的鼻垂体系统已经分裂，成对鼻囊位于口鼻腔的两侧，垂体管向前延伸，并开向口鼻腔的中部，两个鼻囊和垂体管三者是完全分开的，与七鳃鳗类和骨甲鱼类的鼻垂体复合体（nasohypophysial complex）完全不同，而与有颌类非常相似（Gai et al., 2011）。这一结果与发育生物学研究所预测的在颌起源之前所发生的一次关键演化事件相吻合。

除一些基干或原始类群（汉阳鱼科、修水鱼科和大庸鱼科）外，盔甲鱼亚纲可进一步分为 3 个大的单系类群（图 45）：真盔甲鱼目、多鳃鱼目和华南鱼目。化石记录表明真盔甲鱼目的分化非常早，早在 4.3 亿年前（志留纪兰多维列世特列奇期晚期）就跟基干类群一起发生了辐射分化，并一直延续到早泥盆世的布拉格期；多鳃鱼目的分化主要发生在早泥盆世洛霍考夫期，具有吻突的华南鱼目的辐射演化主要发生在早泥盆世的布拉格期。

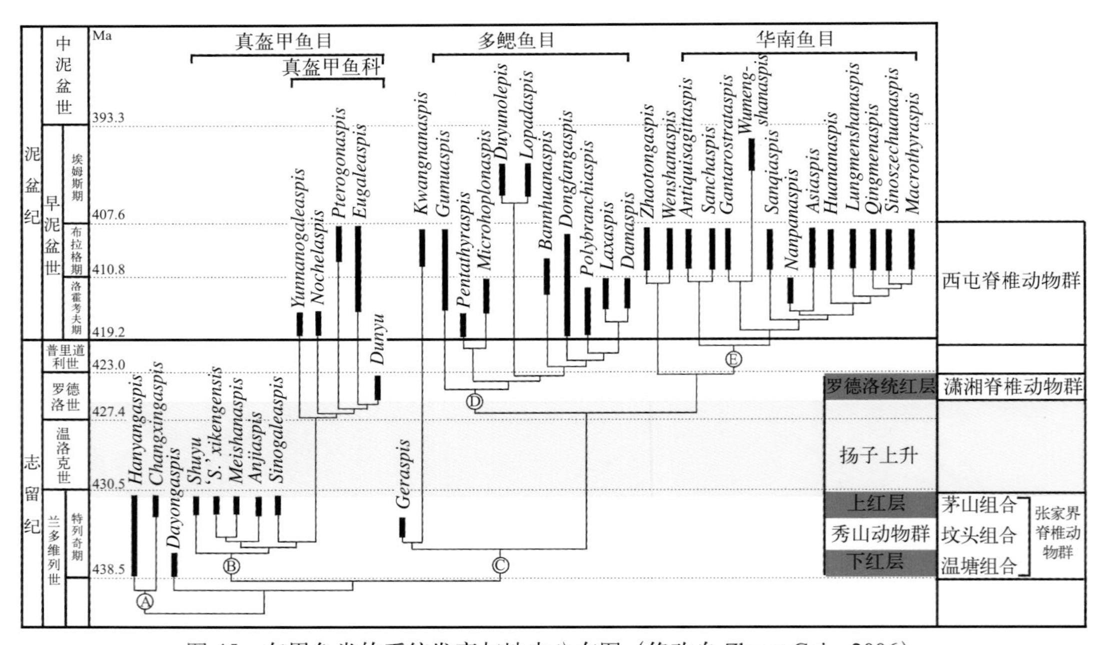

图 45　盔甲鱼类的系统发育与地史分布图（修改自 Zhu et Gai，2006）

盔甲鱼类是一个地方色彩很浓的类群，目前只发现于中国和越南北部的志留纪、泥盆纪地层里，其分布区域最南可到达越南中部的东桂地区（Dong Hoi；Racheboeuf et al., 2005）。它们最早出现在志留纪兰多维列世特列奇期早期，在早泥盆世洛霍考夫期、布拉格期达到鼎盛状态，埃姆斯期随着广布性鱼类的增多日渐式微，只有少数幸存到晚泥盆世。盔甲鱼类的最早记录以大庸鱼（*Dayongaspis*）为代表，发现于湖南西部志留系兰多维列统下特列奇阶的溶溪组上部（潘江、曾祥渊，1985）；最晚记录是一些未命名的属种，发现于宁夏上泥盆统法门阶的中宁组上部（潘江等，1987）。中国的盔甲鱼类化石不仅属种繁多，个体数量丰富，而且地理分布广泛。志留纪的盔甲鱼类遍布陕西、四川、湖南、湖北、安徽、浙江、江西及新疆等省（区），含鱼层位主要有兰多维列统下特列奇阶的溶溪组（华南）和塔塔埃尔塔格组（新疆），中特列奇阶的坟头组（华南）和依木干他乌组（新疆），上特列奇阶的迴星哨组和茅山组，上罗德洛统的关底组和小溪组。中国泥盆纪的盔甲鱼类则遍布宁夏、四川、贵州、广西及云南等省（区），含鱼层位主要有洛霍考夫阶的西山村组、西屯组，布拉格阶的徐家冲组、坡松冲组、莲花山组、那高岭组及平驿铺组，埃姆斯阶的郁江组、贺县组、乌当组、舒家坪组及缩头山组，艾菲尔阶的信都组，法门阶的中宁组等（赵文金，2005）。

盔甲鱼类具有扁平的体形，有点像现代鳐类。其鼻孔背位，口腹位，眼睛背位或侧位，指示大多数盔甲鱼类营底栖生活。不过，一些性状奇特的华南鱼类，如三歧鱼（*Sanqiaspis*）和龙门山鱼（*Lungmenshanaspis*），具有长长的吻突和胸角，表明它们可能像一些骨甲鱼类那样营自游生活（Janvier, 1996）。大多数盔甲鱼类生活在底部多泥多沙、与外海之间有一定障壁间隔的滨海环境，如三角洲和潟湖（王士涛等，2001）。也有少数种类，如都匀鱼（*Duyunolepis*）、副都匀鱼（*Paraduyunaspis*）等，发现于正常的海相沉积，与腕足类共生在一起，广泛的黄铁矿化，表明其生活环境可能为前滨的潮间带，属于水动力能量较低的还原环境（Wang, 1991）。盔甲鱼类缺少成对的胸鳍和腹鳍，表明其游泳能力不强，迁移扩散能力有限，不仅陆地可以成为其迁移的障碍，而且海洋也会造成一种隔离，因此盔甲鱼类具有重要的古动物地理意义（赵文金，2005）。

（一）外骨骼头甲

盔甲鱼类的头甲由膜质骨头甲（外骨骼）和软骨脑颅（内骨骼）构成。外骨骼与下面的内骨骼紧密相贴，分布区域大部分是重叠的，但在一些原始的类群里（如修水鱼 *Xiushuiaspis*），外骨骼向后延伸，远远超过内骨骼分布的区域。在外骨骼和内骨骼的交界处，有着丰富的皮下脉管丛（Janvier, 1990；Wang, 1991）。

盔甲鱼类头甲背腹扁平，背面向上凸起，腹面较平。头甲腹面向内弯曲，形成腹环。头甲背面被大小不等的 6–8 个孔洞穿，分别是中背孔、眶孔、松果孔、内淋巴孔和窗。头甲背面饰以格栅状感觉管系统和放射脊纹状或粒状瘤点。

中背孔：盔甲鱼类头甲的最前面被一个大的中背孔洞穿。中背孔亦称为鼻垂体孔（naso-hypophysial opening），或者鼻孔（Wang, 1991；Gai et al., 2011），一般被认为是跟嗅觉功能相关的器官。曙鱼脑颅的三维虚拟重建显示，中背孔下面是一个大的口鼻腔，鼻囊位于口鼻腔的两侧，垂体管开口于口鼻腔的后壁，口鼻腔向下与口孔相通，向后与咽腔相通（Gai et al., 2011）。中背孔与口鼻腔、咽腔相通，指示了它是一个具有呼吸功能的进水孔（Janvier, 1981, 1984）或者出水孔（Belles-Isles, 1985）。多鳃鱼中背孔的前缘具有很多细小的尖状瘤突，尖头朝前（Tông-Dzuy et al., 1995），支持了它是一个进水孔的解释。中背孔周缘的外骨骼经常加厚，形成一个凸起的环。中背孔的形状变化很大，是一个很好的分类依据。大体说来，可以区分出 5 种类型的中背孔：以汉阳鱼和修水鱼为代表的横裂隙形；以多鳃鱼和东方鱼为代表的豌豆形或椭圆形；以华南鱼和龙门山鱼为代表的心形；以三歧鱼为代表的新月形；以云南盔甲鱼和真盔甲鱼为代表的梨形或裂隙形。汉阳鱼和修水鱼的横裂隙形中背孔几乎位于头甲的吻端，跟腹位的口孔只有很狭窄的膜质骨相隔，被认为是盔甲鱼类的原始类型。在一些后期的类型，中背孔离头甲前缘较远。

眶孔：在中背孔后侧方，头甲被一对眶孔洞穿。除了真盔甲鱼目，眶孔都相对较小。眶孔大多是背位或者侧背位，但也有一些属种眶孔侧位，如汉阳鱼、华南鱼和昭通鱼等。总的来说，背位或侧背位的两个眶孔彼此相距较远，这与骨甲鱼类中的情况不同。但在大庸鱼、修水鱼、长兴鱼和安吉鱼中，两个眶孔比较靠近中线的位置，可能代表了盔甲鱼类的原始状态。

松果孔：位于眶孔之间或者之后的位置，是松果体与外界沟通的渠道，具有感光功能，堪称鱼类的“第三只眼”或者“顶眼”。松果孔在盔甲鱼类中是一个变化比较大的特征。很多早期文献中认为盔甲鱼类存在松果孔（刘玉海，1965, 1975；潘江等，1975；潘江、王士涛，1978），后来的研究则认为大多数所谓的松果孔是封闭的（Halstead et al., 1979；Halstead, 1982；朱敏，1992），应称为松果突。

内淋巴孔：在一些志留纪早期的属中，像长兴鱼、曙鱼等，头甲背面存在一对内耳内淋巴管的外开孔，但在其他属中尚未发现。这对小孔正好位于中背管的前方，可能代表盔甲鱼类的原始特征。内淋巴管在七鳃鳗和盲鳗中都是封闭的，但在骨甲鱼类、盾皮鱼类和软骨鱼类等门类中是开向外界的，可能代表了盔甲鱼类、骨甲鱼类和有颌类的共有裔征（Janvier, 2001）。

窗：一些华南鱼类头甲的背面被一对孔状的构造洞穿。潘江和王士涛（1981）记述箐门鱼时发现该构造，并暂时将其解释为背鳃孔。Wang（1991）在讨论盔甲鱼类系统关系时，认为该构造可能还存在于龙门山鱼。Pan（1992）对存在于五窗鱼、微盔鱼、大窗鱼、中华四川鱼以及箐门鱼中的上述构造进行了系统描述，并正式将其定名为窗（fenestra），并按照窗的位置，区分为背窗（dorsal fenestra）和侧背窗（lateral dorsal fenestra）。盖志琨和朱敏（2007）在描述王冠鱼时也发现了类似的构造。关于窗这一装置的功能，目前只是一些比较模糊的认识。Pan（1992）的解释是：这些无颌类生活时，窗的背面可能为皮肤所覆盖，既不可能具有骨甲鱼类侧区的功能，也不可能具有鳃孔或喷水孔的功能。刘玉海(1993)则认为侧窗在形态和功能上,可能相当于骨甲鱼类的侧区,其功能在于感觉。

吻突、角、内角：盔甲鱼类的头甲形态展示出相当大的多样性，一些类群发育出长角、吻突、中背棘等（图 46）。在原始的盔甲鱼类中，头甲相对较宽，大体呈梯形或卵圆形，如汉阳鱼、修水鱼。这种卵圆形的头甲在很多晚期的类型中都保存了下来，如多鳃鱼类，但是在真盔甲鱼目中，头甲变得非常短，呈马蹄状。

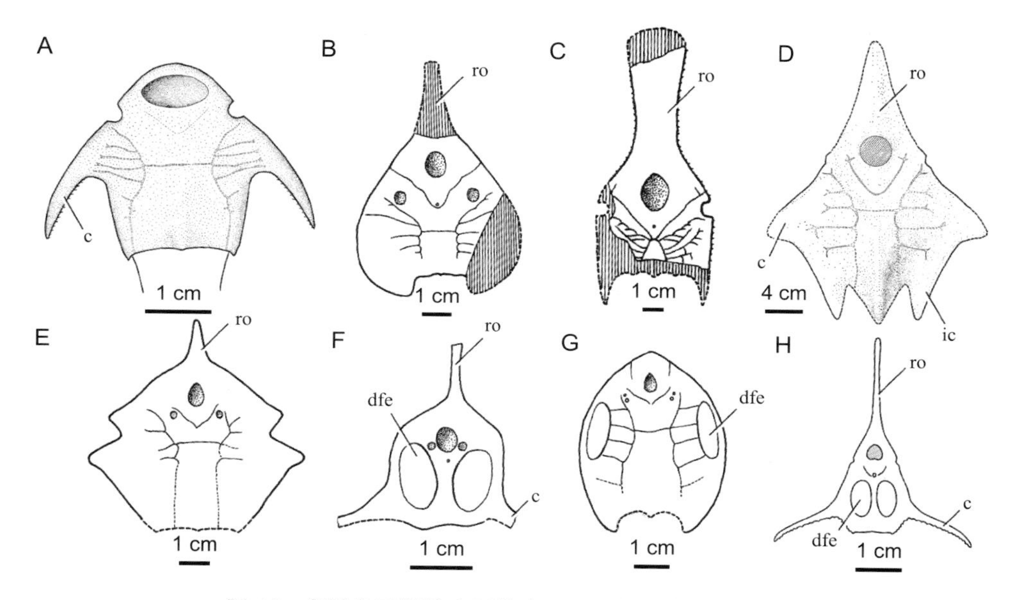

图 46　盔甲鱼亚纲的主要代表，示吻突、角和背窗等构造

A. 让氏昭通鱼（*Zhaotongaspis janvieri*）（引自王俊卿、朱敏，1994）；B. 长吻古木鱼（*Gumuaspis rostrata*）（引自王俊卿、王念忠，1992）；C. 耿氏鸭吻鱼（*Gantarostrataspis geni*）（引自王俊卿、王念忠，1992）；D. 角箭甲鱼（*Antiquisagittaspis cornuta*）（引自刘玉海，1985）；E. 小眼南盘鱼（*Nanpanaspis microculus*）（引自刘玉海，1965）；F. 小眼箐门鱼（*Qingmenaspis microculus*）（引自潘江、王士涛，1981）；G. 盾状五窗鱼（*Pentathyraspis pelta*）（引自 Pan, 1992）；H. 雁门坝中华四川鱼（*Sinoszechuanaspis yanmenpaensis*）（引自 Pan, 1992）

在一些类群中，像华南鱼目，多鳃鱼目的古木鱼，真盔甲鱼目的三尖鱼、翼角鱼等，头甲向前方突出，形成长长的吻突。这些吻突在不同的类群里，可能属于平行演化。华南鱼目的三岔鱼、三歧鱼和鸭吻鱼的吻突前端扩大，呈铲状。在鸭吻鱼和乌蒙山鱼的吻突上，还具有很多狼牙棒状的小刺。

华南鱼目、真盔甲鱼目、昭通鱼、大庸鱼等都具有发育的角。华南鱼目的角很长，侧向延伸。真盔甲鱼目除了角，还具有内角。多鳃鱼类所谓的角实际上相当于华南鱼类和真盔甲鱼类的内角，华南鱼目和真盔甲鱼目的角在多鳃鱼类中则不存在，而都匀鱼类不但不具有角，且内角退化甚至完全消失（朱敏，1992）。角内侧没有证据表明胸鳍或胸窦的存在。关于吻突和角的功能目前尚没有一个清楚的认识。其可能的功能有：辅助游泳，如增强鱼体的浮力和平衡作用；帮助取食，其作用似铲；特殊的皮肤感觉器官；仅仅是增大鱼体的尺寸，使其看起来更像一个捕食者（潘江、王士涛，1981；Janvier, 1996）。

侧线系统：盔甲鱼类具有非常发育的管状侧线系统，感觉管深陷外骨骼的基部。与典型的管状侧线不同，盔甲鱼类的感觉管没有发现通向外界的小管。Janvier 等（1993）和 Tông-Dzuy 等（1995）认为盔甲鱼类感觉管可能并不是完全封闭的，而是通过间隔出现的短裂隙和末端开口与外界沟通，但是这些裂隙可能属于感觉管填充物的脱落。对于盔甲鱼类的侧线系统是如何与外界沟通、如何发挥其功能的，仍是个令人困惑的问题。

侧线系统在头甲背面最为发育，呈格栅状分布（图 47），由纵行和横行管组成，主

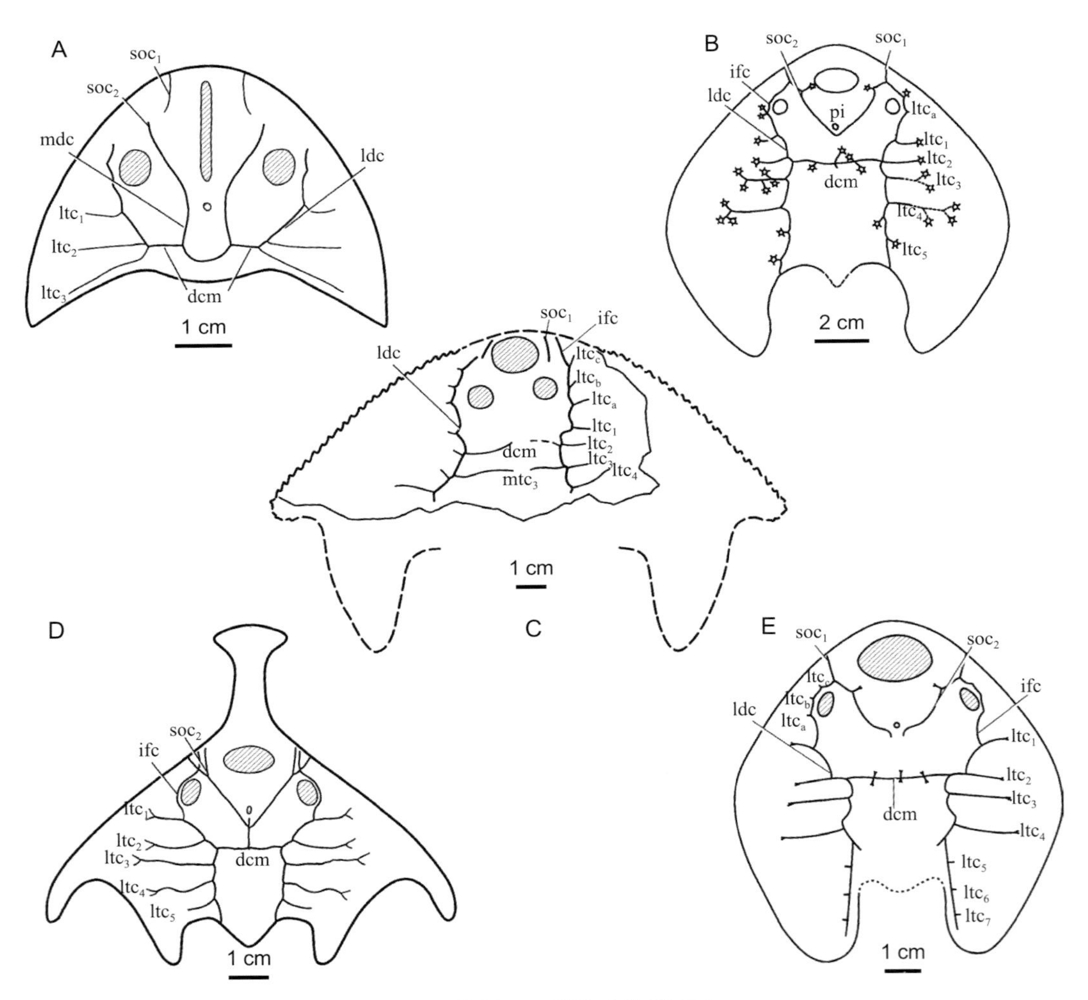

图 47 盔甲鱼亚纲的感觉管系统

A. 张氏真盔甲鱼（*Eugaleaspis changi*）（引自刘玉海，1965）；B. 曲靖宽甲鱼（*Laxaspis qujingensis*）（引自刘玉海，1975）；C. 湖南大庸鱼（*Dayongaspis hunanensis*）（引自潘江、曾祥渊，1985）；D. 宽大吻突三歧鱼（*Sanchaspis magalarostrata*）（引自潘江、王士涛，1981）；E. 变异坝鱼（*Damaspis vartus*）（引自王念忠、王俊卿，1982b）

要包括前眶上管、后眶上管、中背管、眶下管、侧背管、侧横管及中横联络管（刘玉海，1965, 1986）。前眶上管通常起始于背甲前缘，经过中背孔侧面，终止于眶孔的背前方，其后端一般不与后眶上管的前端衔接，二者之间或多或少的留有间隙。后眶上管在多鳃鱼目多数种类里，其两支呈 V 形；由眶孔背前方向后中方辏合于松果器官之后。在一些志留纪的早期种类像汉阳鱼、曙鱼等，两条后眶上管向后并不相遇，呈倒八字形，可能代表了盔甲鱼类的原始类型。在真盔甲鱼目中，两条后眶上管则向后与中背管自然衔接，吻合成连续的纵管。

中背管只在比较晚期的真盔甲鱼类中发育，其前端与前眶上管衔接，后端接近背甲后缘。两侧的中背管后端向背中弯曲，并于中线会合，形成封闭的乳头形。中背管在早期的盔甲鱼类和多鳃鱼目的大多数种类中并不存在，或者消失，但在某些种类里，如多鳃鱼、宽甲鱼、坝鱼，尚保留残余，成为与背联络管呈十字交叉的一对短管。

眶下管前端始于眶孔的前侧方，向后绕过眶孔腹面，然后与侧背管自然相接。侧背管是一对近于平行的纵行干管，向后延伸至头甲后缘，可能与身体的主侧线相连。

眶下管和侧背管向头甲外侧发出数目不等的侧横管，其中眶下管发出 1–4 对相对较短的侧横管，但在真盔甲鱼目的多数属种里均已退化，仅在曙鱼和煤山鱼的眶下管上尚有两对保留。侧背管发出 1–7 对侧横管，但在大多数种类里只有 4 对发育的侧横管，自眶孔之下向后依次排列。在真盔甲鱼目的一些晚期种类里，由于眶孔之后的头甲显著缩短，第四侧横管也退化了。在多鳃鱼目的一些种类里，如宽甲鱼、东方鱼、团甲鱼等，侧横管的末端经常分叉。这些末端分支有的甚至形成了封闭的五边形。

两条侧背管之间由 1–3 对中横联络管相连。在大多数种类里，中横联络管只有 1 对，并且左右支在背中线汇合成背联络管，其位置大致与第二侧横管相对应，或位于第二侧横管略后方。背联络管在盔甲鱼类中有稳定的发育，可以作为对中横联络管进行同源关系对比的标志。具有 1 对以上中横联络管的主要是一些早期种类，如大庸鱼、汉阳鱼、长兴鱼、中华盔甲鱼等，可能代表了盔甲鱼类的原始类型。大庸鱼的前一对中横联络管大致与侧背管上的第二侧横管相对应，因此可能与背联络管相当。在汉阳鱼和长兴鱼中，大致与侧背管上的第二侧横管相对应的是后一对中横联络管。中华盔甲鱼的中横联络管有 3 对，分别与前三对侧横管相对应，不过，第二中横联络管（背联络管）的位置略在第二侧横管之前。

头甲纹饰：盔甲鱼类头甲外骨骼的外表面布满了紧密排列的放射脊纹状疣突或小的粒状瘤点。在一些种类里，如鸭吻鱼、文山鱼，这些疣突或瘤点有的沿着头甲或角的边缘发育成棘状突起。这两种类型的纹饰好像在盔甲鱼类的原始种类里都存在，比如汉阳鱼和修水鱼。在一些华南鱼类中，如亚洲鱼、龙门山鱼，放射脊纹状疣突尤其大，而且零星散布在头甲的表面。

口鳃腔：头甲内骨骼向下包裹着一个硕大的口鳃腔。口鳃腔呈梨形，腹面由外骨骼形成的腹环围绕，分前后两部分：前半部分为口鼻腔，容纳鼻囊和口，背面被中背孔洞穿；后半部分为鳃腔，向前延伸至眶孔后缘，呈现出一系列成对的鳃穴，数目从6–45对不等。鳃穴之间由鳃间脊分开。口鳃腔向下对应一个大的口鳃窗（oralobranchial fenestra），向后与身体的胸腔之间被一个完整的鳃后壁分开。完整的鳃后壁可能是盔甲鱼类和骨甲鱼类的一个共有裔征，在长兴鱼（Wang, 1991）、曙鱼（Gai et al., 2011）和三歧鱼（Janvier et al., 2009）等中都有所发现。不同于骨甲鱼类，盔甲鱼类的鳃区并没有向前延伸超过眶孔的后缘。

腹片：在汉阳鱼中，口鳃腔是由前后两块位于中央的骨板所覆盖，后面的一块为腹片（ventral plate），较大，主要覆盖鳃腔，其边缘有连续的凹槽，与腹环的凹槽形成外鳃孔；前面一块为前腹片（anterior ventral plate），较小，呈月牙形，其前缘形成口的后边界，因此也可以称为口片（oral plate）。在多鳃鱼中，可能只有一块大的位于中央的腹片，腹片与腹环之间可能被布满嵌片的皮肤所覆盖。在五窗鱼中，腹甲也只有1块，并且可能部分与头甲的其他部分愈合。在乌蒙山鱼中，腹片保存不完整，但可以看出腹片前端与头甲愈合。

口孔和外鳃孔：盔甲鱼类的口孔和外鳃孔位于头甲腹面。口孔由前腹片的前缘和腹环形成，呈横宽的豌豆形或裂隙形，目前仅在汉阳鱼、五窗鱼、曙鱼、乌蒙山鱼中有所保存。外鳃孔位于腹甲侧缘和头甲腹环之间，鳃孔数目从6对（修水鱼、曙鱼）到35对（昭通鱼）不等，甚至可能达到45对（东方鱼）。早期的类型，如长兴鱼、曙鱼，以及真盔甲鱼目，只有6对外鳃孔，可能代表了盔甲鱼类的祖征，跟有颌类的5个鳃裂以及喷水孔相对应。

（二）脑　　颅

软骨外成骨（perichondral bone）在保存早期脊椎动物脑颅形态信息方面起了非常关键的作用，但是对于盔甲鱼类的内骨骼是否存在软骨外成骨，目前仍存在很大的争议（Zhu et Janvier, 1998；Wang et al., 2005）。在某些特殊条件下，盔甲鱼软骨脑颅中的空腔可以迅速被矿物质填充，在软骨颅无法保存的情况下，会留下矿物质形成的颅内模（endocast），因此我们可以通过颅内模来了解盔甲鱼脑颅内部的解剖信息。盔甲鱼类脑颅的解剖特征只在少数类群里有所了解，主要是泥盆纪的多鳃鱼、都匀鱼、副都匀鱼，和志留纪的长兴鱼。盔甲鱼类的脑颅包围着脑、神经、感觉器官、血管和鳃囊等（图48），其形态在很多方面跟骨甲鱼类相似，具有延长的脑腔，内耳具有前、后两个半规管和各自的壶腹，内耳两侧具有一对大的背颈静脉管。但是，这些相似可能仅仅代表了它们的共有祖征。

脑区和神经：盔甲鱼类脑颅包裹着一个位于头甲中轴的脑腔，脑腔前端开口于口鼻腔，间脑腔背面开口于松果孔，延脑腔通过内淋巴管向背后方开口于头甲的内淋巴孔，向后延伸为细长的神经管。自然填充或三维虚拟重建的颅内模显示出一系列的突起，可能相当于脑的不同分区，从前向后分别为端脑区、间脑区、中脑区、后脑区和延脑区。

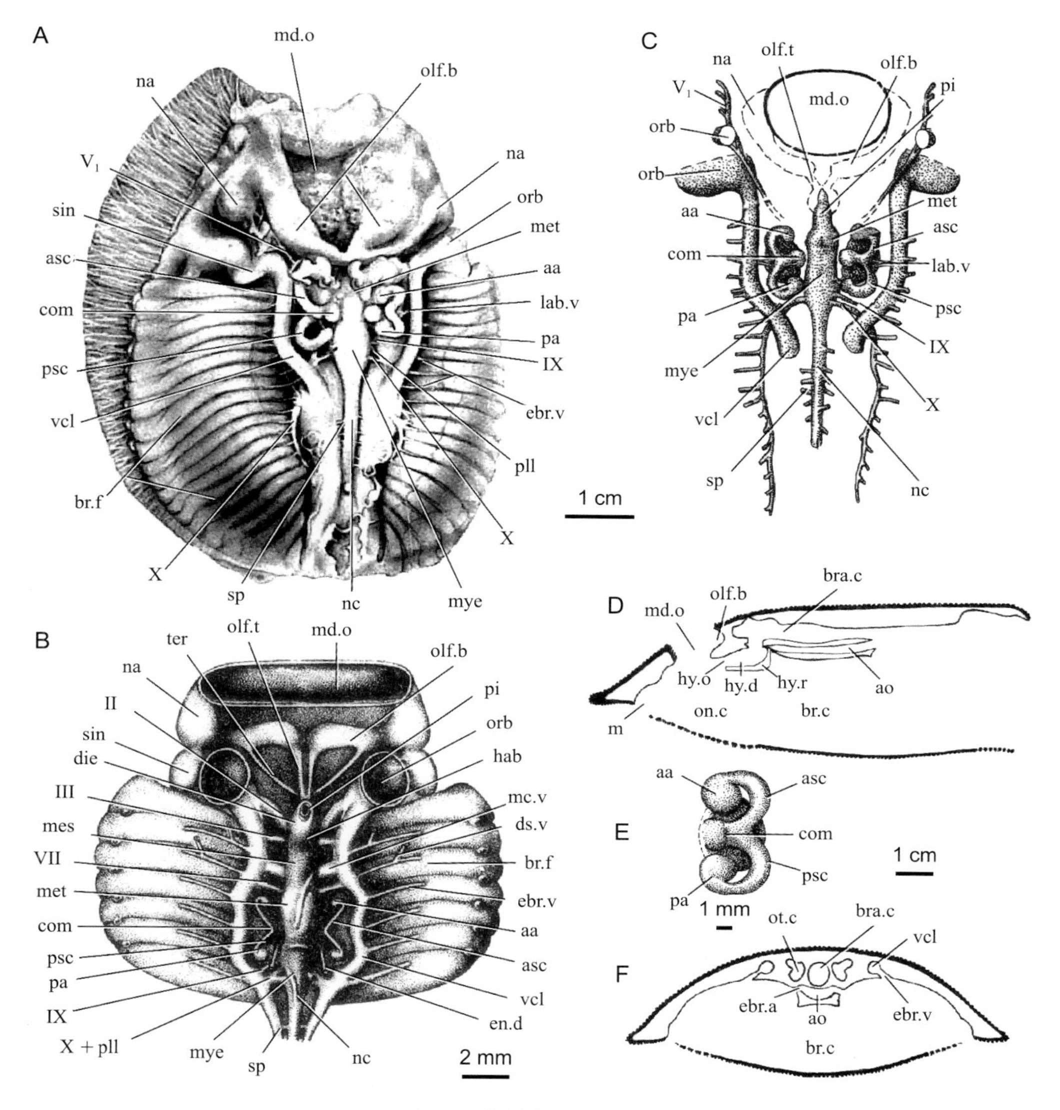

图 48　盔甲鱼类脑颅解剖

A. 都匀鱼（*Duyunolepis*）脑颅内模复原图（引自 Halstead, 1979），背视；B. 长兴鱼（*Changxingaspis*）头骨内模复原图（引自 Wang, 1991），背视；C. 都匀鱼头骨内模复原图，背视；D. 都匀鱼头骨中矢切面示意图；E. 都匀鱼迷路腔内模，背视；F. 都匀鱼头骨横切面示意图（C–F，引自 Janvier, 1996）

端脑区向前延伸为独立的嗅球（olfactory bulb），具有独立的嗅束（olfactory tract）和端神经（terminal nerve）(Wang，1991；Gai et al., 2011)。间脑区背面凸起为烟囱状的松果管，可能容纳松果体和副松果体，腹面向前延伸为垂体管（hypophysial duct）。垂体管与嗅觉器官彼此分离，开口于口鼻腔的后壁（Gai et al., 2011）。视神经（optic nerve）和前脑静脉（anterior cerebral vein）从间脑区侧面发出。中脑区后部向背面轻微隆起，可能相当于视顶盖（optic tectum）。动眼神经（oculomotor nerve）和滑车神经（trochlear nerve）从中脑区侧壁发出：动眼神经在前，靠近脑腔腹面，滑车神经在后，靠近脑腔背面。后脑区是整个脑区最宽、最大部分，背面有一对显著的球状隆起，可能代表小脑（cerebellum）的位置。球状隆起向前发出三叉神经的眼支（ophthalmic branch of trigeminal nerve），在眶孔附近分开为浅眼支（superficial ophthalmic branch）和深眼支（profundus branch）。后脑区腹面向前发出三叉神经的颌支（maxillo-mandibular branch of trigeminal nerve），但并未见其进一步分为上颌支（maxillary ramus）和下颌支（mandibular ramus）。延脑区是整个脑区最长的部分，几乎占据了整个脑区的一半。从延脑区发出的神经有面神经（facial nerve）、听神经（acoustic nerve）、舌咽神经（glossopharyngeal nerve）和迷走神经（vagus nerve）。都匀鱼的迷走神经非常长，发出很多侧枝，支配每一个鳃囊。延脑区向后延伸为神经管，从神经管侧面发出很多侧枝，可能为脊枕神经（spino-occipital nerve）。

嗅觉器官：成对鼻囊位于口鼻腔的两侧，共同开口于中间的中背孔。端脑的嗅球位于中背孔之后，发出一对嗅神经（olfactory nerve）与鼻囊相连。盔甲鱼类的鼻囊位于口鼻腔的两侧，而垂体管开向口鼻腔的中部，也就是说两个鼻囊和垂体管三者是彼此分离的，这与有颌类相似，而与七鳃鳗和骨甲鱼类位于头顶的鼻垂体复合体完全不同。在七鳃鳗中，鼻囊与垂体紧密结合在一起，位于头顶中间的位置，并通过一个鼻垂体孔开向外面，从发育上来看，它们是来自中央的一块基板，即鼻垂体板。在有颌类中，成对的鼻囊位于脑颅两侧，有两个独立的外鼻孔，垂体管开口于口腔顶部。在有颌类的胚胎发育过程中，外胚层间质细胞向前生长，发育成颌和颅桁；而在七鳃鳗的胚胎发育过程中，外胚层间质细胞向前生长受阻于中央鼻垂体板，只能沿其腹面发育成上唇。因此，脊椎动物鼻垂体板的分裂，即两个鼻囊彼此分离并从垂体系统脱离出来，是颌起源之前发生的一次非常关键的演化事件。盔甲鱼类为这一事件提供了可靠的化石证据（Gai et al., 2011；Gai et Zhu, 2012）。

视觉器官：眶孔下面具有一对杯状的眼窝（orbital cavity），眼窝面向侧背方或侧方，并被软骨所包围。眼窝是整个脑颅中最复杂的部分，容纳眼球、眼肌和静脉窦，同时也是通向眶区和筛区的神经与血管聚集的地方。眼窝的内侧壁上有前脑静脉和视神经的通道。眼窝腹面向后拉长为三叉神经室（trigeminal chamber），位于背颈静脉的腹侧。背颈静脉穿过眼窝后壁，进入眼窝内，并以一个大的静脉窦（venous sinus）结束。眼窝内有几个明显的凹陷，可能为动眼肌室（myodome），是眼外肌附着的地方。

听觉器官：内耳的迷路腔（labyrinth cavity）位于延脑区的两侧，并通过一个大的听窗（acoustic fenestra）与脑腔相通。迷路腔由半规管、壶腹、半规管联合部（commissural division）以及前庭（vestibular division）组成。半规管只有前后两个垂直半规管，缺少水平半规管。前后半规管跟前庭不愈合，形成环状回路（loops）。内淋巴管（endolymphatic duct）由半规管联合部的背面发出，向头甲背后方延伸，开口于中横联络管的前方。

脉管：头部最主要的脉管是位于头部中央的一条非常粗的血管，可能为背主动脉（dorsal aorta）。前主静脉（anterior cardinal vein）也可能在该管中穿行。背主动脉两侧通过一系列的小孔跟口鳃腔相通，每个小孔恰好位于前后两个鳃囊之间鳃间脊的近端。出鳃动脉（efferent branchial artery）可能通过这些小孔进入背主动脉，负责把前后两个半鳃含氧的血输送到背主动脉。内颈动脉（internal carotid artery）在垂体之后从背主动脉发出，完全进入脑颅，在脑颅内进一步分支出前脑动脉（anterior cerebral artery）、眶鼻动脉（orbitonasal artery）、眼动脉（ophthalmic artery）、前筛动脉（anterior ethmoidal artery）、后筛动脉（posterior ethmoidal artery）、鼻背动脉（dorsal nasal artery）和额动脉（frontal artery）等，给整个脑区和头甲背部供血。与骨甲鱼类一样，头甲侧缘还有边缘动脉（marginal artery）围绕口鳃腔。

与骨甲鱼类一样，盔甲鱼类脑腔和迷路腔两侧具有一对很粗的血管，可能与有颌类的背颈静脉（dorsal jugular vein；Forey et Janvier，1993），或七鳃鳗幼体的侧头静脉（lateral head vein）同源（Stensiö，1927）。背颈静脉两侧接收很多来自鳃囊的脉管，可能为鳃外静脉（extrabranchial vein）。鳃外血通过鳃外静脉汇集到背颈静脉，可能是盔甲鱼类的一个裔征，而在骨甲鱼类中，鳃外血则可能通过鳃外静脉汇集到了边缘静脉（marginal vein，Janvier, 1981）。背颈静脉内侧接收来自脑腔、垂体和内耳的血管，主要包括前脑静脉（anterior cerebral vein）、中脑静脉（middle cerebral vein）、垂体静脉（pituitary vein）、迷路静脉（labyrinth vein）等，向前可能穿过眼窝，继续延伸为眶鼻静脉（orbitonasal vein）和额静脉（frontal vein）。头甲腹面两侧还有一对比较大的血管，围绕整个口鳃腔，可能为边缘静脉，沿途接收来自头甲各个方向的小管。边缘静脉和边缘动脉目前仅在盔甲鱼类和骨甲鱼类中发现，尚不能确定与其他类群的哪支血管同源。

（三）躯 干 和 尾

盔甲鱼类的身体部分目前了解尚不充分，仅在三歧鱼、盾鱼、宽甲鱼、假都匀鱼和秀甲鱼中有零星的保存。身体的鳞列（squamation）由细小的菱形或圆形的鳞片组成，沿身体倾斜排列。在宽甲鱼身体的腹外侧具有两列很大的脊鳞，是否具有中背脊鳞尚不清楚。跟骨甲鱼类一样，身体的腹面应该非常扁平。不具有成对的胸鳍和腹鳍。尾鳍只在长吻三歧鱼中有所描述，属歪型尾。但是，由于尾叶（caudal lobe）与身体保存在同一平面上，无法确定是上歪尾，还是下歪尾。根据其他没有成对胸鳍的无颌类，如莫氏鱼、缺甲鱼类和花鳞鱼类等推测，可能属于下歪尾，即脊索向下弯曲，形成一个比较发育的腹叶。从功能上讲，这种类型的尾会产生一个向上的力来抬升头甲（Kermack, 1943），对没有成对胸鳍的鱼类来说有着非常重要的适应意义。

（四）组 织 学

盔甲鱼类的组织学仍然不十分清楚，目前仅在多鳃鱼（Wang, 1991；Tông-Dzuy et al., 1995；Wang et al., 2005）和汉阳鱼（Wang et al., 2005）中有外骨骼的切片描述。外骨骼非常薄，由几乎完全愈合的小单元组成，与骨甲鱼类大的镶嵌片完全不同。在头甲上，这些小单元的基座呈五边形，紧密排列，并愈合成一个连续的层，即板状层。盔甲鱼类的外骨骼属于无细胞骨，没有容纳骨细胞的空腔（Janvier, 1990）。虽然 Wang（1991）提到多鳃鱼外骨骼可能存在细胞腔，但这些细胞腔后来被认为是保存的假象（Wang et al., 2005）。没有证据表明盔甲鱼类的外骨骼具有齿质和釉质，在一些属种外骨骼的每个瘤点单元外面覆盖了一层透明的硬组织，像一个帽子直接叠覆在无细胞骨上，看起来有点像似釉质（Zhu et Janvier, 1998）。不过，这层透明的硬组织可能仅仅是外骨骼表层的球状超矿化，不是真正的似釉质（Wang et al., 2005）。盔甲鱼类的外骨骼是一种特殊的无细胞骨，结构上跟三合板状的板状骨（plywood-like laminar bone）非常的相似（即由钙化的胶原纤维束水平正相交叠覆而成），但是板状层又被垂直排列的沙普氏纤维（Sharpey's fibers）穿透（图 49）。这种特殊的无细胞骨被称为盔甲质（galeaspidin），为盔甲鱼类所特有（Wang et al., 2005）。盔甲鱼类的内骨骼为软骨，外层呈球状钙化（globular calcified cartilage，Zhu et Janvier，1998; Wang et al., 2005），但是对于球状钙化软骨外是否存在软骨外成骨仍存在很大的争议（Wang et al., 2005，Zhu et Janvier, 1998）。在外骨骼和内骨骼之间有着丰富的皮下脉管丛和感觉管。

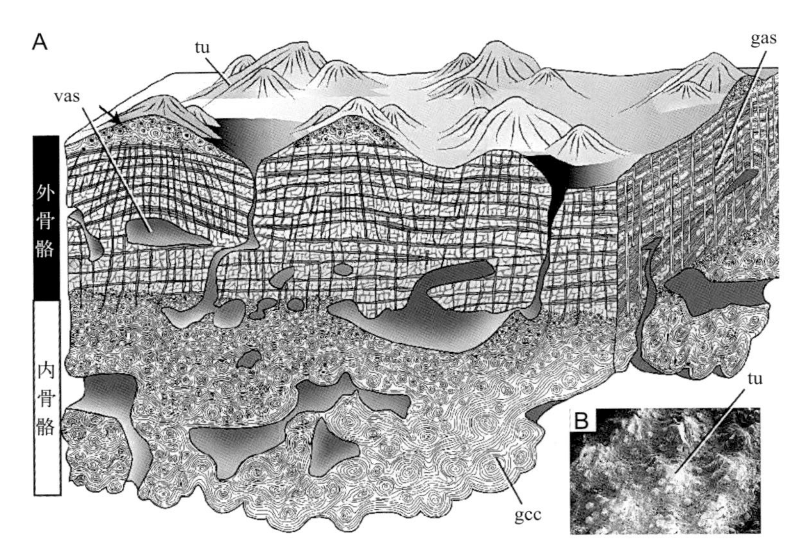

图 49　盔甲鱼类的组织学示意图（引自 Wang et al., 2005）

A．盔甲鱼外骨骼骨组织学的图解重建；B．一多鳃鱼类未定种（IVPP V12600）头甲外骨骼表面形态

（五）大　　小

除宁夏上泥盆统的大型盔甲鱼类头甲碎片外，角箭甲鱼是目前所知最大的盔甲鱼，头甲长估计有 30 cm。较大的盔甲鱼类还有班润鱼、汉阳鱼、团甲鱼、东方鱼等。曙鱼

是已知最小的盔甲鱼，头甲长只有 12 mm。一般认为，盔甲鱼类的个体大小对于一个种来说是比较稳定的，并没看到明显的成长序列。廖角山多鳃鱼的大量标本显示个体大小的变化范围大约只有 10%。这可能表明盔甲鱼类在成体的时候才获得外骨骼头甲，因而个体的大小常被看作某个种的特征之一（刘时藩，1986）。

八、中国无颌类化石研究简史

化石无颌类在中国的发现，最早可以追溯到 20 世纪初。1914 年丁文江、1930 年王曰伦先后在云南马龙易隆至曲靖间开展地质调查，期间在翠峰山和廖角山（现称“寥廓山”，原误称“妙高山”）两地志留系玉龙寺组黑色易剥页岩之上的砂岩地层的数个层位采得鱼化石标本。此岩层即属后来划为下泥盆统的翠峰山群西山村组。化石经葛利普（A. W. Grabau, 1870–1946）鉴定为鱼化石（fish remains，丁氏所采；Grabau, 1924）或头甲鱼（*Cephalaspis* sp., *Cephalaspis yunnanensis*, 王氏所采；Ting et Wang, 1937）。其后抗战期间，孙云铸带队的西南联大师生也在上述地区地层中采到鱼化石，经杨钟健鉴定为 Cephalaspidae（Young, 1945）。此外，该校师生还在昆明二村奥陶纪红石崖组中采到可疑鱼化石碎片。可惜上述这些化石均未作古生物描述，而标本又历经辗转不知所终。

时至 1957 年，潘江在其“有关中国泥盆纪鱼化石地史分布”一文中曾刊出采自武昌“武昌砂岩”中一破碎甲片，认为属于不能作进一步鉴定的胴甲鱼类(潘江，1957，图版 V-7)。现在看来，按其纹饰当属盔甲鱼亚纲中的汉阳鱼（*Hanyangaspis*），含鱼层即后来命名的志留系“锅顶山组”，现归入坟头组（湖北省地质矿产局，1996；纵瑞文等，2011）。

以上鱼化石虽然未经系统描述、甚至标本也已流失，但这些文字记载却对后来的化石无颌类的发现提供了弥足珍贵的线索。

正是根据上述信息和当时地质部门的有关资料，刘玉海于 1960 年冬至 1961 年春赴云南考察泥盆纪鱼化石，先后调查了武定人民桥至龙潭村一带，安宁县的八街和二街，曲靖和沾益，此次查明了一些化石地点和采集了部分鱼化石，主要为胴甲鱼类（刘玉海，1962, 1963），少许无颌类碎片当时尚不能确认。由于这次得到的成果和信息令人对前景抱有很大预期，于是刘玉海、张国瑞、袁祖银、李功卓等于 1962–1963 年的冬春之交再次赴滇，集中力量在曲靖地区和武定地区进行泥盆纪鱼化石调查和采集，野外工作中得到了时在昆明工学院地质系任教的张欣平先生的全程协助。这次考察在武定和曲靖均获得大量脊椎动物化石标本，包括无颌类、盾皮鱼类（胴甲鱼类和节甲鱼类）及肉鳍鱼类等。其中的无颌类刘玉海在 1965 年进行了古生物描述，建立了 *Galeaspis* [该属名因已先用于三叶虫，后易名为 *Eugaleaspis*（刘玉海，1980）] *changi*，*Nanpanaspis microculus* 和 *Polybranchiaspis liaojiaoshanensis* 3 个属种，揭开了中国化石无颌类研究的序幕。当时 *Galeaspis* 和 *Nanpanaspis* 列入骨甲鱼亚纲，而 *Polybranchiaspis* 列入异甲鱼亚纲，其后它们被归为甲胄鱼类中一个新的亚纲——盔甲鱼亚纲 Galeaspida（Tarlo, 1967），与骨甲鱼亚纲、异甲鱼亚纲等并列。由于 *Eugaleaspis* 在犁头状的头甲、裂隙状的中背孔和背位的眶孔方面酷似骨甲鱼类中的 *Cephalaspis*，因此上述前人认为其发现于曲靖的化石标本为 *Cephalaspis*（Ting et Wang, 1937）应是为 *Eugaleaspis* 的误判。事实上，迄今骨甲鱼类化石从未在中国、西伯利亚等亚洲的地层中出现。

1970 年至 1972 年间，应当时的云南石油会战指挥部地质队和云南地质局实验室的邀请，古脊椎所低等室组队先后 3 次对云南东部的泥盆纪地层和鱼化石进行了广泛的勘察。考察成果除提供地质报告（刘玉海、王俊卿，1973）外，其间所采盔甲鱼类化石分别于 1973 和 1975 年由刘玉海作了古生物描述（其中产于四川雁门坝的标本为刘玉海、刘时藩于 1966 年在四川考察泥盆纪鱼化石时所采）。至此累计已发现盔甲鱼计 9 属 13 种，涵盖盔甲鱼类现有的 3 个目：真盔甲鱼目、多鳃鱼目和华南鱼目。在同一时期，潘江和王士涛等于 1975 年建立了盔甲鱼类的 4 个属种，分别产自四川、广西和湖北。其中 *Hanyangaspis* 采自武汉汉阳的志留系兰多维列统坟头组（“锅顶山组”），是在志留纪最早发现的盔甲鱼类，并代表一新目，汉阳鱼目（Hanyangaspidida）。1978 年潘江和王士涛又描述了产自贵州、云南和四川早泥盆世盔甲鱼类的 6 个新种并建立了 3 个新属 *Duyunaspis*（后易名 *Duyunolepis*）、*Paraduyunaspis* 和 *Neoduyunaspis*。从上面所述可以看出，20 世纪六七十年代盔甲鱼类的发现和记述主要集中在泥盆纪早期，展示出盔甲鱼类在早泥盆世的丰富多样性和在华南的广阔的分布空间。

进入 20 世纪 80 年代，盔甲鱼类在泥盆纪地层中仍不断有新的发现，但大量志留纪的盔甲鱼类被发掘出来，如潘江和王士涛于 1980 年和 1983 年分别记述了江西修水志留系兰多维列统茅山组（原称“西坑组”）的 *Sinogaleaspis shankouensis*, ‘*S.*’ *xikengensis* 和 *Xiushuiaspis jiangxiensis*, *X. ganbeiensis*；潘江和曾祥渊 1985 年记述了湖南张家界（原“大庸县”）志留系兰多维列统溶溪组 *Dayongaspis hunanensis* 等，至 1986 年潘江总结截至当时发现于志留系的盔甲鱼类已多达 9 属 16 种，显示在志留纪兰多维列世盔甲鱼类已相当繁盛。

进入 20 世纪 90 年代，盔甲鱼类在新疆塔里木盆地志留纪兰多维列世地层中的发现和研究则在古生物地理方面做出了重大贡献。根据野外地质工作者所披露的塔里木盆地产古生代脊椎动物化石的信息，古脊椎所组成专题组从 1991 年起开始对新疆古生代鱼化石进行调查（王俊卿等，1996a），其在盆地西北缘柯坪、巴楚地区采获的首批盔甲鱼标本经王俊卿等（1996a）研究，建立了 2 个新属种：*Kalpinolepis tarimensis* 和 *Pseudoduyunaspis bachuensis*。截至目前发现于该地区的盔甲鱼类累计达 6 个属种（王俊卿等，1996a, 2002；卢立伍等，2007）。尽管塔里木盆地盔甲鱼类标本保存不尽如人意，但其总体面貌与产自扬子板块的兰多维列世盔甲鱼群相近，同时这两个地区也都产中国特有的兰多维列世软骨鱼类鳍刺（中华棘鱼 *Sinacanthus*），因此在兰多维列世塔里木盆地所处的塔里木板块与扬子板块是一个统一的生物区，在地理上这两个板块是相连的（刘时藩，1995；王俊卿等，2002；赵文金，2005；赵文金等，2009）。

中国无颌类研究中的另一个领域——古生代鱼类微体化石研究，比起欧美起步甚晚，始于 20 世纪后期（Wang, 1984；Wang et al., 1986）。由于其研究的对象主要为鱼类散落的鳞片、牙齿等细小部分，填补了大化石触及不到的领域，在生物地层上具有重要意义。就古生代无颌类微体化石而言，除已知盔甲鱼类如 *Polybranchiaspis*、*Hanyangaspis* 等的纹饰疣突外，目前仅发现其他无颌类中的花鳞鱼类，均属散落的鳞片，隶属副花鳞鱼（*Parathelodus*）和都灵鱼（*Turinia*）两个属。*Parathelodus* 含 5 个种，这个属迄今只发现于云南和四川洛霍考夫期地层中（王念忠，1997），为泛华夏盔甲鱼生物区系分子之一；*Turinia* 是一个世界性分布的属，在中国发现于云南和广西，早泥盆世到中泥盆世均有。

化石无颌类骨骼的组织结构常被用作早期脊椎动物高级分类阶元的重要鉴别特征。由于保存上的原因，盔甲鱼类骨甲通常不适于做成用作组织学研究的切片，虽然有些这方面的尝试（Wang, 1991；Tông-Dzuy et al., 1995），但不甚理想。直到 1998 年，Zhu 和 Janvier 用属种不定的盔甲鱼骨甲做成较适于组织学研究的切片，才开始对盔甲鱼类组织构造有了很好的研究（Zhu et Janvier, 1998；Wang et al., 2005）。盔甲鱼类外骨骼在组织学上既不同于骨甲鱼类也不同于异甲鱼类，而是为盔甲鱼类所独具，是以名之为盔甲质（galeaspidin）。盔甲鱼类的外骨骼不具骨细胞，表面也未发现齿质和釉质，组成上有些类似胶合板，由钙化的胶原纤维束水平排列成薄片，而众多薄片叠加成厚的骨甲；组成每一薄片的所有纤维束排列方向一致，但同与其相邻的上层和下层薄片的纤维束方向呈十字交叉；同时，这些叠加在一起的薄片为沙普氏纤维（Sharpey's fibers）垂直穿过，被牢固地缝合在一起。

在 20 世纪与 21 世纪交接之际，中国无颌类研究领域取得了又一个令世人瞩目的新成果，即早寒武世脊椎动物昆明鱼（*Myllokunmingia*）、海口鱼（*Haikouichthys*）、钟健鱼（*Zhongjianichthys*）在云南昆明的发现（Shu et al., 1999；Shu, 2003）。这些化石是世界上迄今所知时代最早的无颌脊椎动物，被视为脊椎动物的干群。这些 5.2 亿多年前的鱼形动物体呈纺锤形，长不足 30 mm；鱼体裸露，无鳞片或外骨骼覆盖；具备嗅觉、视觉和听觉器官的头部已经形成，咽部具有约 7 对鳃囊；作为雏形脊椎成分的弓片也已出现；发育有背鳍和成对的腹侧鳍褶；躯干肛后部分短而不具尾鳍。昆明鱼类的发现使无颌类发展史提前了约 8000 万年。

21 世纪，随着分支系统学及 CT 技术的兴起，盔甲鱼类的研究进入一个新的发展阶段。2006 年，朱敏和盖志琨对所有已知盔甲鱼类的形态特征进行了全面的讨论，在此基础上展开了简约性分析，从而得到包括当时所有已知属级阶元的系统发育树（Zhu et Gai, 2006）。这是对盔甲鱼类分类的总结，为其未来的分类研究奠定了基础。盔甲鱼类的脑颅有时由于矿化作用可以被保存下来，并在外骨骼风化的情况下自然地暴露在外，成为研究脑颅的很好材料。潘江和王士涛（1978）对 *Duyunolepis paoyangensis*，*Paraduyunaspis hezhangensis*，Wang（1991）对 *Changxingaspis gui* 的自然暴露的脑颅分别作了很好的研究。Gai 等（2011）应用同步辐射显微 CT 扫描技术对 *Shuyu zhejiangensis* 的脑颅进行了扫描，成功地做出脑颅三维复原图。与自然保存的脑颅相比，三维复原图显示出更多的细微构造和前者观察不到的构造。三维复原图显示 *Shuyu zhejiangensis* 的一对鼻囊位于口鼻腔的两侧，而垂体管前端则开口于口鼻腔的中间，因此，鼻囊与垂体器官是分离的。当前有关颌的起源理论推测，鼻垂体复合体的分裂是颌发育的先决条件，应该发生在颌出现之前，并且鼻垂体复合体的分裂可能也是导致有颌类双鼻孔起源的关键因素。但是在此之前，这一推测无论在现生生物还是化石方面均无例证，因此，盔甲鱼类化石提供了无颌类鼻垂体复合体在颌起源前分裂的实证，从而佐证了颌演化的异位理论；同时表明盔甲鱼类可能取代骨甲鱼类成为有颌脊椎动物的姐妹群。

纵观中国化石无颌类的研究历史，虽然只有几十年，但研究成果却引人瞩目。实际上，就化石无颌类研究领域而言，这几十年中国是世界范围内研究成果最丰富、研究活动最活跃、最受古生物学工作者关注的地区。正是因为研究历史短，幅员广袤的中国在化石无颌类研究方面还是刚刚开发的处女地，因此中国这块热土将来必会产生更丰硕的成果。

系 统 记 述

无颌下门 Infraphylum AGNATHA

昆明鱼目 Order MYLLOKUNMINGIDA Shu, 2003

概述 属于脊椎动物的干群（stem-group vertebrates），也是目前已知最古老的脊椎动物。产于云南昆明海口的寒武系第二统（下寒武统），包括昆明鱼（*Myllokunmingia*）、海口鱼（*Haikouichthys*）和钟健鱼（*Zhongjianichthys*）。

定义与分类 全身裸露的无颌鱼形动物，没有鳞片与膜质骨板；头部具有发达的感觉器官与原始的鳃弓；躯干部具双V形或之字形的肌节、按肌节分离排列的软骨脊椎成分、发育的背鳍和腹侧鳍褶（ventrolateral fin-fold），腹侧具一行多达20余个的生殖腺。

形态特征 鱼体小，仅长2–3 cm，具有复杂的双V形肌节；头小，具三分的脑和成对的头部感觉器官（鼻软骨囊、眼软骨囊与耳软骨囊）；鳃具有软骨支撑（可能在*Myllokunmingia*中缺失）；单一背鳍，发育的腹侧鳍褶；具稀疏排列的软骨脊椎成分；单一围心腔。

分布与时代 云南，寒武纪第二世第三期（早寒武世）。

评注 随着国际地层委员会将寒武纪的三分方案改为四分方案（Gradstein et al., 2004, 2012），澄江生物群的时代（早寒武世）也更新为第二世（Epoch 2）第三期（Stage 3），大约5.2亿年前。

昆明鱼目的原始拼法为Myllokunmingiida，根据《国际动物命名法规》第四版的相关规定改正为Myllokunmingida，并保留原始名称的作者身份和日期（见昆明鱼科评注）。

对于昆明鱼目的系统学位置目前仍有一些争论。从整体解剖特征上看，昆明鱼目的成员与七鳃鳗的幼体非常相似。虽然有证据显示它们已经具有了神经脊和神经基板衍生的器官（鼻软骨囊、眼软骨囊、耳软骨囊、鳃弓），表明它们跟脊椎动物有着密切的关系，但是昆明鱼目到底是属于脊椎动物干群还是冠群，仍然不是十分明确。如果它们连续排列的性腺能够被确认的话，那么它们很可能属于脊椎动物的干群，并且填补了头索动物和脊椎动物冠群之间的形态鸿沟（Janvier，2003）。不管怎样，这些采自寒武系第二统（下寒武统）的无颌鱼类表明头索动物和脊椎动物的分异时间至少发生在5.2亿年前，为分子钟提供了一个可靠的时间校准点。

昆明鱼科 Family Myllokunmingidae Shu, 2003

模式属 昆明鱼 *Myllokunmingia* Shu, Zhang et Han, 1999

定义与分类 原始无颌类，具有纺锤形身体和一对位于头部前背叶（anterodorsal lobe）之上的大眼睛的昆明鱼类。该科包括昆明鱼（*Myllokunmingia*）和海口鱼（*Haikouichthys*）两个属。

形态特征 鱼体纺锤形，表皮裸露，无外骨骼和鳞片覆盖，可分为头部和躯干部两部分。躯干具有背鳍和腹侧鳍褶，背鳍前位；头部具5–9个鳃囊，每个鳃囊中具有一对半鳃结构；躯干肌节呈双V形，腹部V形尖端指向后，背部V形尖端指向前；内部解剖构造包括咽腔、肠道、脊索以及可能的围心腔。

中国已知属 *Myllokunmingia*, *Haikouichthys*。

分布与时代 云南，寒武纪第二世（早寒武世）。

评注 Shu（2003）基于 *Myllokunmingia* Shu, Zhang et Han, 1999 建立了昆明鱼科，原拼法为 Myllokunmingiidae。*Myllokunmingia* 属名的词干为 myllo- 和 kunming-，-ia 为地名用作属名时常用的结尾(张永辂，1983，87页)。根据《国际动物命名法规》第四版第29条规定，一个科级名称由在模式属名称的词干后，或模式属的整个名称后，加一个限定的后缀构成。法规第32条还规定，一个科级名称若是一个不正确的原始拼法，如它有一个不正确构成的后缀，则必须被改正。昆明鱼科的正确拼法应为 Myllokunmingidae。根据法规第19条规定，一个经过改正的原始拼法，保留原始名称的作者身份和日期。依照相同的理由，本志将昆明鱼目的拼法改正为 Myllokunmingida。

昆明鱼属 Genus *Myllokunmingia* Shu, Zhang et Han, 1999

模式种 凤娇昆明鱼 *Myllokunmingia fengjiaoa* Shu, Zhang et Han, 1999

鉴别特征 原始的无颌鱼类，表皮上没有鳞片和膜质骨板。身体呈纺锤型，具有明显的头部和躯干。背鳍前位，腹侧鳍褶从躯干下方长出，很可能是成对的，无鳍条；头部具有5个或6个鳃囊，每个鳃囊具有前、后两个半鳃，鳃囊可能与围鳃腔相通。躯干约有25个肌节，皆为双V形结构，腹部V形尖端指向后，背部V形尖端指向前；脊索、咽和消化管可能贯穿身体到尾部；可能具有围心腔。

中国已知种 *Myllokunmingia fengjiaoa*。

分布与时代 云南昆明西山区海口镇，寒武纪第二世（早寒武世）。

评注 Shu 等（1999）基于系统发育分析将昆明鱼归入到脊椎动物冠群，认为其比盲鳗类进步而比七鳃鳗类原始。不过，由于软体化石保存条件的限制，昆明鱼某些特征（如肌节的形态、腹位的鳍褶是否成对）的解释仍存有一些争议或不确定的地方（Hou et Bergström, 2003），这直接影响到昆明鱼系统学位置的讨论。本志采纳 Janvier（2003）以及 Zhang 和 Hou（2004）所提出的将昆明鱼与海口鱼置于脊椎动物干群中的假说。尽管存在上述的不确定性，但昆明鱼发生了头部的分化，并可能只有一个心脏，因此将其归入脊椎动物全群（total-group vertebrates）已无疑问。

凤娇昆明鱼 *Myllokunmingia fengjiaoa* Shu, Zhang et Han, 1999

（图 50）

Myllokunmingia fengjiaoa：Shu et al., 1999; Hou et al., 2002; Shu, 2003

正模 一条近于完整的鱼，西北大学早期生命研究所标本登记号 ELINWU ELI-0000201。

鉴别特征 唯一的种，特征从属。

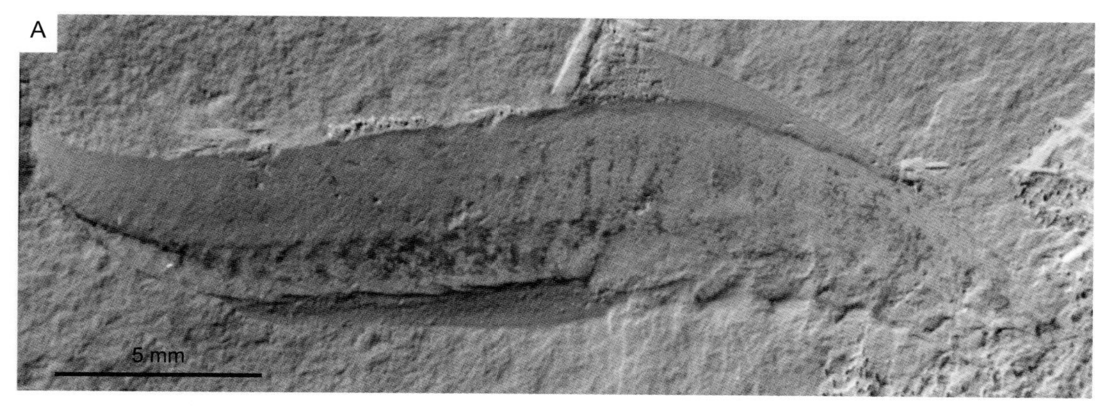

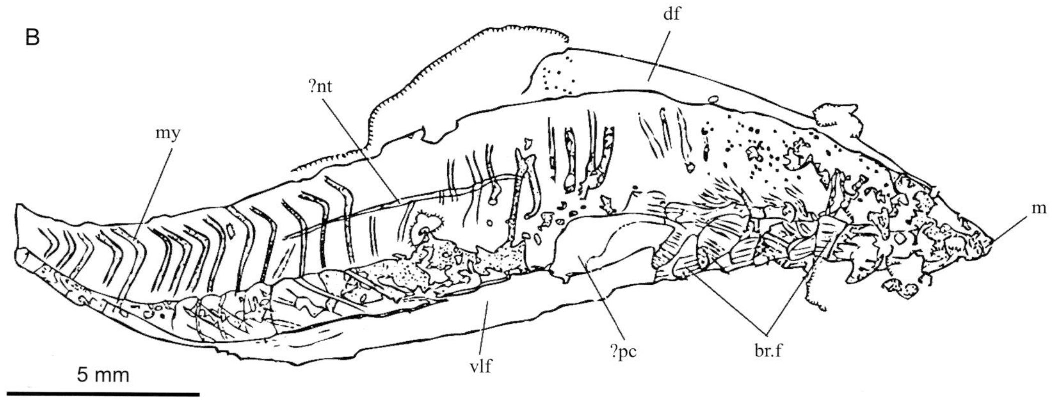

图 50 凤娇昆明鱼（*Myllokunmingia fengjiaoa*）（引自 Shu et al., 1999）
A. 一条完整的鱼，正模，ELINWU ELI-0000201，侧视；B. 正模素描图，侧视

产地与层位 云南昆明西山区海口镇耳材村，寒武系第二统（下寒武统）筇竹寺组玉案山段（始莱德利基虫带 *Eoredlichia* Zone）。

评注 只有一块正模，其尾尖还保存在围岩里，未被暴露。头部矿化比较明显，导致无法辨识头部感觉器官，如鼻软骨囊、眼软骨囊和耳软骨囊等。

海口鱼属 Genus *Haikouichthys* Luo, Hu et Shu, 1999

模式种 耳材村海口鱼 *Haikouichthys ercaicunensis* Luo, Hu et Shu, 1999

鉴别特征 原始的无颌鱼类。鱼体纺锤形，但比昆明鱼更为细长，仍可分为头和躯干两个部分。头部小的叶状印痕表明其很可能具有鼻软骨囊、眼软骨囊和耳软骨囊。鳃由鳃弓支撑，至少有 6 个鳃弓，也可能多达 9 个。背鳍明显靠近身体前部，具鳍条。腹侧鳍褶在下腹部与躯干连接，躯干与腹侧鳍褶之间的陡坎表明腹侧鳍褶是成对的。躯干肌节呈双 V 形。内部解剖构造包括头颅软骨、围心腔、肠道以及一列生殖腺，生殖腺沿躯干腹侧排列，脊索上具有按肌节分离排列的软骨脊椎成分。

中国已知种 *Haikouichthys ercaicunensis*。

分布与时代 云南昆明西山区海口镇，寒武纪第二世（早寒武世）。

评注 海口鱼在形态上与现生七鳃鳗的幼年个体沙隐虫十分相似，但是这些特征可能只是脊椎动物的原始特征。海口鱼已经具备低等脊椎动物形态学和胚胎发育学上所有三个主要方面的基本性状，即原始脊椎、头部感觉器官及神经脊的衍生构造（如背鳍和鳃弓），但它却保留着无头类祖先的原始生殖构造特征。海口鱼这种独有的镶嵌构造特征表明，它不仅是已知最古老的而且还很可能是最原始的脊椎动物，隶属脊椎动物的干群（Shu, 2003）。

耳材村海口鱼 *Haikouichthys ercaicunensis* Luo, Hu et Shu, 1999

（图 51）

Haikouichthys ercaicunensis：Shu et al., 1999; Shu, 2003; Shu et al., 2003; Zhang and Hou, 2004

正模 一条完整的鱼，云南地质局地质研究所标本登记号 IGYGB HZ-f-12-127。

归入标本 西北大学早期生命研究所标本登记号 ELINWU ELI-0001003，ELI-00010013，ELI-0001015，ELI-0001020，ELI-0001002，ELI-0001001 等 500 余件标本；云南大学澄江生物群研究中心标本登记号 RCCBYU 10200。

鉴别特征 唯一种，特征从属。

产地与层位 云南昆明西山区海口镇耳材村（Shu et al., 1999）以及耳材村东南 3 km

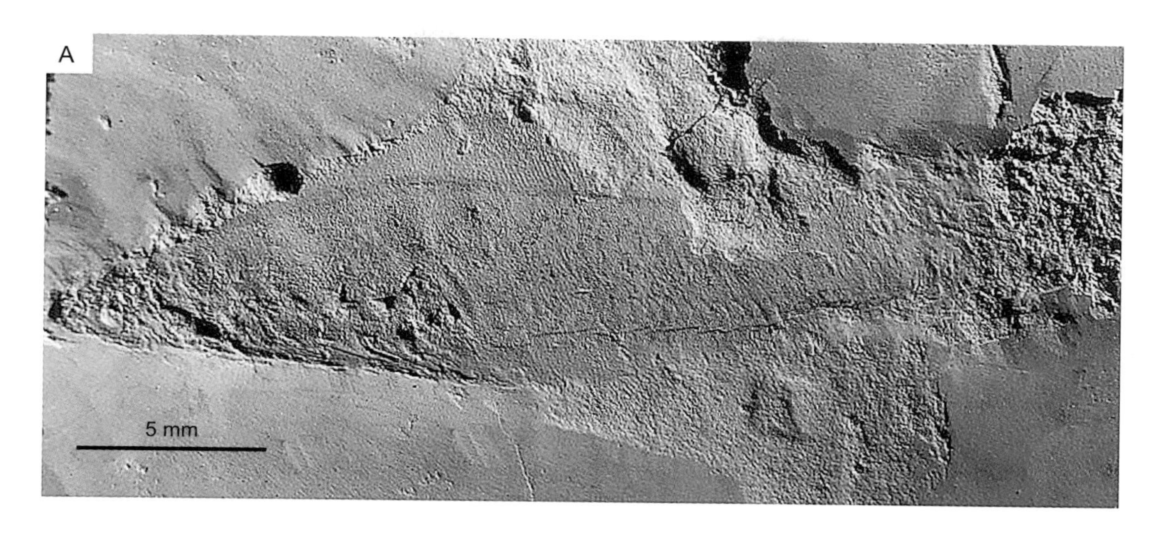

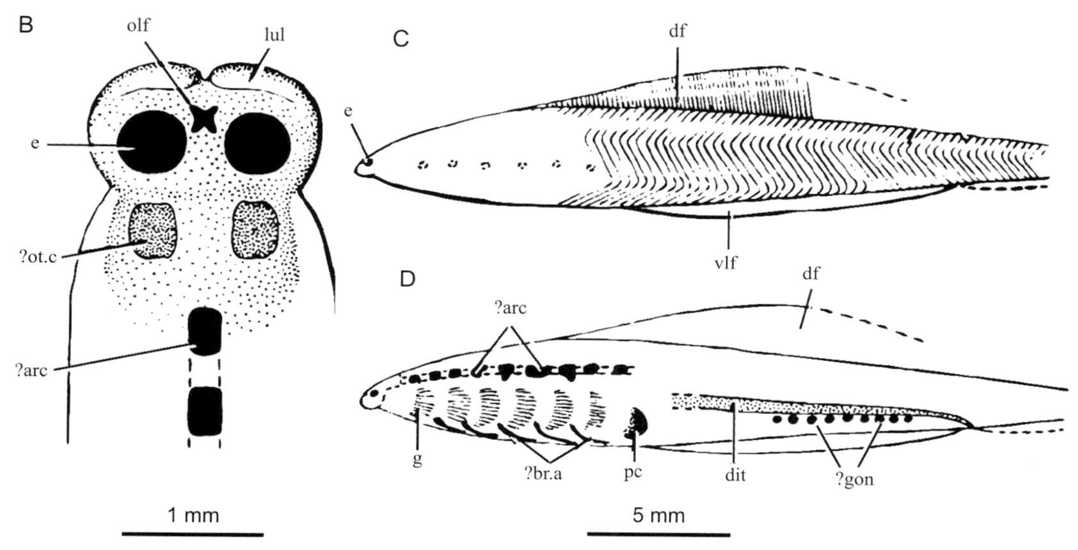

图 51 耳材村海口鱼 *Haikouichthys ercaicunensis*

A. 一条完整的鱼（引自 Shu et al., 1999），正模，IGYGB HZ-f-12-127；B. 头部印痕的复原图，背视（点画区表明可能具有纤维化的脑颅）；C. 完整鱼的复原图，侧视（鳃孔的位置有待证实）；D. 一些保存为印痕的身体内部构造复原图，侧视（B–D 引自 Janvier, 2003）

处露头（Zhang et Hou, 2004），寒武系第二统（下寒武统）筇竹寺组玉案山段（始莱德利基虫带 *Eoredlichia* Zone）。

评注 海口鱼与昆明鱼产自同一地区同一层位，同层出现的动物群包括三叶虫类中的始莱德利基虫、云南头虫，以及精美保存的节肢动物娜罗虫、瓦普特虾等。昆明鱼与海口鱼皆为侧压保存。海口鱼的背鳍比昆明鱼更为明显，不同之处在于它具有紧凑排列的鳍条（约每毫米 7 根）。Shu 等（1999）最早报道昆明鱼和海口鱼时仅发现了两属各一件标本。Hou 等（2002）提出这两属可能是同物异名，并将当时已知标本全部归入昆明鱼。

在某些方面，海口鱼与昆明鱼很相似，整体形态差别不大，只是前者稍为细长些；头部与躯干部都易区分；二者躯干部的肌节形态相同；而较强后倾的 V 形肌节可能是由于轻微斜向埋葬的结果。Shu 等（2003）基于新发现的 500 多件海口鱼标本重新厘定了该属的一些特征，并认为昆明鱼与海口鱼最大的不同在于前者的鳃囊数目较少，具有出水腔，以及向前延伸的背鳍不具有鳍条。

科不确定 Incertae familiae

钟健鱼属 Genus *Zhongjianichthys* Shu, 2003

模式种 具吻钟健鱼 *Zhongjianichthys rostratus* Shu, 2003

鉴别特征 体小而细长，长鳗形，身体包括头部和躯干两部分，但两者间并无明显分界；头部前端向前延伸成鸭嘴状吻突（前背叶），前背叶的前端两侧具一对吻板，其间为单鼻孔；眼一对，位于前背叶之后，两眼之间有一对嗅囊；皮肤裸露，无鳞和膜质骨骨板，但表皮较厚，未见皮下肌节；前腹部至少可见 5 对简单鳃弓。

中国已知种 *Zhongjianichthys rostratus*。

分布与时代 云南昆明西山区海口镇，寒武纪第二世（早寒武世）。

评注 钟健鱼的产出层位与昆明鱼和海口鱼的相当或稍高。钟健鱼的眼睛相对昆明鱼更靠后，这可能是一个相对进步的特征。化石中没有保存肌节结构，可能指示了增厚的表皮层，与现生的无颌类七鳃鳗和盲鳗相似，具有多层细胞构成的表皮层。与海口鱼相比较，钟健鱼表现出一些进步或特化性状。其进步特征体现在：①相对于海口鱼前位眼的原始性状，钟健鱼的吻部（前背叶）拉长，可能导致嗅觉构造增大，迫使眼睛后移，以至退于前背叶之后；②海口鱼标本上易于观察到体内的肌节、脊椎和生殖腺体，表明其皮肤较薄，与无头类情况相近，而钟健鱼恰好相反，其皮肤较厚，更接近有头类的情况。钟健鱼的特化性状则主要表现在其鳗形躯体，背鳍与腹侧鳍褶不发育，显示其游泳能力不及海口鱼，可能营底栖表生或间歇性钻泥沙生活。

具吻钟健鱼 *Zhongjianichthys rostratus* Shu, 2003

（图 52）

Zhongjianichthys rostratus：Shu, 2003

正模 一条近于完整的鱼，西北大学早期生命研究所标本登记号 ELINWU ELI-0001601（23）。

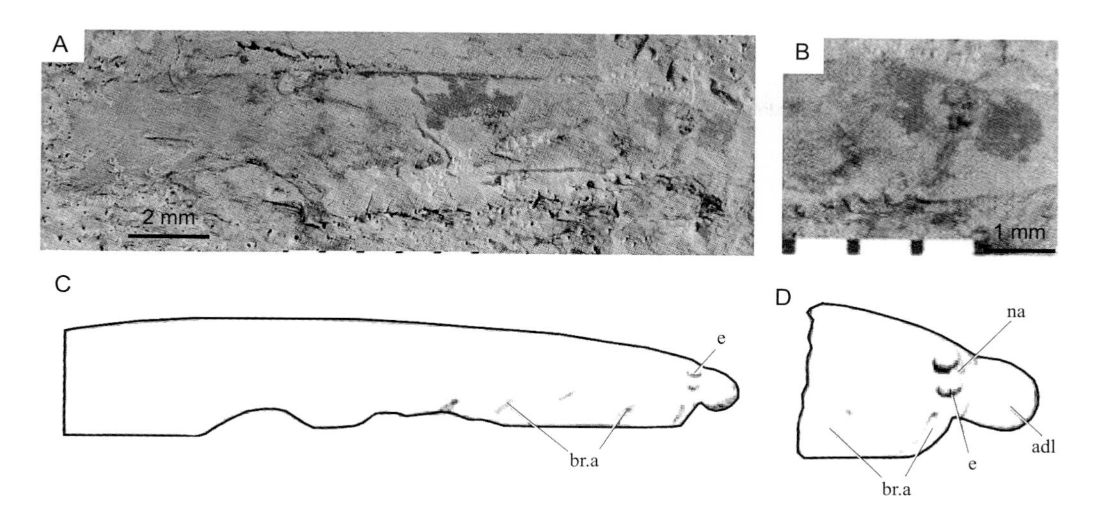

图 52 具吻钟健鱼 *Zhongjianichthys rostratus*（引自 Shu, 2003）
A. 一条完整的鱼，正模，ELINWU，ELI-0001601，背视；B. 正模的头部放大，背视；C. 正模素描图，背视；D. 正模头部放大素描图，背视

副模 四条比较完整的鱼，西北大学早期生命研究所标本登记号 ELINWU ELI-0001602–1605。

鉴别特征 唯一的种，特征从属。

产地与层位 云南昆明西山区海口镇耳材村尖山剖面，寒武系第二统（下寒武统）筇竹寺组玉案山段（始莱德利基虫带 *Eoredlichia* Zone）。

评注 具吻钟健鱼头上前背叶构造前端的吻板、单鼻孔以及一对大眼睛、嗅囊和简单鳃弓等基本特征组合虽然与海口鱼相似，但其前背叶的长度远远大于后者；而且海口鱼的眼睛位于前背叶之上，而钟健鱼的眼睛则位于前背叶之后。海口鱼躯干上常能辨识出皮下肌节构造，表明其皮肤很可能接近无头类的单层薄皮构造，而钟健鱼所有标本的躯干上都没有见到肌节印痕，而且前背部的脊椎构造和前腹部的简单鳃弓也只能偶然模糊见及，这很可能显示该属种的表皮增厚。

圆口纲 Class CYCLOSTOMATA

七鳃鳗亚纲 Subclass PETROMYZONTIDA

亚纲的简单介绍 现生的脊椎动物包括盲鳗亚纲、七鳃鳗亚纲和有颌下门。最近基于分子生物学的系统发育分析结果表明，七鳃鳗亚纲和盲鳗亚纲构成一个单系类群（Heimberg et al., 2010），即圆口纲。传统观点认为，七鳃鳗亚纲是由甲胄鱼纲的某一支通过丢失外骨骼衍生而来，这与现有的化石记录似乎是吻合的，因为七鳃鳗亚纲的最早化石记录只能追溯到3.6亿年前的晚泥盆世，远晚于甲胄鱼纲最早化石记录的时代。不过，新的系统学研究表明，七鳃鳗亚纲没有外骨骼是一种原始特征，而不是次生丢失，其分异时间要比甲胄鱼纲早，可能前推到古生代早期，甚至更早。虽然一些早期的无颌类如莫氏鱼（*Jamoytius*）和美丽鱼（*Euphanerops*）等也曾归入七鳃鳗支系中，但是新的研究表明这些早期无颌类与缺甲鱼类有着更近的亲缘关系（Sansom et al., 2010），属于甲胄鱼纲。

七鳃鳗目 Order PETROMYZONTIFORMES (HYPEROARTIA)

概述 七鳃鳗目是七鳃鳗亚纲仅有的一个目，也被称为完腭目（Hyperoartia），或囊鳃目（Marsipobranchii），分为七鳃鳗科（Petromyzontidae）、囊口七鳃鳗科（Geotriidae）和袋七鳃鳗科（Mordaciidae）以及一个化石科梅氏鳗科（Mayomyzontidae）和3个化石属。七鳃鳗目现生种类共有11属40种，其中有32个种栖息于淡水，18个种营寄生生活。我国有2属3种，均分布在东北，即东北双齿七鳃鳗（*Eudontomyzon morii*）、雷氏叉牙七鳃鳗（*Lethenteron reissneri*）和日本叉牙七鳃鳗（*L. japonica*），其中日本叉牙七鳃鳗是我国唯一的溯河性洄游种类。七鳃鳗目的化石种类，目前只有4个属，分别为发现于南非晚泥盆世法门期的古七鳃鳗（*Priscomyzon*），美国蒙大拿州早石炭世晚期哈迪斯蒂鳗（*Hardistiella*），美国伊利诺伊州晚石炭世晚期的梅氏鳗（*Mayomyzon*）和我国内蒙古早白垩世的中生鳗（*Mesomyzon*）。与梅氏鳗同层位产出的 *Pipiscius* 也有可能归入七鳃鳗目。其中南非古七鳃鳗的发现将解剖学上现代七鳃鳗的最早出现时间前推到了晚泥盆世，表明这些营寄生生活的无颌类的形态早在古生代中期就已经形成，并且在3亿多年的时间里几乎没有发生变化。我国发现的七鳃鳗类的化石种类只有中生鳗一个属，代表了七鳃鳗类向淡水生活环境入侵的最早记录。

定义与分类 该目的主要特征有：内耳具有两个垂直半规管，不具有水平半规管；成体的眼睛非常发育，侧位（除了袋七鳃鳗属 *Mordacia*）；单个中鼻孔（鼻垂体孔）位于一对眼睛之间，松果眼位于鼻孔之后；鳃囊7对；身体裸露，鳗形；没有外骨骼；没有成对的偶鳍；具有一个或两个背鳍；尾鳍为轻微的下歪尾；无须，口缘有短穗状突起；口盘或舌器上具有许多角质齿（化石类型除外）；神经的背根与腹根分开，不愈合；鼻垂体囊只具有一个外鼻孔（鼻垂体孔）；肠道上具有螺旋瓣和纤毛；小脑非常小；雌雄异体；卵非常小，不具卵黄，一次能产成千（如早熟袋七鳃鳗 *Mordacia praecox*）或上万个卵；幼体阶段（沙隐虫）在淡水中经历完全的变态。所有的七鳃鳗都在产卵后很快死亡。

在七鳃鳗类的早期分类方案中，其4个类群被认为是七鳃鳗科（Petromyzontidae）下的4个亚科，即七鳃鳗亚科（Petromyzontinae）、囊口七鳃鳗亚科（Geotriinae）和袋七鳃鳗亚科（Mordaciinae）以及化石梅氏鳗亚科（Mayomyzontinae）(Nelson, 1994）。Gill等（2003）基于对七鳃鳗目18个现生种32个形态特征的讨论，首次开展了现生七鳃鳗目的简约性分析，识别出3个单系类群，其中北半球的15个种形成一个单系类群，南半球3个种形成两个独立的单系类群，但这三个单系类群之间的系统学关系尚未解决，处于三分状态。Gill等（2003）进而建议将现生七鳃鳗类的三个亚科提升为三个科，分别为七鳃鳗科（Petromyzontidae）(36种）、囊口七鳃鳗科（Geotriidae）(1种）和袋七鳃鳗科（Mordaciidae）(3种）。这一分类阶元级别的提升已被新版的《Fishes of the World》（Nelson, 2006）与《Lampreys of the World》(Renaud, 2011）所采纳，也为本志所遵循。需要指出的是，由于这一阶元的提升，过去有些文献中的七鳃鳗科（如Bardack et Zangerl, 1968；Chang et al., 2006）与本志中的七鳃鳗科在定义上是有所不同的。中生鳗（*Mesomyzon*）已不能归到新定义的七鳃鳗科（Petromyzontidae），原来的梅氏鳗亚科（Mayomyzontinae）亦应提升为梅氏鳗科（Mayomyzontidae）。分子水平的进一步研究有可能揭示出七鳃鳗目几个科之间的系统学关系，如Silver等（2004）对七鳃鳗的促性腺激素释放的荷尔蒙DNA序列的分析表明，较之于袋七鳃鳗科，七鳃鳗科与囊口七鳃鳗科之间有着更近的亲缘关系。

形态特征　不具有颌，但是具有环状软骨支持上口叶和下口叶；身体裸露，细长呈鳗形；身体两侧具有7对鳃孔，鳃孔下的鳃囊很大，由鳃篮支撑。鳃弓上具有棘状突起，并位于鳃囊之外。不具有真正的硬骨，只有软骨，软骨可以钙化，形成钙化软骨。软骨非常特殊，可能为这个类群所特有，被称为七鳃鳗质（lamprin）。身体中轴由脊索支撑，脊索终生存在。具有了脊椎的雏形——弓片（arcualia），弓片沿着神经索背面一侧排列，每一肌节对应两个弓片；肌节呈W形，中间顶点指向前方；侧线系统仅由独立的神经丘组成；成体口盘和舌状活塞中的牙齿为角质齿，由角蛋白组成。具有软骨脑颅和头部软骨片；内耳具有两个垂直半规管；眼睛相对较大，具晶状体，但不具有眼内肌；眼外肌排列与有颌类的非常相似；只有一个鼻孔（鼻垂体孔），是嗅觉器官与垂体管的共同开口；垂体管后端封闭，不洞穿口腔上腭；松果体半透明，具有感光作用；不具有臀鳍；背鳍和尾鳍具有辐条软骨（cartilaginous radials），上面有辐条肌（radial muscles）附着；尾为轻微的下歪尾（hypocercal）。

分布与时代　晚泥盆世至现代，化石七鳃鳗主要分布于南非东开普省格雷厄姆斯敦（晚泥盆世），美国蒙大拿州（早石炭世）、伊利诺伊州（晚石炭世），中国内蒙古（早白垩世）；现生七鳃鳗分布于除非洲外全球所有温带淡水水域和沿海，我国现生七鳃鳗主要分布于黑龙江、松花江、乌苏里江和图们江水系。

评注　最早的七鳃鳗类化石记录是南非晚泥盆世的古七鳃鳗（*Priscomyzon*），该属在形态上甚至比发现于晚石炭世的梅氏鳗（*Mayomyzon*）与现生七鳃鳗类更为相似，表明解剖学意义上的现代七鳃鳗类至少在晚泥盆世之前就已出现。

科不确定 Incertae familiae

中生鳗属 Genus *Mesomyzon* Chang, Zhang et Miao, 2006

模式种 孟氏中生鳗 *Mesomyzon mengae* Chang, Zhang et Miao, 2006

鉴别特征 小型的七鳃鳗类，身体细长呈鳗状，身体长度是高度4倍，是头长的4倍左右；头部眶前区较长，占到头长的1/3左右；几个方形凹陷区呈扇状包围口缘，可能为角质齿板的附着处，类似现生七鳃鳗中的角质齿板构成吸盘结构；鳃篮结构发育，具有7对鳃囊，鳃器明显长于头部眶前长度；听囊的后腹侧为第一对鳃囊；标本上可见8至9个圆形生殖腺，生殖腺不分节；体部具有80对以上的肌节，没有偶鳍和臀鳍，背鳍位于身体后侧，尾鳍为圆型尾。

分布与时代 内蒙古，早白垩世。

评注 根据Sansom等（2010）的系统发育分析结果，七鳃鳗类的4个化石属处于七鳃鳗亚纲的基干位置，其中中生鳗与现生七鳃鳗类有着最近的亲缘关系。不过中生鳗隶属七鳃鳗的冠群还是干群，以及与现生七鳃鳗类的三个科之间的关系仍有待厘清。由于七鳃鳗类原来分类阶元级别的提升，中生鳗不能归入到现有的四个科中。

中生鳗是我国唯一发现的圆口类化石。中生鳗的身体比石炭纪的哈迪斯蒂鳗和梅氏鳗的身体更加细长，其体长与体高比率更加接近现生七鳃鳗类；其吻端长，口部吸盘非常发育；鳃篮的结构和围心软骨跟现代七鳃鳗几乎一模一样；鳃区与眶前区的比率也介于石炭纪七鳃鳗类与现生七鳃鳗类之间，这些特征表明中生鳗与现生七鳃鳗类的亲缘关系更近。中生鳗的化石材料发现于义县组的淡水页岩沉积，与其同层发现的有大量热河生物群的典型代表，包括昆虫、戴氏狼鳍鱼、蝾螈、蜥蜴及一些鸟类化石。这些生物都是陆地或淡水的居住者。因此，中生鳗可能代表了七鳃鳗类向淡水生活环境入侵的最早记录，但仍保留了一些海生七鳃鳗的原始特征，比如口部吸盘非常发达，具有辐射状的凹陷区（似乎应为齿板覆压所致）。

孟氏中生鳗 *Mesomyzon mengae* Chang, Zhang et Miao, 2006

（图53）

Mesomyzon mengae：Chang, Zhang et Miao, 2006

正模 一条完整的鱼，中国科学院古脊椎动物与古人类研究所标本登记号IVPP V 14719。

副模 一条完整的鱼，中国科学院古脊椎动物与古人类研究所标本登记号IVPP V 14718。

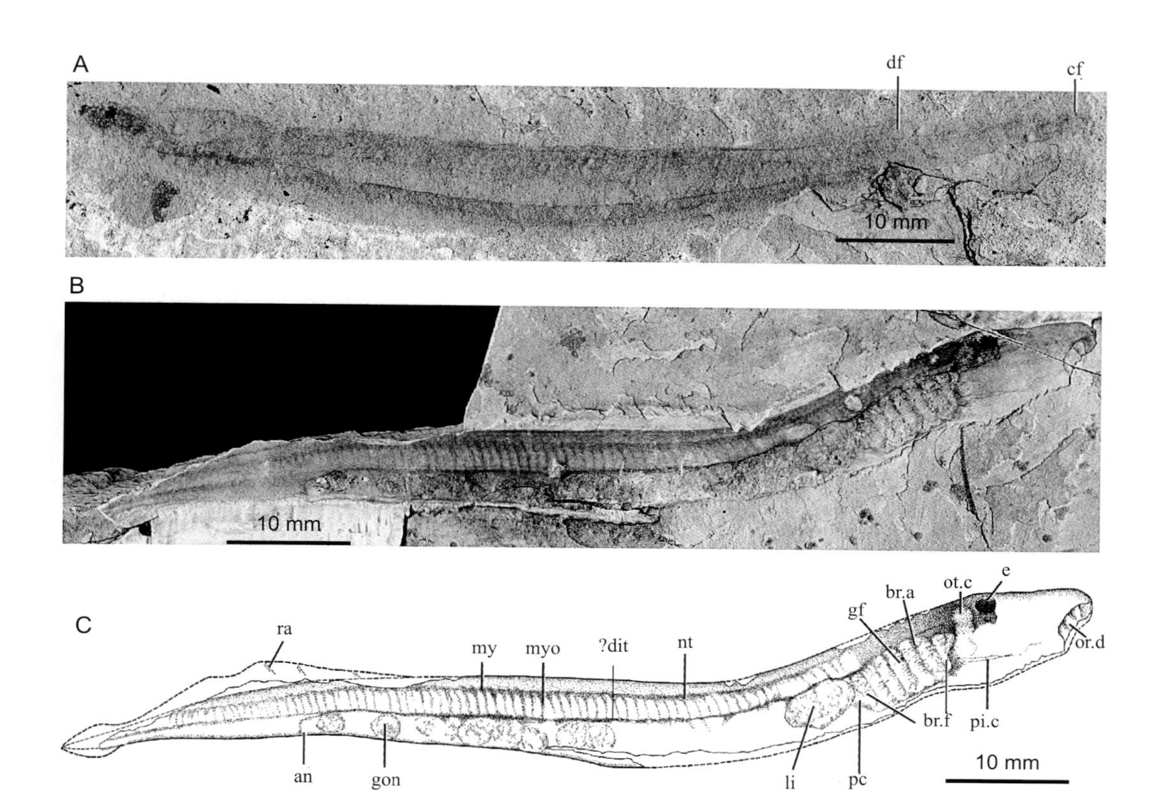

图 53 孟氏中生鳗 *Mesomyzon mengi*（引自 Chang et al., 2006）
A. 一条完整的鱼，IVPP V14718A，左侧视；B. 一条完整的鱼，IVPP V14719，正模，右侧视；C. 正模素描图，背鳍与尾部依 IVPP V14718A 复原

鉴别特征 唯一的种，特征从属。

产地与层位 内蒙古宁城，下白垩统义县组。

甲胄鱼纲 Class OSTRACODERMI

花鳞鱼亚纲 Subclass THELODONTI Jaekel, 1911

亚纲的简单介绍 花鳞鱼类在中古生代具有全球性的分布。由于它们主要产于浅海相与非海相地层，因此常被用作中古生代海相 - 非海相地层对比的标准化石，特别是在波罗的海地区。目前发现最早的花鳞鱼类可以追溯到中奥陶世（Sansom et Elliott, 2002; Märss et Karatajūte-Talimaa, 2002），最晚的化石记录是晚泥盆世。目前该亚纲分为 6 个目（Märss et al., 2007）。

亚纲的定义 全身由独立的膜质鳞片覆盖，鳞片外形类似于现生软骨鱼的楯鳞，可分为冠部、颈部和基部，但是颈部没有楯鳞中的颈孔。鳞片根据在身体的不同区域可以区分为多达 10 种形态类型。通过齿质的向心生长形成冠部，基部通过向下和向外的生长与真皮层相连。

花鳞鱼目 Order THELODONTIFORMES Kiaer, 1932

概述 花鳞鱼目主要基于一些具有完整标本的属种，如 *Lanarkia*, *Phillipsilepis*, *Thelodus*, *Archipelepis*, *Turinia*。最早出现的是 *Archipelepis*，发现于加拿大北部的志留系兰多维列统上部（Soehn et al., 2001）。最晚出现的 *Australolepis* 发现于伊朗和澳大利亚地区的上泥盆统（Turner et Dring, 1981；Turner, 1997）。

定义与分类 目前共有 21 属归入花鳞鱼目，是花鳞鱼亚纲中多样性最高的目（Märss et al., 2007）。

形态特征 头部和躯干前部较宽，背腹扁平，躯干后部及尾部呈两侧扁平；幼年个体具有明显的下歪尾，至成年尾型逐渐对称；鳞片仅有单一髓腔，髓腔在某些属种向后延伸为髓管，齿质管细长且笔直（Märss et al., 2007）。

分布与时代 欧亚、美洲、澳大利亚和南极地区均有发现，志留纪兰多维列世至晚泥盆世。

评注 目前我国发现的大部分花鳞鱼类标本都可归入该目。

腔鳞鱼科 Family Coelolepididae Pander, 1856

模式属 *Thelodus* Agassiz, 1838

定义与分类 该科目前仅有两属：花鳞鱼（*Thelodus*）和副花鳞鱼（*Parathelodus*）。尽管腔鳞鱼（*Coelolepis* Pander, 1856）已被废弃，Märss 等（2007）仍采用腔鳞鱼科（Coelolepididae Pander, 1856），而没有用花鳞鱼科（Thelodontidae Jordan, 1905）。

鉴别特征 整条鱼最长可达 60 cm。鳞片冠面不具纹饰或者具有简单纹饰，冠部由正齿质构成；颈部明显，常有简单的垂直脊纹；鳞片较高，可与冠面长度相比，冠部通常与基部等大或略小于基部；基部向前扩大，具有向前的突起；齿质管长而细，在近端和远端紧靠似釉质的地方也是如此；齿质管汇入唯一的大髓腔；颈部的齿质管少而短。

中国已知属 *Parathelodus*。

分布与时代 加拿大、美国东部、格林兰岛北部、欧洲、俄罗斯乌拉尔山西部地区和中国均有发现，伊朗和澳大利亚也报道过疑似属种，志留纪兰多维列世晚期至早泥盆世洛霍考夫期。

副花鳞鱼属 Genus *Parathelodus* Wang, 1997

模式种 雅致副花鳞鱼 *Parathelodus scitulus* Wang, 1997

鉴别特征 鳞片中等大小。鳞片冠部突出或平坦，冠前缘具细脊纹或光滑。颈部高，明显，颈后侧部具短的直立细脊纹或光滑。基部总是小于冠部，中央具一小的髓孔。古组织学构造基本属于 *Thelodus-Turinia* 类型，髓腔大，不整齐；位于冠部的齿质管直而长但不折曲，位于颈部的齿质管较短，齿质管具分枝，数量相对较少。

中国已知种 *Parathelodus scitulus*, *P. catalatus*, *P. trilobatus*, *P. asiaticus*, *P. corniformis*。

分布与时代 云南、四川，早泥盆世洛霍考夫期。

评注 Wang（1984）在对云南早泥盆世微体化石的研究中将部分花鳞鱼类材料归入到都灵鱼（*Turinia*），并建立新种 *Turinia asiatica*。Wang（1995b）和王念忠（1997）在研究新获取的微体材料后认为，云南曲靖西山村组与西屯组的花鳞鱼类材料都可归入新属 *Parathelodus*，其兼具花鳞鱼（*Thelodus*）和都灵鱼（*Turinia*）的特征，如前者鳞片颈后侧部的细小脊纹和后者稀疏且很少弯曲的齿质管形态。*Parathelodus* 属名虽最早见于 Wang（1995b），但直到 1997 年才被正式建立（王念忠，1997）。

迄今为止，该属仅在中国有报道，属于泛华夏盔甲鱼生物区系的一分子。

雅致副花鳞鱼 *Parathelodus scitulus* Wang, 1997

（图 54）

Parathelodus scitulus：Wang, 1995b；王念忠，1997；Märss et al., 2007；赵文金等，2012

正模 一枚躯干鳞片，中国科学院古脊椎动物与古人类研究所标本登记号 IVPP V12156.1（图 54A_1–A_4）。

副模 四枚躯干鳞片，中国科学院古脊椎动物与古人类研究所标本登记号 IVPP V12256.2–5；两枚鳞片的纵向切片 IVPP V12156.7（图 54B）和 IVPP V12156.9；一枚鳞片的水平切片 IVPP V12156.8。

鉴别特征 鳞片冠前缘呈弧形，冠后侧缘呈三角形。冠表面平，光滑。鳞片基部明显突出。

产地与层位 云南曲靖麒麟区西城街道（原“西山乡”）西山村与西屯村，下泥盆统洛霍考夫阶西山村组上部—西屯组中、下部；四川若尔盖，下泥盆统洛霍考夫阶下普通沟组下部。

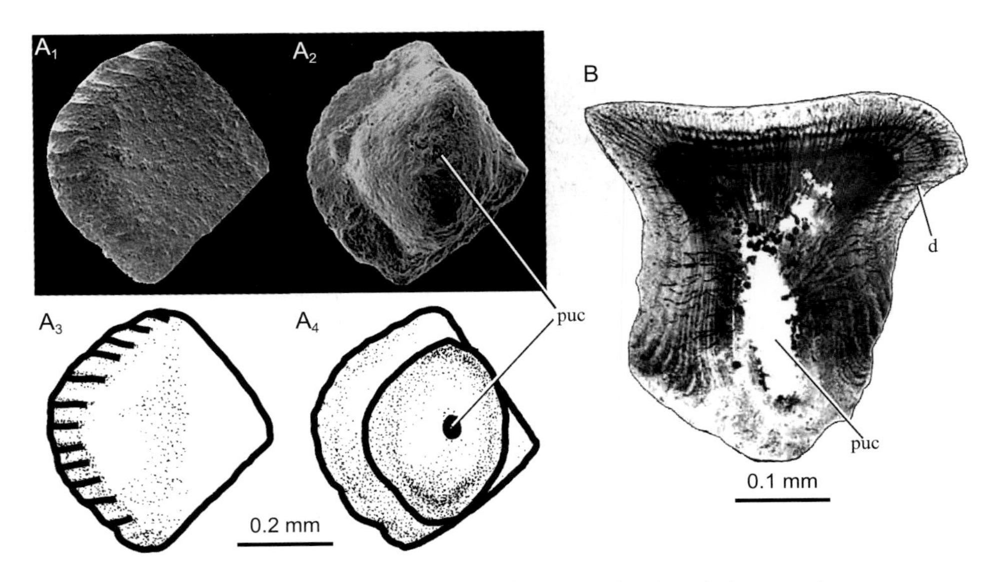

图 54　雅致副花鳞鱼 *Parathelodus scitulus*（引自王念忠，1997）

A_1–A_4. 体部鳞片，A_1, A_3，冠视，A_2, A_4，基视，正模，IVPP V12156.1；B. 体部鳞片纵切面，IVPP V12156.7

次翼副花鳞鱼 *Parathelodus catalatus* Wang, 1997

（图 55）

Parathelodus catalatus：Wang, 1995b；王念忠，1997；Märss et al., 2007

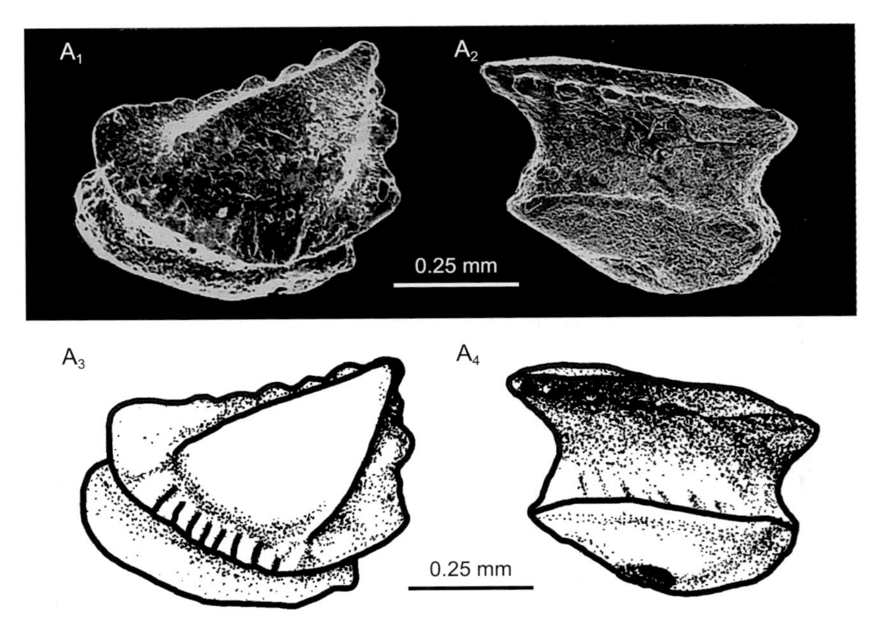

图 55　次翼副花鳞鱼 *Parathelodus catalatus*（引自王念忠，1997）

A_1–A_4. 体部鳞片，A_1, A_3，冠视，A_2, A_4，侧视，正模，IVPP V12157.1

正模　一枚躯干鳞片，中国科学院古脊椎动物与古人类研究所标本登记号 IVPP V12157.1（图 55A_1–A_4）。

副模　四枚躯干鳞片，中国科学院古脊椎动物与古人类研究所标本登记号 IVPP V12157.2–5。

鉴别特征　鳞片冠部区分为呈三角形的中央部分和比中央部分低下的次级翼状的冠后侧部，后侧部边缘呈锯齿状。鳞片基部突出，突出部具一明显的横脊，髓孔位于横脊之后。

产地与层位　云南曲靖麒麟区西城街道西屯村，下泥盆统上洛霍考夫阶翠峰山群西屯组。

评注　形态上与棘鱼类的背棘鱼（*Nostolepis*）极为相似（Märss et al., 2007）。

三裂副花鳞鱼 *Parathelodus trilobatus* Wang, 1997

（图 56）

Parathelodus trilobatus：Wang, 1995b；王念忠，1997；Märss et al., 2007

正模　一枚基本完整的躯干鳞片，中国科学院古脊椎动物与古人类研究所标本登记号 IVPP V12159.1（图 56A_1, A_2）。

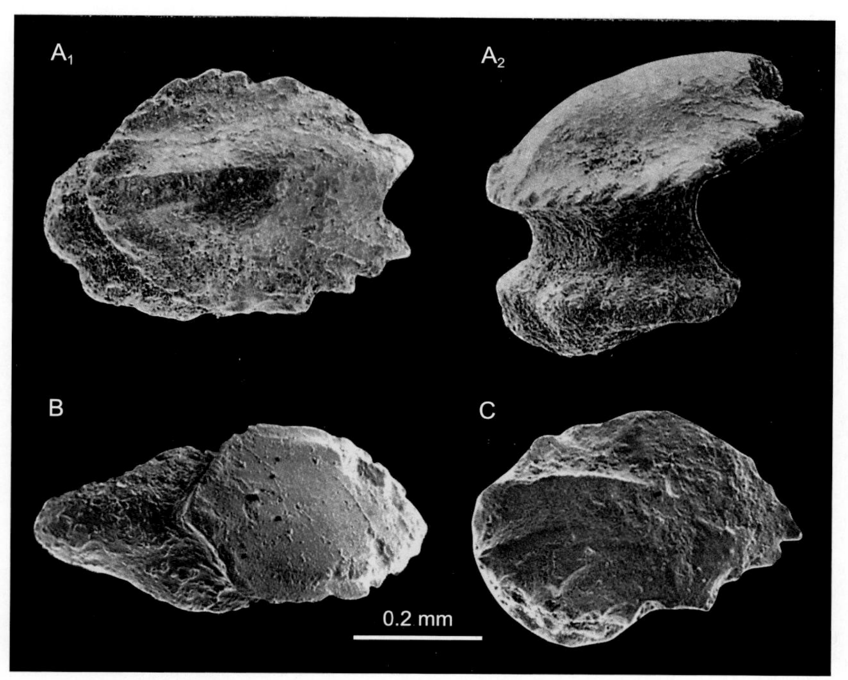

图 56　三裂副花鳞鱼 *Parathelodus trilobatus*（引自王念忠，1997）

A_1, A_2. 体部鳞片，A_1，冠视，A_2，侧视，正模，IVPP V12159.1；B. 尾部鳞片，冠视，IVPP V12159.3；C. 体部鳞片，冠视，IVPP V12159.2

副模 两枚躯干鳞片，中国科学院古脊椎动物与古人类研究所标本登记号 IVPP V12159.2–3（图 55B, C）。

鉴别特征 鳞片冠部呈椭圆形，中央略隆起，冠侧后缘呈锯齿状。鳞片基部平。

产地与层位 云南曲靖麒麟区西城街道西山村与西屯村，下泥盆统洛霍考夫阶翠峰山群西山村组和西屯组。

亚洲副花鳞鱼 *Parathelodus asiaticus* (Wang, 1984)

（图 57）

Turinia asiatica：Wang, 1984；王成源、吉·克拉佩尔，1987

Parathelodus asiaticus：Wang, 1995b；王念忠，1997；Märss et al., 2007；赵文金等，2012

正模 一枚体后部鳞片，中国科学院古脊椎动物与古人类研究所标本登记号 IVPP V7215.3。

副模 一枚躯干鳞片，中国科学院古脊椎动物与古人类研究所标本登记号 IVPP V7215.11（图 57 A_1，A_2）。

归入标本 一枚躯干鳞片，中国科学院古脊椎动物与古人类研究所标本登记号 IVPP V7215.12（图 57C）；两枚尾部鳞片，IVPP V7215.13（图 57B）和 IVPP V7215.14。

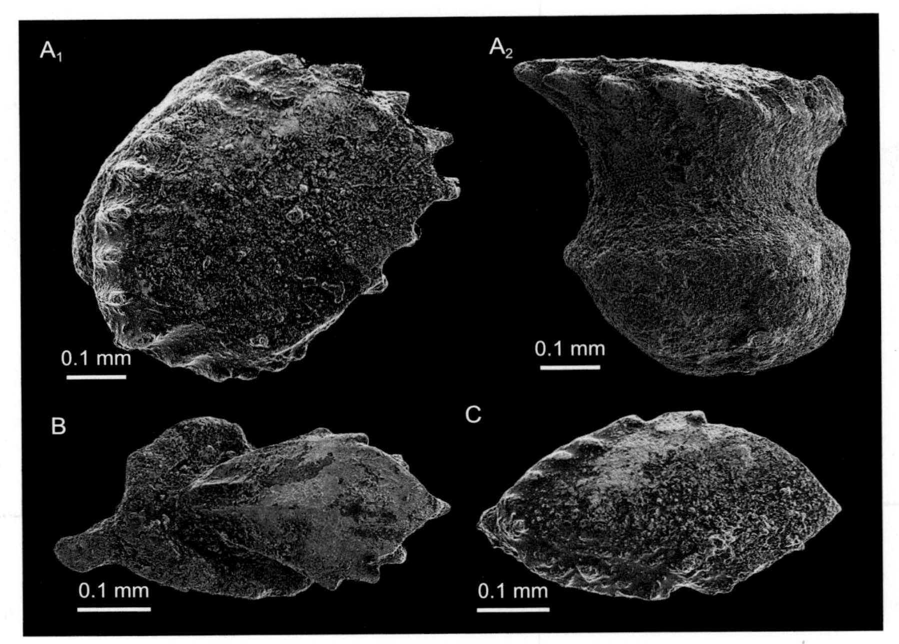

图 57 亚洲副花鳞鱼 *Parathelodus asiaticus*

A_1, A_2. 体部鳞片，A_1，冠视，A_2，侧视，副模，IVPP V7215.11；B. 尾部鳞片，冠视，IVPP V7215.13；C. 体部鳞片，冠视，IVPP V7215.12

鉴别特征 鳞片冠表面前缘一般具小的结节和短的脊纹相结合的纹饰，其他部分光滑；冠部在后侧缘下方形成棘刺层。颈部明显，基部突出不明显。髓孔中等大小，位于基部中央。体后部鳞片的基部向前伸呈棒状。

产地与层位 云南曲靖麒麟区西城街道西屯村，下泥盆统洛霍考夫阶西屯组；四川若尔盖，下泥盆统洛霍考夫阶下普通沟组下部。

评注 Wang（1984）最早将这些材料归入都灵鱼（*Turinia*），但同时提出其兼具花鳞鱼（*Thelodus*）和都灵鱼（*Turinia*）的特征。王念忠（1997）建立新属 *Parathelodus*，将这些材料归入其中。Märss 等（2007）认为王成源和吉·克拉佩尔（1987，图版 II, 图 1）描述的标本似具有颈孔，可能并不是花鳞鱼类的鳞片，这一结论需要进一步的研究确证。

角状副花鳞鱼 *Parathelodus corniformis* Wang, 1997

（图 58）

Parathelodus corniformis：Wang, 1995b；王念忠，1997；Märss et al., 2007；赵文金等，2012

正模 一枚躯干鳞片，中国科学院古脊椎动物与古人类研究所标本登记号 IVPP V12158.1（图 58B）。

副模 两枚躯干鳞片，中国科学院古脊椎动物与古人类研究所标本登记号 IVPP

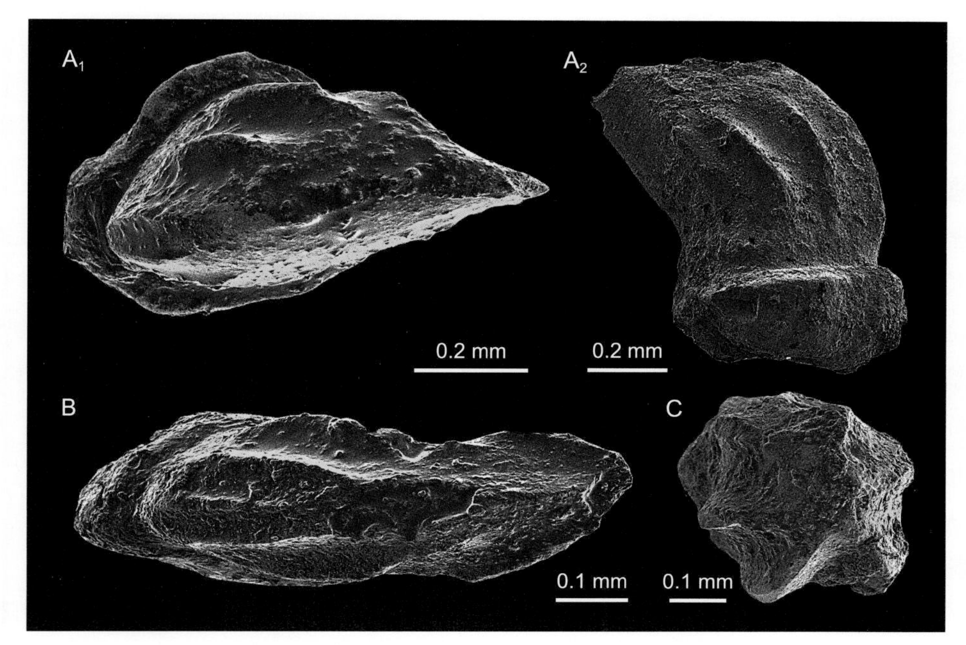

图 58 角状副花鳞鱼 *Parathelodus corniformis*

A_1, A_2. 体部鳞片，A_1，冠视，A_2，侧视，IVPP V12158.3；B. 体部鳞片，冠视，正模，IVPP V12158.1；C. 体部鳞片，冠视，IVPP V12158.2

V12158.2–3（图 58A_1, A_2, C）；一枚鳞片纵切面，IVPP V12158.4。

鉴别特征 鳞片冠部高，呈角状，向后伸展形成一尖锐的后尖，具长的纵向细脊纹。基部平，突出不明显。

产地与层位 云南曲靖麒麟区西城街道西山村与西屯村，下泥盆统洛霍考夫阶西山村组和西屯组；四川若尔盖，下泥盆统洛霍考夫阶下普通沟组下部。

评注 颈部明显，但未形成明显的颈环。冠部齿质管细而密，颈部附近的齿质管短，分布稀疏。角状冠部与 *Lanarkia* 和 *Thelodus* 相似（Märss et al., 2007）。

都灵鱼科 Family Turiniidae Obruchev, 1964

模式属 *Turinia Traquair*, 1894

定义与分类 目前该科包括 4 个属，除模式属 *Turinia* 外，还有 *Australolepis*, *Jesslepis* 和 *Boreania*。后三个属皆为单型属。

鉴别特征 鳞片较大，具高冠部和大的基部；有些鳞片具有很长的刺状前突位于基部之前；鳞片冠面常具有简单的细圆齿或脊状纹饰；有些松果状的鳞片具有3–5条后棘刺；髓腔常加宽呈口袋状；齿质管细长，在齿质管口部明显变宽。

中国已知属 *Turinia*。

分布与时代 欧亚、北美、澳大利亚和南美洲均有发现，志留纪普里多利世—晚泥盆世。

都灵鱼属 Genus *Turinia* Traquair, 1894

模式种 佩奇都灵鱼 *Turinia pagei* Powrie, 1870

鉴别特征 主要基于完整的 *Turinia pagei* 标本，发现于英格兰和苏格兰地区；完整标本最长达到 36 cm，头胸部大，背腹向扁平，前缘圆润，头胸部长可占据身体长度 1/4；口端位或下端位；眼睛位于前侧部；可能具有两个鼻囊位于口两侧；具有 7–8 对鳃裂；胸鳍呈三角形位于头胸部两侧，胸鳍后末端圆润；躯干呈纺锤形；尾型为明显的下歪尾或对称型；鳞片变异性较大，长 0.5–3 mm 不等；躯干鳞片呈椭圆形，通常不对称；鳞片冠面相对基部大；沟状颈部常具有小脊纹；很多鳞片在基部具有向前的刺突；鳞片被孔管系统穿过；齿质管在与髓腔交界处明显扩大；齿质管在中部具有汇合趋势；通常只有单一髓管，部分属种最多有 3–5 条髓管和相应的 3–5 个髓腔开口。

分布与时代 早泥盆世分布于英国、波罗的海地区、波多里亚地区（乌克兰南部）、斯匹次卑尔根群岛、俄罗斯北冰洋群岛（Novaya Zemlya Archipelago）和北地群岛（Severnaya Zemlya Archipelago）、加拿大极区群岛和澳大利亚；中—晚泥盆世分布于澳大利亚、南极地区、中国、伊朗和玻利维亚。

评注 *Turinia* 曾被翻译为图里鱼，该属名源自苏格兰安格斯市（Angus）福弗尔（Forfar）的都灵山（Turin Hill），本志将其改译为都灵鱼。在波罗的海及其附近地区的生物地层学对比研究表明，*Turinia pagei* 的出现标志着泥盆纪的开始（Märss et Miller, 2004），而且目前所有的都灵鱼类都发现于泥盆系，因此该类群在生物地层学研究上具有较大意义。发现于英格兰和苏格兰地区的 *Turinia pagei* 的完整标本也为理清花鳞鱼类的形态特征和系统发育关系提供了重要的依据（Donoghue et Smith, 2001）。

塔形都灵鱼 *Turinia pagoda* Wang, Dong et Turner, 1986

（图 59）

Turinia pagoda：Wang et al., 1986; Märss et al., 2007

群模 一枚过渡区域鳞片，中国地质科学院地质研究所标本登记号 IGCAGS VF351（图 59B）；一枚躯干鳞片 IGCAGS VF352（图 59A_1, A_2）。

图 59 塔形都灵鱼 *Turinia pagoda*（引自 Wang et al., 1986）

A_1, A_2. 体部鳞片，A_1，冠视，A_2，基视，副模，IGCAGS VF352；B. 过渡区域鳞片，前侧视，副模，IGCAGS VF351；C. 体部不完整鳞片，基部缺失，IGCAGS VF355；D. 体部不完整鳞片，基部大部分缺失，IGCAGS VF354

归入标本 两枚躯干鳞片，中国地质科学院地质研究所标本登记号 IGCAGS VF354–355（图 59C, D）；一枚过渡区域鳞片 IGCAGS VF353。

鉴别特征 体部鳞片呈小舟状，冠部高，冠面具细小脊纹，脊纹时有分叉，冠部的脊纹上具有平行的微观纹饰；颈部常见向上弯的侧突，有时多达 4 对；基部常见一向前的突起，基部通常大于冠部，具有单一的大髓腔。有些部位的鳞片在基部最前侧有一尖状刺突。

产地与层位 云南施甸，中泥盆统吉维特阶何元寨组。

评注 Wang 等（1986）建立本种时将 IGCAGS VF351 和 VF352 指定为副模，但未指定正模。根据《国际动物命名法规》（第四版），这些副模自动成为群模。

从总体特征上看，塔形都灵鱼（*Turinia pagoda*）与 Turner 等（1981）报道的 *Turinia* cf. *T. pagei* 最为相似，但是塔形都灵鱼的鳞片在冠部和较高的颈部侧后方具有独特刺突，这一点使其与其他都灵鱼鳞片区别开来。

都灵鱼（未定种 A）*Turinia* sp. A

（图 60）

Turinia sp. A：Wang et al., 1986

标本 一枚头部鳞片，中国地质科学院地质研究所标本登记号 IGCAGS VF356。

鉴别特征 冠部四周具有 12 条脊纹向冠面顶部汇合，颈部后侧上方伸出四条刺突位于冠部后缘下方，颈部较低，基部大于冠部，基部腹侧在髓腔周围具有四个条波浪状膨胀。

产地与层位 云南施甸，中泥盆统艾菲尔阶马鹿塘组。

评注 Wang 等（1986）认为该鳞片可以归入 cf. *Turinia pagoda*，因其颈部同样具有刺状纹饰。但是该鳞片的冠面纹饰与塔形都灵鱼（*Turinia pagoda*）不同。鳞片可能来自头部。需要注意的是，原作者在正文中记述的鳞片层位和时代与地层图（Wang et al., 1986, 图 2）中标注的不符。

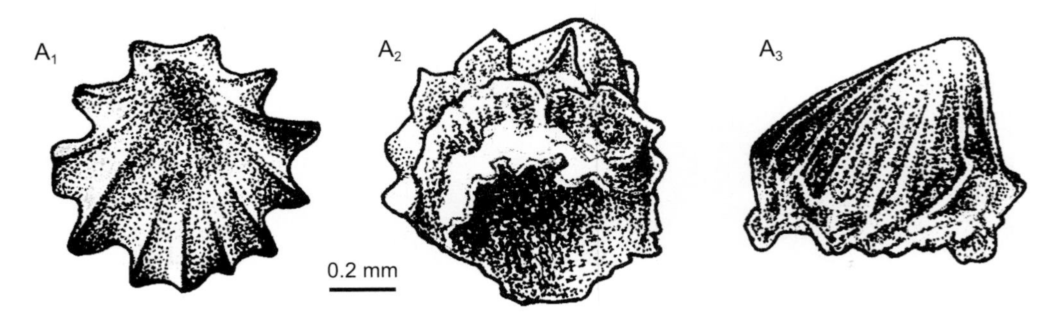

图 60 都灵鱼（未定种 A）*Turinia* sp. A（引自 Wang et al., 1986）

A_1–A_3. 头部鳞片素描图，A_1，冠视，A_2，基视，A_3，侧视，IGCAGS VF356

都灵鱼（未定种 B） *Turinia* sp. B

（图 61）

Turinia sp. B：Wang et al., 1986

标本 一枚鳞片，中国地质科学院地质研究所标本登记号 IGCAGS VF357。

鉴别特征 冠部为三尖形，由中部三角形和两侧各一较短的后突构成，形似鸟脚。基部远大于冠部，基部向前有一尖突。

产地与层位 云南施甸，中泥盆统艾菲尔阶马鹿塘组。

评注 鳞片形态特殊，可能属于身体的特殊部位如眼部周围、鳃部、口缘或者鳍条上，与 Young 和 Gorter（1981）描述的 *Turinia* cf. *T. hutkensis* 相似，但未定种鳞片的冠部后突更为尖锐。此外，该鳞片也可能属于塔形都灵鱼（*Turinia pagoda*），在发现更多材料之前暂将其定为未定种。

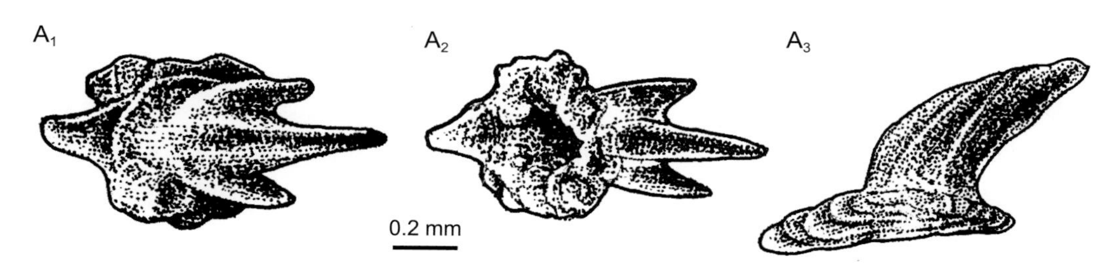

图 61 都灵鱼（未定种 B） *Turinia* sp. B（引自 Wang et al., 1986）

A_1–A_3. 某特殊部位鳞片素描图，A_1，冠视、A_2，基视，A_3，侧视，IGCAGS VF357

都灵鱼（未定种 C） *Turinia* sp. C

（图 62）

Turinia sp.：王念忠，1992

标本 一枚完整的鳞片，中国科学院古脊椎动物与古人类研究所标本登记号 IVPP V9743。

鉴别特征 鳞片区分为冠部、颈部和基部。冠部高，呈椭圆形，向后变尖，冠部后缘显著超出基部后缘；冠部具一中央脊，隆起，向后延伸达冠后端，冠部两侧各具 4 条侧脊，前两对侧脊分别与中央脊交汇。颈部低。基部位置靠前，基部前缘超出冠部前缘；具一大的髓腔，腔孔基本上呈圆形，腔边缘薄弱，前边缘呈水平状，后边缘几乎呈垂直状态。

产地与层位 广西横县，下泥盆统下埃姆斯阶郁江组大联村段。

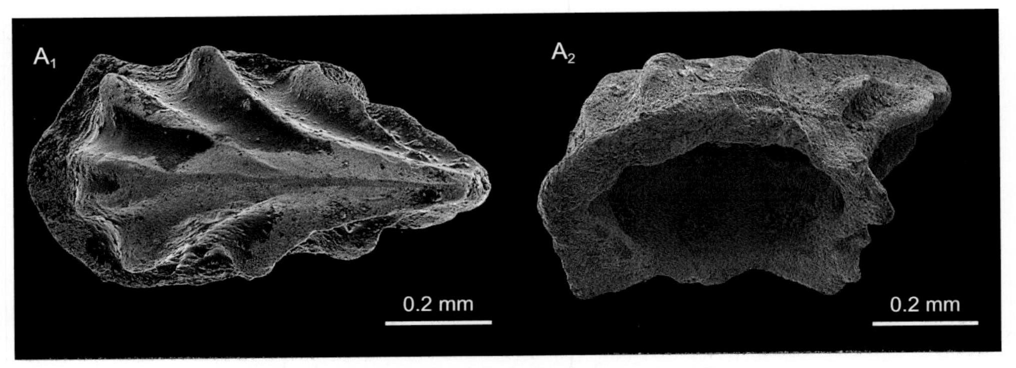

图 62 都灵鱼（未定种 C）*Turinia* sp. C

A_1, A_2. 鳞片，A_1，冠视，A_2，基视，IVPP V9743

评注 由于只有一枚鳞片，组织学特征无法了解，故暂作未定种。Märss 等（2007）认为其存在归入 *Turinia gavinyoungi* 的可能性。

尼考里维鱼科 Family Nikoliviidae Karatajūte-Talimaa, 1978

模式属 *Nikolivia* Karatajūte-Talimaa, 1978

定义与分类 目前该科包括两个属，除模式属 *Nikolivia* 外，还有 *Chattertonodus*。

鉴别特征 基于 *Nikolivia milesi* 的残缺鳞列；头胸部长，具一对纤细的三角形的腹翼（pectoral flaps）。鳞片小至中等大小。冠部呈大的龙骨突状、长矛状或叶片状，具 1–3 个后尖。基部小而矮，椭圆形，前伸。颈部较矮，颈沟在鳞片的后面明显而在前面不明显。髓腔大，有时具短的髓管。齿质管长而细，较直或略呈蜿蜒状分叉。

中国已知属 Nikoliviidae gen. indet.。

分布与时代 欧洲北部和加拿大北极地区，志留纪普里多利世至早泥盆世布拉格期。

尼考里维鱼科（不定属）Nikoliviidae gen. indet.

（图 63）

Nikoliviidae gen. indet.：王念忠，1992

标本 一枚完整的鳞片，中国科学院古脊椎动物与古人类研究所标本登记号 IVPP V9744。

特征 鳞片区分为冠部和基部，颈部不明显。冠部高，呈三棱锥体状，向后弯曲，变尖；冠部表面平滑无纹饰，但冠表面侧缘具极细小的锯齿，冠部腹缘呈刀刃状。基部大于冠部，大致呈椭圆形，边缘薄，具大的髓腔和圆形的髓孔。

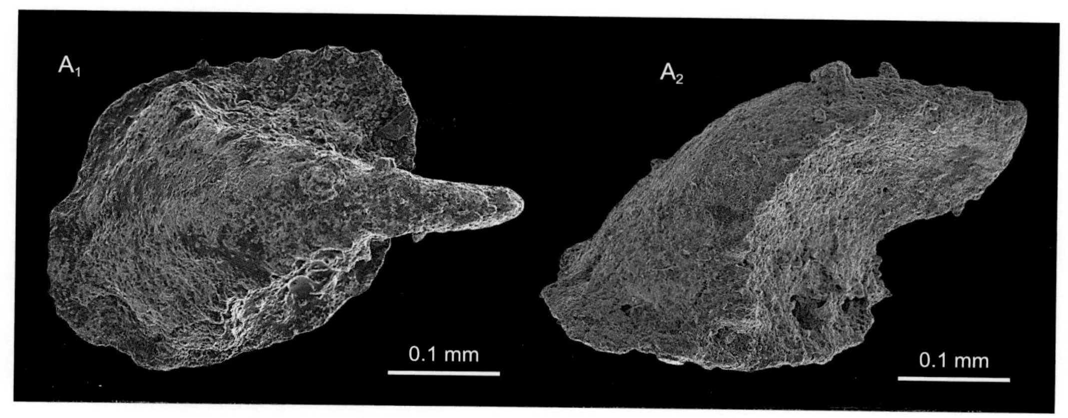

图 63　尼考里维鱼科（不定属）Nikoliviidae gen. indet.

A_1, A_2. 鳞片，A_1，冠视，A_2，侧视，IVPP V9744

产地与层位　广西横县，下泥盆统下埃姆斯阶郁江组大联村段。

评注　从当前鳞片的形状判断，它应该被归入尼考里维鱼科（Nikoliviidae），并与该科中的 *Nikolivia* 和 Talivaliidae 的 *Gampsolepis* 有些相似，明显不同的是当前鳞片的冠部大致呈三棱锥体状，冠表面两侧具极细的锯齿。当前不定属很可能代表该科中一新的鳞片属。

盔甲鱼亚纲 Subclass GALEASPIDA Tarlo, 1967

亚纲的简单介绍　自从刘玉海（1965）首次描述盔甲鱼类以来，盔甲鱼类现约有 56 属 73 种，并建立起亚纲一级的分类单元，为甲胄鱼类重要成员之一，与骨甲鱼亚纲、异甲鱼亚纲并立。盔甲鱼亚纲的单系性已经得到了一致的认可。除了汉阳鱼类、修水鱼类和大庸鱼类几个基干类群（basal groups）外，盔甲鱼亚纲区分出 3 个大的单系类群，分别为真盔甲鱼目、多鳃鱼目和华南鱼目（Zhu et Gai, 2006；图 64）。

亚纲的定义　无颌脊椎动物，头胸部包裹在头甲内，躯干和尾部覆以细小菱形鳞或裸露，无偶鳍；头甲背面前部中央为一大的中背孔（鼻孔兼进水孔）洞穿而达于口腔；侧线系统发达，呈格栅状分布，由纵行和横行两组感觉管组成；外骨骼由一种特殊的无细胞骨——盔甲质（galeaspidin）所构成。

汉阳鱼目 Order HANYANGASPIDIDA P'an et Liu, 1975

概述　汉阳鱼目依据 *Hanyangaspis guodingshanensis* 建立，初建时曾归于异甲鱼亚纲（潘江等，1975），其后刘玉海（1979）作出厘正。该目是盔甲鱼亚纲出现最早的类群之一。Wang（1991）认为长兴鱼（*Changxingaspis*）、修水鱼（*Xiushuiaspis*）、大庸鱼（*Dayongaspis*）

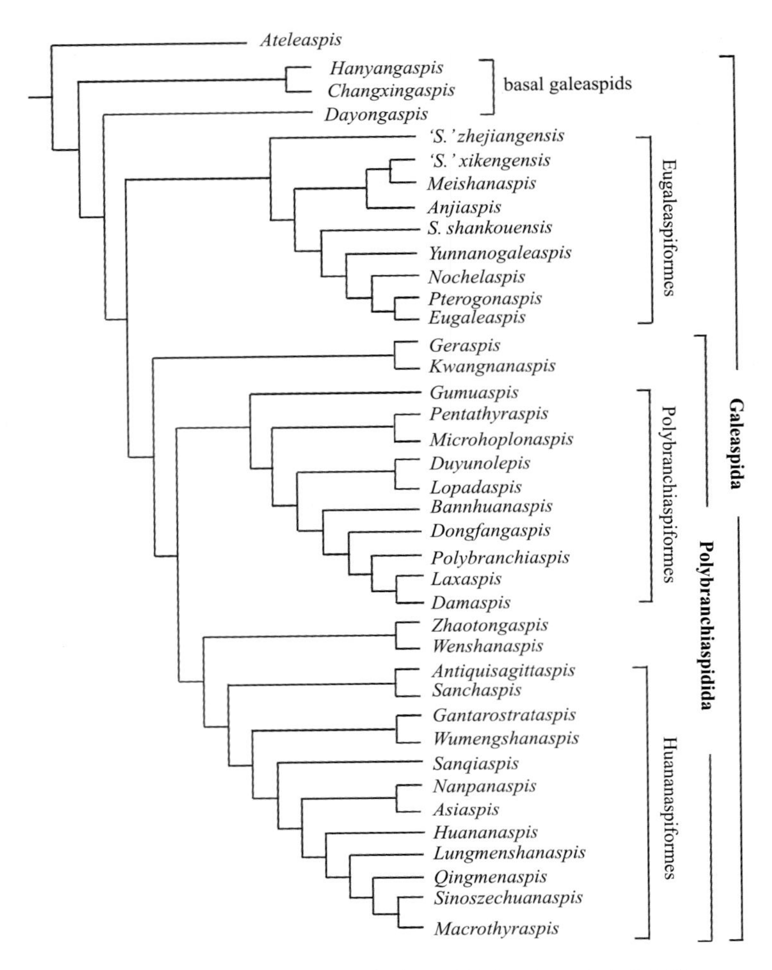

图 64　盔甲鱼亚纲系统发育关系（引自 Zhu et Gai, 2006）

与汉阳鱼（*Hanyangaspis*）共同组成一个单系类群，并据此将修水鱼科和大庸鱼科归入汉阳鱼目。不过，处于盔甲鱼亚纲基干位置的这三个科级类群的系统发育关系尚有待更多资料的明确，其中相对于修水鱼科和汉阳鱼科，大庸鱼科可能与真盔甲鱼目、多鳃鱼目和华南鱼目有着更近的亲缘关系（Zhu et Gai, 2006；图 64）。因此，本志将大庸鱼科排除在汉阳鱼目之外。

定义与分类　中背孔呈横置引长的椭圆形或裂隙形，靠近头甲吻缘；侧横管数目众多，可多达 8 对；2 条中横联络管。该目分为汉阳鱼科和修水鱼科。

形态特征　头甲呈前窄后宽的梯形或纵长的卵圆形，不具有角，内角发育；中背孔紧邻头甲吻缘，呈横置裂隙状或横置引长的椭圆形；眶孔侧位或背位；侧背纵管极发达，由前而后纵贯头甲；侧横管可多达 8 对；中横联络管通常 2 条；中背纵管完全缺如，或仅有眶上管呈短的片段；鳃囊 6 对或 7 对。

分布与时代　湖北、湖南、安徽、新疆，志留纪兰多维列世特列奇期。

汉阳鱼科 Family Hanyangaspidae P’an et Liu, 1975

模式属 *Hanyangaspis* P’an et Liu, 1975

定义与分类 近于梯形的头甲；中背孔呈横置椭圆形，靠近头甲吻缘；2 条中横联络管；鳃囊 7 对。本科包括 *Hanyangaspis*, *Latirostraspis*, *Kalpinolepis*, *Nanjiangaspis*, *Konoceraspis* 5 个属。

鉴别特征 头甲呈前窄后宽的梯形，吻缘微凸近于平直，头甲后侧角膨大为肥钝的内角；中背孔呈横置引长的椭圆形；眶孔侧位，在头甲侧缘呈缺刻状，间或背位；松果孔封闭；口鳃窗由前腹片和腹片覆盖；鳃囊 7 对；组成纹饰的突起多呈雪花形。

中国已知属 *Hanyangaspis*, *Latirostraspis*, *Kalpinolepis*, *Nanjiangaspis*, *Konoceraspis*。

分布与时代 湖北、湖南、安徽、新疆，志留纪兰多维列世特列奇期。

评注 汉阳鱼科亦被拼为 Hanyangaspididae。由于汉阳鱼科的词干以 -id 结尾，根据《国际动物命名法规》（第四版）第 29 条（“科级类群名称”），这些字母在加缀科级类群后缀（-idae）前可被取消，因此本志采用 Hanyangaspidae 的拼法。类似的处理将应用于本册其他科级类群名称的拼法中。但同时根据《国际动物命名法规》（第四版），如果未取消的形式已在流行使用，该拼法（-ididae）将被保持。

汉阳鱼属 Genus *Hanyangaspis* P’an et Liu, 1975

模式种 锅顶山汉阳鱼 *Hanyangaspis guodingshanensis* P’an et Liu, 1975

鉴别特征 体形较大的汉阳鱼类，头甲长约 100 mm，呈宽大于长的梯形，背腹扁平，后部略隆起成中背脊，并于头甲后缘突伸为中背棘；棘两侧头甲后缘凹进。头甲前缘近于平直，头甲后侧角扩展为肥钝的叶状内角。头部腹面口鳃窗由前腹片和腹片覆盖。其中前腹片远小于腹片，略呈梯形，覆盖口鳃窗的口区部分，其前缘构成口孔的后缘，侧缘与腹环相邻，后缘与腹片毗连；腹片大，近圆形，覆盖口鳃窗的鳃区部分，其前缘与前腹片毗连，侧缘与头甲腹环之间由外鳃孔隔开，且两者边缘各具 7 个半圆形的缺刻，相互对应形成 7 个圆形的外鳃孔，后缘则以头甲的鳃后壁为界。头甲背面前端为中背孔洞穿，孔呈横置引长的椭圆形，靠近头甲前缘。松果孔封闭。眶孔靠前、侧位，导致头甲边缘呈缺刻状。侧线系统之中，包含眶下管和主侧线的侧背纵管发达，分布呈中部深度弯向头甲中线的弓形，其前端由眶孔后方伸延至眶孔腹方、止于头甲腹环上，后端达头甲后缘侧方，每一侧背纵管发出的侧横管可多达 8 条，中横联络管 2 条；中背纵管缺失。组成纹饰的突起呈雪花状。

中国已知种 *Hanyangaspis guodingshanensis*, *H.* cf. *H. guodingshanensis*, *H.* sp. 。

分布与时代 湖北、新疆，志留纪兰多维列世特列奇期。

评注 汉阳鱼科被视为已知盔甲鱼类中的一个基干类群主要依据的就是这个属和

Latirostraspis。其余三个属（*Kalpinolepis*、*Nanjiangaspis* 和 *Konoceraspis*）虽然时代更早些（兰多维列世早特列奇期），但限于现有标本保存不尽如人意，难于提供形态学方面的更多信息，它们与 *Hanyangaspis* 以及 *Latirostraspis* 之间的关系尚有待更多材料的发现。

Hanyangaspis sp. 被认为发现于新疆柯坪兰多维列统下特列奇阶塔塔埃尔塔格组（卢立伍等，2007），但不能排除该未定种隶属南疆鱼（*Nanjiangaspis*）的可能性。

锅顶山汉阳鱼 *Hanyangaspis guodingshanensis* P'an et Liu, 1975

（图 65，66）

Antiarchi plate：潘江，1957

Hanyangaspis guodingshanensis：潘江等，1975；刘玉海，1979；Pan, 1984；潘江，1986a, 1986b；王念忠，1986；Zhu et Gai, 2006

图 65　锅顶山汉阳鱼 *Hanyangaspis guodingshanensis* 标本

A. 一件近于完整的头甲背面，外模，后缘残缺，GMC V1822-1，腹视；B. 上述标本的腹面，内模，GMC V1822-2，腹视；C. 一件近于完整的头甲，IVPP V6855.1，背视；D. 一件较完整的头甲腹面，外模，GMC V1823，背视

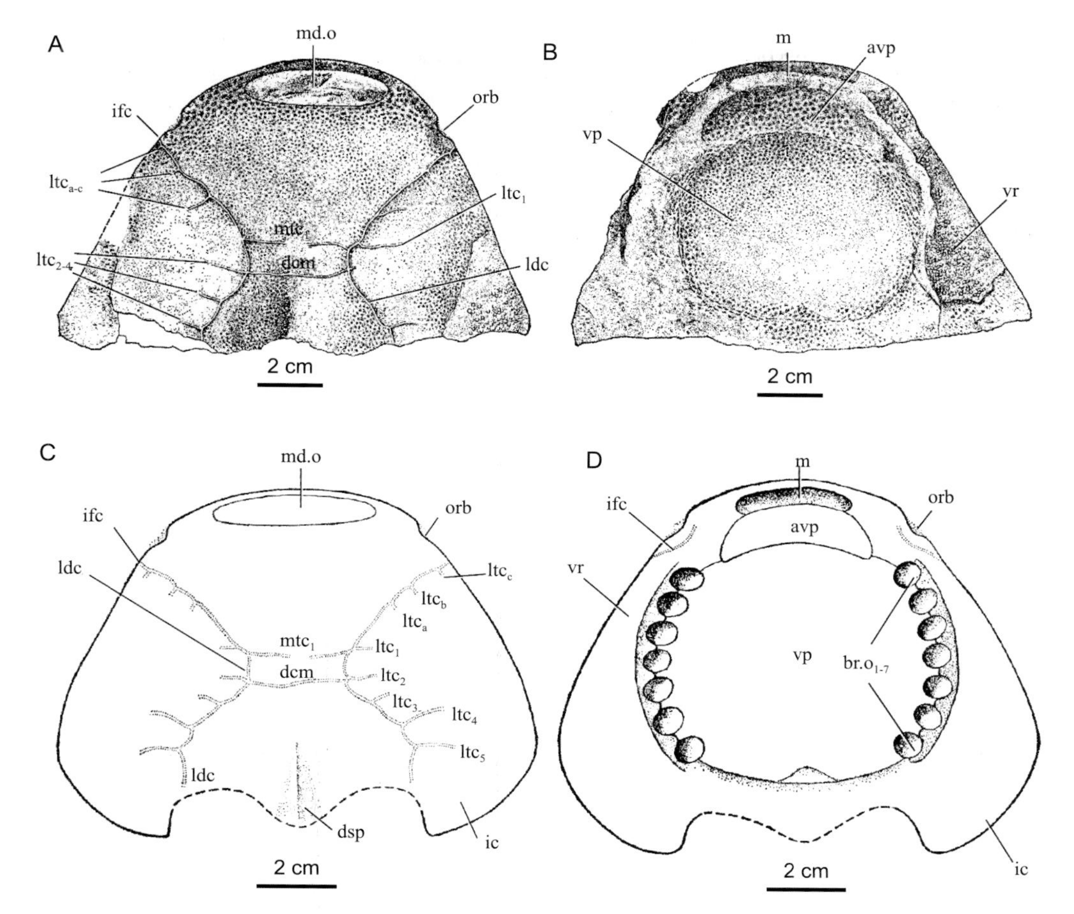

图 66　锅顶山汉阳鱼 *Hanyangaspis guodingshanensis* 复原图（引自潘江，1986b）

A. 一件近于完整的头甲素描图，后缘残缺，GMC V1822-1，背视；B. 上述标本的腹面素描图，GMC V1822-2，腹视，示头甲腹环、腹片、前腹片、外鳃孔，腹环在腹片之后闭合，呈封闭的环，外鳃孔位于两侧腹环与腹片之间，其间无镶嵌带，口孔前腹位；C, D. 头甲复原图，C，背视，D，腹视

正模　一件不完整头甲前部的外模，中国地质博物馆标本登记号 GMC V1483。

副模　一件保存左侧眶孔和眶下管的局部头甲，中国地质博物馆标本登记号 GMC V1484；头甲的局部骨片，标本登记号 GMC V1485–V1496。

归入标本　完整头甲或局部完好的头甲，中国地质博物馆标本登记号 GMC V1822（图 65A, B，图 66A, B），GMC V1823（图 65D）；中国科学院古脊椎动物与古人类研究所标本登记号 IVPP V6855.1（图 65C）– V6855.4；所有标本均产自湖北武汉市汉阳区锅顶山，坟头组。

鉴别特征　体形较大的汉阳鱼，头甲长约 100 mm，宽约 130 mm。前腹片呈矮梯形，长约为宽的 2/5，前缘微凸、与侧缘弧形过渡，后缘微凹、长于前缘；腹片为宽大于长的亚圆形，远大于前腹片，其中长接近后者的 4 倍，腹片每边侧缘各具 7 个半圆形外鳃孔缺刻；侧线系统中，侧背纵管上有 8 对侧横管，其中 5 对位于背联络管（= 第二中横联络管）

之前，较短，第七、第八对相对较长；中背纵管缺失。组成纹饰的突起呈雪花形，前腹片上的突起明显大于腹片和头甲背面上的；每个突起顶面略凸起或近于平坦，而表面则具自突起中心辐射向周围的纤细脊纹，这些脊纹于突起边缘作二分叉。

产地与层位 湖北武汉汉阳区锅顶山，志留系兰多维列统中特列奇阶坟头组（“锅顶山组”）上部。

评注 汉阳鱼的每个突起堪比产自欧洲志留纪和早泥盆世的花鳞鱼类 *Thelodus sculptilis*、*T. admirabilis* 的一个鳞片的冠部（Märss, 1982）；另外，其纹饰又与中奥陶世的孔甲鱼（*Porophoraspis*）类似（Ritchie et Gilbert-Tomlinson, 1977）。这可能意味着汉阳鱼的头甲起源，是由类似于花鳞鱼类鳞片这样的众多单元镶嵌而成，各个单元的冠部是分开的，尽管基部上部彼此愈合，但每个单元的界线在基部下部仍然保存。汉阳鱼头甲的这种形成方式可能与异甲鱼类相似。

锅顶山汉阳鱼（相似种） *Hanyangaspis* cf. *H. guodingshanensis* P'an et Liu, 1975

（图 67）

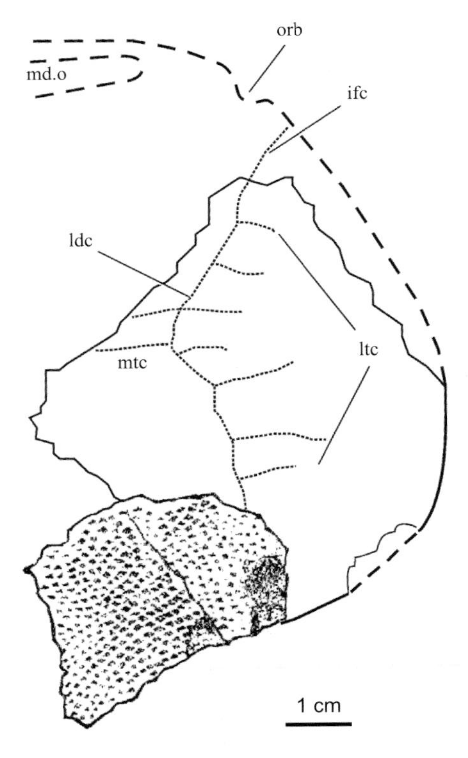

图 67 锅顶山汉阳鱼（相似种）
Hanyangaspis cf. *H. guodingshanensis*
（引自黎作聪，1980）
一不完整的头甲右侧及躯干的部分鳞片，背视

多鳃鱼类：黎作聪，1980

Hanyangaspis sp.：潘江，1986a

Hanyangaspis cf. *guodingshanensis*：潘江，1986b

标本 一件残缺的头甲右后侧部分（无标本号，标本收藏处不详）。

鉴别特征 所展示的部分侧线系统、纹饰以及估计头甲大小与 *Hanyangaspis guodingshanensis* 非常近似。

产地与层位 湖北荆门京山义和中石门水库，志留系兰多维列统上特列奇阶“纱帽组”。

评注 目前仅发现一件残缺标本，黎作聪（1980）初步鉴定为多鳃鱼类，潘江（1986a）将其鉴定为 *Hanyangaspis* sp.。潘江（1986b）进一步鉴定为 *Hanyangaspis* cf. *H. guodingshanensis*，认为标本所具特征如雪花形纹饰突起、侧纵感觉管发达且行进路线作深度弯曲、侧横管众多以及估计中的头甲的形状和大小均与 *H. guodingshanensis* 相同或相近。然而这些特征同样也为巢湖宽吻鱼（*Latirostraspis chaohuensis*）所共有，只不过在地理分布上京山距汉阳的距离近于距巢湖。由于京山标本过于残缺，目前也只能提供这些信息，故这里采纳了潘江（1986b）的建议，附以说明以示尚需新的材料证实。

汉阳鱼属（未定种）*Hanyangaspis* sp.

（图 68）

Hanyangaspis sp.：卢立伍等，2007

标本 两件前腹片外模，中国地质博物馆标本登记号 GMC V2193, GMC V2194。

鉴别特征 前腹片略近半圆形，其前缘呈弧形前凸，与腹环相邻的侧缘与前缘作弧形过渡，其间无明显前侧角；与腹片相邻的后缘微凹进，近于平直。前腹片长约 15 mm，宽约 30 mm；纹饰由突起组成，突起直径可达 1.5 mm，突起具粗的放射脊纹，以致背视呈雪花状。在前腹片的长宽比例上，与已知具前腹片的盔甲鱼类——锅顶山汉阳鱼（*Hanyangaspis guodingshanensis*）和巢湖宽吻鱼（*Latirostraspis chaohuensis*）相比，新疆标本介于二者之间，前腹片的长宽比依次为 2 : 6，4 : 6，3 : 6。

产地与层位 新疆柯坪铁力克瓦铁村，志留系兰多维列统下特列奇阶塔塔埃尔塔格组。

评注 迄今关于盔甲鱼类头部腹面，即构成覆盖口鳃窗的成分，了解尚不充分。目前可被确认的有4例：其一见之于廖角山多鳃鱼（*Polybranchiaspis liaojiaoshanensis*），仅1块腹片覆盖口鳃窗，腹片作前、后缘均凹进的四边形，远小于口鳃窗，因此腹片处

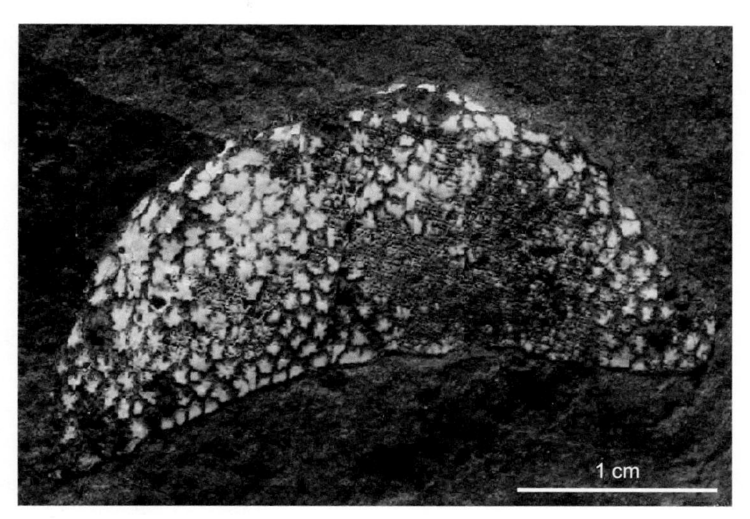

图 68 汉阳鱼属（未定种）*Hanyangaspis* sp.（引自卢立武等，2007）
一件完整的前腹片，GMC V2193

于口鳃窗中央，在与口孔和腹环间介入镶嵌带（刘玉海，1965, 1975）；其二出现于盾状五窗鱼（*Pentathyraspis pelta*），腹面甲片与腹环愈合，从而与背面的头甲构成骨匣，骨匣腹面仅保留洞穿其边缘的口孔和鳃孔（Pan, 1992）；其余则见证于汉阳鱼科，包括 *Hanyangaspis guodingshanensis*（Pan，1984；潘江，1986b）和 *Latirostraspis chaohuensis*（Pan，1984；潘江，1986b；王念忠，1986），口鳃窗由前腹片和腹片覆盖，分别占据口区和鳃区。新疆标本的前腹片在长与宽的比例上介于*H. guodingshanensis*和 *L. chaohuensis* 两个种之间，又共同享有雪花状纹饰突起，因此将新疆所产的前腹片定为 *Hanyangaspis* sp.是目前可以接受的分类方案。

不过需要指出的是，这两件前腹片存在着隶属南疆鱼（*Nanjiangaspis*）的可能性。这涉及同样产自柯坪塔塔埃尔塔格组的另两宗标本：其一为散落的纹饰突起（或称镶嵌片），因突起呈雪花状，最初归于 *Hanyangaspis guodingshanensis*（王俊卿等，1996a），而后修正为隶属稍后发现的 *Nanjiangaspis kalpinensis*（王俊卿等，2002），因后者的头甲与散落的镶嵌片出自同一产地和层位，纹饰也为雪花状突起。*Nanjiangaspis* 的发现说明雪花状突起不只存在于 *Hanyangaspis* 和 *Latirostraspis*。至于前腹片是否也不只存在于 *Hanyangaspis* 和 *Latirostraspis*，目前尚无实证，但其可能性不能排除。

宽吻鱼属 Genus *Latirostraspis* Wang, Xia et Chen, 1980

模式种 巢湖宽吻鱼 *Latirostraspis chaohuensis* Wang, Xia et Chen, 1980

鉴别特征 头甲背腹扁平，呈梯形，长约 10 cm, 宽约 12 cm；在所有已有的标本中，中背孔前缘均缺失，暗示中背孔极度靠近头甲前缘，且前缘可能极为细窄如棒状。眶孔侧位，于头甲侧缘作缺刻状。松果孔封闭。前腹片呈前端窄的梯形，但与 *Hanyangaspis guodingshanensis* 相比，相对高而窄，其长约 26 mm，宽约 45 mm，长约为宽的 2/3。侧线系统中，侧背纵管极为发达，侧横枝不少于 7 对，均极短，中背纵管退化，仅有两小段残存，其一位于眶刻之前，另一位于眶刻的前中侧。鳃孔 7 对。纹饰由雪花状突起组成。

中国已知种 *Latirostraspis chaohuensis*。

分布与时代 安徽，志留纪兰多维列世中特列奇期。

巢湖宽吻鱼 *Latirostraspis chaohuensis* Wang, Xia et Chen, 1980

（图 69）

Latirostraspis chaohuensis：王士涛等，1980；Janvier, 1984；Pan, 1984；潘江，1986a；王念忠，1986

Hanyangaspis chaohuensis：潘江，1986b；Zhu et Gai, 2006

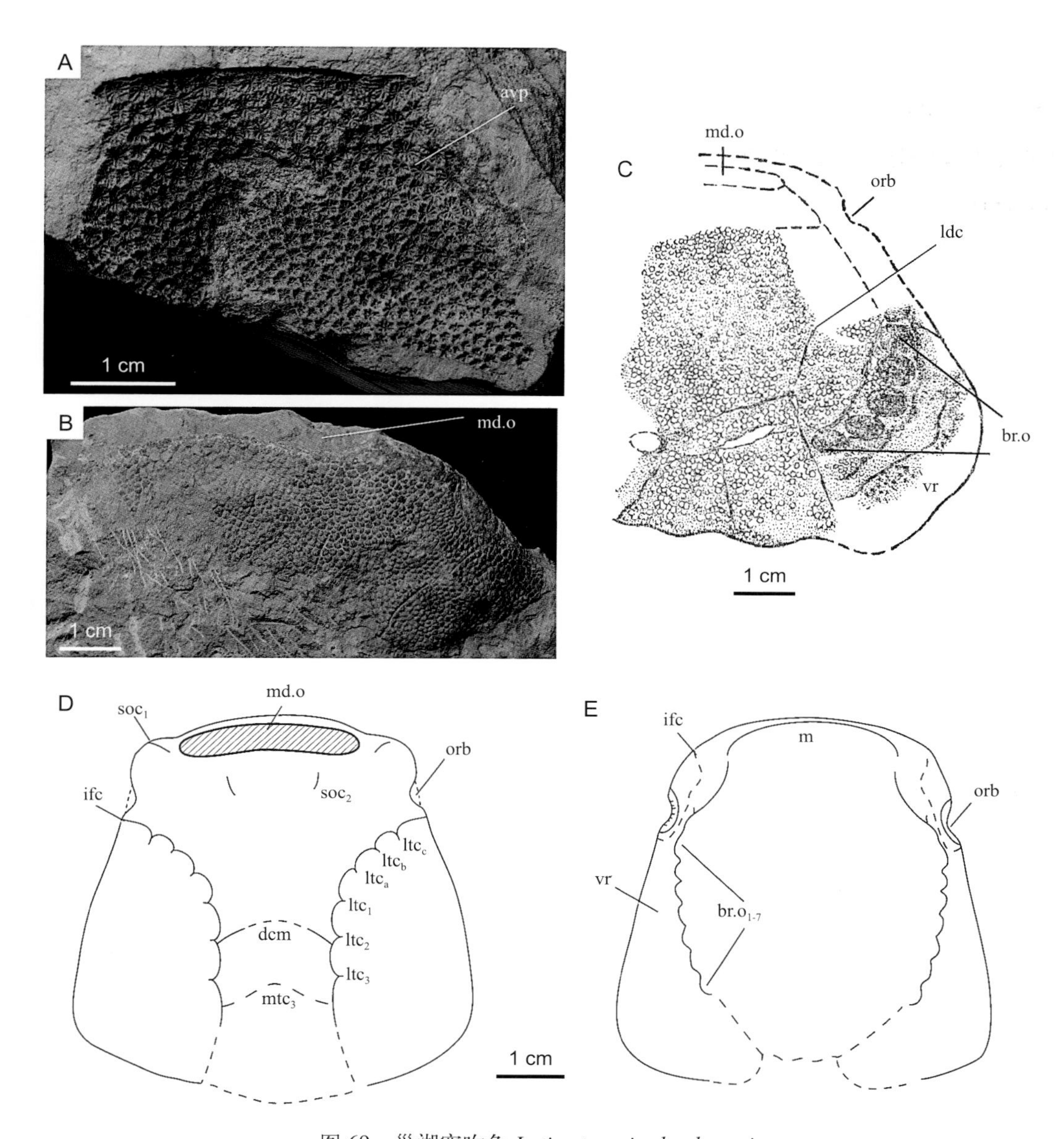

图 69　巢湖宽吻鱼 *Latirostraspis chaohuensis*

A. 一近于完整的前腹片，外模，IVPP V6856.3a，背视；B. 一不完整头甲背面的前部，示中背孔，IVPP V6856.2, 背视；C. 一件不完整头甲的素描图（引自潘江，1986b），GMC V 1827-2，背视，示头甲背面与腹环印模；D, E. 头甲复原图（修改自王士涛等，1980），D, 背视，E, 腹视

正模　一件不完整的头甲及其外模，中国地质科学院地质研究所标本登记号 IGCAGS VF0251。

副模　一件不完整的头甲外模，中国地质科学院地质研究所标本登记号 IGCAGS VF0252；局部保存的头甲，标本登记号 IGCAGS VF0253–VF0259。

归入标本　头甲前部和中部及其外模，中国科学院古脊椎动物与古人类研究所 IVPP V6856.1a,b; 保存中背孔和眶孔的头甲前部，标本登记号 IVPP V 6856.2a, b；一件基本完整的前腹片，标本登记号 IVPP V 6856.3a, b；单独保存的 3 个外鳃孔的外缘，标本登记号，IVPP V6856.4；不完整头甲，中国地质博物馆标本登记号 GMC V1824；部分腹环和鳃孔，标本登记号 GMC V1825；稍有缺失的前腹片，标本登记号 GMC V1826；部分头甲背面和保存 5 个外鳃孔的腹环印模（原被误认作腹甲与腹环，潘江，1986a），标本登记号 GMC V1827。以上所有标本均采自安徽巢湖卧牛山街道下朱村坟头组。

模式产地 安徽巢湖卧牛山街道下朱村。

鉴别特征 唯一的种，特征从属。

产地与层位 安徽巢湖卧牛山街道下朱村，志留系兰多维列统中特列奇阶坟头组。

评注 经重新观察，潘江（1986b）所示"保持自然连接的腹环与腹片"(GMC V1827）实应为部分头甲的背面（图 69C），由于沿腹环部分的头甲骨片剥失从而留下腹环印模；至于骨甲上的所谓感觉管实乃头甲破裂的裂纹。因此，迄今在盔甲鱼类已知腹片上尚未发现过有感觉管的存在。

该种在头甲形状、中背孔和眶孔在头甲中的位置以及纹饰突起的形状等诸多方面与 *Hanyangaspis guodingshanensis* 相当接近，因此，潘江（1986b）、Zhu 和 Gai（2006）建议将 *L. chaohuensis* 并入 *Hanyangaspis* 中。鉴于巢湖宽吻鱼的头甲的吻缘和后缘因保存残缺，对此推测和争议颇多，如头甲后缘凸出还是凹进，中背棘的存在与否等。在这些问题得到答案前，本志仍暂时保留宽吻鱼属（*Latirostraspis*）。

南疆鱼属 Genus *Nanjiangaspis* Wang, Wang, Zhang, Wang et Zhu, 2002

模式种 柯坪南疆鱼 *Nanjiangaspis kalpinensis* Wang, Wang, Zhang, Wang et Zhu, 2002

鉴别特征 中背孔紧邻头甲吻缘，呈横置引长的肾形，后缘微凹，宽接近长的 3 倍；眶孔背位，处于中背孔的侧后方；松果孔小，位于两眶孔中心连线上。侧背纵管发达，呈 S 形弯曲，其前端几达头甲前缘，向后纵贯头甲；中横联络管 2 对，其中后一对不与对侧的汇合，自前一对中横联络管向前，每一侧背纵管具侧横管 5 对以上。纹饰突起呈具放射脊纹的雪花状，突起颗粒较大，分布不均。

中国已知种 *Nanjiangaspis kalpinensis*。

分布与时代 新疆，志留纪兰多维列世早—中特列奇期。

柯坪南疆鱼 *Nanjiangaspis kalpinensis* Wang, Wang, Zhang, Wang et Zhu, 2002

（图 70）

Hanyangaspis guodingshanensis：王俊卿等，1996a

Nanjiangaspis kalpinensis：王俊卿等，2002

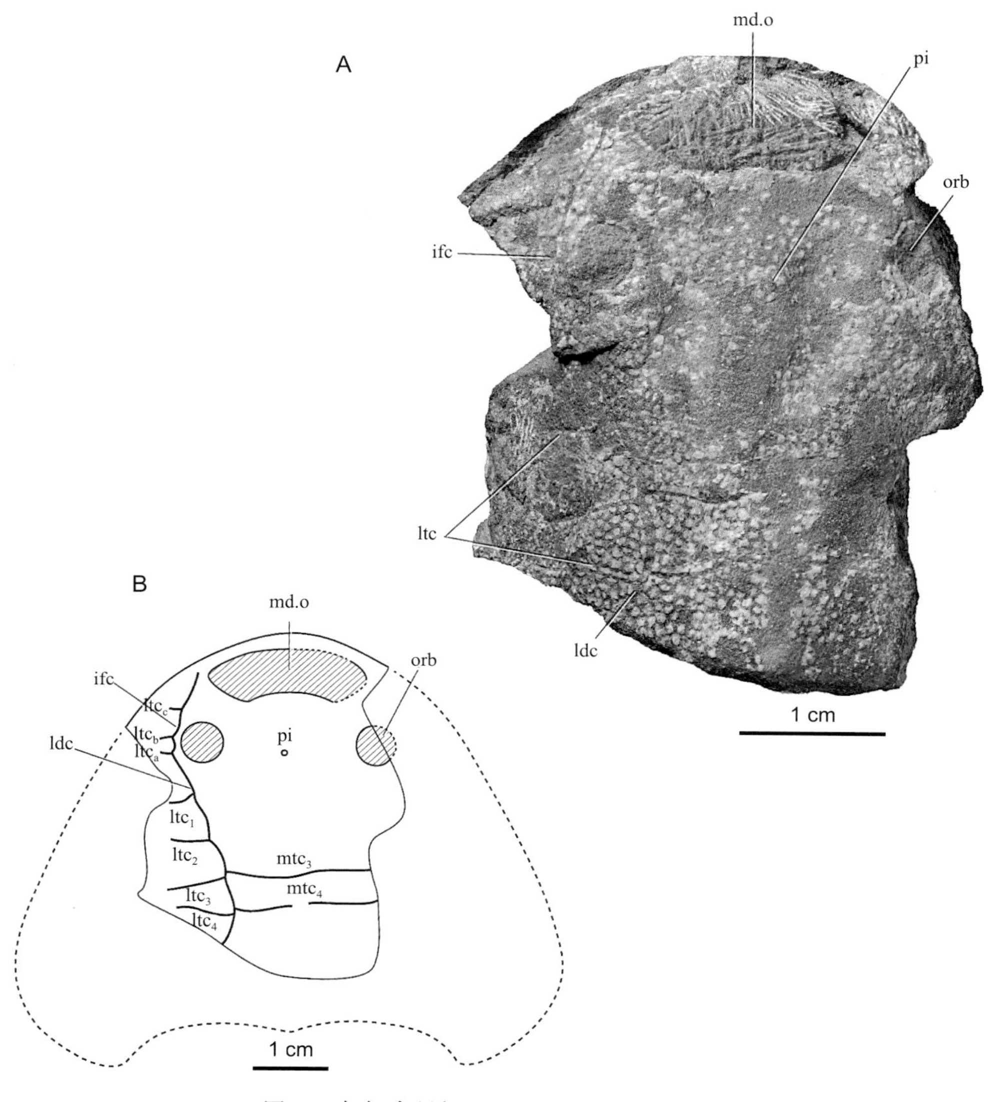

图 70 柯坪南疆鱼 *Nanjiangaspis kalpinensis*

A. 一较完整的头甲，正模，IVPP V13331.1，背视；B. 头甲复原图（修改自王俊卿等，2002），背视

正模 一件不完整头甲，中国科学院古脊椎动物与古人类研究所标本登记号 IVPP V13331.1。

副模 一件不完整头甲的外模，中国科学院古脊椎动物与古人类研究所标本登记号 IVPP V13331.2。

归入标本 三枚头甲镶嵌片，电镜号分别为 93024-93421, 93025-93422, 93022-93419。

鉴别特征 唯一的种，特征从属。

产地与层位 新疆柯坪铁力克瓦铁村和巴楚小海子木库勒克，志留系兰多维列统下特列奇阶塔塔埃尔塔格组，中特列奇阶依木干他乌组。

评注 经重新观察标本，未发现王俊卿等（2002）所描述的V形眶上管的存在。近于梯形的头甲轮廓主要依据汉阳鱼复原，由于头甲边缘保存太少，头甲是否为梯形有待新材料的证实。正模（IVPP V13331.1）长约55 mm，头甲边缘仅只眶孔水平线之前的吻缘保存完好。

王俊卿等（1996a）将产于新疆柯坪塔塔埃尔塔格组的具雪花状突起纹饰的散落镶嵌片归入锅顶山汉阳鱼（*Hanyangaspis guodingshanensis*）。其后在同一地区、同一层位中发现了柯坪南疆鱼（*Nanjiangaspis kalpinensis*）的头甲，该头甲具有相同的雪花状突起纹饰。考虑到新疆地区并未发现汉阳鱼的头甲，王俊卿等（2002）于是将前述镶嵌片归入柯坪南疆鱼。现将王俊卿等（1996a）关于镶嵌片的描述摘述如下：每个镶嵌片直径约1.2 mm，包括冠部和基部两部分，其中冠部由极为发育而凸出的脊纹组成，脊纹可由中央向四周作放射状，或由中央脊向两侧辐射，脊纹通常远端两分叉；镶嵌片基部甚薄，一般大于冠部，并向内凹入。

卢立伍等（2007）认为南疆鱼与汉阳鱼在中背孔形状上存在差异，当时所推测的梯形头甲证据不充分，因此将南疆鱼视为盔甲鱼类科、目未定的属。纵观迄今所有被描述过的产自新疆的盔甲鱼类标本，通常保存欠佳，因此在对比和归类上多少存在不确定性。例如当头甲边缘保存过少的情况下，无论推断该头甲为梯形抑或椭圆形，可能都有某种程度的不确定性，而头甲的这两种形状目前常被分别作为汉阳鱼科和修水鱼科的重要依据。鉴于新疆盔甲鱼类研究现状，本志基本采取遵循原作者的分类建议，而做适当的评注，希望这样有助于使用和将来的研究。

柯坪鱼属 Genus *Kalpinolepis* Wang, Wang et Zhu, 1996

模式种 塔里木柯坪鱼 *Kalpinolepis tarimensis* Wang, Wang et Zhu, 1996

鉴别特征 中等大小的汉阳鱼类。头甲呈梯形，前缘近于平直，侧缘为侧后向伸延，弧度甚小，后侧角膨大为肥大的内角，后缘不详。中背孔靠近头甲前缘，横置椭圆形或略呈肾形。眶孔背位，位于中背孔侧后方。侧线系统之中中背纵管缺失，侧背纵管发达，侧横管4–7对。纹饰由粒状突起组成，突起小而密，分布均匀。

中国已知种 *Kalpinolepis tarimensis*, *K. zhangi*。

分布与时代 新疆，志留纪兰多维列世早特列奇期。

评注 在头甲的外形轮廓、中背孔的形状与位置等方面，柯坪鱼（*Kalpinolepis*）与汉阳鱼（*Hanyangaspis*）甚为接近。不过两者在眶孔的位置、侧横管的长短以及纹饰等方面存在明显差异，特别是纹饰为小而密集的粒状突起。

塔里木柯坪鱼 *Kalpinolepis tarimensis* Wang, Wang et Zhu, 1996

（图 71）

Kalpinolepis tarimensis：王俊卿等，1996a

正模 一件不完整的头甲，中国科学院古脊椎动物与古人类研究所标本登记号 IVPP V9760.1（图 71B）。

副模 四件不完整的头甲。中背孔与眶孔保存完好的头甲前部，中国科学院古脊椎动物与古人类研究所标本登记号 IVPP V9760.2； 头甲右侧大部，标本登记号 IVPP V9760.3； 感觉管系统保存较好的左侧部分头甲，标本登记号 IVPP V9760.4；较小个体

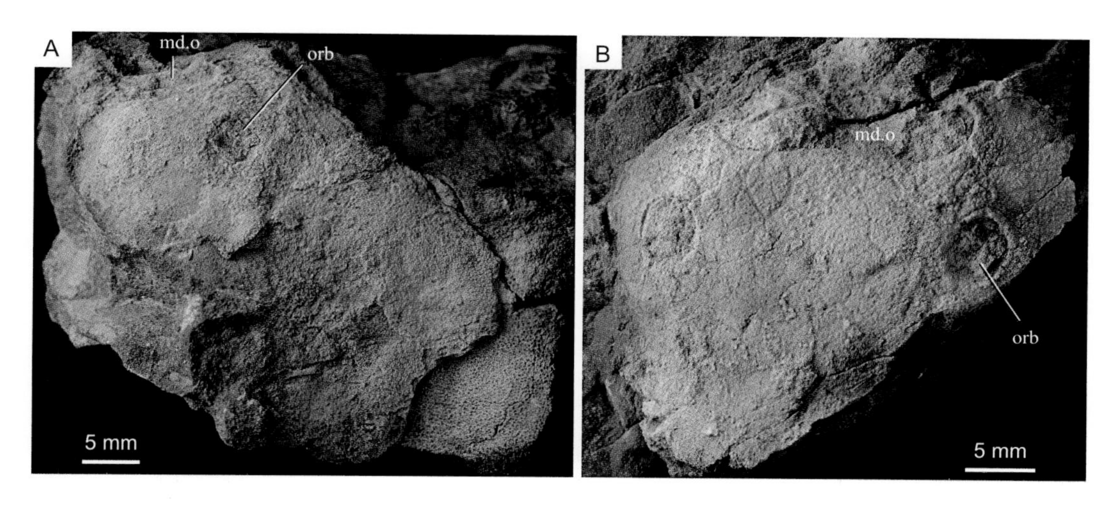

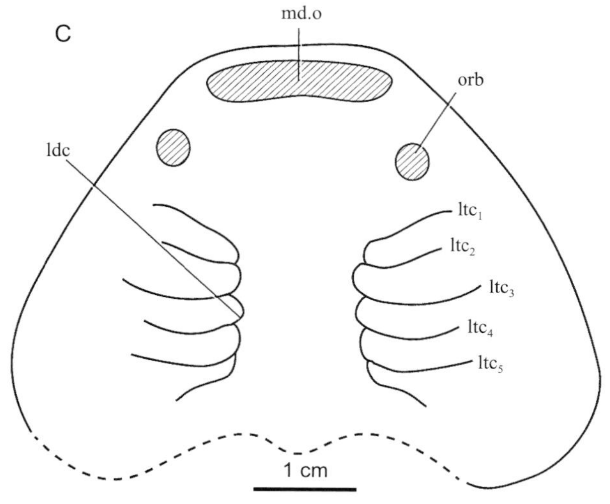

图 71 塔里木柯坪鱼 *Kalpinolepis tarimensis*

A. 一较完整的头甲，正模，IVPP V9760.1，背视；B. 一不完整的头甲，IVPP V9760.2，背视；C. 头甲背面复原图（修改自王俊卿等，1996a），依标本 IVPP V9760.1 和 V9760.2，背视

头甲的右前部，中背孔、眶孔、部分口缘及腹环保存较好，标本登记号 IVPP V9760.5。

模式产地 新疆柯坪铁力克瓦铁村。

鉴别特征 头甲长约 55 mm，宽约 80 mm。头甲呈梯形，前缘近于平直，侧缘为侧后向伸延，弧度甚小，后侧角膨大为肥大的内角，后缘不详；头甲背面前部扁平，后部渐隆起，未见背脊。中背孔横宽约 20 mm，接近竖长的 5 倍，该孔后缘略凹进；眶孔背位，位于中背孔的侧后方，相距 7 mm；松果孔封闭；眶孔较小，圆形，孔径 5 mm；侧线系统了解甚为不足，仅在眶孔之后保存一对侧背纵管片段，该对侧背纵管彼此近于平行，且略在眶孔垂直线内侧；侧横管约 4–5 对，均甚长。纹饰由细小而密集的粒状突起组成，每平方毫米约 8–10 粒。

产地与层位 新疆柯坪铁力克瓦铁村，志留系兰多维列统下特列奇阶塔塔埃尔塔格组。

评注 头甲的外形轮廓可由 IVPP V9760.1 和 IVPP V9760.2 推测为梯形。侧线系统方面，IVPP V9760.1 中，头甲右后侧似乎约有 3 条侧横管，均为片段，靠近头甲后侧膨大部；IVPP V9760.3（该标本保有眶孔和中背孔）可见约 3 条侧横管，也为片段，它们中间的一条为印痕，后一条仅示小段，呈后侧向；IVPP V9760.4 保存最清晰，约见 3 条横侧管，甚长，间距均衡，并保存了侧背纵管，可惜只是头甲的片段，无中背孔、眶孔和头甲边缘标示侧线位置。综合以上新观察，柯坪鱼的侧横管可能只有 4–5 条，而侧背纵管不像最初复原的那样靠近中线，可能在眶孔下垂线的稍内侧；再者，由于标本保存不好，未见眶下感觉管。总之，原有复原图的侧线系统是从数件不完整头甲的侧线拼凑而成，故有其不确定性。

张氏柯坪鱼 *Kalpinolepis zhangi* Lu, Pan et Zhao, 2007

（图 72）

Nanjiangaspis zhangi：卢立伍等，2007

正模 一件不完整头甲的内模和外模，中国地质博物馆标本登记号 GMC V2191a,b。

副模 一件不完整头甲的内模，中国地质博物馆标本登记号 GMC V2192。

鉴别特征 头甲边缘大部缺失，估计头甲长 75–80 mm，头甲呈前缘圆钝的近似梯形；中背孔靠近头甲前缘，横置椭圆形，其横宽约 20 mm，约为竖长的 2 倍；眶孔背位，椭圆形，其长径约 10 mm，与头甲中线大致平行，两眶孔内缘间距 24 mm，眶孔位于中背孔侧后方，距中背孔后缘延线垂直距离约 7 mm；松果孔大，椭圆形，位于眶孔后缘连线略前；侧线系统中，中背纵管缺失，侧背纵管发达，前端达中背孔侧方，接近头甲边缘，具侧横管 7 对，甚长，其中 5 对位于中横联络管之前，中横联络管 2 对，前一对相互对接；纹饰由粒状突起组成，突起小而密，分布均匀。

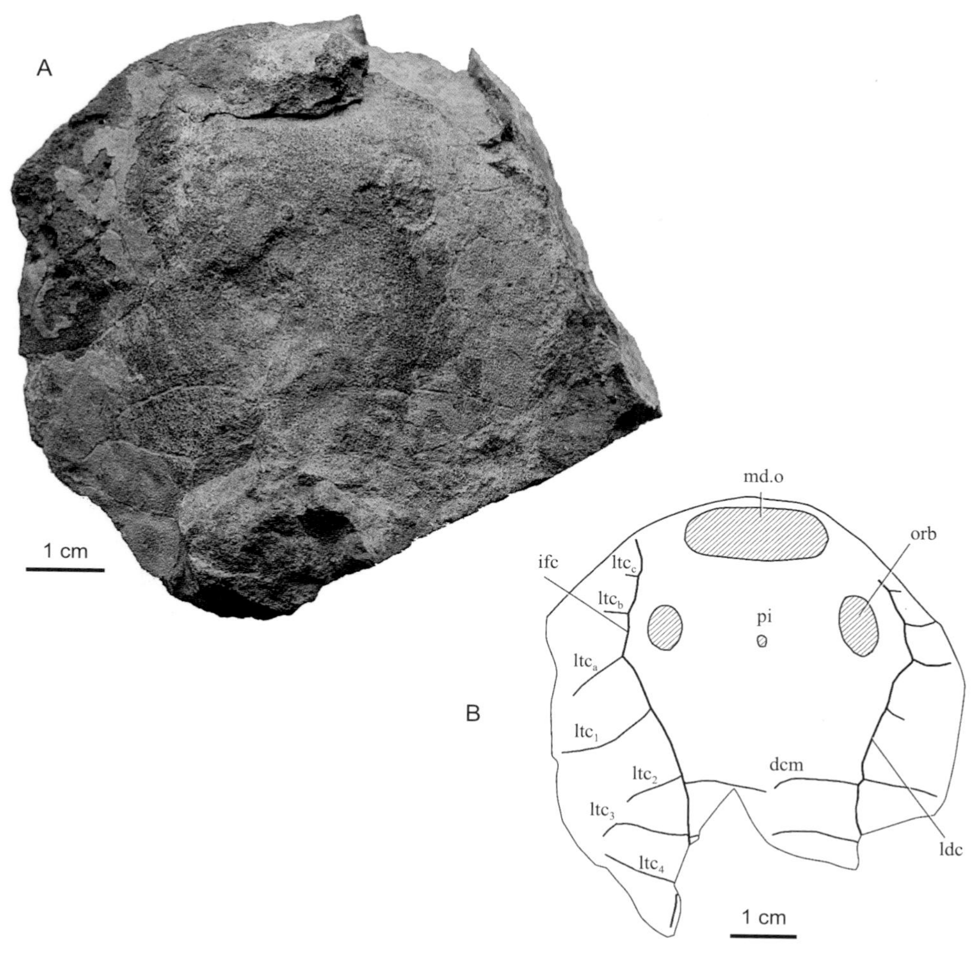

图 72　张氏柯坪鱼 *Kalpinolepis zhangi*

A. 一件较完整头甲，正模，GMC V2191a，背视；B. 正模复原图（引自卢立武等，2007），背视

产地与层位　新疆柯坪铁力克瓦铁村，志留系兰多维列统下特列奇阶塔塔埃尔塔格组。

评注　卢立伍等（2007）将此种归入南疆鱼（*Nanjiangaspis*）。从纹饰特征看，本种与同层发现的塔里木柯坪鱼（*Kalpinolepis tarimensis*）更为接近，而与柯坪南疆鱼（*Nanjiangaspis kalpinensis*）明显不同，本志据此将其归入柯坪鱼。

现有标本中，中背孔中突出的基岩遮掩了大部中背孔边缘和头甲前缘，因此，虽然可以确定中背孔的宽大于长，但长宽比例只是估计的约数。

锥角鱼属 Genus *Konoceraspis* Pan, 1992

模式种　大眼锥角鱼 *Konoceraspis grandoculus* Pan, 1992

鉴别特征 头甲长约 60 mm，吻缘近平直而微突，侧缘向侧后方伸延，显示头甲当呈前窄后宽的梯形。头甲后侧角膨大为肥大的叶状内角，内角侧缘具锯齿状小刺。中背孔可能为横置卵圆形，宽稍大于长。眶孔背位，但临近头甲侧缘。侧线系统仅保存眶下管前部，其前端始于中背孔至眶孔之间，经眶下至眶后。纹饰由小的粒状突起组成。

中国已知种 *Konoceraspis grandoculus*。

分布与时代 湖南，志留纪兰多维列世早特列奇期。

大眼锥角鱼 *Konoceraspis grandoculus* Pan, 1992

（图 73）

Konoceraspis grandoculus：Pan, 1992

正模 一件仅右侧保存的头甲，中国地质博物馆标本登记号 GMC V1784。

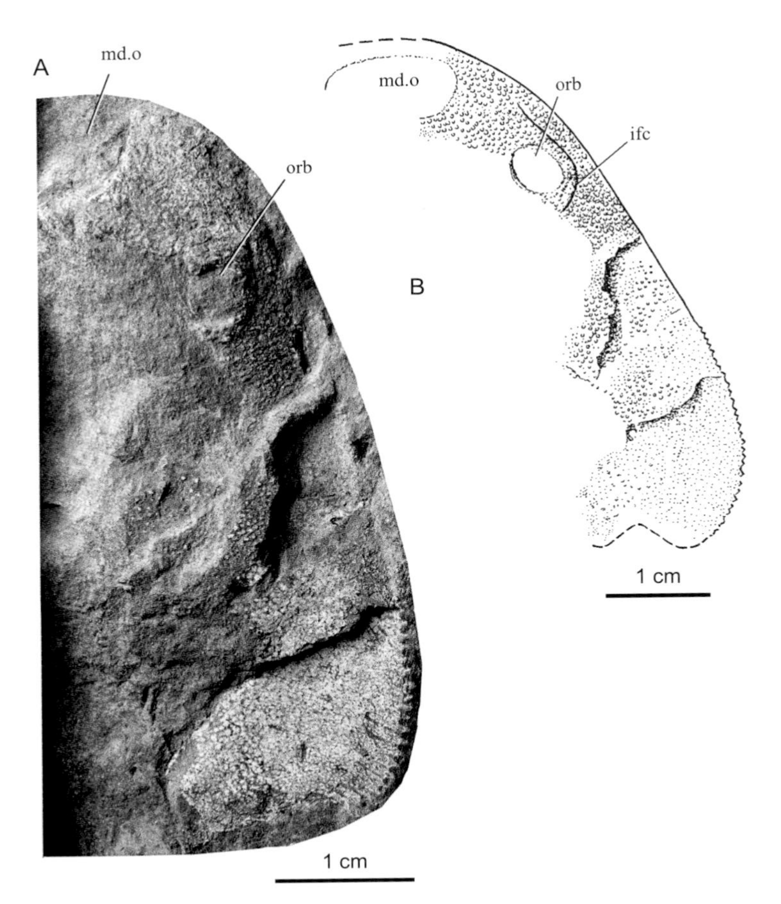

图 73 大眼锥角鱼 *Konoceraspis grandoculus*

A. 一件不完整的头甲，正模，GMC V1784，背视；B. 正模复原图（引自 Pan, 1992），背视

鉴别特征 唯一的种，特征从属。

产地与层位 湖南张家界（原“大庸”）温塘，志留系兰多维列统下特列奇阶溶溪组上部。

评注 一个了解甚少的属种。该属种原置于多鳃鱼目，科未定（Pan, 1992），但其头甲前窄后宽呈梯形、内角呈肥大的叶状而与汉阳鱼（*Hanyangapis*）相近，故 Zhu 和 Gai（2006）将其归入汉阳鱼类。

汉阳鱼科（不定属）Hanyangaspidae gen. indet.

（图 74）

Hanyangaspiformes gen. et sp. indet.：傅力浦、宋礼生，1986

标本 一件左侧保存的头甲及其外模，野外号 81IP3-F-37，收藏在中国地质博物馆。

特征 现有标本仅保存头甲左侧边缘部分，由保存部分推测头甲长应在 150 mm 左右；依据头甲侧缘较平直，尤其是纹饰突起呈雪花状，而被归入汉阳鱼类。

产地与层位 陕西紫阳芭蕉口，志留系兰多维列统上特列奇阶吴家河组。

评注 紫阳标本因中背孔和感觉管特征不明，尚不能确定其属种名称和分类位置。

图 74　汉阳鱼科（不定属）（引自傅力浦、宋礼生，1986）

A. 一不完整头甲，保存了左眶孔，标本野外号：81IP3-F-37，背视；B. 同上，为其外模的后部放大，显示其纹饰，腹视

根据头甲的大小、基本形态、眶孔非常靠近头甲侧缘及密集的雪花状纹饰等特征来分析，比较近似湖北武汉坟头组（“锅顶山组”）的汉阳鱼（*Hanyangaspis*）和安徽巢湖坟头组的宽吻鱼（*Latirostraspis*），但是紫阳的标本所显示的左侧眶孔明显大于汉阳鱼和宽吻鱼，而头甲的大小相若。

陕西紫阳无颌类化石，代表早期脊椎动物在秦岭 - 大巴山过渡带志留纪早期地层中首次发现。但值得注意的是，陕西紫阳盔甲鱼类化石与大量笔石化石共同保存在黑色页岩中，这种现象十分罕见。笔石的出现虽然为盔甲鱼提供了时代佐证，但仅有的一件而且破碎的盔甲鱼残骸，可能是由别处搬运来而异地埋藏的；因为，一般认为富含笔石的黑色页岩形成于富含硫化氢的静水还原环境，该环境非常不适于生物生存，因此笔石漂浮于此大量死亡并埋藏在这里。

修水鱼科 Family Xiushuiaspidae Pan et Wang, 1983

模式属 *Xiushuiaspis* Pan et Wang, 1983

定义与分类 该科系潘江和王士涛（1983）依据修水鱼（*Xiushuiaspis*）建立，并置于多鳃鱼目；其后，Wang（1991）将其归于汉阳鱼目。鉴于本科成员中背孔极为横宽而接近头甲吻缘、松果前区短、侧背感觉纵管极发育并具可多达 8 对侧横枝、中背纵管消失、中横联络管两对等特征与汉阳鱼（*Hanyangaspis*）接近，本志采纳后者的建议。

鉴别特征 体较小的盔甲鱼类，头甲长，圆形至卵圆形，长 20–35 mm。中背孔极宽，呈裂隙状，靠近头甲吻缘。眶孔背位，相互靠近。松果孔位于眶孔之间，松果前区很短，约为头甲中长的 1/5。口鳃区较短，头甲鳃后区甚长。侧线系统里侧背纵管发达，中背纵管缺失。纹饰为粒状突起。具 6 对鳃孔。

中国已知属 *Xiushuiaspis*, *Changxingaspis*。

分布与时代 江西、浙江、新疆，志留纪兰多维列世晚特列奇期。

修水鱼属 Genus *Xiushuiaspis* Pan et Wang, 1983

模式种 江西修水鱼 *Xiushuiaspis jiangxiensis* Pan et Wang, 1983

鉴别特征 体形小，头甲长在30 mm以下。头甲呈卵圆形，最宽部位约在头甲长的中分线附近，头甲后缘近平直，内角短小而末端指向中后方。中背孔、眶孔和松果孔三者集聚于头甲前端，因此眶前区和松果前区均很短；中背孔靠近头甲前缘，呈横置裂隙状，宽可达长的4倍；眶孔小，贴近中背孔后缘并在其两端之后；松果孔小，紧靠眶孔后缘联线之后。侧线系统了解甚少。纹饰可能为粒状突起。口鳃窗约仅占头甲的前1/2，因此鳃后区显著长；鳃穴6对，近于与头甲中轴垂直排列。

中国已知种 *Xiushuiaspis jiangxiensis*，*X. ganbeiensis*。

分布与时代 江西，志留纪兰多维列世晚特列奇期。

江西修水鱼 *Xiushuiaspis jiangxiensis* Pan et Wang, 1983

（图 75）

Xiushuiaspis jiangxiensis：潘江、王士涛，1983

正模 一件吻缘残缺的头甲内模和外模，中国地质博物馆标本登记号 GMC V1747。

鉴别特征 头甲略呈亚圆形，长约 21 mm，略大于宽，宽与长的比率为 0.95。内角短

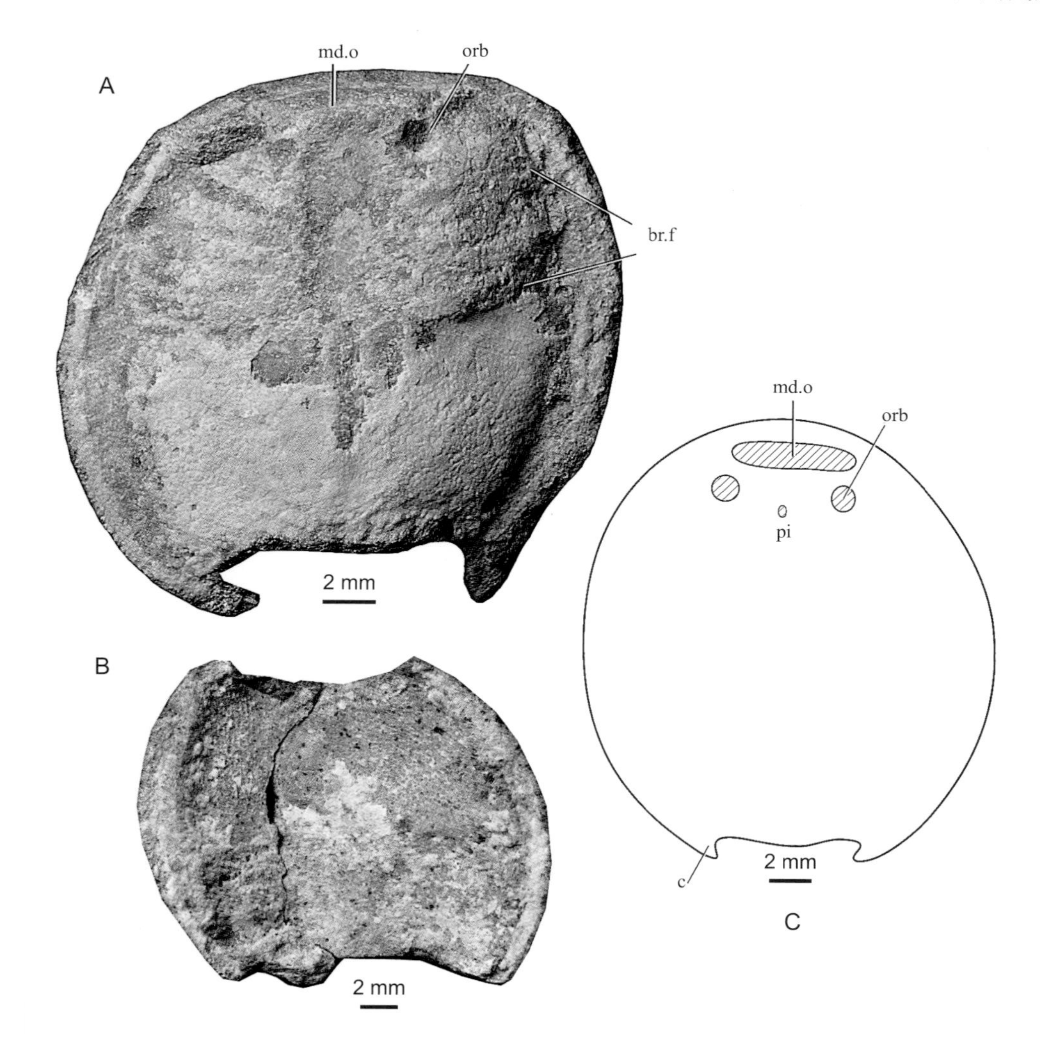

图 75 江西修水鱼 *Xiushuiaspis jiangxiensis*

A, B. 一近于完整的头甲及其外模，吻缘残缺，正模，GMC V1747，A，头甲，背视，B，外模，腹视；C. 头甲复原图（引自潘江、王士涛，1983），背视

小而尖锐，指向中后方。中背孔较宽，约为长的 4 倍。

产地与层位 江西修水三都山口，志留系兰多维列统上特列奇阶茅山组（原“西坑组”）。

评注 化石层位西坑组被认为是茅山组的同物异名而予以舍弃（刘亚光，1997）。

赣北修水鱼 *Xiushuiaspis ganbeiensis* Pan et Wang, 1983

（图 76）

Xiushuiaspis ganbeiensis：潘江、王士涛，1983

正模 一件近于完整的头甲，中国地质博物馆标本登记号 GMC V1750。

副模 一件不完整的头甲内模和外模，中国地质博物馆标本登记号 GMC V1749。

模式产地 江西修水三都山口。

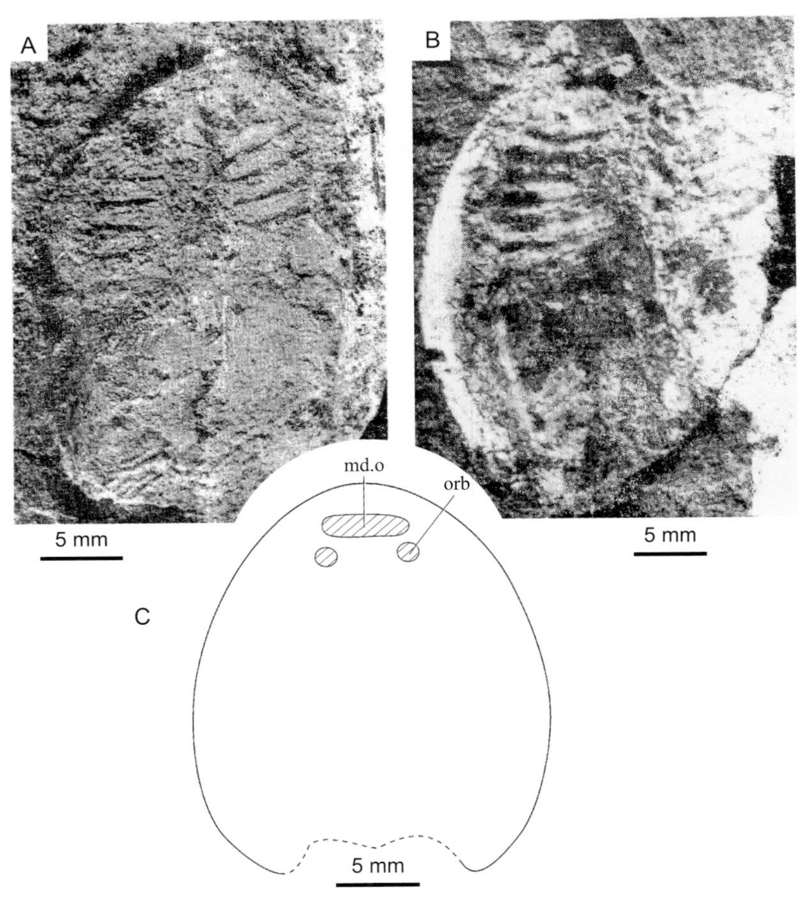

图 76 赣北修水鱼 *Xiushuiaspis ganbeiensis*（引自潘江、王士涛，1983）

A. 一近于完整的头甲内模，正模，GMC V1750，背视；B. 一不完整的头甲内模，副模，GMC V1749，背视；C. 头甲复原图，背视，依正模

鉴别特征 头甲呈前窄后宽的卵圆形，长约 26 mm，宽 17–18 mm。宽与长的比率约为 0.67。内角短而壮。中背孔宽约为长的 3.5 倍。

产地与层位 江西修水三都山口，志留系兰多维列统上特列奇阶茅山组（原“西坑组”）。

长兴鱼属 Genus *Changxingaspis* Wang, 1991

模式种 顾氏长兴鱼 *Changxingaspis gui* Wang, 1991

鉴别特征 头甲呈椭圆形，长约 35 mm，最宽部位在头甲长的中分线附近，约 32 mm；内角发达，呈向内弯曲的镰刀形。头甲背面除中背孔、眶孔和松果孔外尚具一对内淋巴孔，其中中背孔、眶孔和松果孔相互聚拢并靠近头甲吻缘。中背孔宽而短，宽约为长的 5.5 倍，逼近头甲吻缘，其前、后缘均向前弓且与头甲吻缘近于平行。眶孔圆、背位，位于中背孔之后，与中背孔之距约相当眶孔直径长。松果孔位于两眶孔后缘连线略前。内淋巴孔甚小，居于头甲前 1/2 的后部、第二中横联络管（背联络管）之前。鳃穴 6 对。侧线系统中，由眶下管和主侧线管组成的侧背纵干管极为发达，由吻缘至后缘纵贯头甲，前、后两端外敞而于中部中横联络管区向内收窄呈蜂腰形，侧横管 9 对，中横联络管两对；中背纵干管完全缺失，或于松果孔附近偶有短的眶上管存在。纹饰由细小的突起组成。

中国已知种 *Changxingaspis gui*。

分布与时代 浙江，志留纪兰多维列世晚特列奇期。

顾氏长兴鱼 *Changxingaspis gui* Wang, 1991

（图 77，图 78）

Xiushuiaspis sp.：潘江，1988；Janvier, 1996

Changxingaspis gui：Wang, 1991

正模 一件近于完整的头甲，中国科学院古脊椎动物与古人类研究所标本登记号 IVPP V8297.1。

副模 一件显示脑颅及脑神经的头甲，中国科学院古脊椎动物与古人类研究所标本登记号 IVPP V8297.2；其余 16 件多为局部保存，IVPP V8297.3–V8297.18。

归入标本 中国地质博物馆标本登记号 GMC V2012a, b（潘江，1988），仅部分头甲前部保存，分为内模和外模。

鉴别特征 唯一的种，特征从属。

产地与层位 浙江长兴煤山，志留系兰多维列统上特列奇阶茅山组。

评注 根据新采标本的观察，松果体并未洞穿头甲。顾氏长兴鱼（*Changxingaspis gui*）原头甲腹面复原图中，头甲腹壁后缘是依照头甲背壁的后缘复制（Wang, 1991, fig. 2;

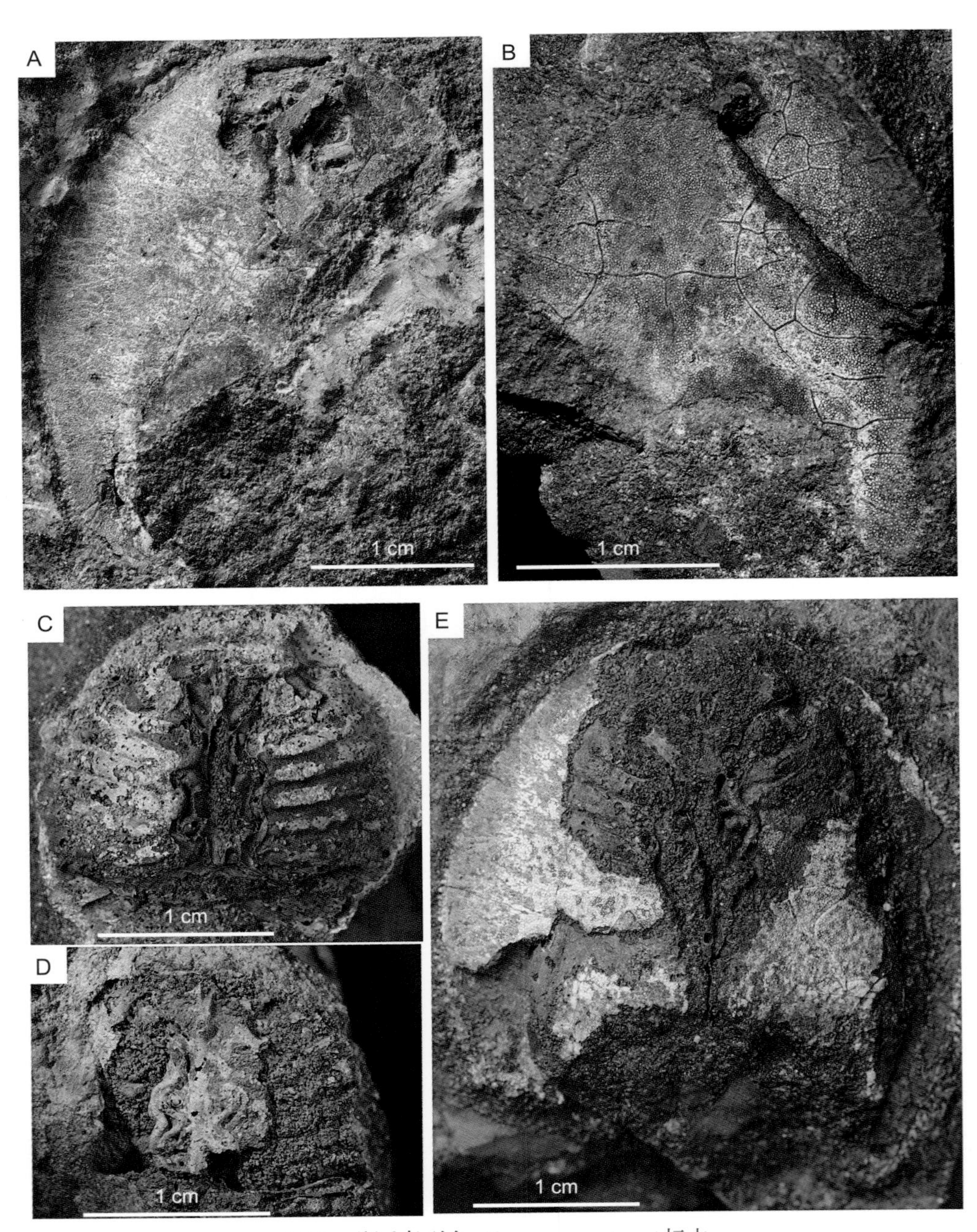

图 77 顾氏长兴鱼 *Changxingaspis gui* 标本

A. 一近于完整的头甲，正模，IVPP V8297.1，背视；B，一近于完整的头甲外模，IVPP V8297.7，腹视，保存感觉管系统和内淋巴孔；C. 一近于完整的脑颅内模，副模，IVPP V8297.2，背视；D. 一近于完整的脑颅内模，IVPP V8297.8，背视；E. 一近于完整的头甲和脑颅内模，背视，IVPP V8297.9

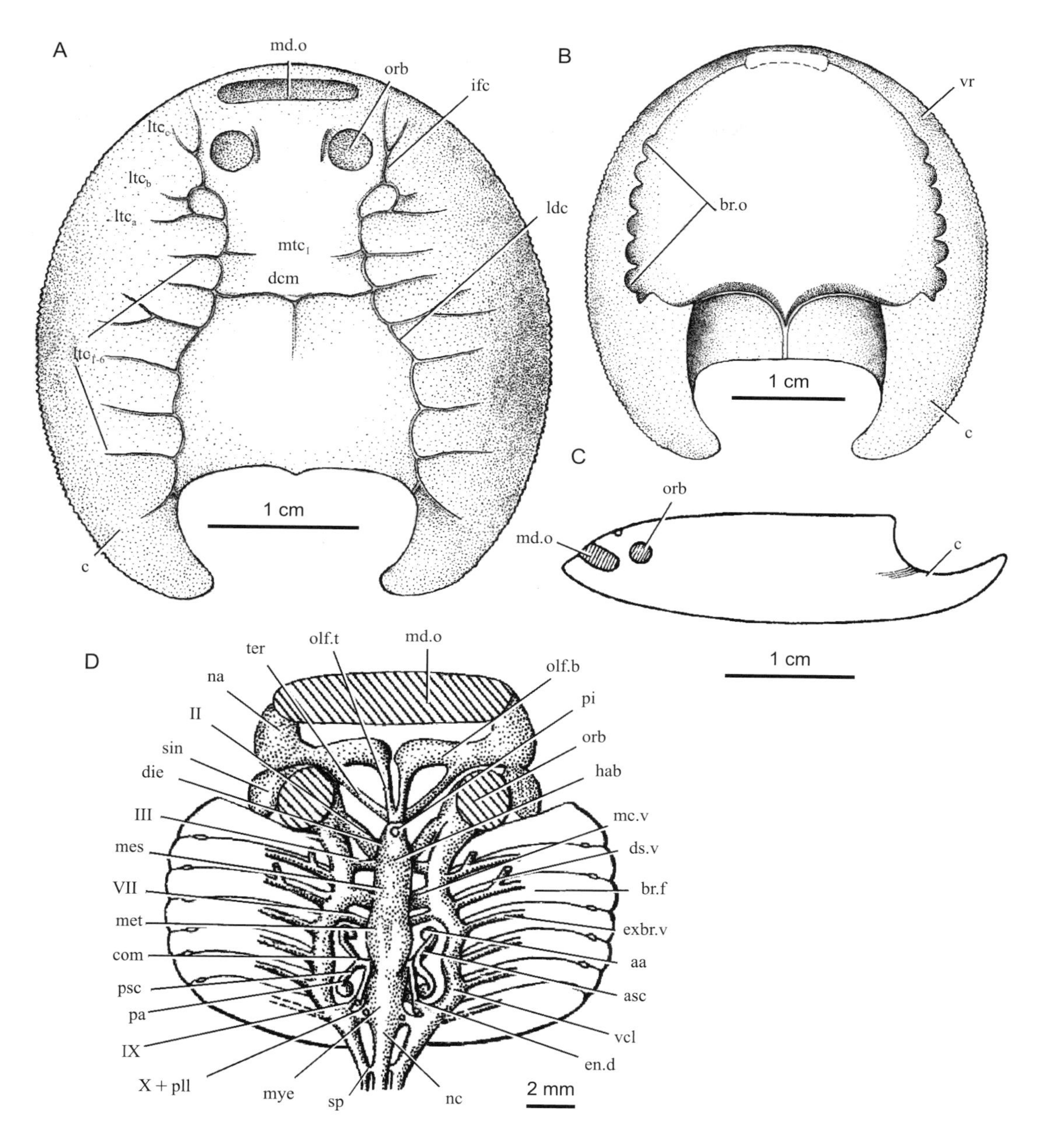

图 78 顾氏长兴鱼 *Changxingaspis gui* 复原图

A–C. 头甲复原图，A, 背视，B, 腹视，C，侧视；D. 脑颅内模复原图，背视（C, D 引自 Wang, 1991）

本志图 78B)，即二者后缘重叠。新采标本显示，头甲腹壁实际甚短，其后缘止于头甲约前 3/5 处，比背壁后缘远为靠前，而且是两侧后缘在中线愈合而闭合。

潘江（1988）将采自与 *Changxingaspis gui* 同一地点、同一层位的一件仅保存头甲前部及其外模的标本（GMC V2012a, b）鉴定为 *Xiushuiaspis* sp.，并认为其头甲比属型种 *X. jiangxiensis* 相对较大，估计长 25 mm。潘江（1988）实测标本头甲眶前区长为 5.5 mm，

而在 *X. jiangxiensis* 和 *X. ganbeiensis* 中眶前区长与头甲长之比，约为 1 : 6–7；参照这一比例估算，这件头甲长应在 30 mm 以上，大于原作者的估计。根据我们的观察，这件标本应属于在其后发现并命名的 *Changxingaspis gui*，后者长约 35 mm。

目不确定 Incerti ordinis

大庸鱼科 Family Dayongaspidae Pan et Zeng, 1985

模式属 *Dayongaspis* Pan et Zeng, 1985

定义与分类 头甲宽展，呈侧视斗笠形；中背孔近于圆形，并靠近头甲吻缘；眶孔背位，靠近头甲中线；侧背纵管纵贯头甲，具侧横管多达 7 对，中横联络管 2 对；纹饰由细小的星状突起组成。大庸鱼科初建时归于多鳃鱼目（潘江、曾祥渊，1985），现从 Zhu 和 Gai（2006）作为目未指定的科。

鉴别特征 中等大小的盔甲鱼类，头甲宽展，呈侧视斗笠形；吻缘和侧缘连续成缓弧状并于头甲后侧角形成角；角短，三角形，位置靠前；内角发达、叶状、指向后方；中背孔近于圆形、靠近吻缘；眶孔背位，靠近头甲中线和其前方的中背孔，三孔形成紧凑的品字形；松果孔封闭；侧线系统方面，中背纵管欠发育，仅前眶上管存在，而侧背纵管极发达，其前端几达吻缘，向后纵贯头甲，其发出的侧横管短，可多达 7 对，均匀分布于侧背纵管全程，中横联络管 2 对；纹饰由小的星状突起组成。

中国已知属 *Dayongaspis*, *Platycaraspis*, *Microphymaspis*。

分布与时代 湖南、新疆，志留纪兰多维列世早特列奇期。

评注 潘江和曾祥渊（1985）建立本科时认为其中背孔略呈卵圆形，感觉管系统为所谓“典型的多鳃鱼类型”，而将之置于多鳃鱼目。Wang（1991）认为相对于多鳃鱼类，大庸鱼科与汉阳鱼目的汉阳鱼科、修水鱼科的系统发育关系更近，建议将其归入汉阳鱼目。而 Zhu 和 Gai（2006）则将其作为一个目未指定科，认为大庸鱼科虽然和汉阳鱼科、修水鱼科同属于盔甲鱼亚纲的基干类群，但其并不能与汉阳鱼科、修水鱼科共同组成一个单系类群，而是与除汉阳鱼科、修水鱼科之外的盔甲鱼类关系亲近。

大庸鱼属 Genus *Dayongaspis* Pan et Zeng, 1985

模式种 湖南大庸鱼 *Dayongaspis hunanensis* Pan et Zeng, 1985

鉴别特征 中等大小的盔甲鱼；头甲宽约 100 mm，长远小于宽，仅约 60–70 mm，呈侧视斗笠形，吻缘与侧缘组成弓形的弧，并于头甲的后侧角突伸成檐状的短角；头甲侧缘与角的边缘均具三角形小齿；内角极发达，叶状，指向后方；头甲背面，松果孔封闭，而中背孔和两个眶孔彼此聚拢成品字形；其中中背孔近于圆形，逼近吻缘；眶孔中等大小，形圆，背位，趋向头甲中线，眶间距约与中背孔横径等长。侧线系统中，由眶下管和主侧线管组成的侧背纵干管发达，其前端几达吻缘，这对干管向头甲中线靠近而远离头甲侧缘，每支干管自头甲吻缘不远处向后间距均匀地发出 7 条侧横管，其中 4 条位于中横联络管之前，侧横管多数甚短；中背纵管极不发育，只是在中背孔两侧各存在的一小段眶上管而已；中横联络管两条，但均不与对侧者对接。纹饰由呈星状的突起组成，突起大小中等，密而不相互融合。

头甲腹面显示，腹环由前向后宽度快速递增，因此留给口鳃窗的空间相对狭小，口鳃窗宽度不及头甲宽度之半，鳃后壁位于角末端水平线略后。

中国已知种 *Dayongaspis hunanensis*。

分布与时代 湖南，志留纪兰多维列世早特列奇期。

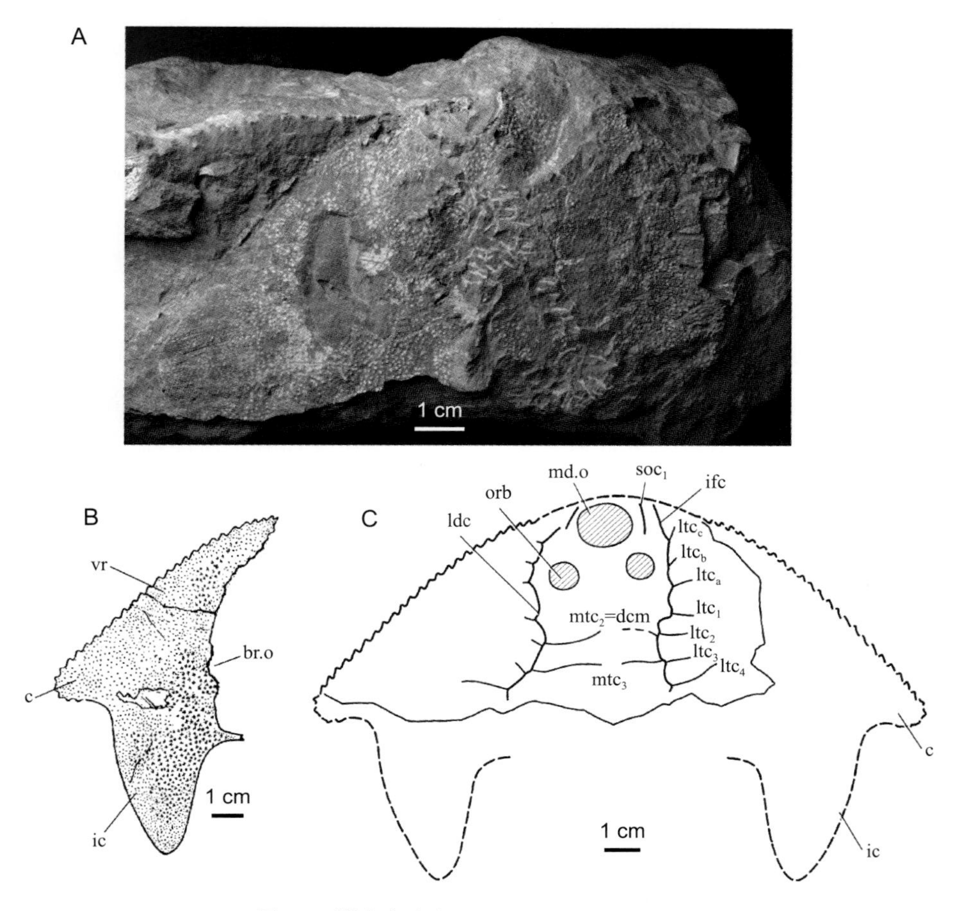

图 79 湖南大庸鱼 *Dayongaspis hunanensis*

A. 一不完整的头甲，其右侧缘、后缘及吻缘残缺，左侧缘完整，正模，GMC V1782a, 背视；B. 一件不完整标本（GMC V1783）的素描图，保存右侧腹环、胸角及其内角，并保存最后一个外鳃孔，腹视；C. 头甲复原图，背视，头甲前部依 GMC V1782，后部依 GMC V1783 复原（B, C 引自潘江、曾祥渊，1985）

湖南大庸鱼 *Dayongaspis hunanensis* Pan et Zeng, 1985

（图 79）

Dayongaspis hunanensis：潘江、曾祥渊，1985

正模 一件后缘缺失的头甲及其外模，中国地质博物馆标本登记号 GMC V1782。

副模 一件右侧腹环及其外模，并保存完整的胸角及内角，中国地质博物馆标本登记号 GMC V1783。

鉴别特征 唯一的种，特征从属。

产地与层位 湖南张家界（原“大庸”）温塘，志留系兰多维列统下特列奇阶溶溪组上部。

评注 复原图依潘江和曾祥渊（1985，图 3）重绘，原文中有关侧横管的描述于不同处分别为 8 条和 7 条，其原文图 3 则为 8 条；考查其图版实显示为 7 条，依此本志于文字和插图中作了修正。

宽头鱼属 Genus *Platycaraspis* Wang, Wang, Zhang, Wang et Zhu, 2002

模式种 天山宽头鱼 *Platycaraspis tianshanensis* Wang, Wang, Zhang, Wang et Zhu, 2002

鉴别特征 头甲宽展，其宽估计不小于 200 mm，长可能小于 100 mm；头甲吻缘不详，侧缘呈极缓的弧形，侧向展开；眶孔中等大小，椭圆形，长轴作前中 - 后侧向，背位，可能靠近头甲中轴；侧线系统目前所知仅限于眶孔至中横联络管之间的部分侧背纵管，该管移近头甲中轴线，较直，其间有侧横管 3 对，均在仅存的 1 对中横联络管之前，侧横管均较短；纹饰由分布均匀而密集的突起组成。

中国已知种 *Platycaraspis tianshanensis*。

分布与时代 新疆，志留纪兰多维列世早特列奇期。

评注 此乃以局部保存的头甲建立的属和属型种，因此了解不足。依据现在所知特征，诸如头甲宽展、眶孔背位和侧线的侧背纵管移近头甲中线，将其归入大庸鱼科，是目前可取的选择。

天山宽头鱼 *Platycaraspis tianshanensis* Wang, Wang, Zhang, Wang et Zhu, 2002

（图 80）

Platycaraspis tianshanensis：王俊卿等，2002

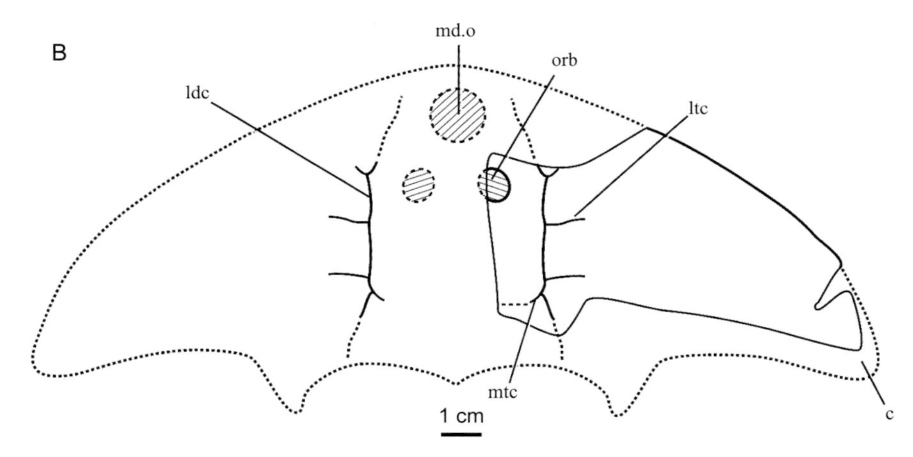

图 80 天山宽头鱼 *Platycaraspis tianshanensis*

A. 一不完整头甲外模，正模，IVPP V13333，腹视；B. 头甲复原图（引自王俊卿等，2002），依正模，缺失部分参考湖南大庸鱼，背视

正模 一件不完整的头甲外模，中国科学院古脊椎动物与古人类研究所标本登记号IVPP V13333。

鉴别特征 唯一的种，特征从属。

产地与层位 新疆柯坪铁力克瓦铁村，志留系兰多维列统下特列奇阶塔塔埃尔塔格组。

评注 经重新观察，头甲侧缘上的若干锯齿小刺（王俊卿等，2002）非自然结构，可能是化石修理所致。

小瘤鱼属 Genus *Microphymaspis* Wang, Wang, Zhang, Wang et Zhu, 2002

模式种 潘氏小瘤鱼 *Microphymaspis pani* Wang, Wang, Zhang, Wang et Zhu, 2002

鉴别特征 个体较大，头甲长估计可达 75 mm。头甲呈侧视斗笠形。中背孔距头甲吻缘较近，宽大于长，宽约为长的 2.8 倍，其前缘微凸。眶孔圆形，位于中背孔侧后方，距后者较远。侧线系统中仅知眶下管和续接其后的主侧线管组成的侧背纵干管前部分，其前端几达吻缘，向后经由眶孔腹方而渐向中线收窄，在收窄区之前计有侧横管 5 支；中背纵干管缺失，中横联络管不详。纹饰由细小而密集的粒状突起组成。

中国已知种 *Microphymaspis pani*。

分布与时代 新疆，志留纪兰多维列世早特列奇期。

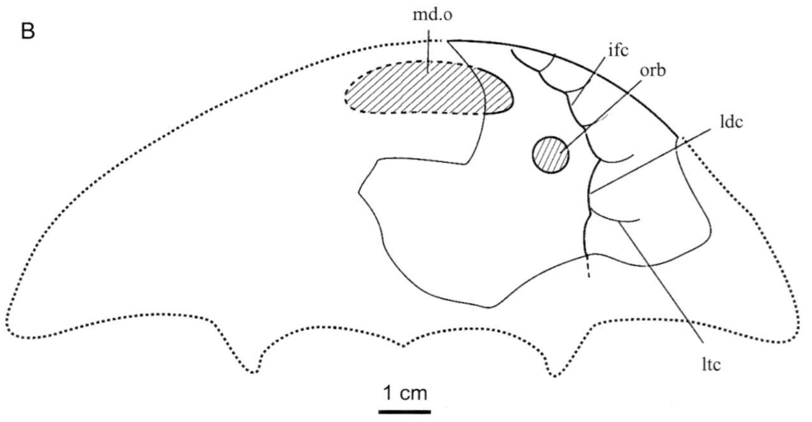

图 81 潘氏小瘤鱼 *Microphymaspis pani*

A. 一不完整头甲的右侧部分，正模，IVPP V1333，背视；B. 头甲复原图（修改自王俊卿等，2002），背视

评注 了解甚少的一个属，原著将其归于修水鱼科。经再观察，原著认为在描述标本中除右侧眶孔外尚保存有左侧眶孔，乃为误判，实际只有右侧眶孔保存。由于这一误判，又导致对头甲侧缘走向的误判，而得出头甲为卵圆形的推断。实际头甲侧缘应类似于大庸鱼（*Dayongaspis*）和宽头鱼（*Platycaraspis*）侧向展开，头甲呈侧视斗笠形，因此，本志将其列入大庸鱼科。

至于这个属与出于同一地点和层位的 *Platycaraspis* 之间的关系，由于受二者均只保存部分头甲所限，目前难以确定，但是二者个体都大，特别是纹饰都是由小而密集的粒状突起组成，因此不禁让人怀疑它们是否会是同一个属甚或同一个种。

潘氏小瘤鱼 *Microphymaspis pani* Wang, Wang, Zhang, Wang et Zhu, 2002

（图 81）

Microphymaspis pani：王俊卿等，2002

正模 一件不完整的头甲，中国科学院古脊椎动物与古人类研究所标本登记号 IVPP V13332。

鉴别特征 唯一的种，特征从属。

产地与层位 新疆柯坪铁力克瓦铁村，志留系兰多维列统下特列奇阶塔塔埃尔塔格组。

真盔甲鱼目 Order EUGALEASPIFORMES Liu,1980

概述 该目最初名称为 Galeaspiformes Liu, 1965，缘自本目最早建立的属 *Galeaspis* Liu, 1965；其后发现该属名在此之前已用于无脊椎动物三叶虫，因此将该盔甲鱼易名为 *Eugaleaspis* Liu, 1980, 同时将科和目名称也分别由 Galeaspidae, Galeaspiformes 易名为 Eugaleaspidae Liu, 1980 和 Eugaleaspiformes Liu, 1980。真盔甲鱼目以三角形头甲、头甲于背中联络管之后的部分缩短、梨形至裂隙形纵长的中背孔为主要特征，包括中华盔甲鱼科和真盔甲鱼科。中华盔甲鱼科包括中华盔甲鱼、曙鱼、煤山鱼、安吉鱼，个体普遍较小，具有梨形的中背孔、棘状的内角、4 对侧横管等特征，但是中华盔甲鱼科可能是一个并系类群，其中曙鱼可能代表了整个真盔甲鱼目最基干的类型，而山口中华盔甲鱼可能与真盔甲鱼科有着更近的亲缘关系。真盔甲鱼科包括云南盔甲鱼、憨鱼、翼角鱼、三尖鱼、盾鱼、真盔甲鱼，个体较大，具有裂隙形的中背孔、叶状内角或内角丢失、第 4 侧横管丢失等特征，其中翼角鱼和三尖鱼还具有长的吻突和侧向延伸的角，跟华南鱼目有点类似，可能属于平行演化。真盔甲鱼目大部分具有 6 对鳃囊，与基干类群的修水鱼保持一致，可能代表了盔甲鱼类的原始状态。

定义与分类 头甲呈三角形，吻缘圆钝间或引长为吻突；头甲在背联络管之后的部分相对较短；角发育，通常呈棘状，内角在有些种类消失；中背孔长大于宽，由纵长椭圆形至裂隙状；侧线系统由眶下管和主侧线组成的侧背纵管、侧横管及背联络管组成，后眶上管呈倒八字形；鳃囊6对。包括两个科：中华盔甲鱼科和真盔甲鱼科。

形态特征 头甲背腹扁平，其鳃后区部分较短，背视头甲呈半圆形至三角形，吻缘圆钝、间或突伸成吻突；角和内角均发育，内角可次生消失；中背孔纵长，呈长椭圆形至裂隙状；眶孔大，背位；松果孔大多封闭；侧线系统中侧背纵管和中背纵管均发达，但在甚多的早期种类里中背纵管萎缩，仅后眶上管尚部分残留，呈倒八字形分布于眶孔的背侧；鳃穴6对。

分布与时代 云南、广西、重庆、浙江、江西，志留纪兰多维列世晚特列奇期—早泥盆世布拉格期。

中华盔甲鱼科 Family Sinogaleaspidae Pan et Wang, 1980

模式属 *Sinogaleaspis* Pan et Wang, 1980

定义与分类 该科成员个体普遍较小，具有纵长的椭圆形或梨形的中背孔，棘状的内角，4–7对侧横管等。这些特征可能仅仅代表了真盔甲鱼目的原始特征。该科包括4个属：中华盔甲鱼（*Sinogaleaspis*）、曙鱼（*Shuyu*）、煤山鱼（*Meishanaspis*）和安吉鱼（*Anjiaspis*）。该科的成员可能并不构成一个单系类群，而是一个并系类群，其中曙鱼代表了整个真盔甲鱼目最基干的类型，而山口中华盔甲鱼可能与真盔甲鱼科有着更近的亲缘关系。该科成员代表了真盔甲鱼目早期的演化阶段，均出现于志留纪兰多维列世晚特列奇期。中华盔甲鱼科是目前已发现最早的真盔甲鱼类。

鉴别特征 通常为较小的盔甲鱼类，头甲呈三角形，具发育的角与内角，内角成棘状。中背孔呈纵长的椭圆形或梨形。侧线系统中侧背管发育，具4对以上侧横管，后眶上管呈倒八字形。纹饰为粒状突起。

中国已知属 *Sinogaleaspis*, *Shuyu*, *Anjiaspis*, *Meishanaspis*。

分布与时代 浙江、江西，志留纪兰多维列世晚特列奇期。

中华盔甲鱼属 Genus *Sinogaleaspis* Pan et Wang, 1980

模式种 山口中华盔甲鱼 *Sinogaleaspis shankouensis* Pan et Wang, 1980

鉴别特征 个体小的盔甲鱼，头甲呈吻缘圆钝的三角形，长约19 mm，长略大于宽；角发育，其长将近头甲中长的1/2，内角棘状，短小；中背孔狭长，其宽略小于长的

1/3，前端不及头甲前缘，后端达眶孔中心水平线；眶孔大、背位；松果孔位于眶孔后缘水平线上，也即头甲中长的中分线上；侧线系统分外发育，其中前眶上管略呈倒置漏斗形，后眶上管呈 V 形，二者隔空相望而不对接；中背管近于相互平行，前端承接楔入的 V 形后眶上管，后端相互对接略呈 W 形；侧背管之眶下管部分的前端由眶孔下前方头甲边缘始，向后弯曲地绕经眶孔下方，至主侧线部分平行后延直达头甲后缘；中横联络管 3 对，侧横管 4 对；纹饰可能为粒状突起。

中国已知种 *Sinogaleaspis shankouensis*, ‘*S.*’ *xikengensis*。

分布与时代 江西，志留纪兰多维列世晚特列奇期。

评注 中华盔甲鱼属为潘江和王士涛（1980）创立，当时包括属型种山口中华盔甲鱼（*Sinogalaspis shankouensis*）和西坑中华盔甲鱼（‘*S.*’ *xikengensis*），标本均采于江西修水同一个化石点。潘江（1986a）依据浙江长兴茅山组的标本建立了中华盔甲鱼属的第三个种——浙江中华盔甲鱼 ‘*S.*’ *zhejiangensis*，其后潘氏（Pan, 1992）认为同样产自浙江长兴的雷曼煤山鱼（*Meishanaspis lehmani* Wang, 1991）应是 ‘*S.*’ *zhejiangensis* 的同物异名。盖志琨等（2005）依据新增加的采自长兴的标本，对 *M. lehmani* 和 ‘*S.*’ *zhejiangensis* 二者做了重大的补充和修正，确认 *M. lehmani* 的有效性；同时基于 ‘*S.*’ *zhejiangensis* 与属型种 *S. shankouensis* 间的显著不同，示意有待为之建立新属，从而在 ‘*S.*’ *zhejiangensis* 的属名上加了引号；盖志琨等同样表示 ‘*S.*’ *xikengensis* 以中背孔短而极近头甲吻缘有别于属型种，亦应从 *Sinogaleaspis* 中排除，从而于属名加上引号。Gai 等（2011）为 ‘*S.*’ *zhejiangensis* 建立了一个新属——曙鱼 *Shuyu*。目前，‘*S.*’ *xikengensis* 依然了解不足，特别是侧线系统不详，因此本志中仍将其以 ‘*Sinogaleaspis*’ *xikengensis* 的方式处置，以示位置待定。

山口中华盔甲鱼 *Sinogaleaspis shankouensis* Pan et Wang, 1980

（图 82）

Sinogaleaspis shankouensis：潘江、王士涛，1980；刘玉海，1986；盖志琨等，2005

正模 一件近于完整头甲及其外模，中国地质博物馆标本登记号 GMC V1751。

副模 一件近于完整头甲及其外模，中国地质博物馆标本登记号 GMC V1752。

模式产地 江西修水三都西坑山口。

鉴别特征 唯一的种，特征从属。

产地与层位 江西修水三都西坑山口，志留系兰多维列统上特列奇阶茅山组下段。

评注 潘江和王士涛（1980）认为 *Sinogaleaspis shankouensis* 和 *S. xikengensis* 的松果孔均洞穿背甲。经我们对原标本重新观察，两个种的松果孔都是封闭的。潘江和王

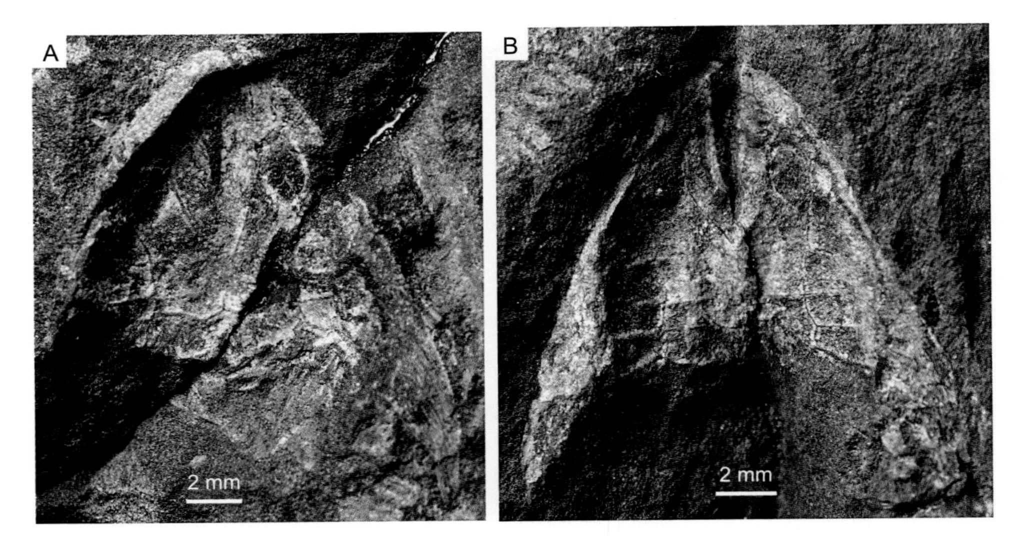

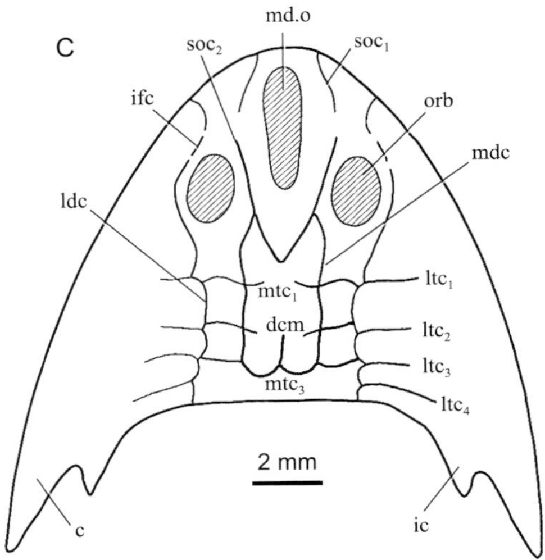

图 82 山口中华盔甲鱼 *Sinogaleaspis shankouensis*

A. 一近于完整的头甲外模，左侧保存腹环，GMC V1752，腹视；B. 一近于完整的头甲外模，吻缘及侧缘保存部分腹环，正模，IVPP V1751，腹视；C. 头甲复原图（引自潘江、王士涛，1980），背视

士涛（1980）的正文中，正型标本为 GMC V1752；而在图版说明中，正型标本指定为 GMC V1751。由于标本 GMC V1751 好于 GMC V1752，并作为复原图的主要依据，本志认为正文中的指定可能系笔误。

西坑‘中华盔甲鱼’‘*Sinogaleaspis*’ *xikengensis* Pan et Wang，1980

（图 83）

Sinogaleaspis xikengensis：潘江、王士涛，1980

'*Sinogaleaspis*' *xikengensis*：盖志琨等，2005

正模 一件近于完整的头甲及其外模，中国地质博物馆标本登记号 GMC V1753。

模式产地 江西修水三都。

鉴别特征 小型盔甲鱼。头甲略呈吻端圆钝的三角形，长约 18 mm，中长约 11 mm，宽约 15 mm；角呈内弯的镰刀形，内角较小、短棘状；中背孔长椭圆形，前端几达吻缘，而后端仅至眶孔前缘至头甲前缘的约后 2/5 界线处；眶孔较小，位置靠后，约处于头甲吻缘至后缘的中分线上；松果孔封闭，处于眶孔中心连线上；纹饰由细小的粒状突起组成；侧线系统不详。

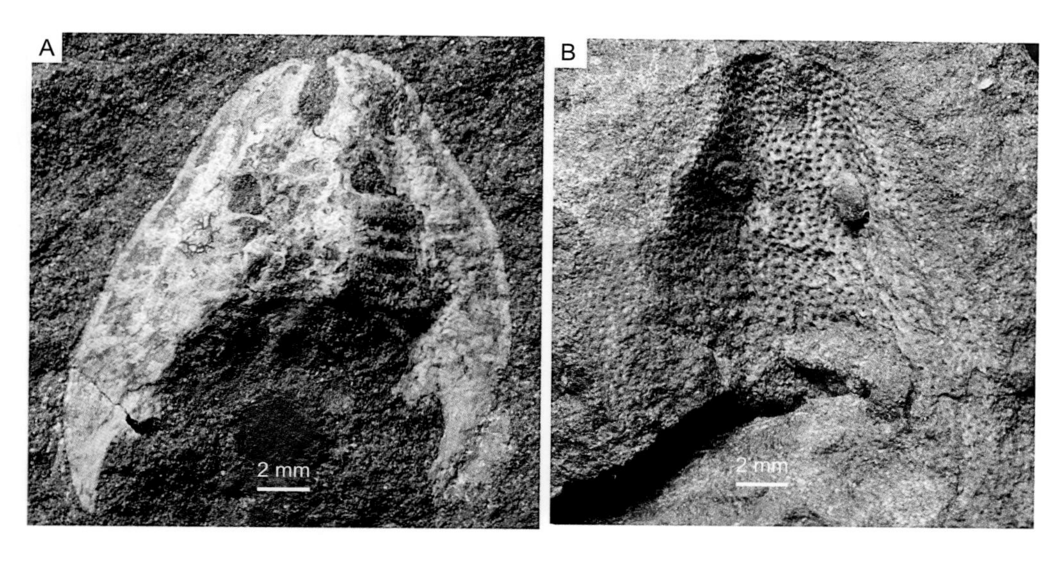

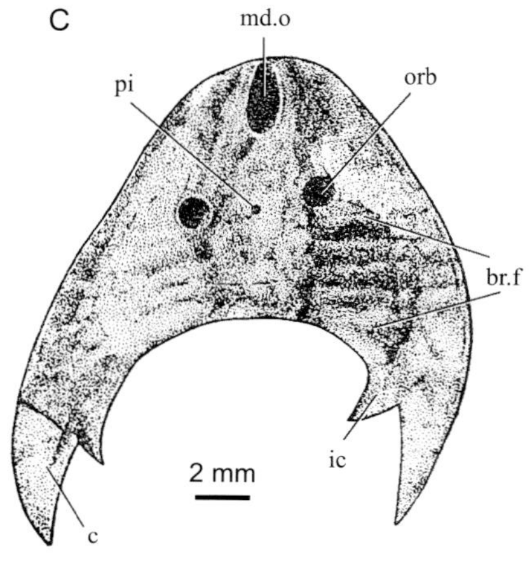

图 83 西坑'中华盔甲鱼''*Sinogaleaspis*' *xikengensis*

A, B. 一近于完整的头甲及其外模，正模 GMC V1753，A，头甲，背视，B，外模，腹视；C. 头甲复原图（引自潘江、王士涛，1980），背视

产地与层位 江西修水三都西坑山口，志留系兰多维列统上特列奇阶茅山组下段。

评注 该种在头甲大小、形状方面与属型种 *Sinogaleaspis shankouensis* 和 *Shuyu zhejiangensis* 均甚相近；但其中背孔较短，前端达于头甲吻缘，而后端远不及眶孔前缘，则接近 *Shuyu zhejiangensis*，而明显有别于 *Sinogaleaspis shankouensis*。由于其关键特征侧线分布不详，其确切分类位置有待新证据。

曙鱼属 Genus *Shuyu* Gai, Donoghue, Zhu, Janvier et Stampanoni, 2011

模式种 浙江曙鱼 *Shuyu zhejiangensis*（Pan, 1986）Gai, Donoghue, Zhu, Janvier et Stampanoni, 2011

鉴别特征 个体较小的盔甲鱼。头甲呈横宽的三角形，长约 13 mm，中长约 10 mm，宽约 17 mm。头甲背面沿中轴线显著隆起，吻缘和侧缘呈平缓弧形。眶孔圆形，中等大小，位置靠前。中背孔呈纵长的椭圆形，前端达头甲吻缘。松果孔位于眶孔后缘联线上。侧线系统中的后眶上管甚短，仅存在于眶孔的前内侧，呈倒八字形；包含眶下管和主侧线管的侧背管前端始于眶孔前侧方，下行微向内弯、接近平行；侧横管 6 对；背联络管 1 对、互相对接，其两侧横平而中部略凹；腹环后部不封闭，鳃囊 6 对。纹饰为均匀分布的细小粒状突起。

中国已知种 *Shuyu zhejiangensis*。

分布与时代 浙江，志留纪兰多维列世晚特列奇期。

评注 盖志琨等（2005）系统发育分析结果表明，归入中华盔甲鱼属的 3 个种山口中华盔甲鱼（*Sinogaleaspis shankouensis*）、西坑‘中华盔甲鱼’（‘*S.*’ *xikengensis*）和浙江‘中华盔甲鱼’（‘*S.*’ *zhejiangensis*）组成的是一个并系类群。属型种 *S. shankouensis* 以中背孔前端离开吻缘、眶孔外侧的侧横管缺失、中背管发育等裔征而可能与云南盔甲鱼属及其姐妹群有着更近的亲缘关系。而‘*S.*’ *zhejiangensis* 眶孔外侧的眶下管上具 2 条侧横管、中背管不发育，这些特征在它的外群中亦存在，应为近祖特征，所以浙江‘中华盔甲鱼’可能处在更靠近真盔甲鱼类演化基干的位置上。鉴于以上原因，浙江‘中华盔甲鱼’可能并不能归到中华盔甲鱼属，于是 Gai 等（2011）为‘*S.*’ *zhejiangensis* 建立了一个新属——曙鱼（*Shuyu*）。

浙江曙鱼 *Shuyu zhejiangensis* (Pan, 1986) Gai, Donoghue, Zhu, Janvier et Stampanoni, 2011

（图 84，图 85）

Sinogaleaspis zhejiangensis：潘江，1986a

‘*Sinogaleaspis*’ *zhejiangensis*：盖志琨等，2005

Shuyu zhejiangensis：Gai et al., 2011

正模 一件头甲，中国地质博物馆标本登记号 GMC V1781。

归入标本 9 件头甲，中国科学院古脊椎动物与古人类研究所标本登记号 IVPP V14330.1–9，其中 V14330.2、V14330.7 为近于完整的头甲；保存不完整的头甲 5 件，登记号 IVPP V14334.1–5，脑颅有较好地显示。

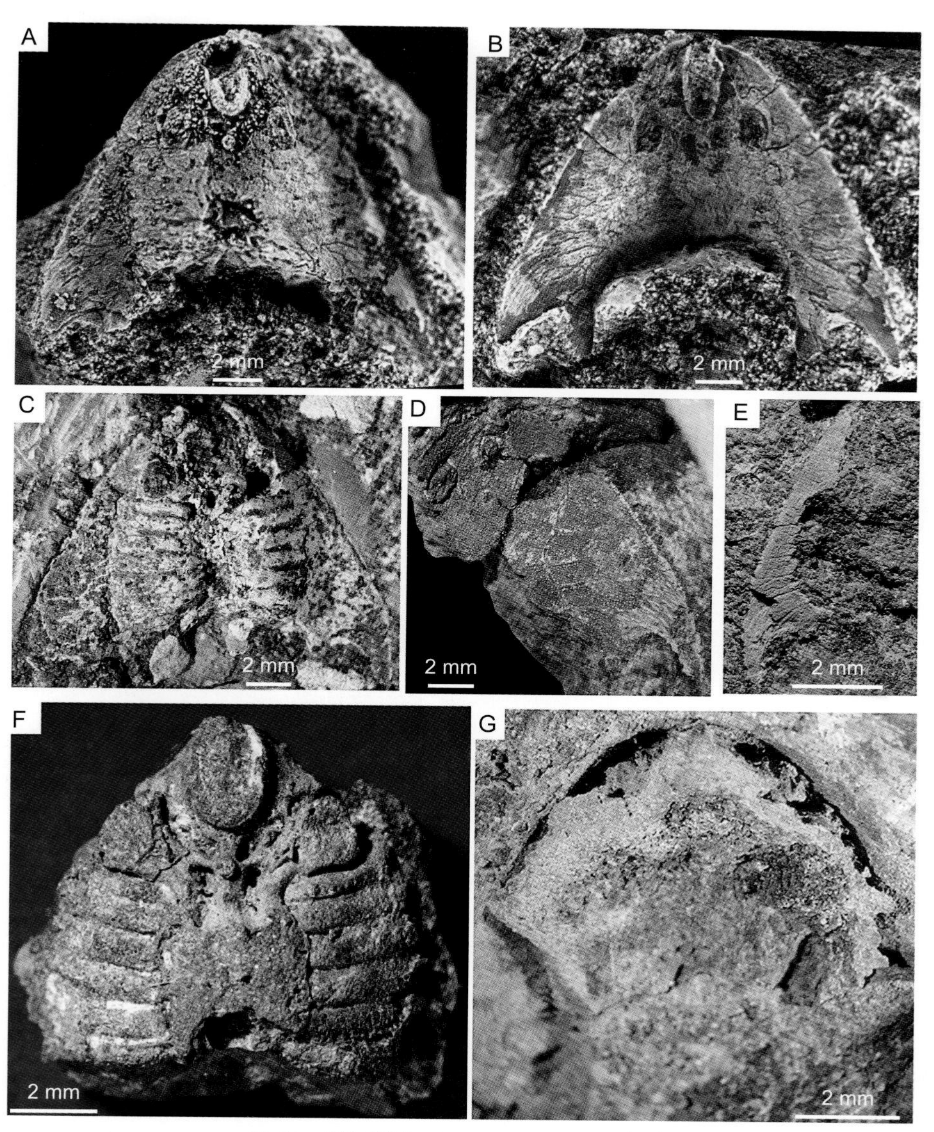

图 84 浙江曙鱼 *Shuyu zhejiangensis* 标本

A, B. 一完整头甲及其外模，正模 , A，GMC V1781, 背视，B，外模，GMC V1782, 腹视；C. 一近于完整的头甲内模，IVPPV 14330.2a，背视；D. 一不完整头甲的外模，IVPPV 14330.3，腹视，示感觉管系统；E. 一不完整头甲的腹环，IVPP V14334.11，腹视，示 6 个外鳃孔；F, G. 一完整脑颅的自然内模，IVPP V14334.1，F，背视，示鼻囊、眶孔、鳃囊、脑腔的内模，G，腹视，示口鳃腔

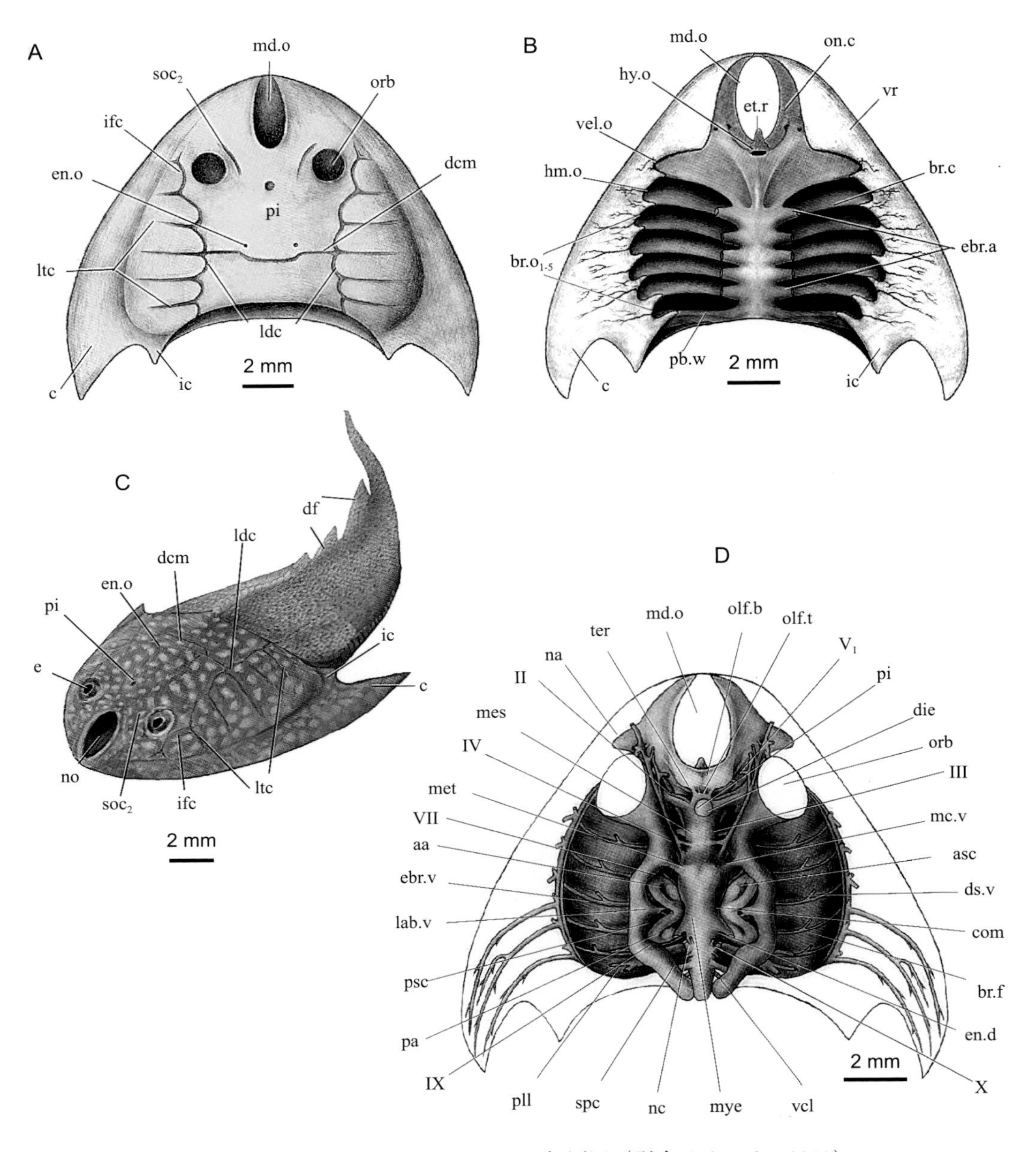

图 85　浙江曙鱼 *Shuyu zhejiangensis* 复原图（引自 Gai et al.，2011）
A, B. 头甲复原图，A, 背视，B，腹视；C. 头甲及身体复原图，前侧视；D. 脑颅复原，背视

模式产地　浙江长兴。

鉴别特征　唯一的种，特征从属。

产地与层位　浙江长兴，志留系兰多维列统上特列奇阶茅山组。

煤山鱼属 Genus *Meishanaspis* Wang, 1991

模式种 雷曼煤山鱼 *Meishanaspis lehmani* Wang, 1991

鉴别特征 中等大小的盔甲鱼；头甲呈横宽的三角形，长约 32 mm，宽约 42 mm；角与内角均发育，皆作内弯的棘状，内角远短于角；中背孔纵长椭圆形，其前缘接近头甲前缘，后缘几达两眶孔前缘联线；眶孔大小中等，眶孔间距约为头甲中长的 1/3；松果孔位于两眶孔后缘联线上；侧线系统中，两后眶上管略呈浅漏斗形，前端始于眶孔前方，绕经眶孔内侧止于眶孔后缘联线之前，中背管是否发育不确定，但唯一的中横联络管两侧水平而中部呈浅弧形后凹，暗示中背管可能存在；两侧的连续的眶下管和侧背管呈中部深度弯向头甲中线的双凹形，中横联络管连接于双凹形的顶部；侧横管间距较均匀，多达 6 对；纹饰为具放射脊纹的星状突起，均匀分布。

中国已知种 *Meishanaspis lehmani*。

分布与时代 浙江，志留纪兰多维列世晚特列奇期。

评注 盖志琨等（2005）根据新增加的材料对 *Meishanaspis lehmani* 做了重要补充和订正。就对所有现有标本的再观察发现：侧横管应仅 6 支，其中 4 支而不是 5 支在背联络管之前；头甲边缘并不具锯齿状小齿，盖志琨等所依据的标本 IVPP V14331 头甲边缘参差不齐，乃是在采集或室内修理中人工造成的，在其他标本如 IVPP V8298，IVPP V14331.2 等均不具锯齿足以佐证。

雷曼煤山鱼 *Meishanaspis lehmani* Wang, 1991

（图 86）

Meishanaspis lehmani：Wang, 1991；盖志琨等，2005

Sinogaleaspis zhejiangensis：Pan, 1992

正模 一件近完整的头甲及其外模，中国科学院古脊椎动物与古人类研究所标本登记号 IVPP V8298。

归入标本 两件不完整的头甲及其外模，中国科学院古脊椎动物与古人类研究所标本登记号 IVPP V14331.1, V14331.2，其中 V14331.1 纹饰和侧线较清晰。

模式产地 浙江长兴。

鉴别特征 唯一的种，特征从属。

产地与层位 浙江长兴煤山，志留系兰多维列统上特列奇阶茅山组。

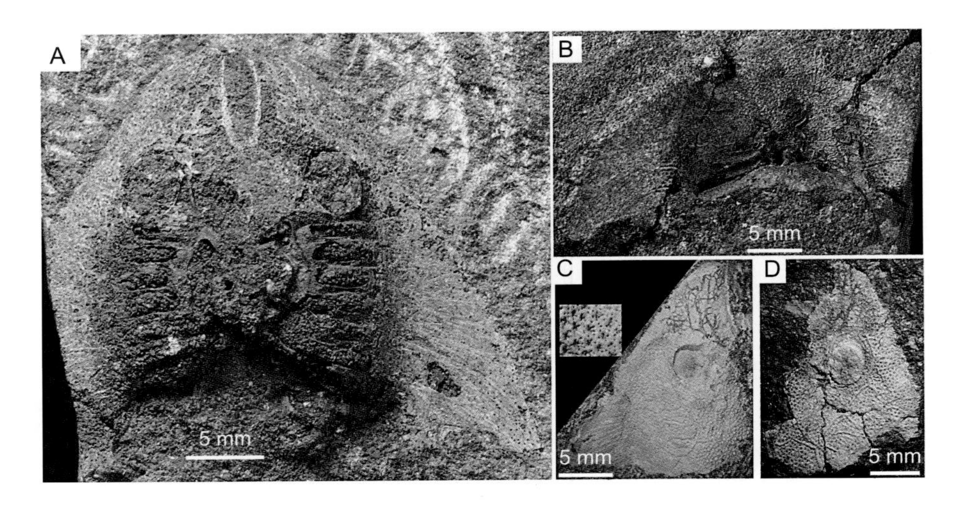

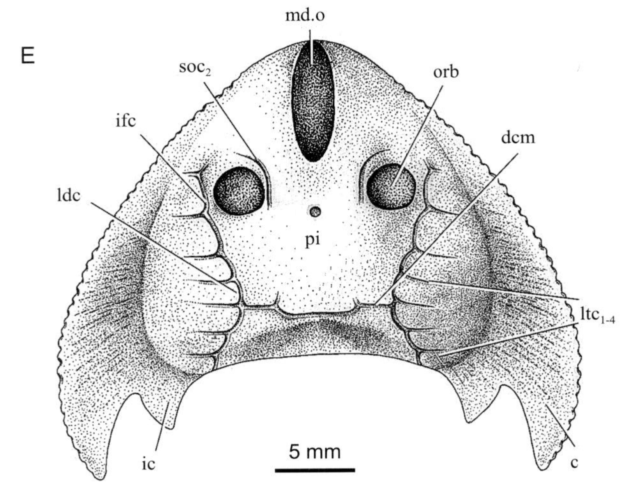

图 86　雷曼煤山鱼 *Meishanaspis lehmani*

A, B. 一近乎完整的头甲及其外模，正模，IVPP V8298.a, b, A，头甲，背视，B，外模，腹视；C, D. 一不完整头甲、外模及其头甲纹饰的局部放大，IVPP V14331.1a, b；E. 头甲复原图（引自盖志琨等，2005），背视

安吉鱼属 Genus *Anjiaspis* Gai et Zhu, 2005

模式种　*Anjiaspis reticularis* Gai et Zhu, 2005

鉴别特征　体形较小的盔甲鱼。头甲呈横宽的三角形，长约 19 mm，宽稍大于长；头甲边缘作锯齿状；角与内角均不甚发达，呈短棘状；中背孔纵长、滴水状，前端稍尖、远离头甲吻缘，中背孔前端与头甲吻缘间距约与中背孔纵轴等长，后端圆钝远居眶孔之前，与眶孔后缘水平线之距相当眶孔的直径；眶孔小、靠近头甲中线，眶前区长、居于头甲中长的中分线后；松果孔位于两眶孔中心连线上；侧线系统不详；鳃穴 6 对；纹饰为分布均匀的细小疣突。

中国已知种 *Anjiaspis reticularis*。

分布与时代 浙江，志留纪兰多维列世晚特列奇期。

网状安吉鱼 *Anjiaspis reticularis* Gai et Zhu, 2005

（图 87）

Anjiaspis reticularis：盖志琨、朱敏，2005

正模 一件较完整的头甲，中国科学院古脊椎动物与古人类研究所标本登记号 IVPP V14332.1。

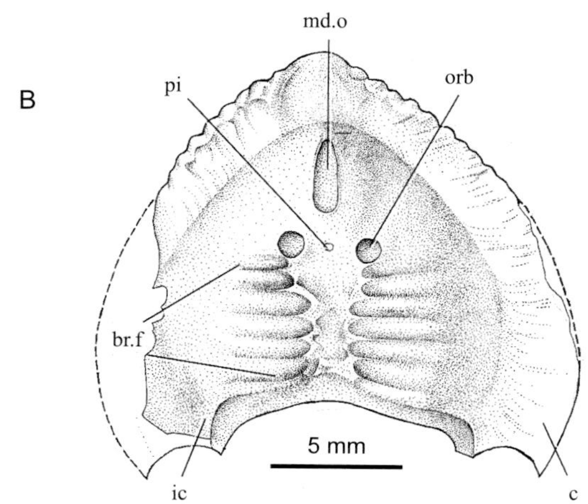

图 87 网状安吉鱼 *Anjiaspis reticularis*

A. 一近乎完整的头甲，正模，IVPP V14332.1，背视；B，头甲复原图（引自盖志琨、朱敏，2005），依正模，背视

副模 两件不完整头甲及其外模，中国科学院古脊椎动物与古人类研究所标本登记号 IVPP V14332.2A, B，V14332.3A, B。

模式产地 浙江安吉。

鉴别特征 唯一的种，特征从属。

产地与层位 浙江安吉，志留系兰多维列统上特列奇阶茅山组。

评注 该种曾被认为具有格栅状布局的侧线系统（盖志琨、朱敏，2005）。经重新观察，原描述中的侧线实际是对皮下脉管丛的误判。其所谓的感觉管呈现于头甲内（脏）面，呈脊状，粗细不匀，常由粗渐细而尖灭，且有丛生和网络现象，而不是规律地格栅状分布。虽然盔甲鱼类的感觉管有时也会呈脊状反映在头甲内面，由于在一个个体内所有感觉管的直径都是一致的，不因所处位置而有所增减，所以其反映在头甲内面的脊自然也是粗细一致，从而有别于脉络所形成的脊。该种还被认为存在洞开的内淋巴孔和松果孔（盖志琨、朱敏，2005），经标本的再观察，未见松果体洞穿头甲背面以及内淋巴管开口。头甲边缘锯齿状小齿是自然的抑或标本修理过程中人工造成的，尚有待证实。

真盔甲鱼科 Family Eugaleaspidae (Liu, 1965) Liu, 1980

模式属 *Eugaleaspis* (Liu, 1965) Liu, 1980

定义与分类 该科系刘玉海（1965）建立，因与三叶虫重名，更名为真盔甲鱼科 Eugaleaspidae Liu, 1980。定义该科的特征组合有：具有裂隙形的中背孔，叶状内角或内角丢失，中背纵管发达，第四侧横管丢失等。归入到该科的真盔甲鱼（*Eugaleaspis*）、云南盔甲鱼（*Yunnanogaleaspis*）、憨鱼（*Nochelaspis*）、翼角鱼（*Pterogonaspis*）、三尖鱼（*Tridensaspis*）、盾鱼（*Dunyu*）6 属组成一个单系类群，代表了真盔甲鱼目的晚期分化。该科中的翼角鱼和三尖鱼具有长长的吻突和侧向延伸的角，与华南鱼目有几分相像，可能属于平行演化。

鉴别特征 本科成员大为分化，头甲半圆形至三角形，吻缘间或引长成吻突；角发达，内角叶状或完全消失；中背孔狭长、裂隙状；眶下管与主侧线管组成的侧背干管仅具 3 条侧横管，中背纵管与后眶上管流畅衔接形成引长的 U 形。

中国已知属 *Eugaleaspis, Dunyu, Pterogonaspis, Tridensaspis, Nochelaspis, Yunnanogaleaspis*。

分布与时代 云南、广西、重庆，志留纪兰多维列世晚特列奇期—早泥盆世布拉格期。

评注 本科成员均分布于中国南方，是盔甲鱼亚纲中延续时间最长的一个科。经重新观察，秀甲鱼（*Geraspis*）（潘江、陈烈祖，1993）与秀山盾鱼（*Dunyu xiushanensis*）（刘时藩，1983；Zhu et al., 2012）有颇多相似之处，其中背孔或有可能是裂隙形，因此存在 *Geraspis* 隶属真盔甲鱼科的可能。若此观察成立的话，中特列奇期的 *Geraspis* 将成为真盔甲鱼科的最早代表。

真盔甲鱼属 Genus *Eugaleaspis* (Liu, 1965) Liu, 1980

模式种 张氏真盔甲鱼 *Eugaleaspis changi* Liu, 1965

鉴别特征 头甲呈半圆形，吻端圆钝、与侧缘形成连续的弧形，侧缘于头甲后侧端继续延伸构成末端指向后侧方的角，内角缺如。头甲吻缘和侧缘平展呈半环形帽檐状、与头甲腹面的腹环相对应，半环檐内头甲作弓形隆起，其高度由前而后递增。中背孔裂隙状，宽、长比率 >0.2，其后端越过眶孔中心连线以远。松果孔封闭，远在眶孔后缘连线之后。侧线系统中前眶上管与后眶上管不衔接间或作折线对接，后眶上管和中背管二者连续过渡，两侧中背管后端会合呈 U 形，背联络管 1 条；由眶下管与主侧线管组成的侧背干管于主侧线管部分具 3 条侧横管，眶下管波形折曲暗示 2–3 条侧横管消失后的残迹。

中国已知种 *Eugaleaspis changi*，*E. xujiachongensis*，*E. lianhuashanensis*。

分布与时代 云南、广西，早泥盆世洛霍考夫期—布拉格期。

评注 原归入该属的秀山真盔甲鱼（*Eugaleaspis xiushanensis*）（刘时藩，1983）经重新研究后归到了盾鱼（*Dunyu*）(Zhu et al., 2012)。

张氏真盔甲鱼 *Eugaleaspis changi* (Liu, 1965) Liu, 1980

（图 88）

Galeaspis changi：刘玉海，1965；刘玉海，1975

Eugaleaspis changi：刘玉海，1980

正模 一件完整的头甲内、外模，中国科学院古脊椎动物与古人类研究所标本登记号 IVPP V2981。

模式产地 云南曲靖麒麟区寥廓山（“廖角山”）。

鉴别特征 中等大小的真盔甲鱼，头甲长 45 mm, 中长 37 mm，头甲宽与长的比率约为 1.3。中背孔两侧缘平行，长 20 mm，其宽与长的比率约 0.12，该孔后端达眶孔后缘连线。松果斑靠后，距头甲吻缘 23 mm，远长于至头甲后缘的距离，二者间的比率约 1.6。眶孔较大，朝向背侧方，眼间距与横穿眶孔中心延线处头甲宽的比率约为 0.45。前眶上管不与后眶上管连接；侧背干管眶下管部分较短，作波形折曲暗示侧横管退化的遗迹，主侧线管部分具侧横管 3 对，侧向伸延甚远。纹饰由粒状突起组成，由头甲边缘向中央突起有增大趋势，环眶孔和中背孔的疣突拉长并作长轴与孔缘垂直排列。

产地与层位 云南曲靖麒麟区寥廓山，下泥盆统下洛霍考夫阶翠峰山群西山村组。

评注 刘玉海（1965, 1975）将张氏真盔甲鱼（*Eugaleaspis changi*）的层位记述为西屯组（原文“翠峰山组泥灰岩段”）。经野外重新确认，刘玉海对张氏真盔甲鱼和小眼南

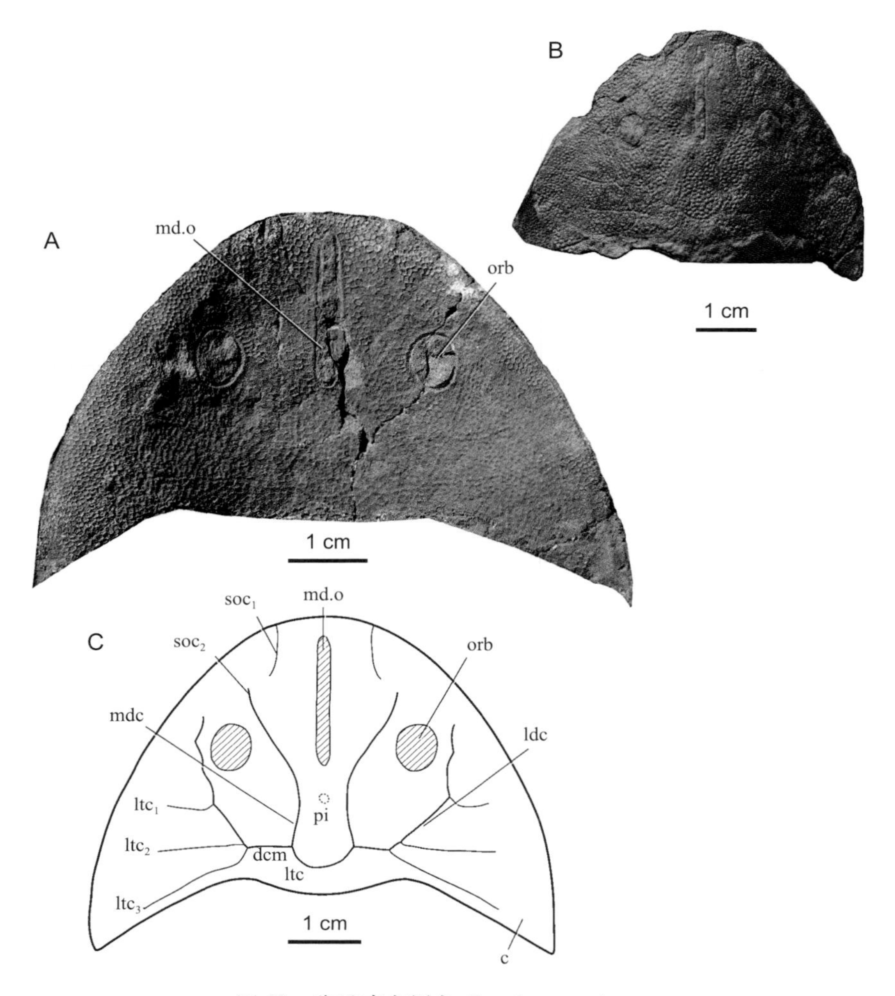

图 88 张氏真盔甲鱼 *Eugaleaspis changi*
A, B. 一完整头甲及其外模，正模，IVPP V2981，A，外模，腹视，B，头甲，背视；C. 头甲复原图（引自刘玉海，1975），背视

盘鱼（*Nanpanaspis microculus*）（刘玉海，1965, 1975）以及节甲鱼类云南斯氏鱼（*Szelepis yunnanensis*）（刘玉海，1979）的产出层位作出更正，其产出层位应为西山村组（即砂岩段）而非西屯组（即泥灰岩段）。

徐家冲真盔甲鱼 *Eugaleaspis xujiachongensis* (Liu, 1975) Liu, 1980

（图 89）

Galeaspis xujiachongensis：刘玉海，1975

Eugaleaspis xujiachongensis：刘玉海，1980

Eugaleaspis qujingensis：方润森等，1985

正模 一件完整的头甲及其背面外模，中国科学院古脊椎动物与古人类研究所标本登记号 IVPP V4415。

归入标本 一件部分保存的头甲，中国科学院古脊椎动物与古人类研究所标本登记号 IVPP V4415.1；一件不完整的头甲，云南地质局地质研究所标本登记号 IGYGB 821406。

模式产地 云南曲靖麒麟区西城街道（原“西山乡”）徐家冲。

鉴别特征 本属中个体较大的种，头甲长 67 mm，宽 91 mm，中长 48 mm。角向后侧方伸展，其后缘于基部略凹进成浅窦，而于末端凹进呈喙状。中背孔裂隙状、近后端

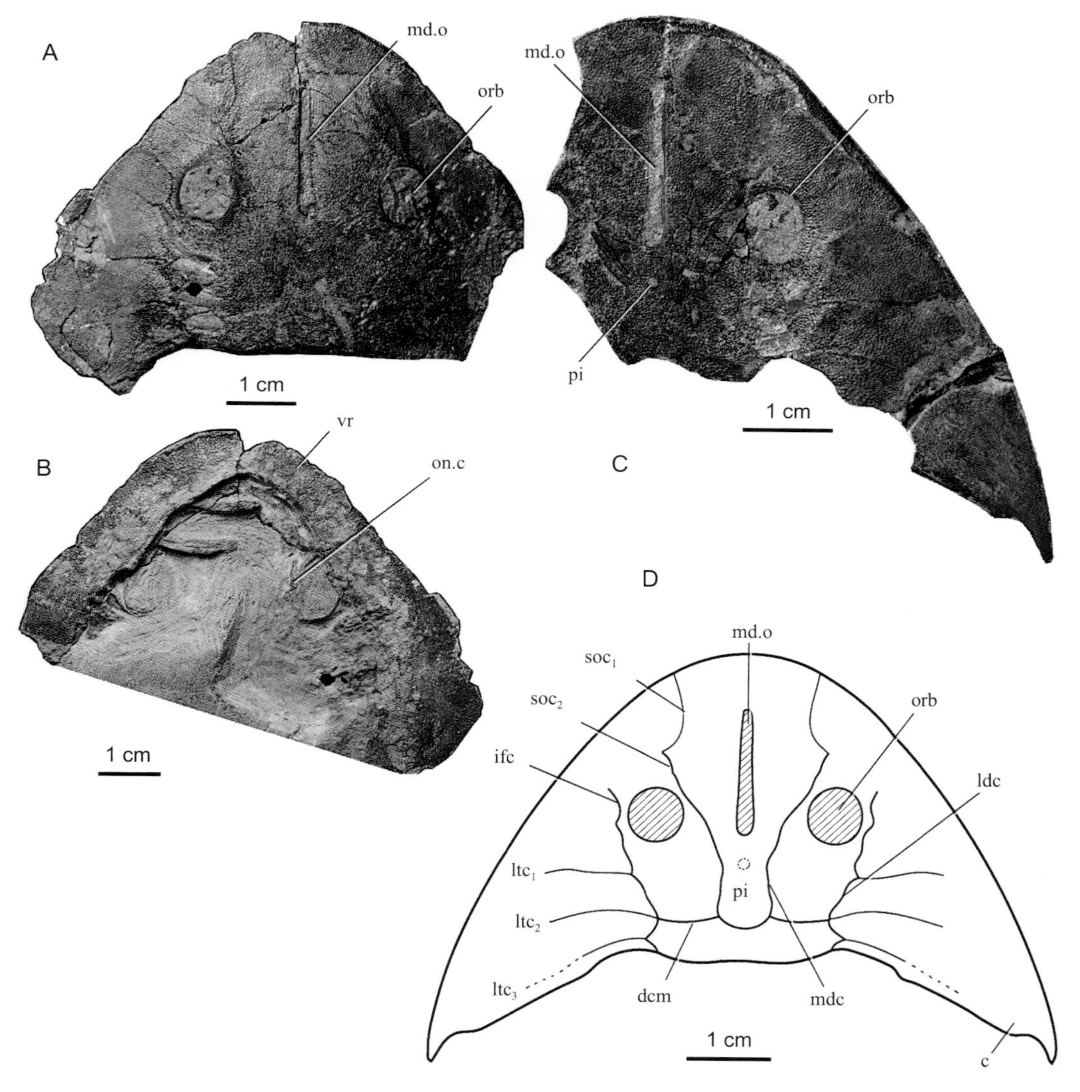

图 89 徐家冲真盔甲鱼 *Eugaleaspis xujiachongensis*

A–C. 一完整头甲及其外模，正模，IVPP V4415a, b，A, 头甲，背视，B, 头甲，腹视，C，外模，腹视；D. 头甲复原图（引自刘玉海，1975），背视

稍膨大，后端止于眶孔后缘水平线稍前，该孔宽与长的比率约为0.11。眶孔大而位置靠后，眶前区仅略长于眶后区。松果孔封闭，位偏后，松果后区与松果前区之比约为0.43。侧线系统中前眶上管与后眶上管作约90°的折曲衔接。组成纹饰的突起较细小，密集而分布均匀。

产地与层位 云南曲靖麒麟区西城街道徐家冲，下泥盆统布拉格阶翠峰山群徐家冲组。

评注 这里视曲靖真盔甲鱼 *Eugaleaspis qujingensis* Cao, 1985 为 *E. xujiachongensis* 的同物异名。被认为前者区别于后者的主要之点在于头甲小、窄，中背孔直达头甲吻缘，眶孔紧靠头甲侧缘（方润森等，1985，107页，图版29-1）。*Eugaleaspis xujiachongensis* 的头甲犹如半边草帽，吻缘和侧缘水平展开成檐状，与头甲腹面的腹环大致相对应，在此檐内侧头甲由前向后渐次隆起，中背孔、眶孔、松果斑等器官则居于此隆起部分之上。*E. qujingensis* 的建立所依据的标本恰好是头甲隆起的这部分保存较好，而左侧眶孔之前头甲平展檐缺失殆尽，右侧眶孔之前平展的檐虽未保存，但留下不甚清晰的腹环印痕隐约可见，但被该作者所忽略，从而导致误将头甲隆起部分的边线视作为头甲的边缘，相应头甲变得窄、小，中背孔、眶孔逼近头甲边缘。该标本头甲前部窄、眶孔大、角基部内侧向前凹进成凹窝，均表明其属于 *E. xujiachongensis* 而非 *E. changi*。

莲花山真盔甲鱼 *Eugaleaspis lianhuashanensis* Liu, 1986

（图90）

Eugaleaspis lianhuashanensis：刘时藩，1986

正模 一件不完整的头甲，中国科学院古脊椎动物与古人类研究所标本登记号IVPP V5080。

模式产地 广西贵县龙山莲花山。

鉴别特征 个体较大，估计头甲长约77 mm，宽约115 mm。角尖叶状，指向后侧方。中背孔宽裂隙状，长35 mm，宽4 mm，前端窄于后端，后端达眶孔后缘连线。眶孔稍小，位置偏向侧缘，因此眶孔至头甲中轴的距离大于至头甲侧缘的距离。感觉管系统中仅知部分后眶上管，为真盔甲鱼型。纹饰由疣突组成，头甲周边疣突小而密，中央区则相对大而疏。

产地与层位 广西贵县龙山莲花山，下泥盆统洛霍考夫阶莲花山组。

评注 这是莲花山组中唯一被描述的盔甲鱼类。王俊卿等（2009）曾描述与莲花山组层位相当的广西象州大乐大瑶山群中发现的“盔甲鱼”大乐双沟鱼（*Diploholcaspis daleensis*）。经重新观察，我们无法确认该标本隶属盔甲鱼类，不排除其隶属盾皮鱼类的可能性，故此本册未收录大乐双沟鱼。

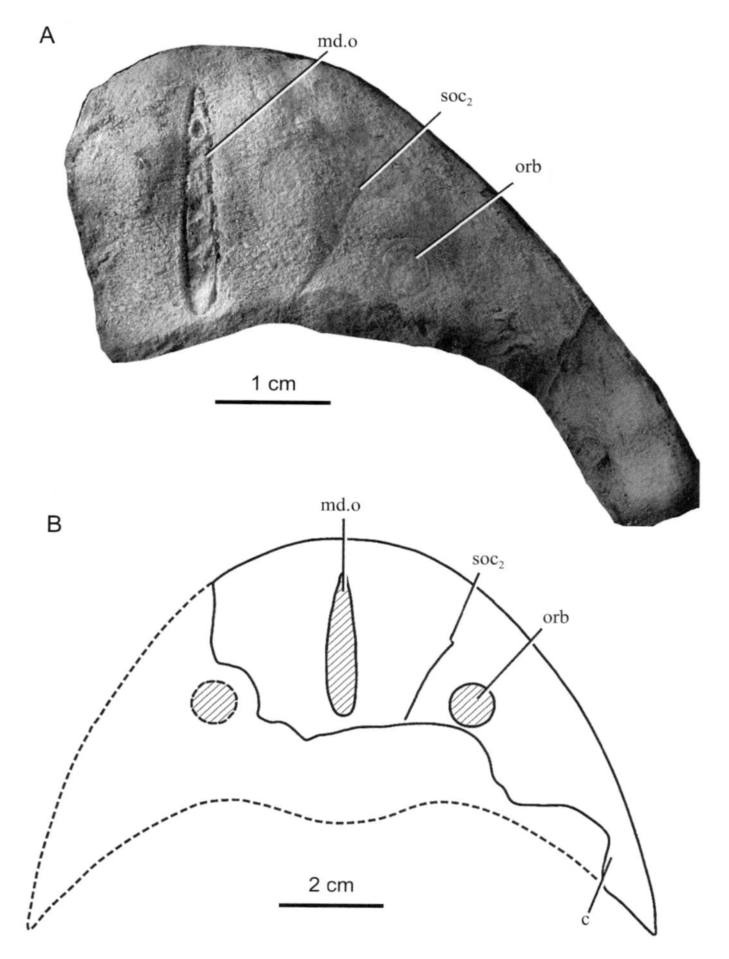

图 90　莲花山真盔甲鱼 *Eugaleaspis lianhuashanensis*

A. 一不完整的头甲，正模，IVPP V5080，背视；B. 头甲复原图（引自刘时藩，1986），背视

盾鱼属 Genus *Dunyu* Zhu, Liu, Jia et Gai, 2012

模式种　长孔盾鱼 *Dunyu longiforus* Zhu, Liu, Jia et Gai, 2012

鉴别特征　中等大小的真盔甲鱼类，头甲最宽部位于角的末端略前，宽、长比率小于 1.1；角棘状或叶状，伸向后方，内角消失；中背孔裂隙状，向后伸延几达眶孔后缘或超越后缘；中背孔及眶孔绕以表面光滑的脊环；眶孔位前置，头甲眶前区远短于眶后区；中背管与后眶上管流畅衔接，两侧中背管向后辏合呈 U 形对接，侧背管具 3 支侧横管；纹饰突起在大小上颇具变化，呈多边形、平顶或粒状；鳃穴 6 对。

中国已知种　*Dunyu longiforus*, *D. xiushanensis*。

分布与时代　云南、重庆、湖南，志留纪罗德洛世。

长孔盾鱼 *Dunyu longiforus* Zhu, Liu, Jia et Gai, 2012

（图 91）

Dunyu longiforus：Zhu et al., 2012

正模 一件完整头甲，中国科学院古脊椎动物与古人类研究所标本登记号 IVPP V17681。

模式产地 云南曲靖麒麟区潇湘乡。

鉴别特征 头甲中等大小，长 85 mm，宽 78 mm，长远大于宽；角棘状，指向后方；

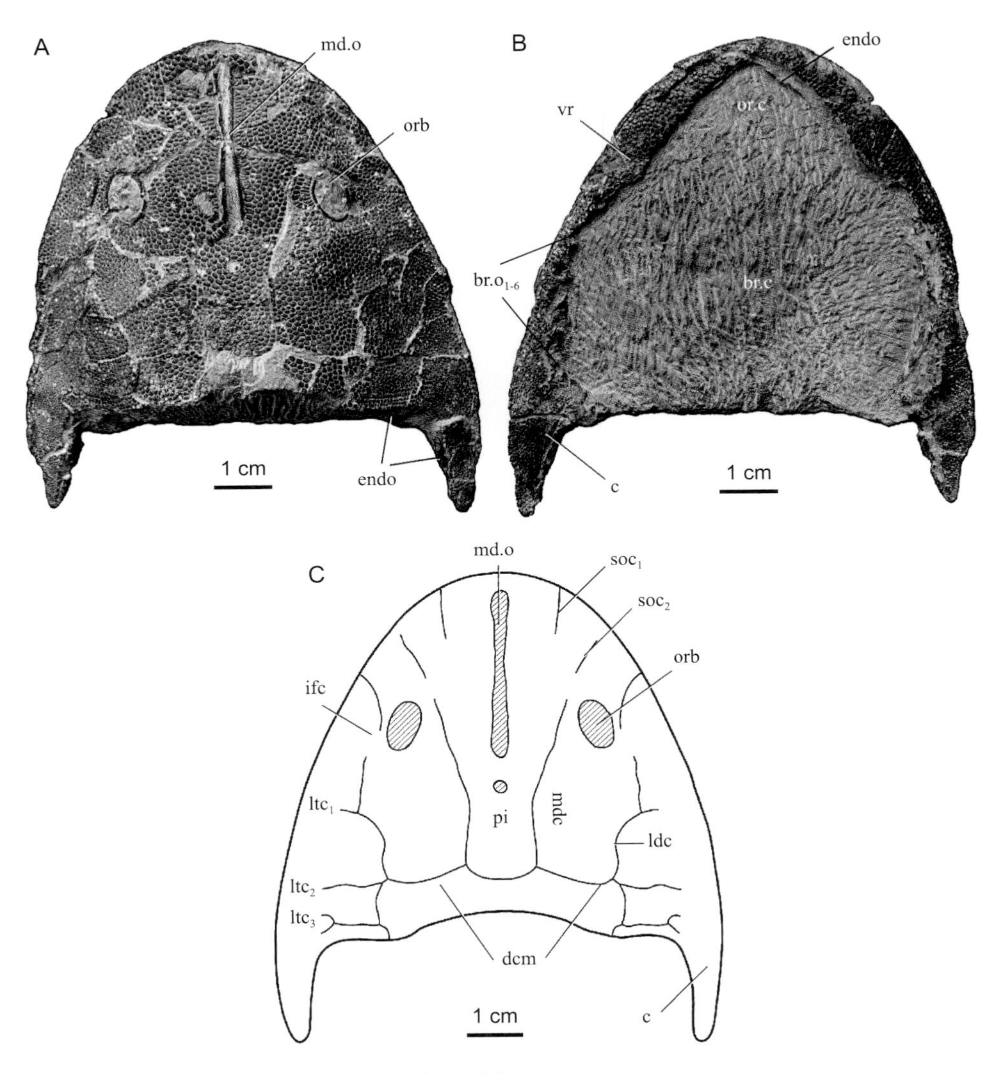

图 91 长孔盾鱼 *Dunyu longiforus*

A, B. 一完整头甲，正模，IVPP V17681，A, 背视，B，腹视，示腹环和 6 个外鳃孔；C. 头甲复原图（引自 Zhu et al., 2012），背视中背孔裂隙状，长，后延超越眶孔后缘；眶孔大，椭圆形，位前置，眶前区与眶后区的比率约 0.75；侧横管 3 对，第三对末端二分叉；纹饰突起基部六边形，顶部平，颗粒大，直径可达 2 mm；腹环较窄，鳃孔 6 对。

产地与层位 云南曲靖麒麟区潇湘乡，志留系罗德洛统关底组。

秀山盾鱼 *Dunyu xiushanensis* (Liu, 1983) Zhu, Liu, Jia et Gai, 2012

（图 92）

Eugaleaspis xiushanensis：刘时藩，1983

Dunyu xiushanensis：Zhu et al., 2012

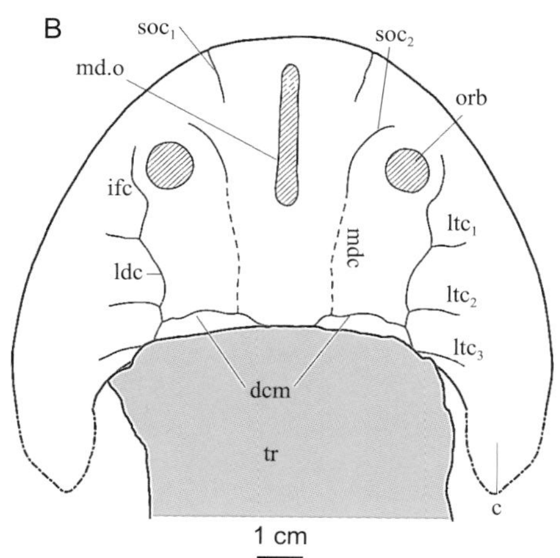

图 92 秀山盾鱼 *Dunyu xiushanensis*

A. 一近于完整头甲连同前部躯干的外模，正模，IVPP V6793.1，腹视；B. 头甲复原图（引自 Zhu et al., 2012），背视

正模 一件完整头甲连同前部躯干的背面印模，中国科学院古脊椎动物与古人类研究所标本登记号 IVPP V6793.1。

模式产地 重庆秀山水源头。

鉴别特征 体型较小的种，头甲长约 55 mm，中长 37 mm, 宽约 58 mm；最宽部位于角的基部；头甲吻缘圆钝；角叶状，伸向后方；裂隙状中背孔末端止于眶孔后缘连线之前；眶孔位置相对靠前，眶前区与眶后区的比率约为 0.8；前眶上管与后眶上管不衔接，眶下管短，两侧主侧线近于平行，具侧横管 3 对。头后躯干被以细小的菱形鳞片。

产地与层位 重庆（过去隶属四川）秀山水源头，志留系罗德洛统小溪组。

评注 这个种建立时归入 *Eugaleaspis*（刘时藩，1983）。Zhu 等（2012）经再研究，将其归入新建的盾鱼属。潘江（1986）报道了湘西保靖卡棚小溪组上部（管状层）发现的 *Eugaleaspis* cf. *E. xiushanensis*，但未见描述和图片。根据对王俊卿采自卡棚的未发表标本的初步观察，我们采信潘江（1986a）的记录。Rong 等（2012）认为湘西小溪组与曲靖关底组的时代相当，为罗德洛世晚期；盾鱼属在小溪组的发现提供了一个小溪组与关底组之间地层对比的佐证。

经王怿等（2010）研究，发现产秀山盾鱼的迴星哨组上部应为新厘定的小溪组，时代为罗德洛世晚期。

翼角鱼属 Genus *Pterogonaspis* Zhu, 1992

模式种 玉海翼角鱼 *Pterogonaspis yuhaii* Zhu,1992

鉴别特征 具长的吻突和侧向伸展的角；内角叶状宽而短、指向后方，内角间距大于内角的长度；中背孔纵长裂隙形，后端后延至眶孔之间；“真盔甲鱼型”侧线系统，三对侧横管；纹饰为细小的粒状突起。

中国已知种 *Pterogonaspis yuhaii*。

分布与时代 云南，早泥盆世布拉格期。

玉海翼角鱼 *Pterogonaspis yuhaii* Zhu, 1992

（图 93）

Pterogonaspis yuhaii：朱敏，1992

正模 一件较完整的头甲，中国科学院古脊椎动物与古人类研究所标本登记号 IVPP V10105。

模式产地 云南曲靖麒麟区西城街道徐家冲。

图 93　玉海翼角鱼 *Pterogonaspis yuhaii*

A. 一件较为完整的头甲，正模，IVPP V10105，背视；B. 头甲复原图（引自朱敏，1992），背视

鉴别特征　唯一的种，特征从属。

产地与层位　云南曲靖麒麟区西城街道徐家冲，下泥盆统布拉格阶翠峰山群徐家冲组。

三尖鱼属 Genus *Tridensaspis* Liu, 1986

模式种　大眼三尖鱼 *Tridensaspis magnoculus* Liu, 1986

鉴别特征　一个了解很不够的属，个体较小，头甲长估计约 30 mm，依据部分保存的吻突和角推测头甲当为具有长吻突和侧展角的三角形，头甲后部不详。中背孔裂隙状，其长约是宽的6倍，前端尖，后部有所加宽而末端圆钝、约止于眶孔前缘连线上。眶孔显著大，圆形。松果孔封闭。侧线系统仅知眶上管与中背管，二者流畅无痕衔接；眶上管眶前部分可能发达，向侧前方作弧形前进。纹饰由小的粒状突起组成，相邻突起常融合为短脊。

中国已知种 *Tridensaspis magnoculus*。

分布与时代 广西，早泥盆世布拉格期。

评注 标本IVPP V8001（图94A）头甲左侧显示眶上感觉管（soc_2）可能远比原作者所认为的发育，在眶孔前方向前侧方作弧形前进。

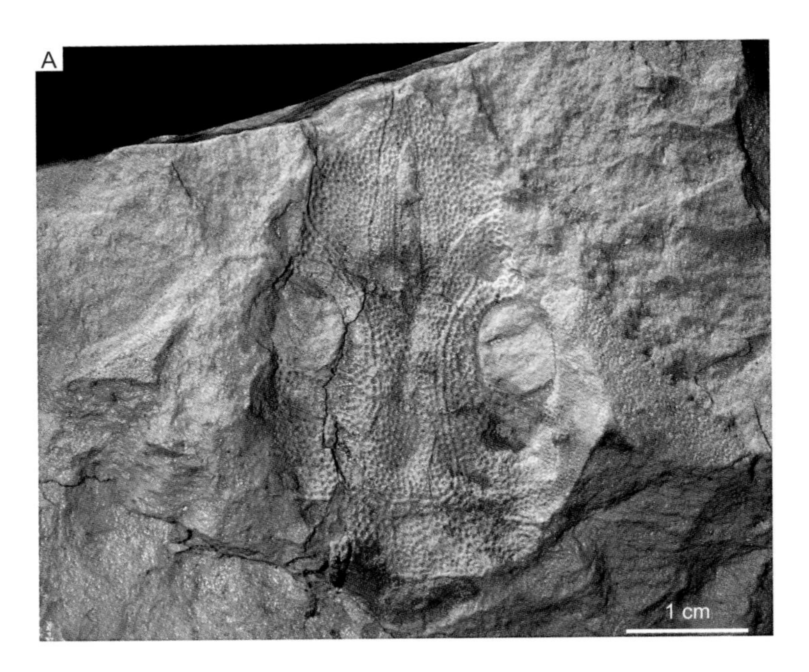

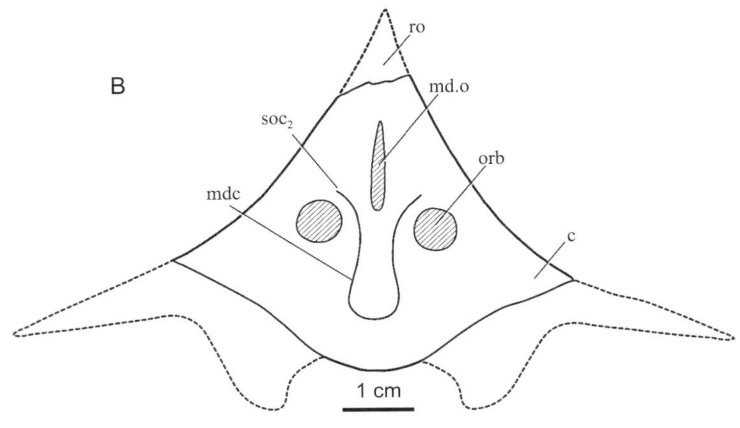

图94　大眼三尖鱼 *Tridensaspis magnoculus*

A. 一不完整的头甲外模，正模，IVPP V8001，腹视；B. 头甲复原图（修改自刘时藩，1986），背视

大眼三尖鱼 *Tridensaspis magnoculus* Liu, 1986

（图 94）

Tridensaspis magnoculus：刘时藩，1986

正模 一件不完整的头甲背面外模，中国科学院古脊椎动物与古人类研究所标本登记号 IVPP V8001。

模式产地 广西象州大乐。

鉴别特征 唯一的种，特征从属。

产地与层位 广西象州大乐，下泥盆统布拉格阶郁江组底部。

憨鱼属 Genus *Nochelaspis* Zhu, 1992

模式种 漫游憨鱼 *Nochelaspis maeandrine* Zhu, 1992

鉴别特征 硕大的真盔甲鱼类，头甲三角形，长达 127 mm, 宽大于长；角发育，棘状；内角呈叶状， 远硕壮于角，末端向后稍超越角的末端，内角达头甲中长的 2/3；中背孔呈纵长裂隙形，后端位于眶孔前缘连线之前；“真盔甲鱼型”侧线系统，前眶上管消失，侧横管 3 对；纹饰为较大的星状突起。

中国已知种 *Nochelaspis maeandrine*。

分布与时代 云南，早泥盆世早洛霍考夫期。

漫游憨鱼 *Nochelaspis maeandrine* Zhu, 1992

（图 95）

Nochelaspis maeandrine：朱敏，1992

正模 一件完整的头甲及其外模，中国科学院古脊椎动物与古人类研究所标本登记号 IVPP V10106。

模式产地 云南曲靖麒麟区寥廓山。

鉴别特征 唯一的种，特征从属。

产地与层位 云南曲靖麒麟区寥廓山，下泥盆统下洛霍考夫阶翠峰山群西山村组下部。

评注 漫游憨鱼是迄今为止最大的真盔甲鱼类。腹环内缘修理出 5 个外鳃孔，可能为 6 个。

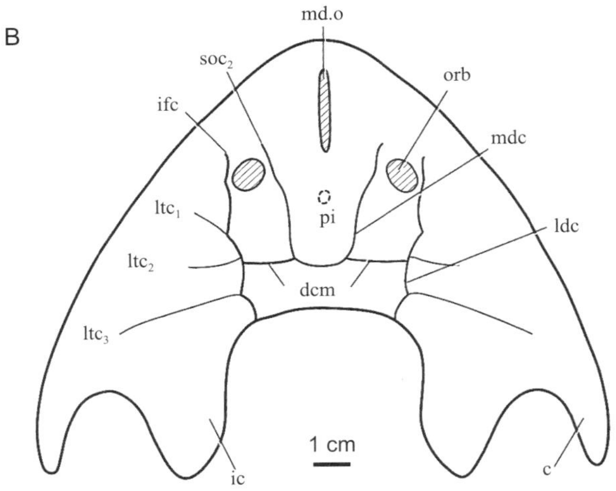

图 95　漫游憨鱼 *Nochelaspis maeandrine*

A. 一件完整的头甲外模，正模，IVPP V10106，腹视；B. 头甲复原图（引自朱敏，1992），背视

云南盔甲鱼属 Genus *Yunnanogaleaspis* Pan et Wang, 1980

模式种　硕大云南盔甲鱼 *Yunnanogaleaspis major* Pan et Wang, 1980

鉴别特征　个体硕大的盔甲鱼；头甲略呈半圆形，长约 112 mm，最宽部位处于头甲后缘延线上，稍小于其长；头甲吻缘圆钝，侧缘呈显著的弧形；角呈内弯的镰刀状，内角粗壮，末端止于角末端之前；中背孔较短，前端不及头甲吻缘，后端不及眶孔前缘水平线，该孔裂隙状，由前向后收窄，其宽为其长的 1/4 强。眶孔中等大小，位于头甲中长的前半区；侧线系统中眶上管与中背管连续，眶上管前部作弧形向侧扩张，向后收窄

与中背管续接，中背管接近相互平行；由眶下管与主侧线管构成的侧背干管大致相互平行，只是眶下管绕经眶孔时向外扩张；中横联络管 1 条，侧横管 3 对；口鳃窗后缘可能不封闭；纹饰由粒状突起组成。

中国已知种 *Yunnanogaleaspis major*。

分布与时代 云南，早泥盆世早洛霍考夫期。

评注 潘江和王士涛（1980）的头甲腹面复原图与标本不符，口鳃窗的口区部分并非半圆形而是窄而长、前端圆钝的三角形。Pan（1992, fig. 20）对此作了修正。

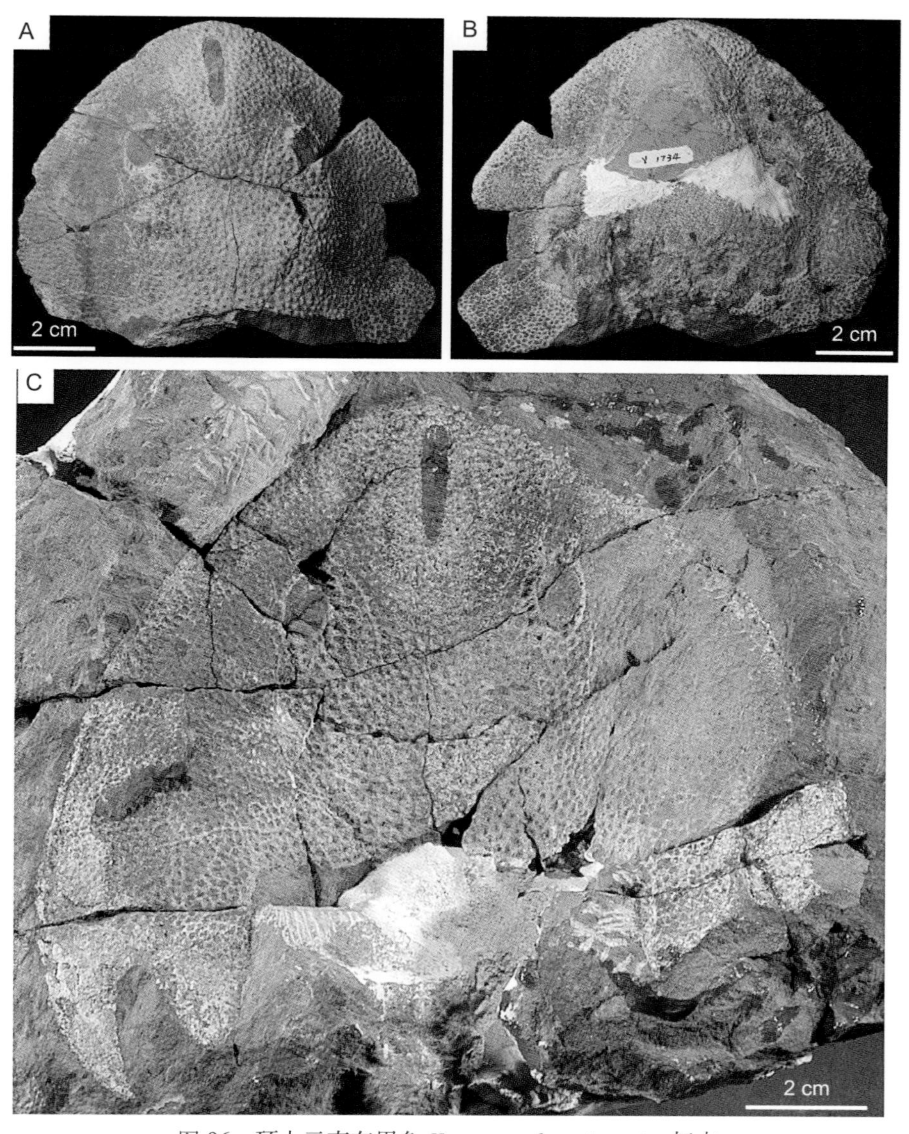

图 96 硕大云南盔甲鱼 *Yunnanogaleaspis major* 标本

A–C. 一近于完整的头甲及其外模，正模，GMC V1734，A，头甲，背视，B，头甲，腹视，C，头甲外模，腹视

硕大云南盔甲鱼 *Yunnanogaleaspis major* Pan et Wang, 1980

（图 96，图 97）

Yunnanogaleaspis major：潘江、王士涛，1980

正模 一件近于完整的头甲及其外模，中国地质博物馆标本登记号 GMC V1734。

模式产地 云南曲靖麒麟区西城街道西山水库西岸。

鉴别特征 唯一的种，特征从属。

产地与层位 云南曲靖麒麟区西城街道西山水库西岸，下泥盆统下洛霍考夫阶翠峰山群西山村组。

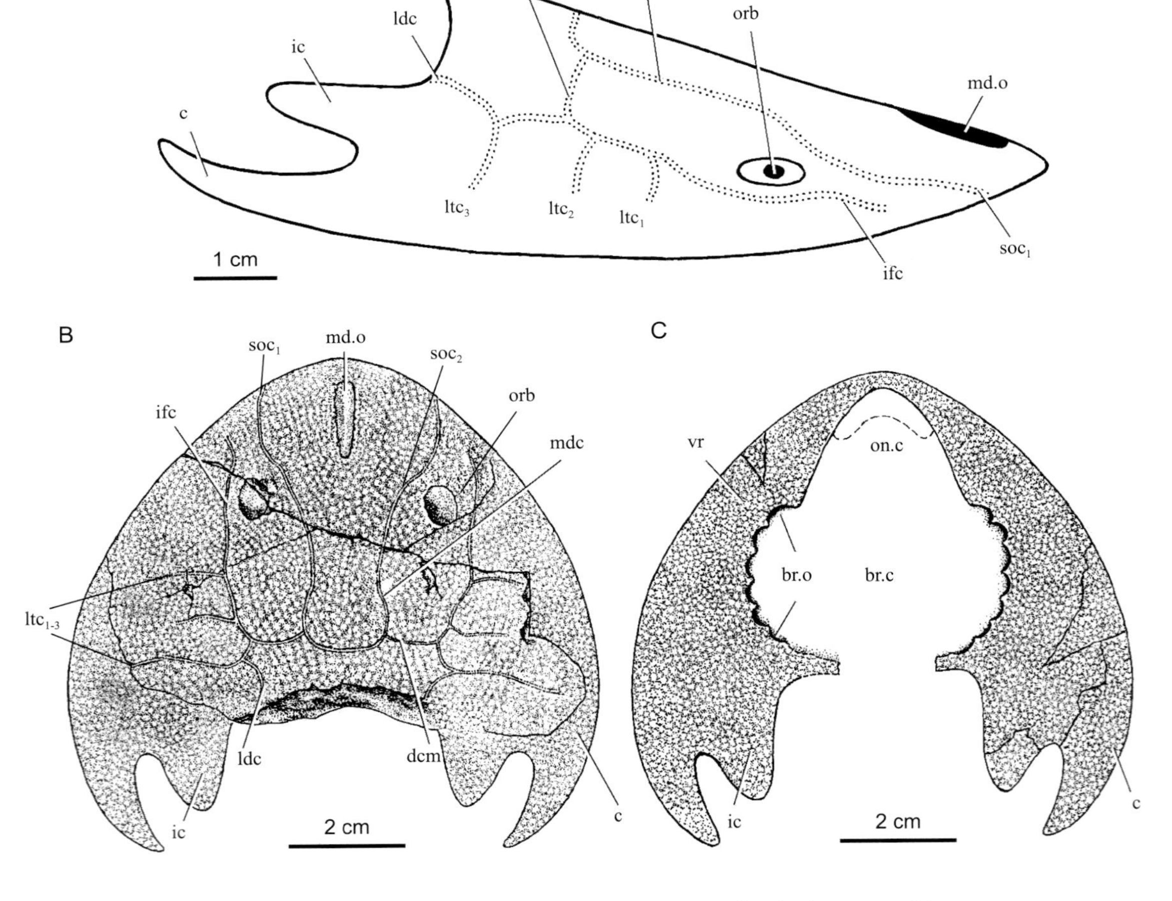

图 97 硕大云南盔甲鱼 *Yunnanogaleaspis major* 头甲复原图（引自潘江、王士涛，1980；Pan，1992）

A，侧视；B，背视；C，腹视

多鳃鱼超目 Supraorder POLYBRANCHIASPIDIDA Janvier, 1996

概述 该超目系 Janvier（1996）建立，囊括了基干盔甲鱼类和真盔甲鱼类之外的所有盔甲鱼种类，是盔甲鱼类中形态分化程度最高的类群，出现于中国的华南、宁夏、新疆，越南北部志留纪兰多维列世特列奇期至晚泥盆世的地层里，早泥盆世时呈现出快速分化、形态纷呈的趋势。除侧线系统相对较稳定外，不少特征如中背孔的形状，鳃囊的数目，眶孔位置，吻突、角的形状等都有很宽的变化范围，许多特征平行演化多次（赵文金等，2002）。

定义与分类 该超目具有“多鳃鱼型”感觉管系统，缺少中背管，只有一条背联络管，相当于汉阳鱼类的第二中横联络管，鳃囊数目较多，通常 10 对以上。目前包括多鳃鱼目、华南鱼目、秀甲鱼科和昭通鱼科。

形态特征 该超目成员分化程度较高，头甲形状从卵圆形、叉形到头盔形，中背孔从亚圆形、横置椭圆形、半月形到心形等，变异范围较大。角在多鳃鱼目中消失，而在华南鱼目中却非常的发育，细长并侧向延伸，华南鱼目的成员还发展出细长的吻突。在一些多鳃鱼目和华南鱼目的成员中，头甲背面还发展出窗的构造，可能属于平行演化。鳃囊数目变化范围也较大，多在 10 对以上，最多可达 45 对。

分布与时代 中国安徽、云南、贵州、广西、四川、宁夏、新疆，越南安明（Yen Minh）、河江（Ha Giang），志留纪兰多维列世特列奇期至晚泥盆世。

评注 按该超目内涵囊括了基干盔甲鱼类和真盔甲鱼类以外的所有盔甲鱼类，这个内涵与刘玉海（1973, 1975）建立多鳃鱼目初期时的内涵基本相同。Zhu 和 Gai（2006）通过系统发育分析认为将基干类群的汉阳鱼目、大庸鱼科排除在外的多鳃鱼超目有可能是一个单系类群。

秀甲鱼科 Family Geraspididae Pan et Chen, 1993

模式属 *Geraspis* Pan et Chen, 1993

定义与分类 本科系潘江和陈烈祖（1993）依秀甲鱼（*Geraspis*）建立，并被归入多鳃鱼目。Zhu 和 Gai（2006）的系统发育分析显示该科代表了多鳃鱼目和华南鱼目的外类群，属于多鳃鱼超目的基干类群。

鉴别特征 体中等大小的盔甲鱼类。头甲略呈吻缘圆钝的三角形，其后缘显著向内凹进。背脊不发育。具很发育的三角形角，其末端显著超过头甲中央的后缘。中背孔为多鳃鱼型，略呈圆形，并且靠近吻缘。眶孔明显靠近头甲背中线。头甲之后的躯干及尾部的长度约为头甲中长的 1.5 倍，躯干及尾部被细小而密集的菱形鳞片覆盖。纹饰由小的粒状突起组成。

中国已知属 *Geraspis*, *Kwangnanaspis*。

分布与时代 安徽、云南，志留纪兰多维列世中特列奇期—早泥盆世布拉格期。

秀甲鱼属 Genus *Geraspis* Pan et Chen, 1993

模式种 珍奇秀甲鱼 *Geraspis rara* Pan et Chen, 1993

鉴别特征 中等大小的盔甲鱼类，鱼体由头至尾长约 110 mm，头甲全长 41 mm；头甲呈吻缘圆钝的三角形，无背棘；角发达，叶状，指向后方，末端远超过头甲后缘，不具内角；中背孔近于圆形，靠近吻缘；眶孔背位、较小；具 5–6 对鳃间脊；头甲纹饰由小的粒状突起组成，头甲之后的躯干被以细小菱形鳞。

中国已知种 *Geraspis rara*。

分布与时代 安徽，志留纪兰多维列世中特列奇期。

评注 关于侧线系统的鉴定原作者的描述有所保留，认为头甲两侧具 4 对横沟，可能为感觉管，但也可能是鳃间脊反映到头甲背面（潘江、陈烈祖，1993）。对标本的再观察可以确认乃是鳃穴之间的鳃间脊在头甲背面的反映，而非侧线。如此，该物种则大约具 5–6 对鳃间脊。同样，再观察在现有标本上未能看到眶上管。同时潘氏等认为中背孔为圆形，然而头甲内模显示位于中背孔区域的圆孔，即潘氏等所指中背孔，不像是自然的，而在外模中该圆孔中央似具一纵行裂隙（潘江、陈烈祖，1993，图版 II），不排除其为真正中背孔的可能。

就其整体而言，该属与真盔甲鱼类 *Dunyu xiushanensis*（刘时藩，1983；Zhu et al., 2012）有诸多相似之处，除了中背孔不确定外，如头甲外形轮廓，指向后方的、桨状的角，头甲之后体部均覆以细小的菱形鳞片等特征，令人联想 *Geraspis* 隶属真盔甲鱼科的可能。总之，这个属的系统位置有待中背孔的形状的确认而证实。

珍奇秀甲鱼 *Geraspis rara* Pan et Chen, 1993

（图 98）

Geraspis rara：潘江、陈烈祖，1993

正模 一条完整的鱼，中国地质博物馆标本登记号 GMC V8749。

模式产地 安徽无为潘家大山。

鉴别特征 唯一的种，特征从属。

产地与层位 安徽无为潘家大山，志留系兰多维列统中特列奇阶坟头组上部。

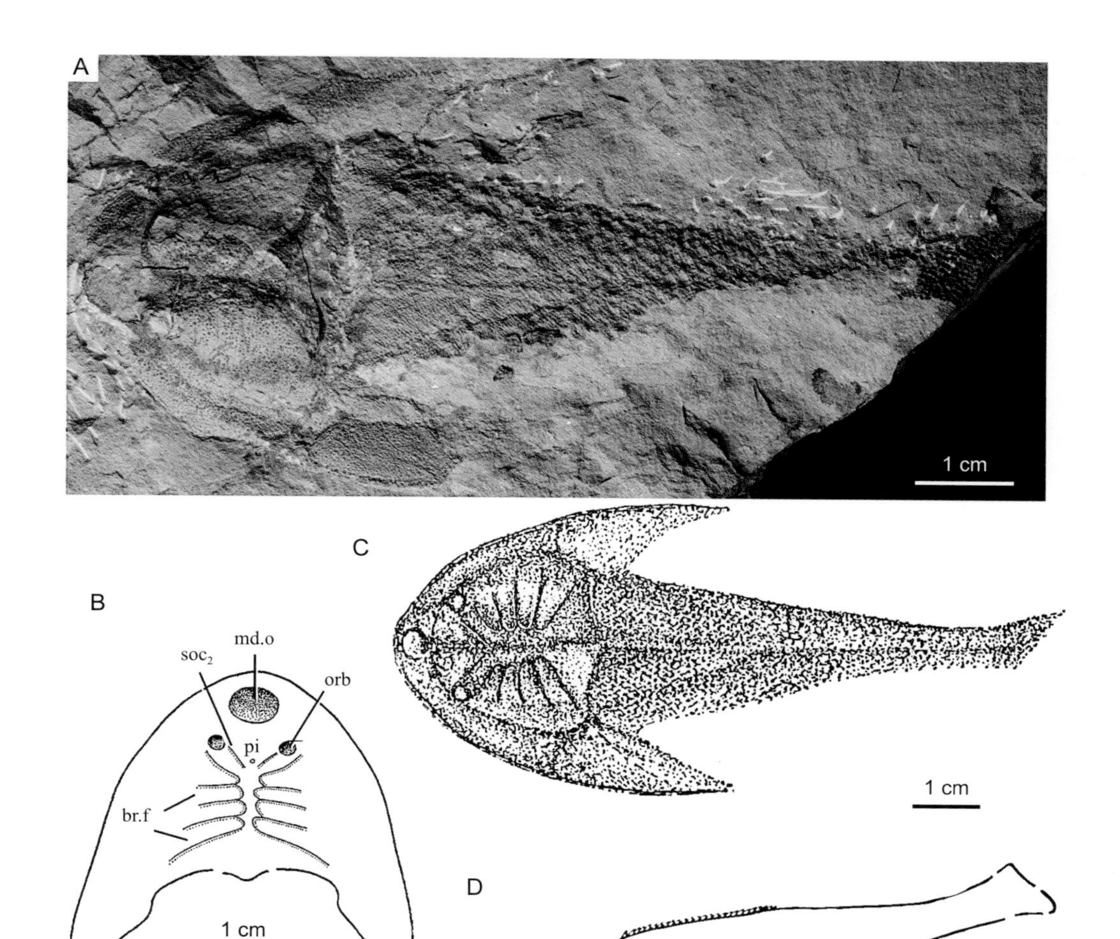

图 98　珍奇秀甲鱼 *Geraspis rara*

A. 一条完整的鱼，包括头甲及其后覆盖鳞片的躯体，正模，GMC V8749，背视；B. 头甲复原图，背视；C, D. 头甲及躯干复原图，C，背视，D，侧视（B–D 引自潘江、陈烈祖，1993）

广南鱼属 Genus *Kwangnanaspis* Cao, 1979

模式种　近三角广南鱼 *Kwangnanaspis subtriangularis* Cao, 1979

鉴别特征　头甲长约 40 mm，宽约 50 mm，略呈前窄后宽的三角形；吻缘窄但圆钝，侧缘弧度较缓，向后、侧伸延；角发达、叶状；角的基部与头甲后缘之间具一半圆形腋窝，腋窝深，开向后方；头甲后缘了解甚少，可能近于截形；头甲背面略隆起，不具中背脊；中背孔远离吻缘，圆形，较小（直径 5 mm），明显凸向背方，形似下粗上细的矮囱状；眶孔小，背位，与中背孔的垂直距离约相当眶孔的直径；松果孔封闭；侧线系统仅知位于头甲后部的这部分，侧背管之间具背联络管仅 1 条，于该联络管之前干管取向前、侧敞开走势，其前部（包括眶下管）不详，于背联络管之后，侧背管近平行后行；中背纵干管不详，若存在，当仅眶上管发育。纹饰由分布均匀的粒状突起组成，突起表面细微特征不详。

中国已知种 *Kwangnanaspis subtriangularis*。

分布与时代 云南，早泥盆世布拉格期。

评注 该属系曹仁关（1979）依 *Kwangnanaspis subtriangularis* 建立，并被归到了多鳃鱼科。Zhu 和 Gai（2006）的系统发育分析显示该属与秀甲鱼属形成一个单系类群，代表了多鳃鱼超目的原始类型。本志依照后一种意见，暂将其归到秀甲鱼科。

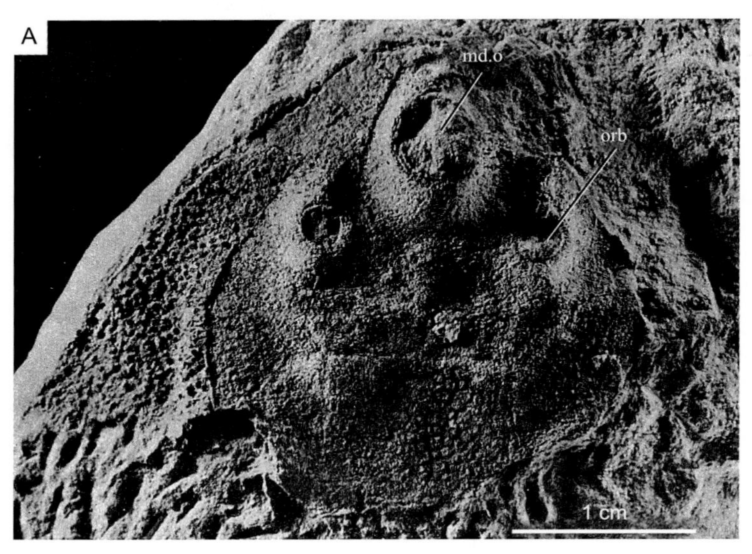

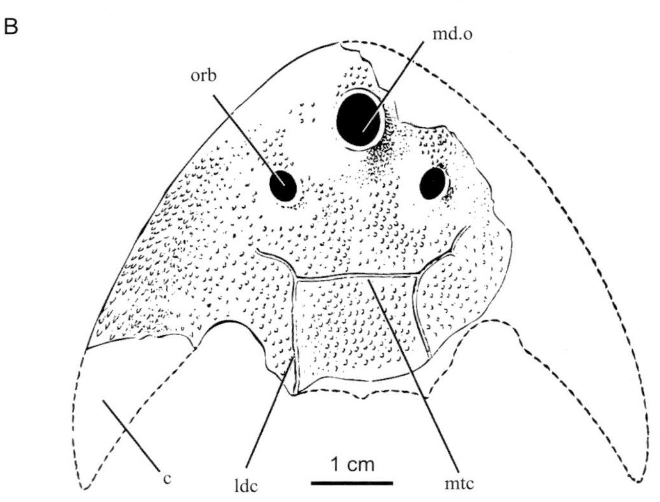

图 99　近三角广南鱼 *Kwangnanaspis subtriangularis*（引自曹仁关，1979）

A. 一不完整的头甲，正模，云南省地质局地质研究所野外编号 IGYGB 4041-H4，背视；B. 头甲复原图，背视

近三角广南鱼 *Kwangnanaspis subtriangularis* Cao, 1979

（图 99）

Kwangnanaspis subtriangularis：曹仁关，1979

正模 一件不完整的头甲，云南省地质局地质研究所野外编号 IGYGB 4041-H4。

模式产地 云南广南麻当。

鉴别特征 唯一的种，特征从属。

产地与层位 云南广南麻当，下泥盆统布拉格阶坡松冲组。

评注 曹仁关（1979）仅记述化石产出层位为下泥盆统，但隐指“陆相地层”。从滇东南地区产盔甲鱼类化石的地层情况看，广南鱼的层位应为坡松冲组。

多鳃鱼目 Order POLYBRANCHIASPIFORMES Liu,1965

概述 该目系刘玉海（1965）建立，是盔甲鱼亚纲最早建立的目之一。早期由于把具有横置椭圆形中背孔的盔甲鱼类统统归到了多鳃鱼目，所以对于多鳃鱼目是否是一个单系类群一直存在很大的争议（Wang, 1991；Janvier, 1996）。Zhu 和 Gai（2006）的系统发育分析结果显示，把广南鱼属和秀甲鱼属排除在外的多鳃鱼目是一个单系类群。

定义与分类 定义该目的特征组合有：卵圆形头甲；椭圆形中背孔；角丢失，内角叶状或丢失；较多鳃囊数目（>10）；“多鳃鱼型”的侧线系统。目前包括五窗鱼科、都匀鱼科、多鳃鱼科以及处于基干位置的一个属——古木鱼属，共计 17 属 23 种（含越南产 1 属 2 种）。

形态特征 该目是盔甲鱼类中形态分化程度最高的类群，头甲多呈卵圆形，具有椭圆形中背孔和多鳃鱼型侧线系统，其中古木鱼属具有吻突，但不具有侧向延伸的角，具有多鳃鱼目和华南鱼目的镶嵌特征，可能代表了多鳃鱼目的原始类型。五窗鱼科包括五窗鱼和微盔鱼，头甲背面具有一对窗的构造，曾经为之建立大窗鱼目（Pan, 1992），但其在头甲形状、中背孔和眶孔的位置等特征上与多鳃鱼类甚为相似（刘玉海，1993），可能代表了多鳃鱼目一个特化的类群（Zhu et Gai, 2006）。都匀鱼科包括都匀鱼、副都匀鱼、新都匀鱼和圆盘鱼，其主要特征是卵圆形头甲，不具有角和内角以及多于 20 对的鳃囊，可能代表了多鳃鱼目在泥盆纪最后的辐射演化。多鳃鱼科包括班润鱼属（越南产）、显眶鱼属、东方鱼属、多鳃鱼属、四营鱼属、宽甲鱼属、滇东鱼属、坝鱼属和团甲鱼属，其主要特征是卵圆形的头甲，角丢失，内角呈叶状，第四侧横管之后具有数目较多的侧横管。

分布与时代 中国云南、贵州、四川、广西，越南安明（Yen Minh）、河江（Ha Giang），早泥盆世。

古木鱼属 Genus *Gumuaspis* Wang et Wang, 1992

模式种 长吻古木鱼 *Gumuaspis rostrata* Wang et Wang, 1992

鉴别特征 中等大小的多鳃鱼类，头甲宽约 65 mm，中背孔前缘至内角后端头甲长约 60 mm；头甲略呈葫芦形，吻缘引长为发达的吻突，自吻突基部向后头甲渐次增宽，至背联络管稍后达到头甲最宽部位，此后迅即收窄，并形成肥大的内角；内角末端圆钝，超越头甲后缘。头甲于中背孔部位作矮丘状凸起，位于该丘顶端的中背孔呈椭圆形，长稍大于宽；眶孔背位，中等大小，位于横切中背孔后端水平线稍后；松果孔封闭；侧线系统为多鳃鱼型，其中中背干管仅眶上管发达，呈 V 形，包括眶下管和主侧线管的侧背干管发达，居于其间的背联络管 1 条，侧横管为 5 对，最前面的一对甚短，第二对极长，几达头甲侧缘，其后 3 对位于背联络管之后，次第缩短；鳃穴 9 对；纹饰由星状突起组成。

中国已知种 *Gumuaspis rostrata*，‘*Laxaspis rostrata*’。

分布与时代 云南，早泥盆世洛霍考夫期—布拉格期。

评注 该属种建立时依据吻突的存在而置于华南鱼科（Huananaspidae）（王俊卿、王念忠，1992）；其后刘玉海（1993）、王俊卿和朱敏（1994）做了厘正，认为除具吻突外，其他特征同于多鳃鱼类，因此应纳入多鳃鱼目。Zhu 和 Gai（2006）的系统发育分析结果表明其处于多鳃鱼目（Polybranchiaspiformes）的基干位置。

长吻古木鱼 *Gumuaspis rostrata* Wang et Wang, 1992

（图 100）

Gumuaspis rostrata：王俊卿、王念忠，1992

正模 一件后部缺失的头甲及其外模，中国科学院古脊椎动物与古人类研究所标本登记号 IVPP V9759.1–2。

模式产地 云南文山古木镇。

鉴别特征 唯一的种，特征从属。

产地与层位 云南文山古木镇，下泥盆统布拉格阶坡松冲组。

评注 如图 100C 所示，松果孔是封闭的，而非原文描述的洞开。

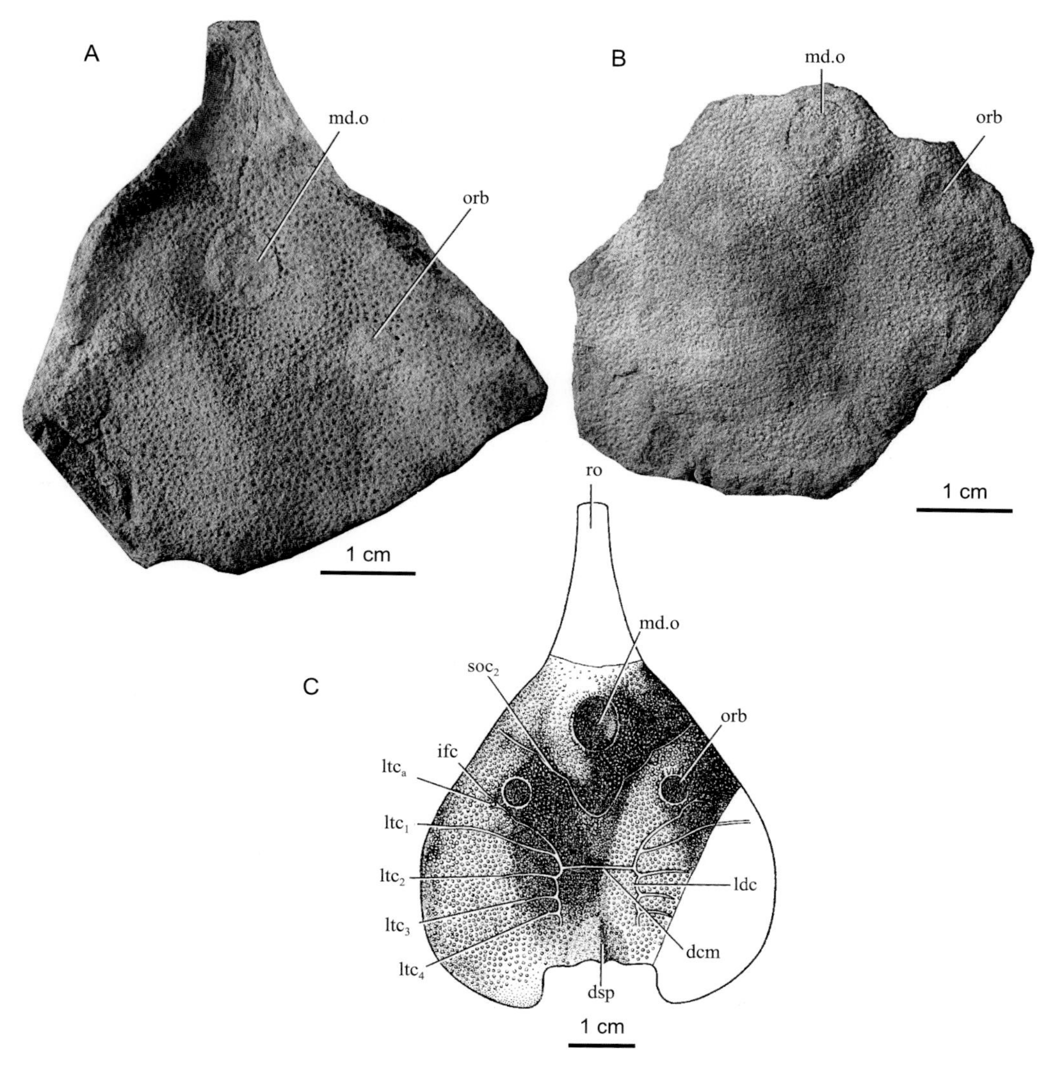

图 100　长吻古木鱼 *Gumuaspis rostrata*

A, B. 一较完整的头甲及其外模，正模，IVPP V9759.1–2，A, 外模，腹视，B，头甲，背视，吻突及后部缺失；C. 头甲复原图（引自王俊卿、王念忠，1992），背视

“长吻宽甲鱼”‘*Laxaspis rostrata*’ Liu, 1975

（图 101）

Laxaspis rostrata：刘玉海，1975

正模　一件部分前部保存的头甲，中国科学院古脊椎动物与古人类研究所标本登记号 IVPP V4417。

模式产地　云南曲靖麒麟区寥廓山。

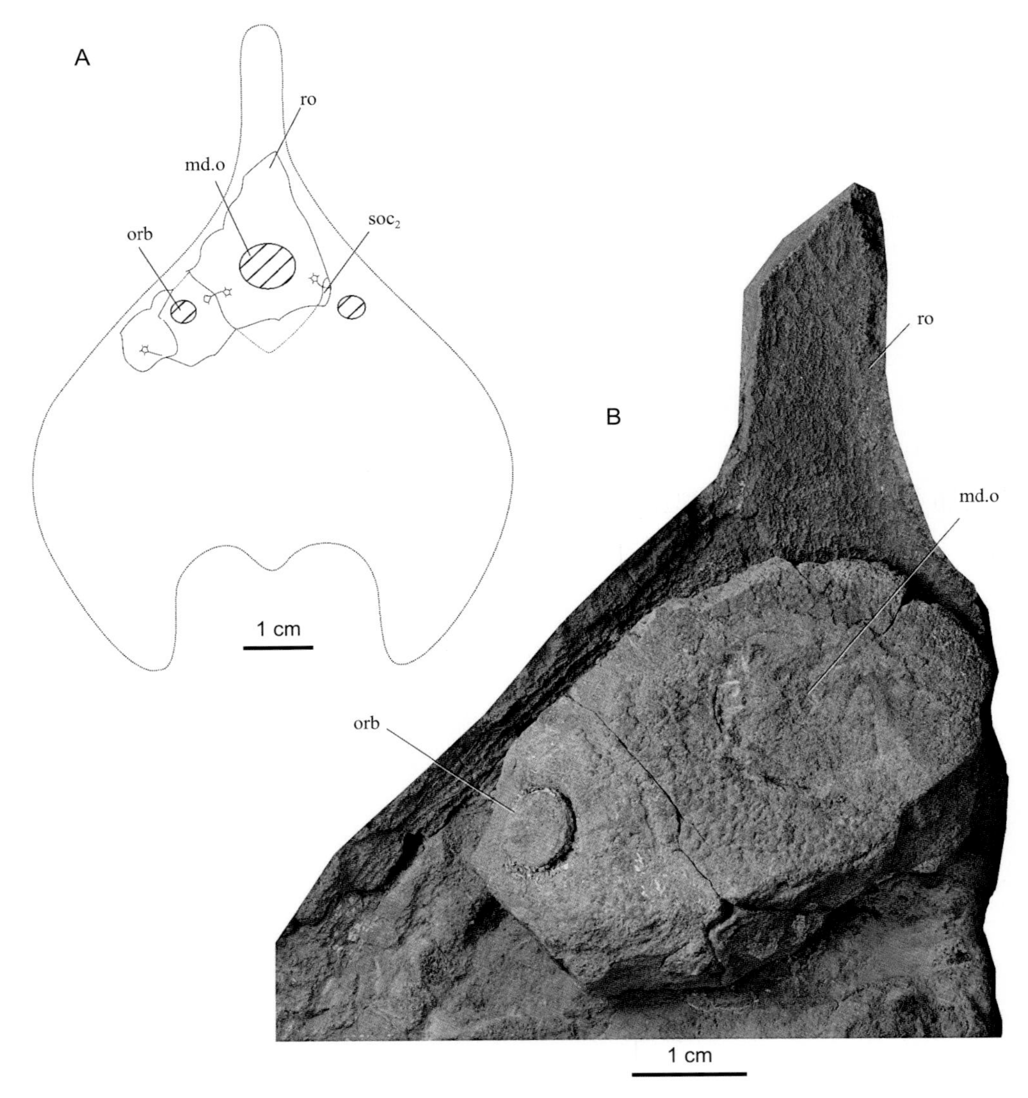

图 101 “长吻宽甲鱼”‘*Laxaspis rostrata*’

A. 头甲复原图（引自刘玉海，1975），背视；B. 一不完整的头甲，正模，IVPP V4417，背视

鉴别特征 头甲仅部分前部保存，头甲吻缘引长为吻突；中背孔圆形；眶孔背位，居于中背孔后缘水平线之后，眶孔间距远大于至头甲侧缘的距离；V形眶上管发达，感觉管末端呈多边环形放射状；纹饰由具放射脊的突起组成。

产地与层位 云南曲靖麒麟区寥廓山，下泥盆统下洛霍考夫阶翠峰山群西山村组。

评注 该种建立时归于多鳃鱼科的宽甲鱼（*Laxaspis*）（刘玉海，1975），是基于该种与 *Laxaspis* 的属型种 *L. qujingensis* 在中背孔、眶孔的形状及位置、纹饰组成，尤其是感觉管末端呈多边环形放射状等诸方面的近似。后来，因考虑吻突的存在认为应将其从 *Laxaspis* 排除，而鉴于对该种知之甚少，为之建立新属抑或归于古木鱼（*Gumuaspis*）则证据都不充分，且若归入后者又涉及与 *Gumuaspis* 的属型种 *G. rostrata* 异物同名，因此暂以'*Laxaspis rostrata*'处理，以待新的发现（刘玉海，2002）。层位原定为翠峰山群西屯组（原文"翠峰山组泥灰岩段"），实为西山村组。

五窗鱼科 Family Pentathyraspidae Pan, 1992

模式属 *Pentathyraspis* Pan, 1992

定义与分类 头甲具有背窗的多鳃鱼类。本科系 Pan（1992）建立，建立时仅含 1 属 1 种 *Pentathyraspis pelta*。Zhu 和 Gai（2006）将另一个寡型科 Microhoplonaspidae 仅含的 1 属 1 种 *Microhoplonaspis microthyris* 并入本科。

鉴别特征 中等大小的多鳃鱼类，头甲略呈椭圆形，吻缘尖出；眶孔很小，背位，每一眶孔侧前方各具一圆形突起；松果孔封闭。靠近头甲侧缘具一对侧背窗，呈狭长的椭圆形。侧线系统为多鳃鱼型，主侧线管上具侧横管 4 对。纹饰由具放射脊突起组成。头甲腹面口鳃窗为一大的腹片所覆盖，腹片呈前凸后平的五边形，口孔呈倒 V 形，鳃孔约 10 对。

中国已知属 *Pentathyraspis*, *Microhoplonaspis*。

分布与时代 云南，早泥盆世早洛霍考夫期。

评注 Pan（1992）建立大窗鱼亚纲（Marcrothyraspidides），将所有头甲背面两侧各具一窗的盔甲鱼类归到了该亚纲，并将该亚纲分作大窗鱼目（Macrothyraspidida）和五窗鱼目（Pentathyraspidida）。五窗鱼科即是该亚纲的一个科。刘玉海（1993）认为窗可能在盔甲鱼类中多次发生或多次消失，具窗的不同种类在不具背窗的盔甲鱼类中存在与之相应的相近类群，例如其中五窗鱼（*Pentathyraspis*）即与多鳃鱼类相近。从而否定了依据窗这个特征建立的新单元至少在亚纲、目级高阶元的有效性。Zhu 和 Gai（2006）的盔甲鱼亚纲系统分析结果表明：基于头甲的窗而建立的大窗鱼亚纲并不是一个单系类群，而五窗鱼科只是多鳃鱼目下的一个科，因此本志取消了以窗为特征建立的大窗鱼亚纲和大窗鱼目、五窗鱼目。在盔甲鱼亚纲中，头甲背窗的起源至少发生了两次，一次是在多鳃鱼目支系中，一次是在华南鱼目支系中。

五窗鱼属 Genus *Pentathyraspis* Pan, 1992

模式种 盾状五窗鱼 *Pentathyraspis pelta* Pan, 1992

鉴别特征 中等大小的多鳃鱼类，头甲长约 66 mm，宽、长比率约 0.87。头甲略呈椭圆形，吻缘尖出，但不引长为吻突，后缘作深度弧形凹进，而不具中背棘；内角发达，呈末端指向后方的叶状。中背孔为竖径稍长于横径的椭圆形；眶孔很小，背位，每

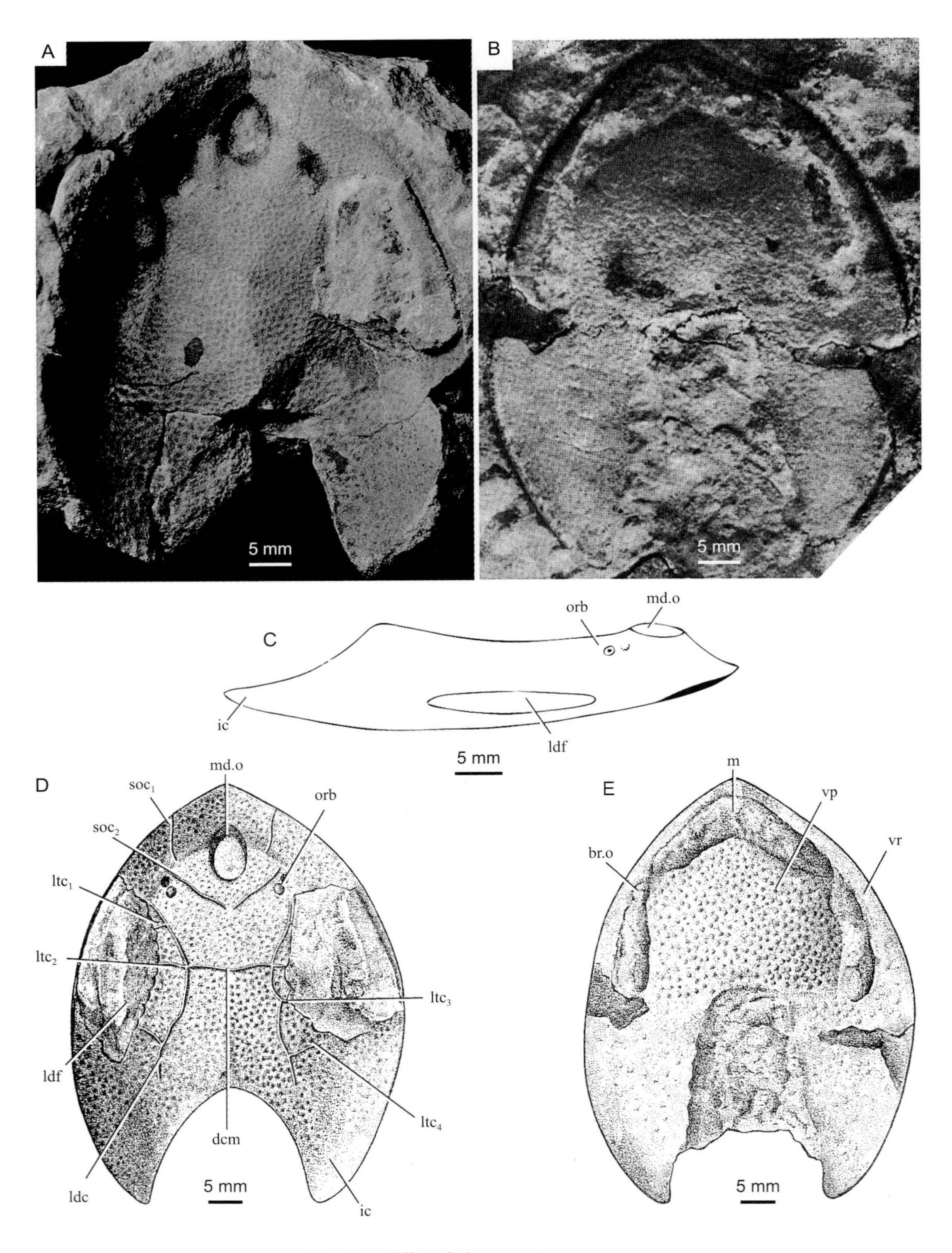

图 102　盾状五窗鱼 *Pentathyraspis pelta*

A, B. 一近于完整的头甲的背、腹面，正模，A，背面外模，GMC V2071-2，腹视，B，腹面外模，GMC V2071-1，背视；C–E. 头甲复原图（引自 Pan, 1992），C，侧视，D，背视，E，腹视

一眶孔侧前方各具一圆形突起；松果孔封闭。靠近头甲侧缘具一对侧背窗，呈狭长的椭圆形，其长接近头甲长的1/3。侧线系统为多鳃鱼型，但眶下管甚短，其前端尚不达眶孔水平线，主侧线管上具侧横管4对，中横联络管前、后各2对；中背纵管仅前眶上管与后眶上管发育，二者不相遇。纹饰由具放射脊突起组成。头甲腹面口鳃窗为一大的腹片所覆盖，腹片呈前凸后平的五边形，其一对前侧缘构成倒V形口孔的后缘，两侧缘与腹环间由外鳃孔隔开，而后缘则与腹环的鳃后区部分愈合。口鳃区短，仅略长于鳃后区，鳃孔计10对。

中国已知种 *Pentathyraspis pelta*。

分布与时代 云南，早泥盆世早洛霍考夫期。

盾状五窗鱼 *Pentathyraspis pelta* Pan, 1992

（图 102）

Pentathyraspis pelta：Pan, 1992

正模 一件近于完整保存的头甲及其外模，中国地质博物馆标本登记号 GMC V2071。

模式产地 云南曲靖麒麟区西城街道西山水库附近采石场。

鉴别特征 唯一的种，特征从属。

产地与层位 云南曲靖麒麟区西城街道西山水库附近采石场，下泥盆统下洛霍考夫阶翠峰山群西山村组。

评注 其背甲与腹甲愈合，是迄今已知盔甲鱼类中发现的唯一例子。

微盔鱼属 Genus *Microhoplonaspis* Pan, 1992

模式种 小孔微盔鱼 *Microhoplonaspis microthyris* Pan, 1992

鉴别特征 小型多鳃鱼类，头甲长约 30 mm，宽、长比率约 0.8。头甲呈椭圆形，吻缘圆钝，与弓形侧缘流畅过渡，后缘浅度凹进，内角若存在则甚短。中背孔远离吻缘，其间距达头甲长的 1/5，该孔较小，亚圆形，宽略大于长；眶孔亦小，并向中背孔聚拢，从而三孔排列成品字形；松果孔不详；侧背窗甚小，椭圆形，纵长略大于宽，约位于头甲平分线上，靠近头甲侧缘，与腹环相对从而在鳃区之外。侧线系统不详；纹饰由细小的结节状突起组成。鳃囊远多于 7 对。

中国已知种 *Microhoplonaspis microthyris*。

分布与时代 云南，早泥盆世晚洛霍考夫期。

评注 Pan（1992）建立微盔鱼（*Microhoplonaspis*）时，同时建立了新科 Microhoplonaspididae。刘玉海（1993）认为它与都匀鱼（*Duyunolepis*）、副都匀鱼（*Paraduyunaspis*）、新都匀鱼（*Neoduyunaspis*）接近，属于都匀鱼类。Zhu 和 Gai（2006）在系统发育分析中采纳了 Pan（1992）的建议，认为 *Microhoplonaspis* 与 *Pentathyraspis* 二者共享背窗，为姐妹群。不过，需要考虑背窗在 *Microhoplonaspis* 与 *Pentathyraspis* 之间是否可能分别发生。*Microhoplonaspis* 与 *Pentathyraspis* 二者不但在背窗的大小、形状方面显著不同，在其他方面也差别明显，最重要的如 *Pentathyraspis* 的口鳃窗局限于头甲的前部，仅占有头甲的前 1/2，仅具鳃穴 10 对；而在 *Microhoplonaspis* 中虽然只保存约 7 对鳃穴，但在此前后应尚有鳃穴没显示，从反映到头甲背面隐约的腹环印痕可以说明其鳃穴远多于 10 对；同时从腹环可以看出其内角较弱，口鳃窗向后扩展至接近内角基部内侧，几乎占据了整个头甲腹面，这与都匀鱼类，例如圆盘鱼（*Lopadaspis*）（图 107）都颇为近似。因此，微盔鱼与五窗鱼的系统关系仍有待于新材料证实。

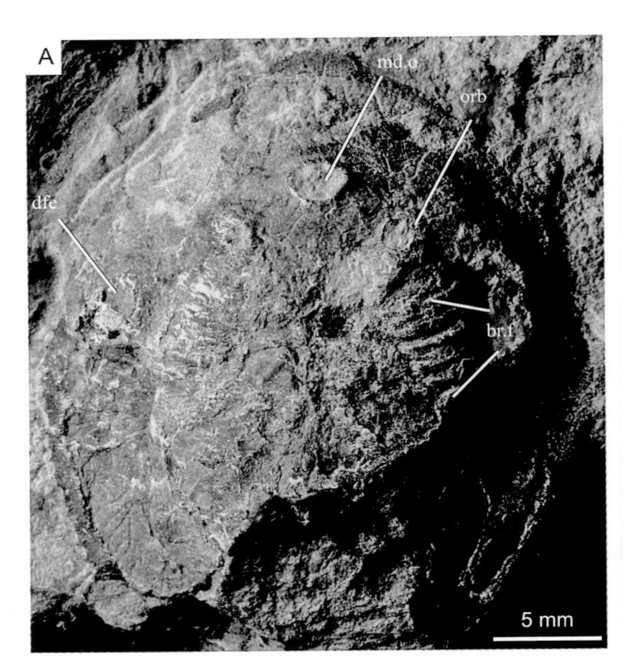

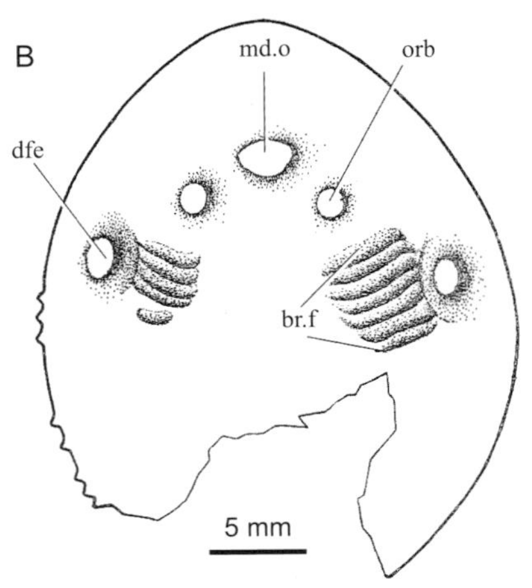

图 103　小孔微盔鱼 *Microhoplonaspis microthyris*
A. 一近于完整的头甲，正模，GMC V2076-2，背视；
B. 头甲复原图（引自 Pan, 1992），背视

小孔微盔鱼 *Microhoplonaspis microthyris* Pan, 1992

（图 103）

Microhoplonaspis microthyris：Pan, 1992

正模 一件近于完整的头甲及其印模，中国地质博物馆标本登记号 GMC V2076-1, V2076-2。

模式产地 云南曲靖麒麟区西城街道西屯。

鉴别特征 唯一的种，特征从属。

产地与层位 云南曲靖麒麟区西城街道西屯，下泥盆统上洛霍考夫阶翠峰山群西屯组。

都匀鱼科 Family Duyunolepidae Pan et Wang, 1982

模式属 *Duyunolepis* Pan et Wang, 1982

定义与分类 角和内角均缺失的多鳃鱼类。该科系潘江和王士涛（1978）依 *Duyunaspis* 建立。因属名 *Duyunaspis* 与三叶虫异物同名，于 1982 年易名为 *Duyunolepis*，而科名也相应的易名为 Duyunolepidae。Pan（1992）又将科名易为 Duyunolepididae。根据国际动物命名法规第 39 条，应采用 Duyunolepidae Pan et Wang, 1982。本科含 4 属 4 种，均出现于早泥盆世晚期（埃姆斯期），分布在贵州、广西，为早泥盆世晚期出现的一个特化类群。

鉴别特征 头甲近于椭圆形，内角消失或不发达；中背孔接近圆形，位置后移而远离头甲吻缘；眶孔背位，小，圆形；鳃囊数目众多，多可达 32 对，少亦近 20 对。脑颅矿化，保存很好，显示出精细的脑颅内部构造。

中国已知属 *Duyunolepis*, *Paraduyunaspis*, *Lopadaspis*, *Neoduyunaspis*。

分布与时代 贵州、广西，早泥盆世埃姆斯期。

评注 该科建立之初并为之建立都匀鱼目 Duyunaspidida（潘江、王士涛，1978）。Janvier (1996)、Zhu 和 Gai (2006) 在盔甲鱼亚纲系统发育分析中将都匀鱼科纳入多鳃鱼目，作为该目中一个内角丢失的特化类群，而摒弃都匀鱼目。本志采纳后一方案。

都匀鱼属 Genus *Duyunolepis* (P'an et Wang, 1978) Pan et Wang, 1982

模式种 包阳都匀鱼 *Duyunolepis paoyangensis* P'an et Wang, 1978

鉴别特征 体型较大的都匀鱼，头甲长约 90 mm，宽约 60 mm。头甲略呈椭圆形，背向显著拱起，横切面呈半圆形；吻缘圆钝，侧缘徐缓弓曲，自头甲后部边缘渐次内敛、引长，形成末端圆钝的后中背突，从而内角消失。中背孔大，远离头甲吻缘，呈亚圆形，宽略大于长。眶孔小，背位，稍后于中背孔后缘水平线。松果孔位于眶孔后缘线；侧线系统不详；纹饰由星状突起组成。鳃囊 20 对。

中国已知种 *Duyunolepis paoyangensis*。

分布与时代 贵州，早泥盆世埃姆斯期。

包阳都匀鱼 *Duyunolepis paoyangensis* (P'an et Wang, 1978) Pan et Wang, 1982

（图 104）

Duyunaspis paoyangensis：潘江、王士涛，1978；Halstead, 1979

Duyunolepis paoyangensis：潘江、王士涛，1982；Pan, 1992

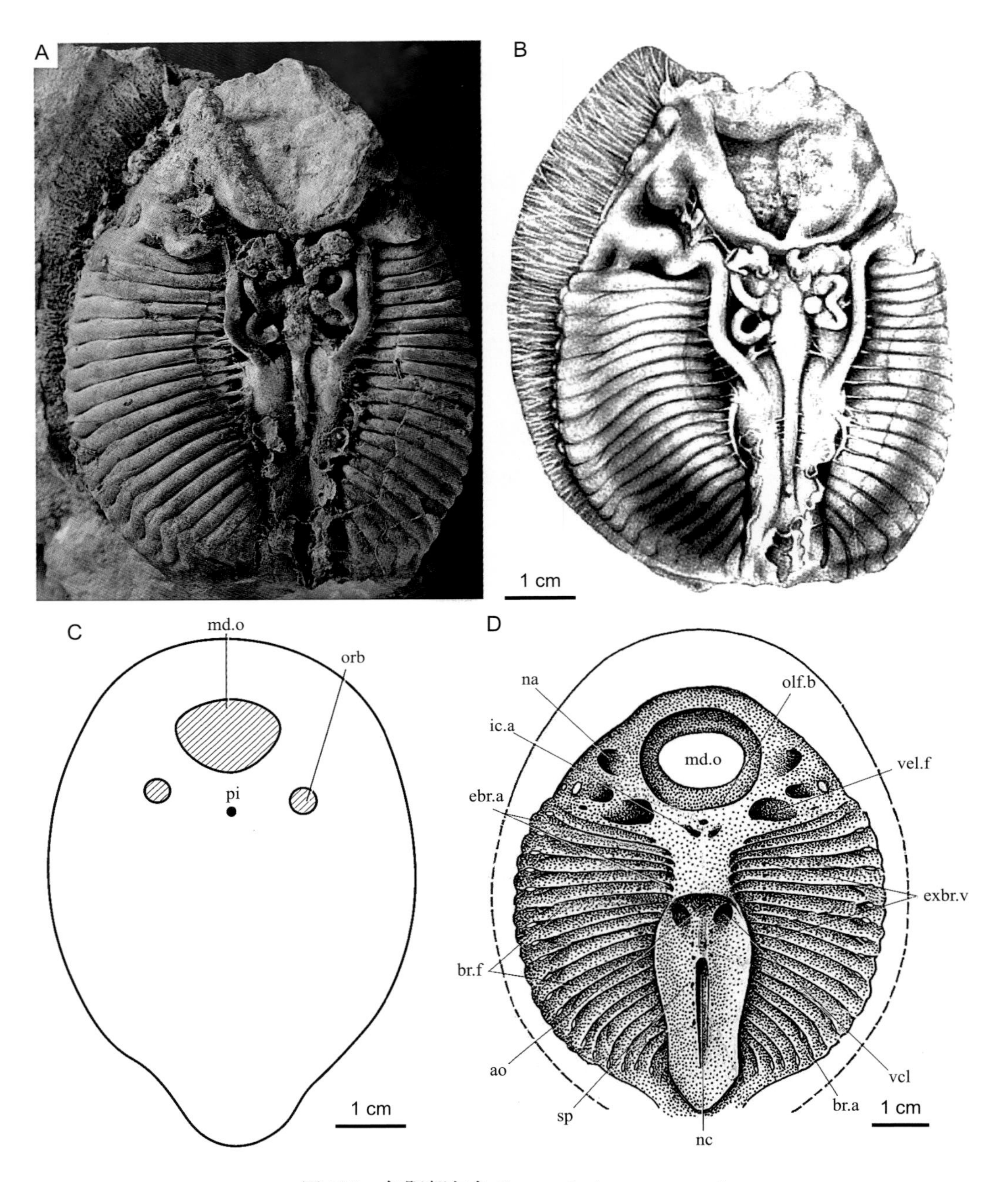

图 104　包阳都匀鱼 *Duyunolepis paoyangensis*

A. 一完整的脑颅自然内模，正模，GMC V1324，背视；B. 正模素描图（引自 Halstead , 1979），背视；C. 头甲复原图（引自潘江、王士涛，1978），背视；D. 脑颅内骨骼复原图（引自 Janvier, 1984），腹视

正模　一件头甲，大部分保存为颅内模，中国地质博物馆标本登记号 GMC V1324。

副模　一件头甲后部的内模，中国地质博物馆标本登记号 GMC V1325。

归入标本　保存程度不同的头甲计 10 余件，收藏于中国地质博物馆。

模式产地　贵州都匀河阳包阳村枧草寨。

鉴别特征 唯一的种，特征从属。

产地与层位 贵州都匀河阳包阳村枧草寨，下泥盆统埃姆斯阶舒家坪组最下部。

评注 该属种脑颅中枢神经系统和头部血管所占据的空腔被次生铁矿所填充， 在软骨的脑颅消失之后，保存了非常精美的颅内模，是研究盔甲鱼类脑颅解剖学的非常重要的材料。

副都匀鱼属 Genus *Paraduyunaspis* P'an et Wang, 1978

模式种 赫章副都匀鱼 *Paraduyunaspis hezhangensis* P'an et Wang, 1978

鉴别特征 中等大小的都匀鱼类，头甲长约 72 mm，宽 65 mm。头甲略呈长稍大于宽的椭圆形，依侧缘走势估计不具角和内角。中背孔近于圆形，距吻缘稍近；眶孔小，背位，处于头甲侧缘与中轴线之间、紧靠中背孔后缘水平线；松果孔小而靠后，远在眶孔之后。侧线系统和纹饰均不详。鳃囊 24 对。

中国已知种 *Paraduyunaspis hezhangensis*。

分布与时代 贵州，早泥盆世埃姆斯期。

评注 目前只有一件标本。该属与都匀鱼的主要区别为鳃区的鳃囊每侧有 24 个，而不是 20 个；中背孔较小而距头甲前缘较近。此外背甲也比较短而宽。

赫章副都匀鱼 *Paraduyunaspis hezhangensis* P'an et Wang, 1978

（图 105）

Paraduyunaspis hezhangensis：潘江、王士涛，1978；Pan, 1992

正模 一件暴露脑颅背面的头甲，中国地质博物馆标本登记号 GMC V1543。

模式产地 贵州赫章铁矿山。

鉴别特征 唯一的种，特征从属。

产地与层位 贵州赫章铁矿山，下泥盆统埃姆斯阶丹林组最上部。

新都匀鱼属 Genus *Neoduyunaspis* P'an et Wang, 1978

模式种 小型新都匀鱼 *Neoduyunaspis minuta* P'an et Wang, 1978

鉴别特征 都匀鱼科中体型小的种类，头甲长约 40 mm，宽约 30 mm。头甲略呈椭圆形，最宽部位约在中部，吻端圆钝，稍宽或近于后端宽；头甲边缘具锯齿状小刺；角和内角均消失。中背孔椭圆形，长约为宽的 2/3。眶孔圆形，位后移，远在中背孔水平线

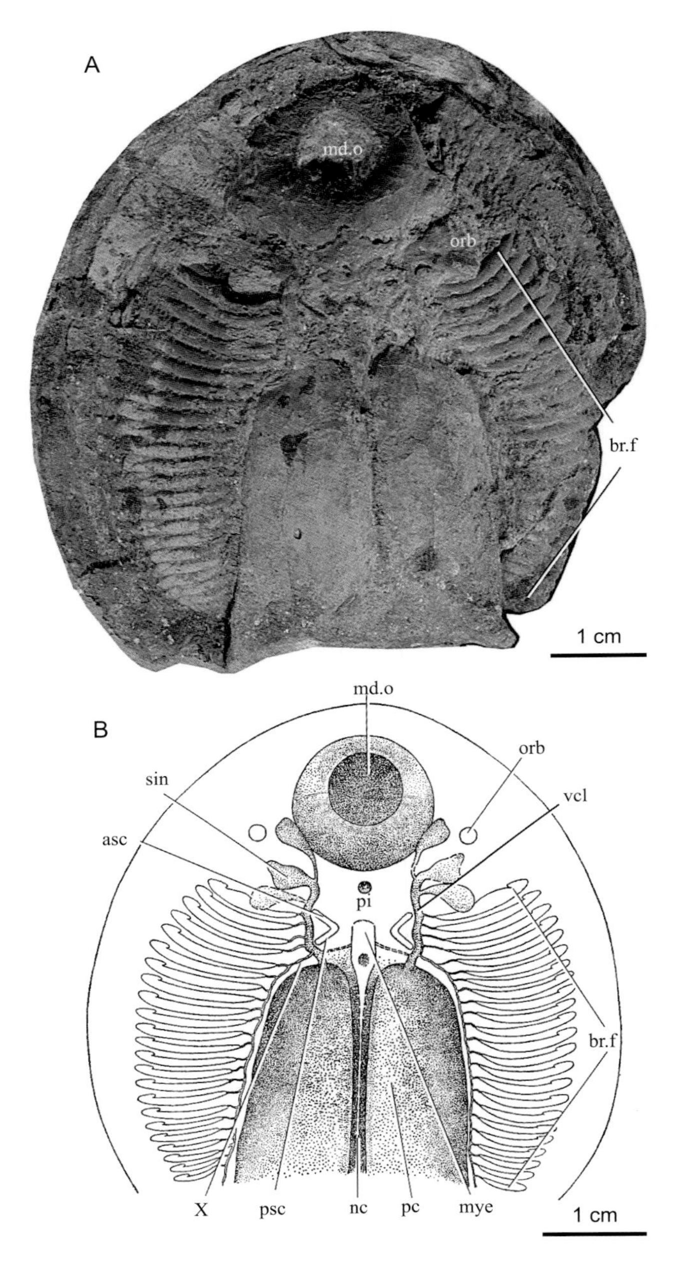

图 105　赫章副都匀鱼 *Paraduyunaspis hezhangensis*

A. 一件近于完整的头甲内模，保存脑颅内模，正模，GMC V1543，背视；B. 脑颅内模复原图（引自潘江、王士涛，1978），背视

之后，并向中轴靠近，眶间距小于眶孔至头甲侧缘的距离。侧线系统不详。纹饰由具放射脊突出组成。鳃囊 15 对以上。

中国已知种　*Neoduyunaspis minuta*。

分布与时代　贵州，早泥盆世埃姆斯期。

评注　王士涛等（2001）认为新都匀鱼属鳃囊仅15对，因此不属于都匀鱼目，而应属于多鳃鱼目；同时认为新都匀鱼的含鱼层乌当组时代为早西根期而早于都匀鱼（*Duyunolepis*）和副都匀鱼（*Paraduyunaspis*），后两者时代则为早埃姆斯期。目前都匀鱼科包括圆盘鱼（*Lopadaspis*）、副都匀鱼、都匀鱼和新都匀鱼4个属，其鳃穴数目依次为32（王士涛等，2001）、24、20和15对或更多（潘江、王士涛，1978），可见这个科里鳃穴数目变化范围之宽，因此在系统关系方面，鳃穴数目之外还须考虑其他因素，如中背孔远离头甲吻缘并长略小于宽，眶孔背位而小，特别是纵置椭圆形的头甲、其内角和角均消失等这些共同特征。基于此，我们依然将新都匀鱼归入都匀鱼科。至于含新都匀鱼的乌当组的时代，这里采纳朱敏等（1994）、刘玉海（2002）依据对其所含盾皮鱼类 *Kueichowlepis sinensis* 和 *Sinopetalichthys kueiyangensis* 的分析而认为属埃姆斯期。

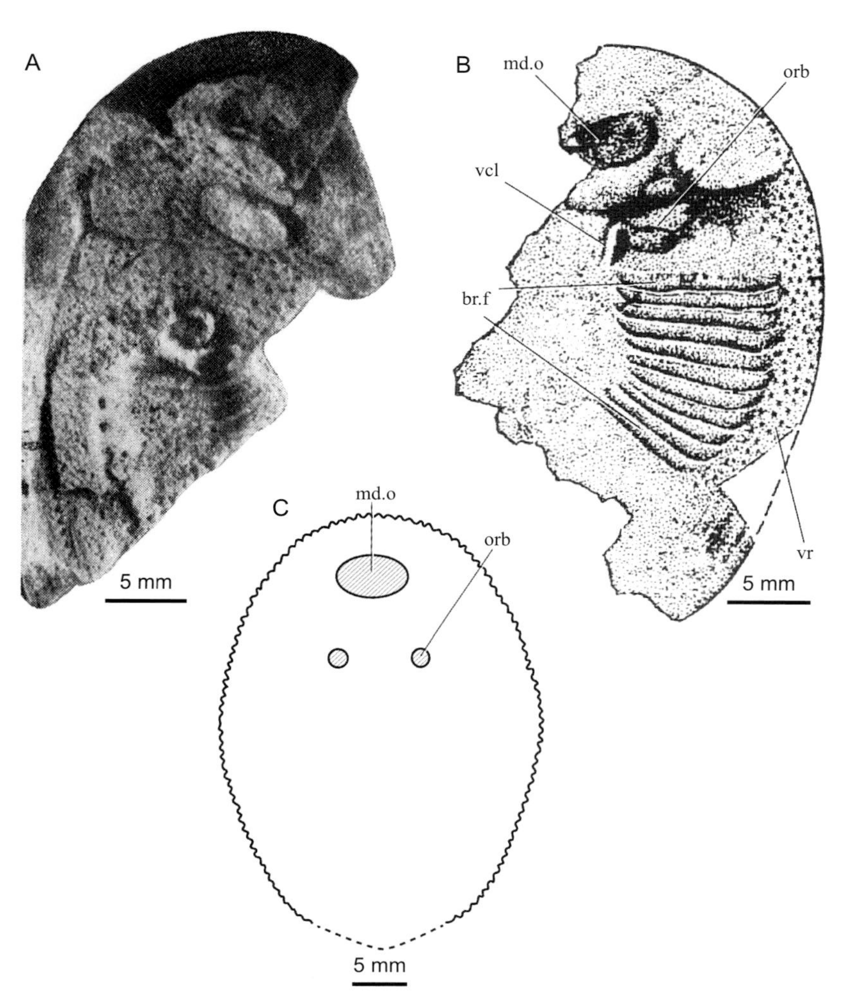

图 106　小型新都匀鱼 *Neoduyunaspis minuta*（引自 Pan，1992；潘江、王士涛，1978）

A. 一不完整的头甲内模，正模，GMC V1512-1，背视；B. 一不完整的头甲内模素描图，正模，GMC V1512-2，背视；C. 头甲复原图，背视

小型新都匀鱼 *Neoduyunaspis minuta* P'an et Wang, 1978

（图 106）

Neoduyunaspis minuta：潘江、王士涛，1978

正模 一件不完整的头甲内模和外模，中国地质博物馆标本登记号 GMC V1512.1–2。

模式产地 贵州贵阳乌当区麦秾寨大平山。

鉴别特征 唯一的种，特征从属。

产地与层位 贵州贵阳乌当区麦秾寨大平山，下泥盆统埃姆斯阶乌当组顶部。

圆盘鱼属 Genus *Lopadaspis* (Wang, Wang, Wang et Zhang, 2001) Wang, Wang, Wang et Zhang, 2002

模式种 平乐圆盘鱼 *Lopadaspis pinglensis*（Wang, Wang, Wang et Zhang, 2001）Wang, Wang, Wang et Zhang, 2002

鉴别特征 体型较大的都匀鱼类，头甲长约 81–95 mm，宽约 76–84 mm。头甲略呈卵圆形，最宽部位靠近头甲 1/2 分界线，吻缘稍向前凸而未形成吻突，侧缘后端于头甲后侧角形成甚短的内角，内角之间的头甲后缘略前凹，近于截形；头甲自背联络管向后逐渐隆起为中背脊；中背孔为纵长卵圆形，长与宽之比率约为 1.25，向后延伸入两眶孔间达 1/3–1/2 眶孔直径之距；眶孔圆形，背位，与头甲侧缘之距远小于眶间距；松果孔位于眶孔后缘联线稍后；侧线系统属多鳃鱼类型，V 形眶上管前端和眶下管前端于眶孔前侧合并而伸向头甲侧缘，中背纵管退化为残迹，甚短，交汇于背联络管后方；包括眶下管和主侧线管的侧背纵管具 5 对侧横枝，其中背联络管之前 2 对、之后 3 对，横枝末端分叉，第五对横枝作勾状向前弯曲；纹饰由具放射脊的突起组成；鳃囊达 32 对。

中国已知种 *Lopadaspis pinglensis*。

分布与时代 广西平乐，早泥盆世埃姆斯期。

评注 该属原名为 *Discaspis*，但这一属名已被 Lin K. S. 在记述中国台湾的昆虫时首先使用了。因此，王士涛等（2002）建议以新的属名 *Lopadaspis* 代替 *Discaspis*。

平乐圆盘鱼 *Lopadaspis pinglensis* (Wang, Wang, Wang et Zhang, 2001) Wang, Wang, Wang et Zhang, 2002

（图 107）

Discaspis pinglensis：王士涛等，2001

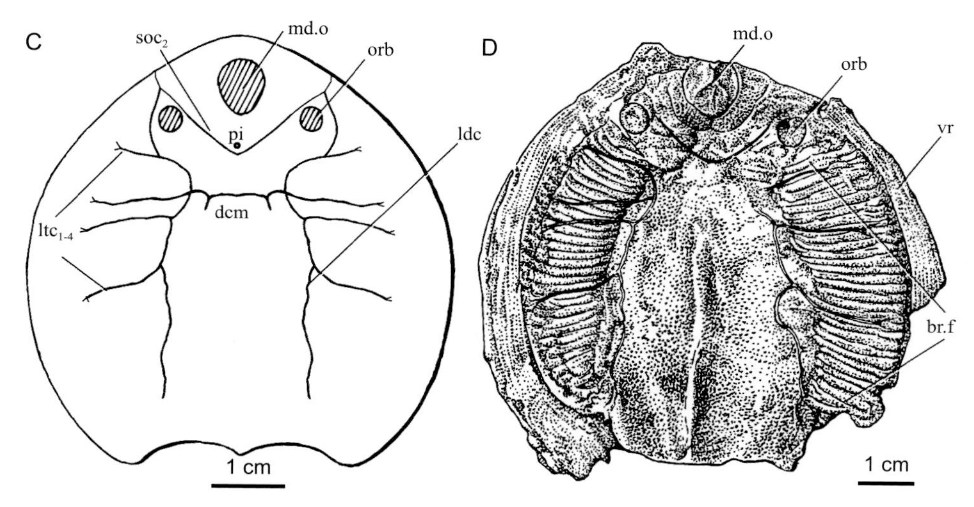

图 107　平乐圆盘鱼 *Lopadaspis pinglensis*

A. 一近于完整的头甲，副模，GMC V1953；B. 一近于完整的头甲，正模，GMC V1952-1；C. 头甲复原图（修改自 Janvier, 2004），背视；D. 一近于完整头甲的素描图（引自王士涛等 , 2001），依正模 GMC V1952-1

Lopadaspis pinglensis：王士涛等，2002

正模　一件完整头甲及其外模，中国地质博物馆标本登记号 GMC V1952-1, 2。

副模　一件完整头甲，中国地质博物馆标本登记号 GMC V1953；部分保存的头甲 3 件，GMC V1954–1956。

模式产地　广西平乐源头圩。

鉴别特征　唯一的种，特征从属。

产地与层位　广西平乐源头圩，下泥盆统埃姆斯阶贺县组。

多鳃鱼科 Family Polybranchiaspidae Liu, 1965

模式属 *Polybranchiaspis* Liu, 1965

定义与分类 该科系刘玉海（1965）依 *Polybranchiaspis liaojiaoshanensis* 建立。定义该科的特征组合有：眶下管上的侧横管数目较多；第四侧横管之后也有较多的侧横管（Zhu et Gai, 2006）。该科是盔甲鱼类分异度较大的一个科，目前包括 9 属 15 种，中国已发现 8 属 14 种。

鉴别特征 体形较小至中等的盔甲鱼类。头甲呈卵圆形，中背棘发育，内角叶状，中背孔亚圆形或横的椭圆形，感觉管系统发育，具 V 形眶上管，眶下管上具有较多的侧横管，侧背管上具有 4 对以上的侧横管，鳃囊 10 对以上。

中国已知属 *Polybranchiaspis*, *Siyingia*, *Damaspis*, *Laxaspis*, *Cyclodiscaspis*, *Dongfangaspis*, *Diandongaspis*, *Clarorbis*。

分布与时代 中国云南、四川、广西，越南安明（Yen Minh）、河江（Ha Giang）；早泥盆世洛霍考夫期—布拉格期。

评注 依 Zhu 和 Gai（2006）系统发育分析结果，将原归于该科的近三角形广南鱼（*Kwangnanaspis subtrangularis*）移出，暂归到秀甲鱼科。

多鳃鱼属 Genus *Polybranchiaspis* Liu, 1965

模式种 廖角山多鳃鱼 *Polybranchiaspis liaojiaoshanensis* Liu, 1965

鉴别特征 多鳃鱼类中体形中等至较小的属。头甲呈卵圆形，长大于宽；中背棘发达，其末端与内角末端约处于同一水平线上；内角叶状，欠发达。中背孔亚圆形，或前缘略平，宽大于长，中背孔与头甲吻缘之距通常小于该孔纵轴的 1/2；眶孔背位，与头甲侧缘之距远小于至头甲中轴之距；松果孔封闭，无明显的松果斑，位于眶孔后缘水平线之后较远；侧线系统中侧背纵管通常具 4（间或 5）支发育的侧横枝，该侧横枝之前和后可存在若干侧横枝残迹，作短突或波折状，侧背纵管的眶下管部分前端与眶上管相遇；左右纵管间的背联络管近于处在头甲之长的平分线上；V 形眶上管常被一横短管分隔为前后两部分。组成纹饰的突起具放射脊或不具，因物种而异。

中国已知种 *Polybranchiaspis liaojiaoshanensis*, *P. zhanyiensis*, *P. minor*, *P. miandiancunensis*。

分布与时代 中国云南，越南安明（Yen Minh）、河江（Ha Giang），志留纪普里道利世—早泥盆世布拉格期。

廖角山多鳃鱼 ***Polybranchiaspis liaojiaoshanensis* Liu, 1965**

（图 108，图 109）

Polybranchiaspis liaojaoshanensis：刘玉海，1965

Polybranchiaspis liaojiaoshanensis：刘玉海，1975

Polybranchiaspis sinensis：方润森等，1985

Polybranchiaspis yunnanensis：方润森等，1985

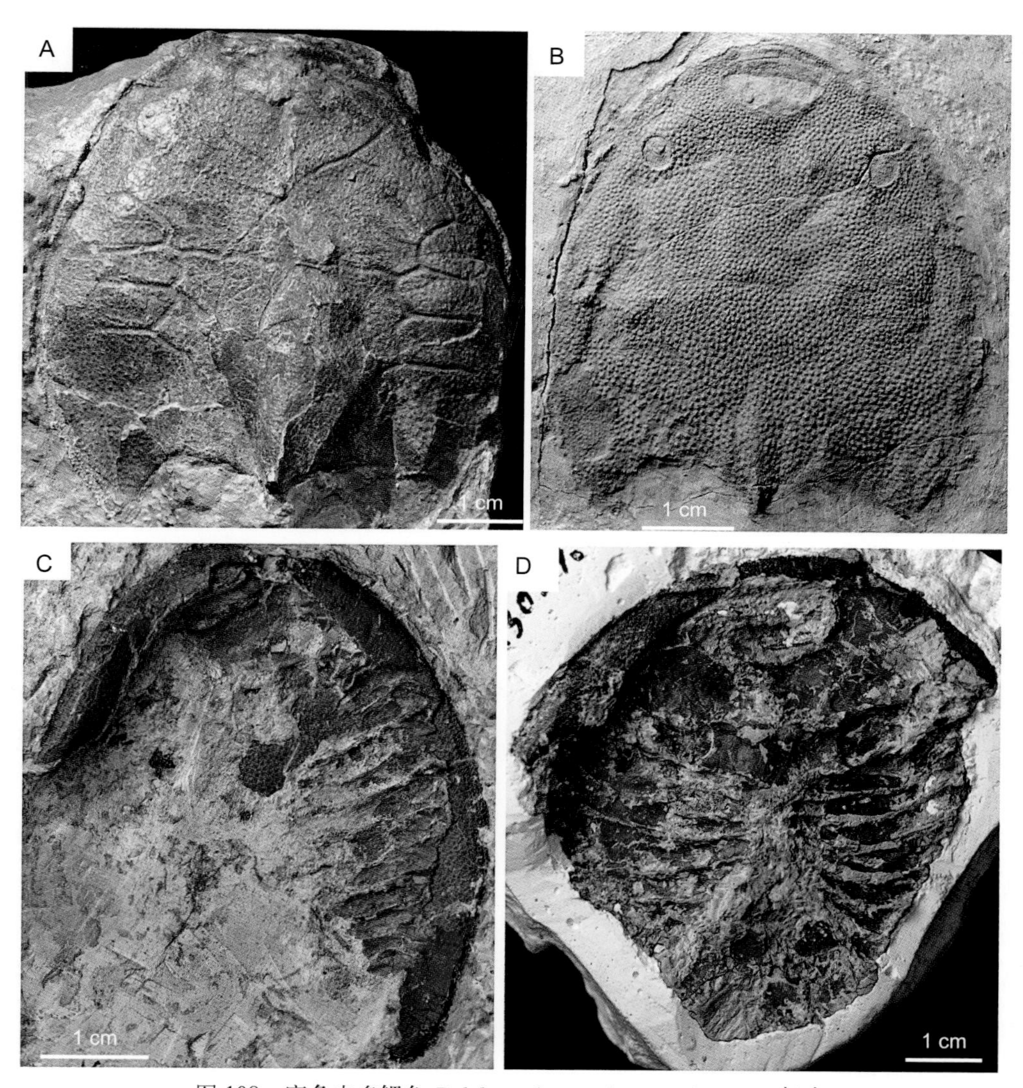

图 108　廖角山多鳃鱼 *Polybranchiaspis liaojiaoshanensis* 标本

A. 一完整的头甲，正模，IVPP V3027，背视，示侧线感觉管因其盖层丢失而呈现为沟状暴露在外；B. 一完整的头甲，IVPP V3027.1，背视，示侧线感觉管封闭，侧线感觉管经过路线的某些段落头甲表面略微下陷；C. 一件近于完整的头甲，副模，IVPP V3027.2，腹视，示脏骨骼、口鳃腔及腹环；D. 一件近于完整的头甲，IVPP V3027.11，腹视，示脏骨骼及口鳃腔

Polybranchiaspis rhombicus：方润森等，1985

Polybranchiaspis gracilis：方润森等，1985

Dongfangaspis paradoxus：方润森等，1985

Dongfangaspis yunnanensis：方润森等，1985

Polybranchiaspis cf. *gracilis*：Tông-Dzuy et Janvier, 1987

Polybranchiaspis liaojaoshanensis：Tông-Dzuy et al., 1995

正模 一件近于完整的头甲，中国科学院古脊椎动物与古人类研究所标本登记号IVPP V3027。

副模 一件内面保存的头甲，IVPP V3027.1；一件左侧保存的头甲，IVPP V3027.2；以及其他保存程度不同的头甲约50件，腹甲7件。

归入标本 中国地质博物馆有收藏，越南河内大学地质系标本登记号BT171–174。

模式产地 云南曲靖麒麟区寥廓山（“廖角山”）新寺。

鉴别特征 头甲呈卵圆形，长约55–60 mm, 宽小于长，宽、长比率约0.87。头甲后侧角突伸发育适中的叶状内角，自背联络管向后头甲沿中线渐次隆起最后形成突出头甲后缘的中背棘，该棘末端与内角末端止于约同一水平线，头甲后缘于中背棘两侧作弧形凹进。中背孔呈前缘近横平、后缘为弓状的半月形，宽大于长。眶孔中等大小，背位，但距头甲侧缘近。松果孔封闭，无松果斑。

产地与层位 云南曲靖麒麟区寥廓山与翠峰山、宜良万寿山、嵩明小练灯，下泥盆统下洛霍考夫阶翠峰山群西山村组；云南曲靖麒麟区寥廓山，下泥盆统上洛霍考夫阶翠峰山群西屯组；越南安明（Yen Minh）Ban Muong, 下泥盆统洛霍考夫阶Sika组；越南河江（Ha Giang）Tong Vai，下泥盆统布拉格阶Khao Loc组。

评注 *Polybranchiaspis liaojaoshanensis* 的种本名（刘玉海，1965）系 liaojiaoshan（廖角山）的拼音之误。

本志采纳Pan（1992）、Tông-Dzuy 等（1995）、Zhu 和 Gai（2006）的建议，将中华多鳃鱼（*Polybranchiaspis sinensis*）、云南多鳃鱼（*P. yunnanensis*）、菱形多鳃鱼（*P. rhombicus*）、秀丽多鳃鱼（*P. gracilis*）（方润森等，1985）作为 *P. liaojiaoshanensis* 的同物异名。我们同时认为 *Dongfangaspis paradoxus* Cao（方润森等，1985）也是 *P. liaojiaoshanensis* 的同物异名，其建立时所依据的头甲特征（包括头甲大小）与 *P. liaojiaoshanensis* 极为相近（方润森等，1985），建立者所认为的感觉管末端分叉呈树枝状，实为假象。所谓的树枝状分支实为皮下脉络丛，只是巧合地出现在头甲左侧第二、三、四侧横管远端附近，它们为纤细、宽窄不匀的脊，与呈现为粗的沟状感觉管形成明显的不协调，类似的细脊在头甲左侧第四侧横管之后和中背孔与眶孔之间等非感觉管行经处亦有出现。

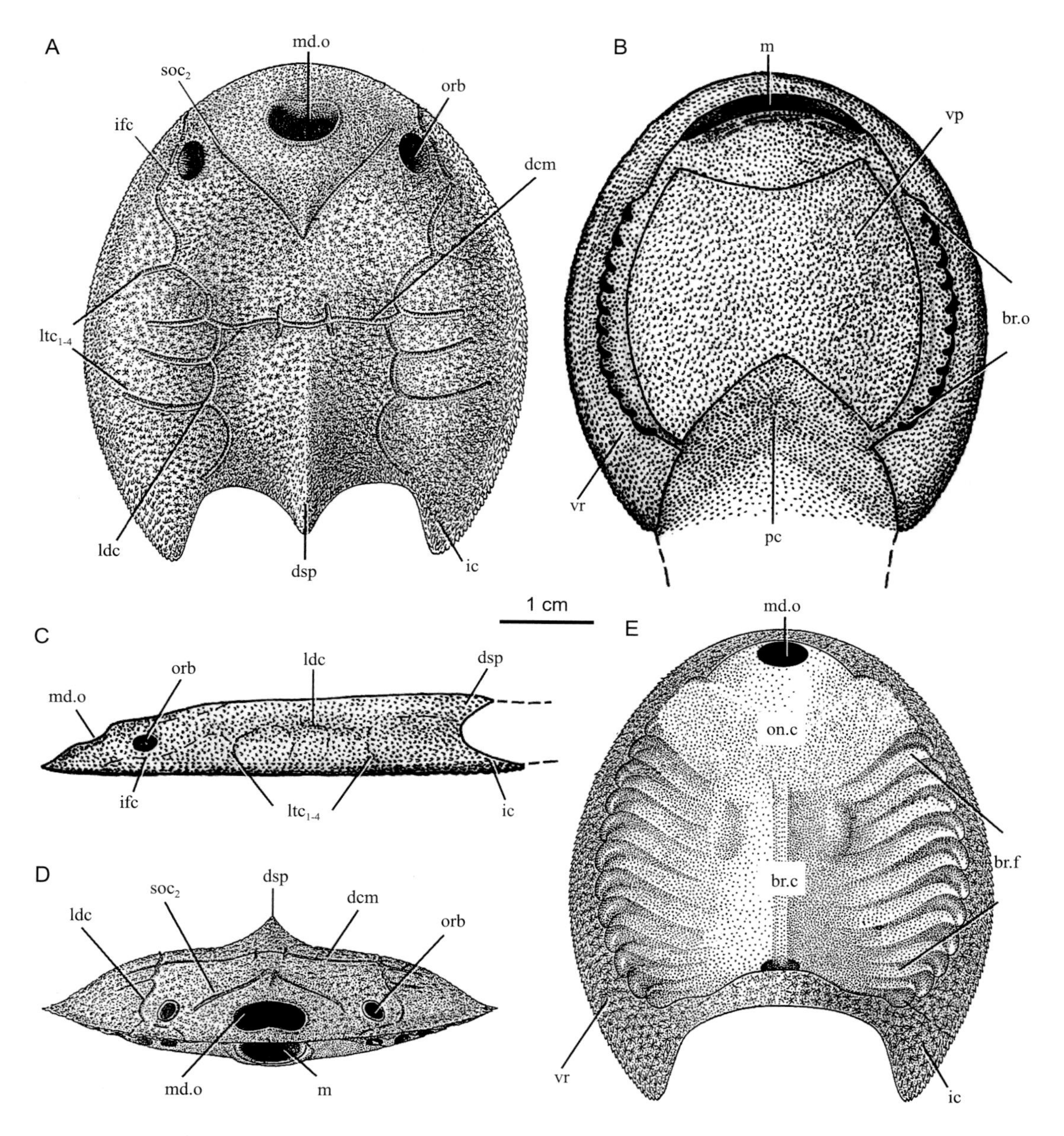

图 109 廖角山多鳃鱼 *Polybranchiaspis liaojiaoshanensis* 复原图（修改自 Janvier, 1975, 1996）

A–D. 头甲复原图，A, 背视，B，腹视，C，侧视，D，前视；E. 口鳃腔复原图，腹视

P. liaojiaoshanensis 是盔甲鱼类中迄今所知分布最广、标本发现最多的一个物种。各地收集的头甲标本应在 60 件以上，头甲长约 58 mm，即使包括个体差异、标本保存状况、测量误差等因素，也未见 55–60 mm 范围之外者。说明盔甲鱼类的头甲是在鱼达到成体后迅速获得，而个体亦停止生长。就其分布范围来说除中国以外，还见之于越南北部毗邻我国云南地区；在延续时代上由早泥盆世洛霍考夫期至布拉格期。

沾益多鳃鱼 *Polybranchiaspis zhanyiensis* P'an et Wang, 1978

（图 110）

Polybranchiaspis zhanyiensis：潘江、王士涛，1978

Polybranchiaspis liaojiaoshanensis：Zhu et Gai, 2006

正模　一件不完整的头甲，中国地质博物馆标本登记号 GMC V1702。

模式产地　云南沾益竹鸡河。

鉴别特征　头甲较大，长约 75 mm，宽约 65 mm；中背孔较小，亚圆形，宽略大于长，

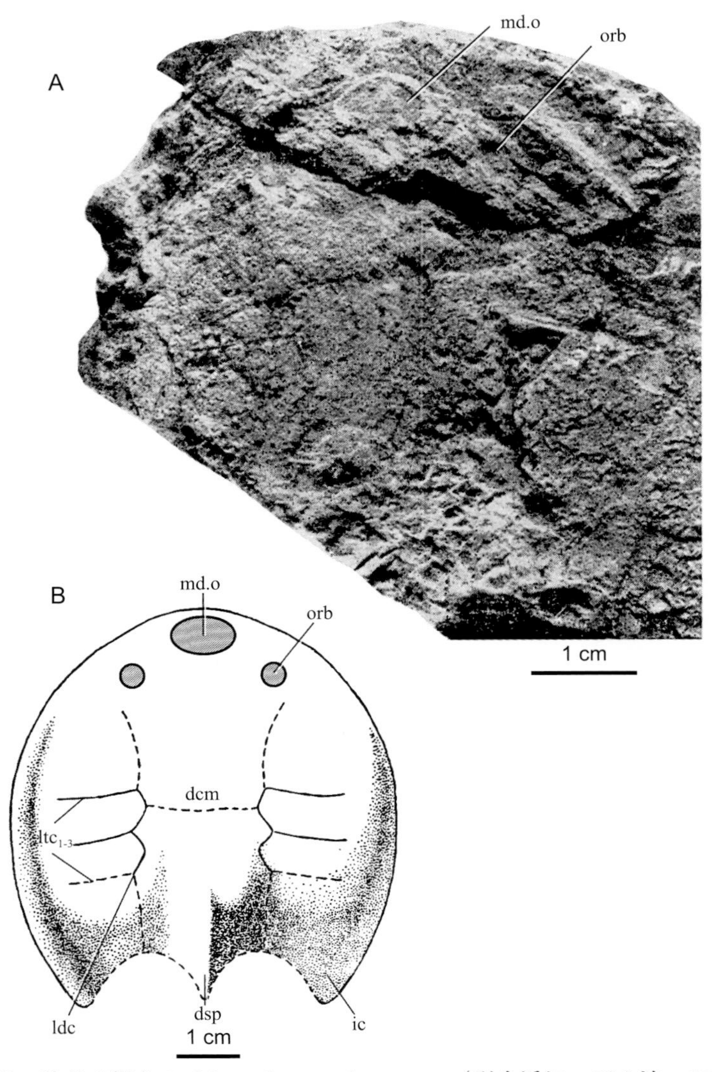

图 110　沾益多鳃鱼 *Polybranchiaspis zhanyiensis*（引自潘江、王士涛，1978）

A. 一件不完整的头甲内模，正模，GMC V1702，背视；B. 头甲复原图，背视

其前缘拱曲强于后缘，且距头甲吻缘很近；眶孔前移，与横切中背孔后缘水平线的垂直距离约相当眶孔的半径，因此形成中背孔、眶孔向头甲前端聚合的趋势；侧线系统仅部分主侧线管及两对侧横管保存；纹饰由中等大小的圆形突起组成，突起光滑，未见脊纹。

产地与层位 云南沾益竹鸡河，下泥盆统洛霍考夫阶翠峰山群。

评注 Zhu 和 Gai（2006）将该物种视为 *Polybranchiaspis liaojiaoshanensis* 的同物异名。虽然该物种的建立所依据的标本欠佳，但以其中背孔小、呈前缘凸的亚圆形、及中背孔和眶孔向头甲前端聚合而区别于 *P. liaojiaoshanensis*；在纹饰方面的不同在于前者由圆形光滑的突起组成，后者的突起具脊纹呈放射状；在大小上，也远大于 *P. liaojiaoshanensis*，后者的头甲长仅 58 mm 左右。

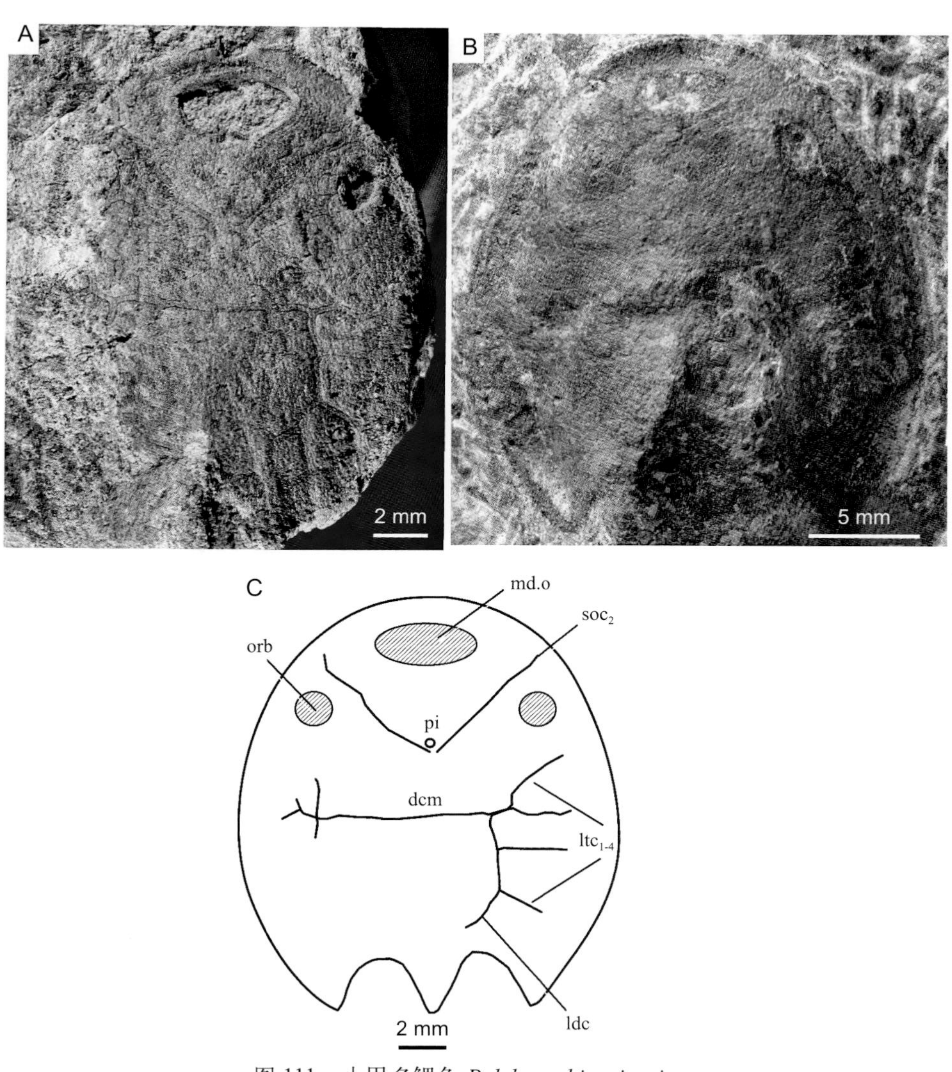

图 111 小甲多鳃鱼 *Polybranchiaspis minor*

A. 一件近于完整的头甲，正模，IVPP V5018，背视；B. 一件近于完整的头甲，IVPP V5018.1，背视；C. 头甲复原图，背视

小甲多鳃鱼 ***Polybranchiaspis minor* Liu, 1975**

（图 111）

Polybranchiaspis minor：刘玉海，1975

正模 一件后部略有缺失的头甲，中国科学院古脊椎动物与古人类研究所标本登记号 IVPP V5018。

归入标本 一件近于完整的头甲，中国科学院古脊椎动物与古人类研究所标本登记号 IVPP V5018.1。

模式产地 云南曲靖麒麟区寥廓山新寺。

鉴别特征 体形小的多鳃鱼，头甲长约 20 mm；中背孔较大，呈横宽的椭圆形；侧线系统为多鳃鱼型，但主侧线上具 5 条侧横枝；纹饰由小的粒状突起组成。

产地与层位 云南曲靖麒麟区寥廓山新寺，下泥盆统下洛霍考夫阶翠峰山群西山村组。

面店村多鳃鱼 ***Polybranchiaspis miandiancunensis* Pan et Wang, 1978**

（图 112）

Polybranchiaspis miandiancunensis：潘江、王士涛，1978

Polybranchiaspis liaojiaoshanensis：Zhu et Gai, 2006

正模 一件不完整的头甲，中国地质博物馆标本登记号 GMC V1701。

模式产地 云南曲靖麒麟区西城街道面店村。

鉴别特征 所依据的唯一头甲标本缺失甚多，保存长度约 56 mm，估计头甲全长不小于 80 mm。中背孔亚圆形，宽稍大于长，位置后移，距头甲吻缘甚远；眶孔圆形，较大，与中背孔后缘水平距离约等于眶孔的半径；侧线系统知之甚少，属多鳃鱼型；组成纹饰的突起较大，至少基部保存有放射脊纹。

产地与层位 云南曲靖麒麟区西城街道面店村，志留系普里道利统玉龙寺组上部（"面店村组"）。

评注 这是依据很不完整的头甲建立的物种，其有效性曾受到怀疑，而被视为 *Polybranchiaspis liaojiaoshanensis* 的同物异名（Zhu et Gai, 2006）。但其中背孔的形状和位置的显著后移、纹饰形态以及相对显著大的头甲等使其与 *P. liaojiaoshanensis* 有所区别。

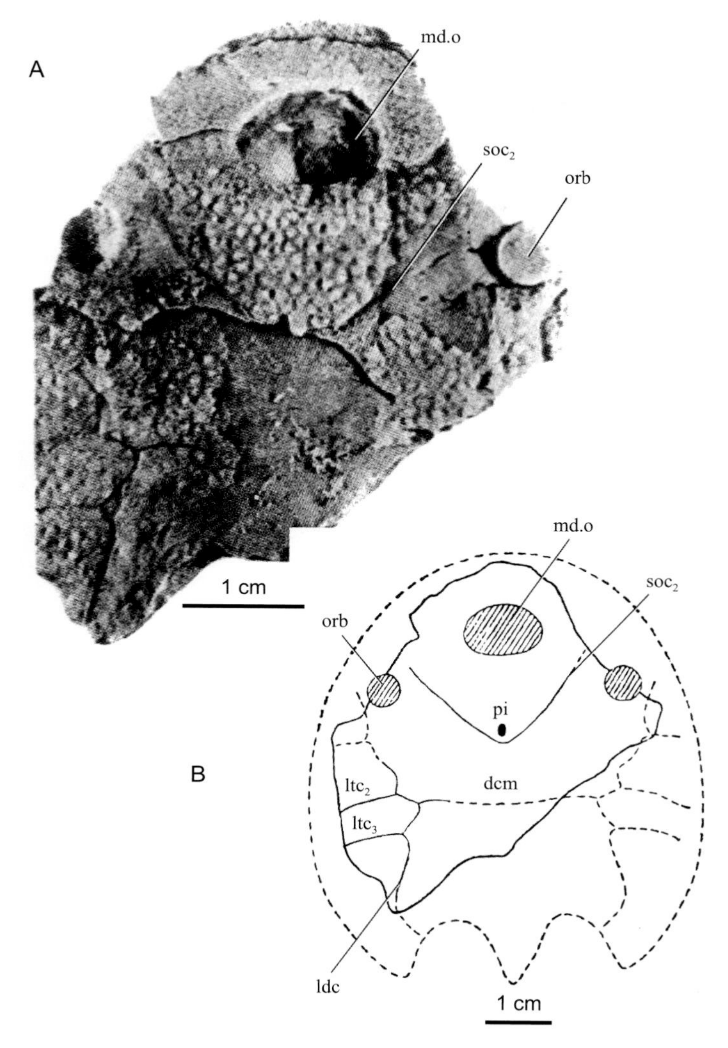

图 112　面店村多鳃鱼 *Polybranchiaspis miandiancunensis*（引自潘江、王士涛，1978）
A. 一件不完整的头甲，正模，GMC V1701，背视；B. 头甲复原图，背视

四营鱼属 Genus *Siyingia* Wang et Wang, 1982

模式种　高棘四营鱼 *Siyingia altuspinosa* Wang et Wang, 1982

鉴别特征　头甲估计长约 55 mm，宽略小于长；背联络管居于头甲 1/2 平分线附近，自背联络管向后沿头甲中线渐次隆起为背脊，并于头甲后端翘起形成侧扁、末端指向背方的高耸背棘；侧线系统多鳃鱼型，感觉管末端分叉呈枝状；组成纹饰的突起顶部较平，突起互不融合。

中国已知种　*Siyingia altuspinosa*。

分布与时代　云南，早泥盆世晚洛霍考夫期。

高棘四营鱼 *Siyingia altuspinosa* Wang et Wang, 1982

（图 113）

Siyingia altuspinosa：王念忠、王俊卿，1982b

正模 一件头甲右侧外模，中国科学院古脊椎动物与古人类研究所标本登记号 IVPP V6258.1。

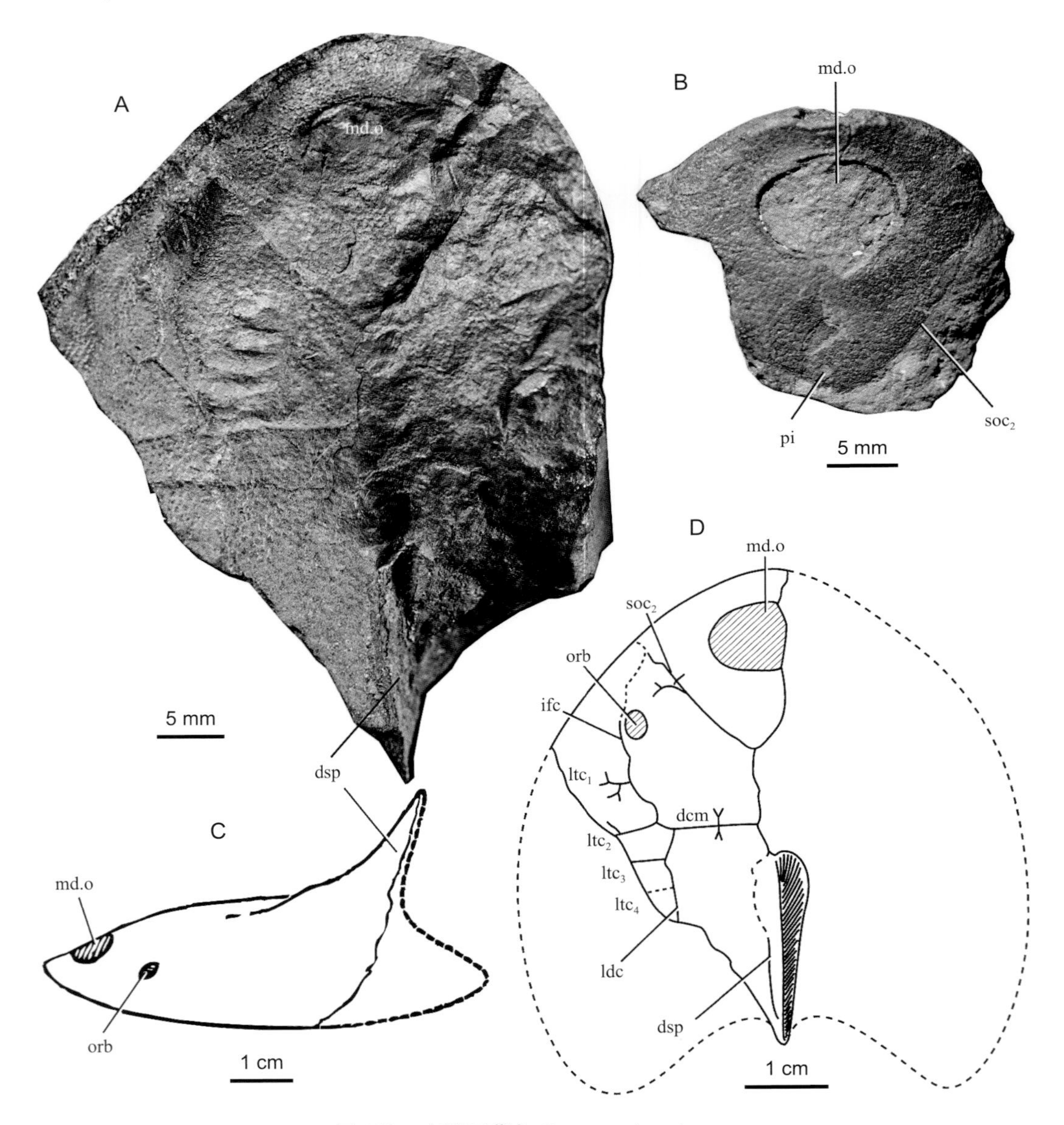

图 113 高棘四营鱼 *Siyingia altuspinosa*

A. 一不完整的头甲外模，正模，IVPP V 6258.1，腹视；B. 一不完整头甲的前部，副模，IVPP V 6258.2，背视，示中背孔；C, D. 头甲复原图（引自王念忠、王俊卿，1982b），C，侧视，D，背视

副模 一头甲的前部，中国科学院古脊椎动物与古人类研究所标本登记号 IVPP V6258.2。

模式产地 云南宜良喷水洞。

鉴别特征 唯一的种，特征从属。

产地与层位 云南宜良喷水洞，下泥盆统上洛霍考夫阶翠峰山群西屯组。

评注 该属与多鳃鱼（*Polybranchiaspis*）和滇东鱼（*Diandongaspis*）最为接近，比如头甲的大致形状，中背孔与眶孔的相对位置，侧线感觉管的大致形态等。该属与上述两属的明显区别在于，头甲后缘的中背棘高而侧扁，侧线感觉管末端呈分枝状。

宽甲鱼属 Genus *Laxaspis* Liu, 1975

模式种 曲靖宽甲鱼 *Laxaspis qujingensis* Liu, 1975

鉴别特征 形体较大的多鳃鱼，头甲长约 13 mm，宽与长约相等。头甲吻缘窄而前突，但不形成吻角或吻突；背棘发育；内角发达、叶状、肥大，其末端向后大大超出背棘；中背孔椭圆形，长不及宽的 3/5；眶孔背位，相对小，圆形；松果斑位于眶孔后缘水平线之后；侧线系统几乎与 *Polybranchiaspis liaojiaoshanensis* 相同，但趋向头甲前部集拢，从而背联络管处于头甲的约前 2/5 分界线，并且感觉管末端分叉，且叉枝多折曲并偶尔吻合成星状环。纹饰由较大的具放射脊的突起组成。

中国已知种 *Laxaspis qujingensis*，*L.* cf. *L. qujingensis*，*L. yulongssus*，“*Dongfangaspis qujingensis*”。

分布与时代 中国云南、越南河江，志留纪普里道利世—早泥盆世布拉格期。

评注 Zhu 和 Gai（2006）曾怀疑 *Laxaspis qujingensis* 感觉管末端的星状环可能系纹饰所致。对原标本再观察表明：*Laxaspis qujingensis* 的感觉管，包括其末端很细，在实体标本呈现为沟，外模则为脊，均可与纹饰区分，二者并不混淆。但将感觉管末端一概描述为多边形放射状也不确切，实际是末端分叉而又弯曲，形成多边的半环形，间或环形。

曲靖宽甲鱼 *Laxaspis qujingensis* Liu, 1975

（图 114）

Laxaspis qujingensis：刘玉海，1975

正模 一件右边缺损的头甲及其外模，中国科学院古脊椎动物与古人类研究所标本登记号 IVPP V5017。

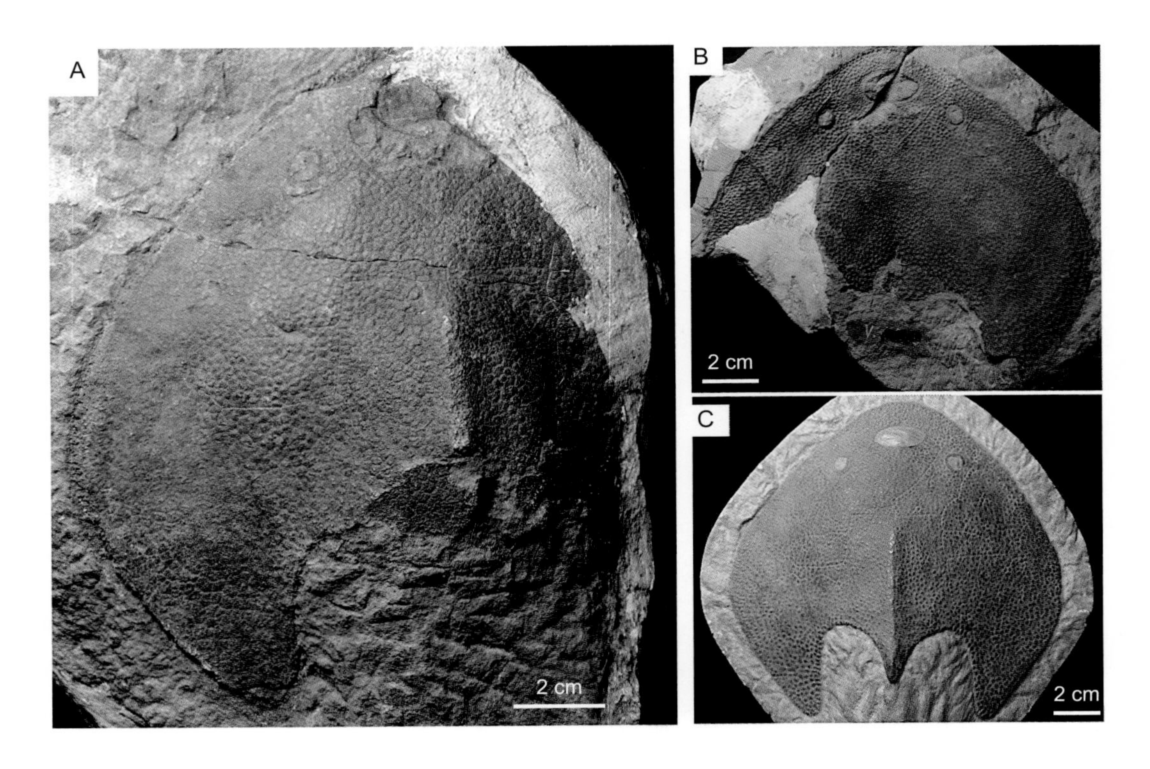

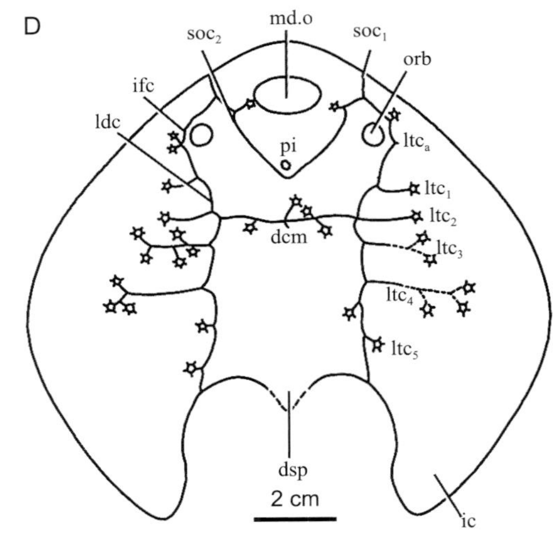

图 114 曲靖宽甲鱼 *Laxaspis qujingensis*

A, B. 一近于完整头甲及其外模，正模 IVPP V5017，A，头甲，背视，B，外模，腹视；C. 头甲复原模型，依正模，背视；D. 头甲复原图（引自刘玉海，1975），背视

模式产地 云南曲靖麒麟区寥廓山。

鉴别特征 属型种，特征从属。

产地与层位 云南曲靖麒麟区寥廓山，下泥盆统下洛霍考夫阶翠峰山群西山村组。

“曲靖东方鱼” ‘*Dongfangaspis qujingensis*’ Pan et Wang, 1981

（图 115）

Dongfangaspis qujingensis：潘江、王士涛，1981；Pan, 1992

“*Dongfangaspis qujingensis*”: Zhu et Gai, 2006

正模 一不完整头甲，中国地质博物馆标本登记号 GMC V1735。

归入标本 一件不完整的头甲，云南地质局地质研究所标本登记号 IGYGB 821408；一件近于完整的头甲，中国科学院古脊椎动物与古人类研究所标本登记 IVPP V 5017.1。

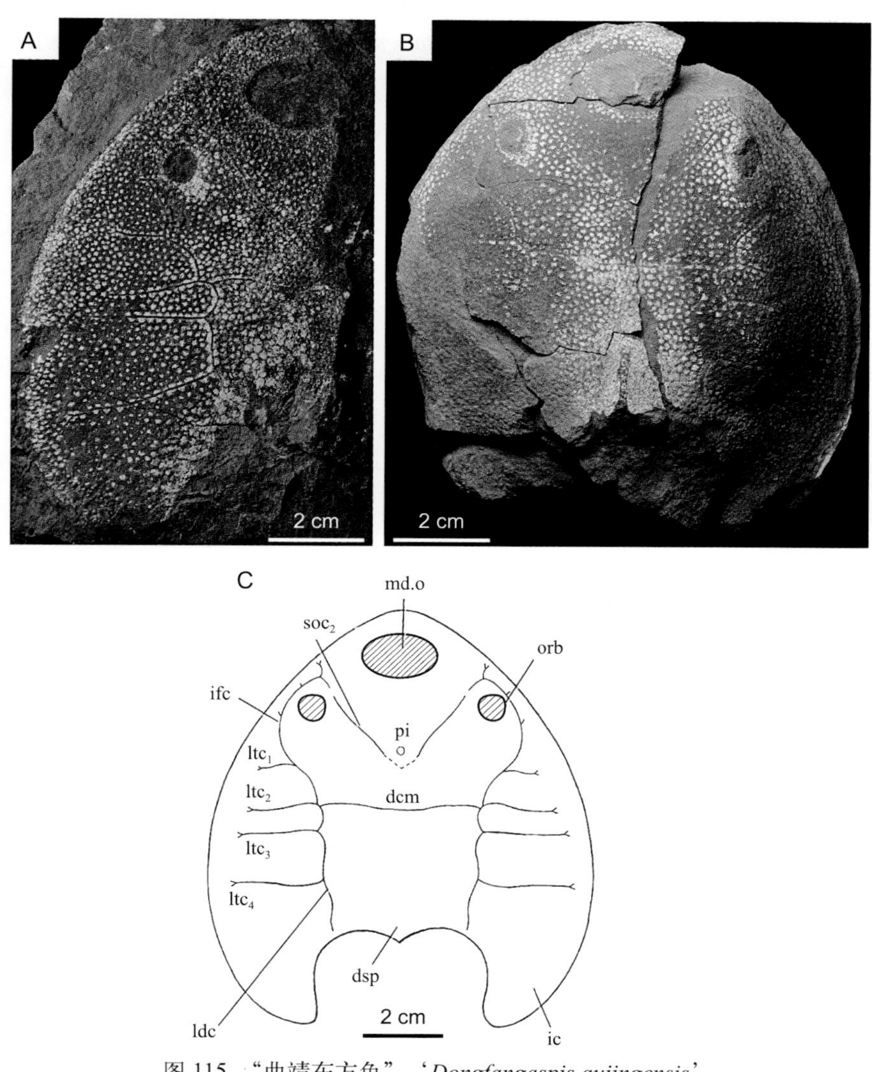

图 115 “曲靖东方鱼” ‘*Dongfangaspis qujingensis*’

A. 一不完整头甲外模，正模，GMC V1753，腹视；B. 一完整头甲，IVPP V5017.1，背视；C. 头甲复原图，背视（依新增材料重绘）

模式产地 云南曲靖麒麟区西城街道西山水库西岸。

鉴别特征 头甲长估计约 12 cm，宽约 10 cm，宽、长比率 0.83；头甲椭圆形，具肥大的内角和发达的中背棘，该棘两侧头甲后缘深度凹进；中背孔亚圆形，宽略大于长；眶孔大，与中背孔的水平距约为眶孔直径的 1/2，松果孔洞开而大，位于眶孔后缘水平线稍后；侧线系统的布局与 *Laxaspis qujingensis* 甚为相近，但后者感觉管中可能只有第一侧横管末端二分叉，呈树枝状，其余不分叉。纹饰由星状突起组成，突起中等大小，分布均匀。

产地与层位 云南曲靖麒麟区西城街道西山水库，下泥盆统下洛霍考夫阶翠峰山群西山村组。

评注 Zhu 和 Gai（2006）认为 *Dongfangaspis qujingensis* 在头甲总体形状、肥大的内角、大而呈星状的纹饰和少于 20 对的鳃囊等诸特征上相近于 *Laxaspis qujingensis* 而迥异于 *Dongfangaspis major*，故当排除于 *Dongfangaspis* 之外，而归入 *Laxaspis*。该标本与 *Laxaspis qujingensis* 的主要区别在于，头甲相对较窄，宽、长比率只有 0.83，而后者接近 1；前者感觉管呈简单的分叉或不分叉，而后者呈星状回路，因此，*Dongfangaspis qujingensis* 应是 *Laxaspis* 的一个新种。但是，若使 *Dongfangaspis qujingensis* 归入到 *Laxaspis*，则因与属型种 *L. qujingensis* 重名，而须另取新名，因本志不建立新的分类单元，故加引号以示区别。

潘江和王士涛（1981）初建时所依据的是一件不完整头甲 GMC V1735，即正模标本，产自曲靖西山水库附近西山村组，估计头甲长约 120 mm，宽约 100 mm。我们目前收藏自同一地点的完整头甲长 115 mm，宽 96 mm，与潘江和王士涛（1981）的估计相差不大，宽、长比率二者均为 0.83。新标本对原复原图（潘江、王士涛，1981）有两点重要补充和纠正：其一，内角远为肥大，中背棘与内角之间头甲后缘深度凹进类似 *Laxaspis qujingensis*；其二，主侧线管自背联络管向后近于垂直而下（并非骤然趋向中线）后延达头甲后缘（图 115C）。

需要指出的是归入 *Dongfangaspis qujingensis* 的另一件标本 GMC V2072，采于曲靖面店村玉龙寺组上部，为一件与躯干连接的头甲（Pan, 1992）。该标本与‘*Dongfangaspis qujingensis*’的正模 GMC V1735 存在明显差异，如头甲相对较宽，头甲宽明显大于长，宽、长比率达 1.1，而后者仅有 0.83；前者吻缘较宽，且圆钝，而后者吻缘较窄，稍尖。因此，该标本明显是‘*Dongfangaspis qujingensis*’的异物同名，当属 *Laxaspis* 的一新种。因本志不建立新的分类单元，因此暂将此标本定为曲靖宽甲鱼（相似种）*Laxaspis* cf. *L. qujingensis*（见下）。

曲靖宽甲鱼（相似种）*Laxaspis* cf. *L. qujingensis* Pan, 1992

（图 116）

标本 一件和躯干自然连接的头甲及其外模，中国地质博物馆标本登记号 GMC V2072。

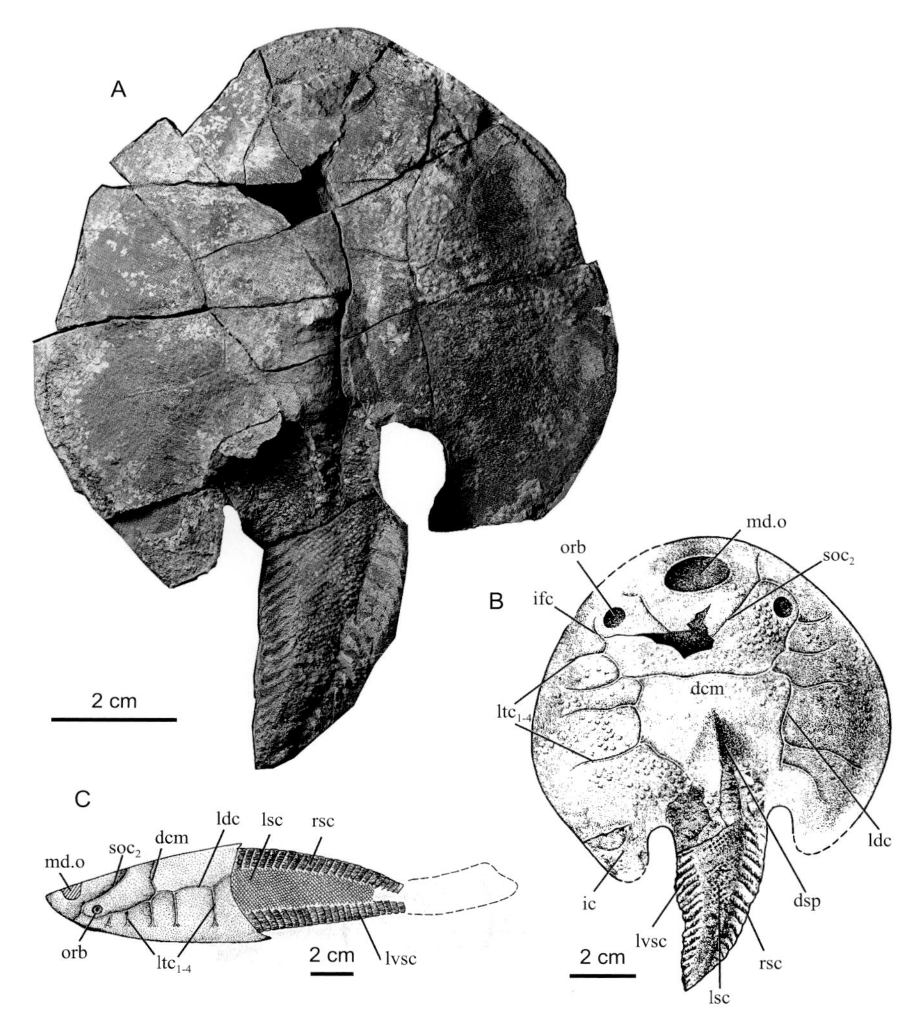

图 116　曲靖宽甲鱼（相似种）*Laxaspis* cf. *L. qujingensis*

A. 一条完整的鱼，头甲、身体近于完整保存，GMC V2072-1，背视；B, C. 头甲及身体复原图（引自 Pan, 1992），B，背视，C. 侧视。

鉴别特征　形体较大的多鳃鱼，头甲长 120 mm，宽 132 mm，宽、长比率 1.1。头甲吻较宽，且圆钝；背棘发育；内角发达，叶状，肥大，其末端向后大大超出背棘；中背孔椭圆形，长约为宽的 3/5；眶孔背位，相对小，圆形；侧线系统几乎与 *Polybranchiaspis liaojiaoshanensis* 相同，但中背联络管远居于头甲平分线之前，而廖角山多鳃鱼中，则约居于平分线之上，侧横管末端分叉。纹饰由较大的具放射脊的突起组成。头甲后的躯干部分罕见的保存下来，躯干的背部和腹侧覆盖以肋状鳞，这两部分间的躯干侧面则覆以菱形鳞。

产地与层位　云南曲靖麒麟区西城街道面店村附近，志留系普里道利统玉龙寺组上部（“面店村组”）。

评注　GMC V2072 是盔甲鱼类中目前鳞列结构保存最好的一件标本。

玉龙寺宽甲鱼 *Laxaspis yulongssus* (Liu, 1975) Janvier et Phuong, 1999

（图 117）

Polybranciaspis yulongssus：刘玉海，1975

Laxaspis yulongssus：Janvier et Phuong, 1999; Zhu et Gai, 2006

正模 一件不完整头甲内模，中国科学院古脊椎动物与古人类研究所标本登记号 IVPP V4416。

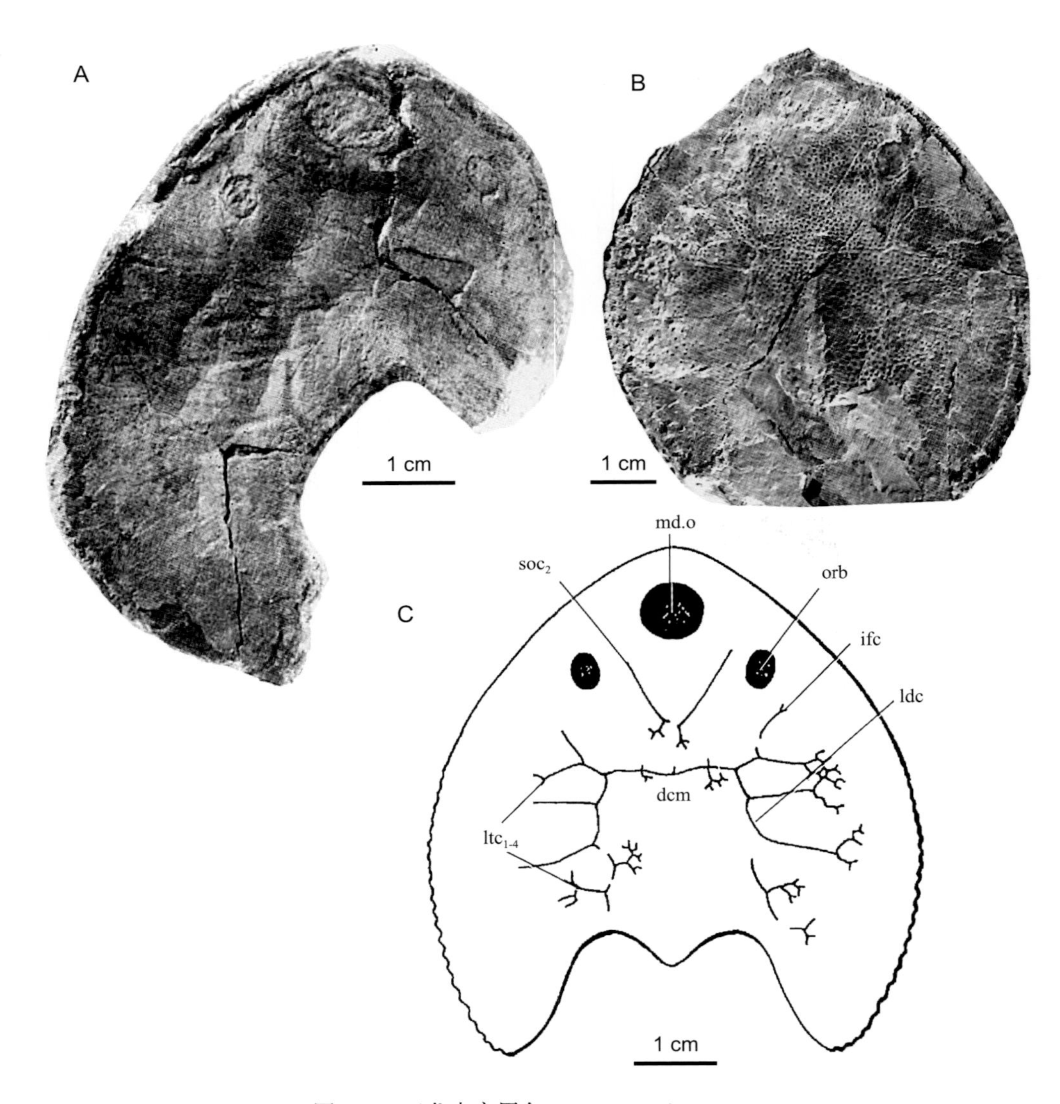

图 117 玉龙寺宽甲鱼 *Laxaspis yulongssus*

A. 一不完整的头甲（引自刘玉海，1975），正模，IVPP V4416，背视；B, C. 一件完整头甲及其复原图（引自 Janvier et Phuong, 1999），CS03b，产自越南，B，头甲，背视；C，复原图，背视

模式产地　云南曲靖麒麟区寥廓山山脚公路旁。

鉴别特征　头甲长约10 cm，最宽部位约位于侧线第四侧横管，宽约8.5 cm；内角叶状，肥大，似比 *L. qujingensis* 尤甚；自背联络管向后头甲沿中轴渐次隆起，估计当具中背脊和背棘；中背孔亚圆形，宽大于长；眶孔背位，与中背孔之距约相当眶孔半径；侧线系统向前集拢，第三横支位于头甲前1/2内，主侧线于第四侧横枝后向头甲中轴略有平移；纹饰突起至少基部似具放射脊。

产地与层位　云南曲靖麒麟区寥廓山，下泥盆统下洛霍考夫阶翠峰山群西山村组（原文误为“玉龙寺组黑色页岩层”）；越南河江，下泥盆统布拉格阶 Khao Loc 组。

评注　该种系刘玉海（1975）建立，作为多鳃鱼（*Polybranchiaspis*）一新种 *Polybranchiaspis yulongssus*。Zhu 和 Gai（2006）认为 *P. yulongssus* 具有非常发育的内角，其后缘远远超过头甲中线的后缘。整个头甲形状也更像宽甲鱼（*Laxaspis*），而非多鳃鱼（*Polybranchiaspis*）。另外，*P. yulongssus* 的头甲长约100 mm，远大于 *P. liaojiao-shanensis* 的头甲（长约45–55 mm）。因此建议将 *P. yulongssus* 归到宽甲鱼（*Laxaspis*）。在此之前，Janvier 和 Phuong（1999）也将其归入 *Laxaspis*，同时将发现于越南河江下泥盆统布拉格阶 Khao Loc 组的一件标本（图117C）归到了玉龙寺宽甲鱼（*Laxaspis yulongssus*）。但越南的标本头甲远小于玉龙寺宽甲鱼，吻缘窄而尖，感觉管末端分叉，且叉枝折曲等特征均有别于玉龙寺宽甲鱼，可能为 *Laxaspis* 的一个新种。

坝鱼属 Genus *Damaspis* Wang et Wang, 1982

模式种　变异坝鱼 *Damaspis vartus* Wang et Wang, 1982

鉴别特征　头甲中等大小，长约82 mm，略大于宽，最大宽度在侧线第三与第四侧横管之间；头甲背脊低平；内角肥大，呈叶状；中背孔略呈横置椭圆形，前缘显著前凸；V形眶上管的两支后端不相遇；主侧线管沿内角内缘而下直达其后端；感觉管末端二分叉；纹饰由细小而密的突起组成；具鳃囊15对。

中国已知种　*Damaspis vartus*。

分布与时代　云南，早泥盆世早洛霍考夫期。

变异坝鱼 *Damaspis vartus* Wang et Wang, 1982

（图118）

Damaspis vartus：王念忠、王俊卿，1982b

正模　一件完整头甲及其外模，中国科学院古脊椎动物与古人类研究所标本登记号

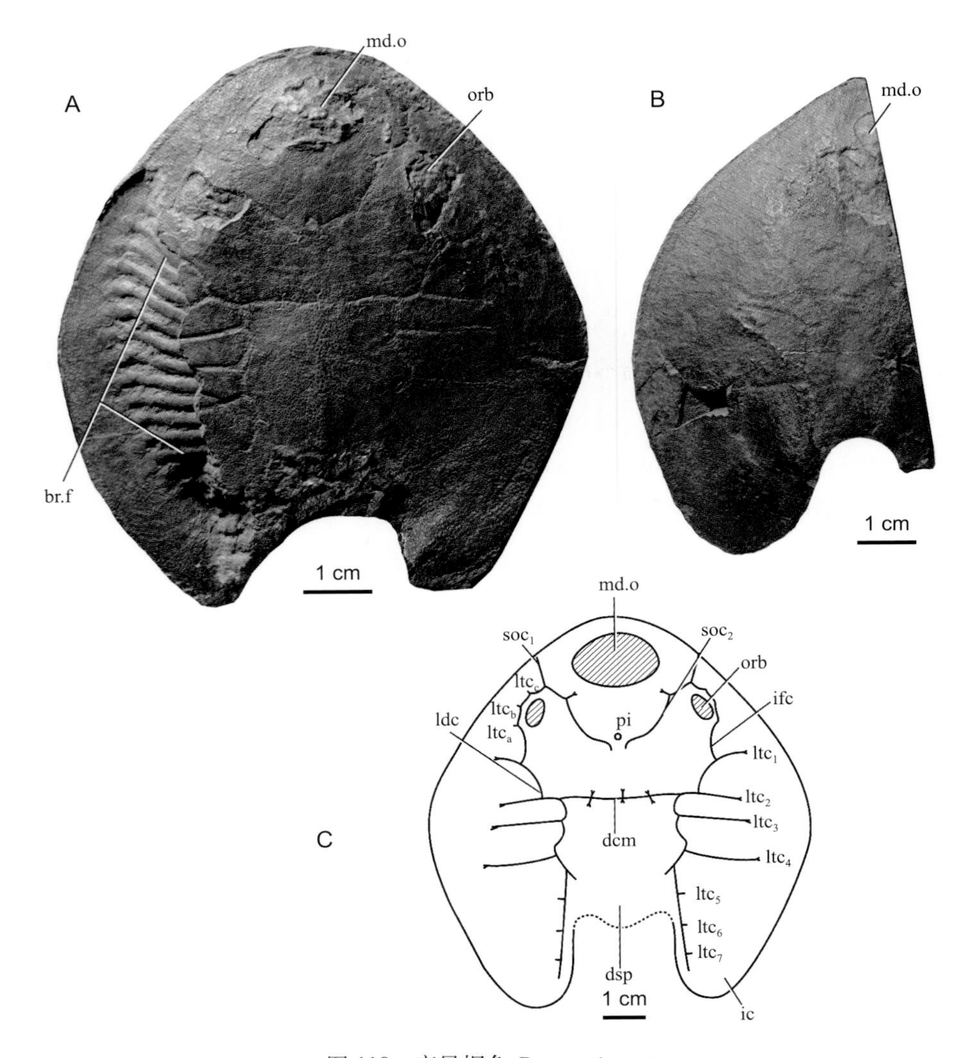

图 118　变异坝鱼 *Damaspis vartus*

A. 一件完整的头甲，正模，IVPP V6259.1，背视；B. 一件不完整的头甲，副模，IVPP V6259.2，背视；C. 头甲复原图（引自王念忠、王俊卿，1982b），背视

IVPP V6259.1。

副模　两件不完整头甲，中国科学院古脊椎动物与古人类研究所标本登记号 IVPP V6259.2, V6259.3。

模式产地　云南曲靖麒麟区西城街道西山水库附近。

鉴别特征　唯一的种，特征从属。

产地与层位　云南曲靖麒麟区西城街道西山水库附近，下泥盆统下洛霍考夫阶，翠峰山群西山村组。

评注　该标本侧线系统存在变异。通常情况下头甲背部的侧线系统是左右对称的，但是坝鱼的正型标本则不对称，左侧较长的侧横管具有 5 条，而右侧只有 4 条。

团甲鱼属 Genus *Cyclodiscaspis* Liu, 1975

模式种 栉刺团甲鱼 *Cyclodiscaspis ctenus* Liu, 1975

鉴别特征 头甲呈团扇形，长约115 mm，宽略大于长或近于长；头甲侧缘自中部向后至内角末端之间呈锯齿状，内角肥大而短；自头甲中部向后沿中线渐隆起，估计应存在中背脊和背棘；中背孔横宽显著，达其纵长的2.5倍；眶孔侧位，于头甲边缘呈缺刻状，位置前移，眶刻前缘向前越过中背孔后缘水平线，因之眶前区甚短；感觉管末端呈星状环，V形眶上管的两支于后端不汇合、呈漏斗形；纹饰由细小的粒状突起组成。

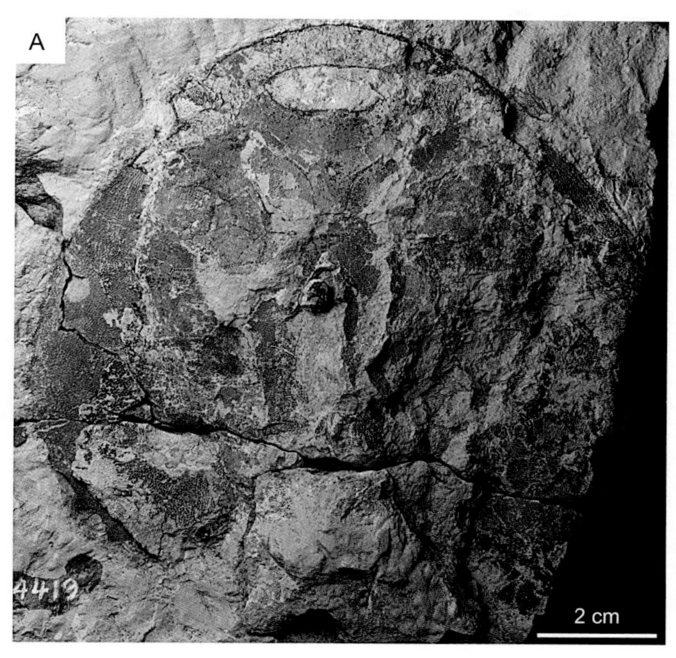

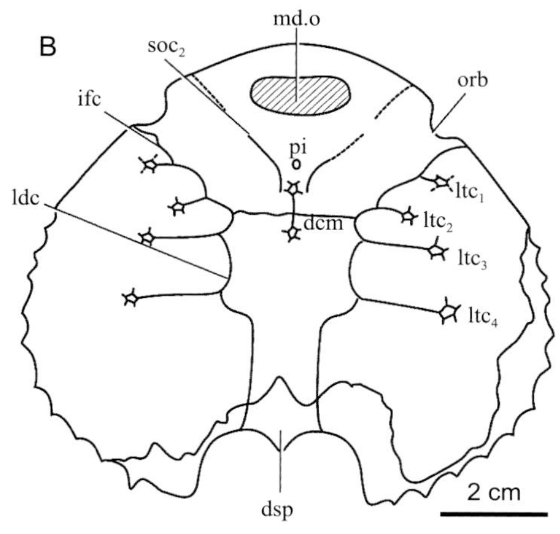

图 119 栉刺团甲鱼 *Cyclodiscaspis ctenus*

A. 一近于完整的头甲，正模，IVPP V4419，背视；B. 头甲复原图（引自刘玉海，1975），背视

中国已知种 *Cyclodiscaspis ctenus*。

分布与时代 云南，早泥盆世晚洛霍考夫期。

栉刺团甲鱼 *Cyclodiscaspis ctenus* Liu, 1975

（图 119）

Cyclodiscaspis ctenus：刘玉海，1975

正模 一件近于完整的头甲，中国科学院古脊椎动物与古人类研究所标本登记号 IVPP V4419。

模式产地 云南宜良喷水洞。

鉴别特征 唯一的种，特征从属。

产地与层位 云南宜良喷水洞，下泥盆统上洛霍考夫阶翠峰山群西屯组。

东方鱼属 Genus *Dongfangaspis* Liu, 1975

模式种 硕大东方鱼 *Dongfangaspis major* Liu, 1975

鉴别特征 个体较大的多鳃鱼类，背甲长约 200 mm；吻缘圆钝；内角叶状，不特别肥大。腹环内缘平行于背甲侧缘；中背孔前缘较平后缘凸，宽大于长；眶孔背位，眶间距接近中背孔之宽；松果孔位置靠前，约在两眼孔后缘连线上；感觉管游离末端分叉呈树枝状；主侧线管上有 8 对发育的侧横管，其中两对位于联络管之前；鳃囊约 45 对；背甲纹饰不详，腹环纹饰由很小的粒状突起组成。

中国已知种 *Dongfangaspis major*。

分布与时代 四川，早泥盆世布拉格期。

硕大东方鱼 *Dongfangaspis major* Liu, 1975

（图 120）

Dongfangaspis major：刘玉海，1975

正模 一件近于完整的头甲，中国科学院古脊椎动物与古人类研究所标本登记号 IVPP V4421。

模式产地 四川江油雁门坝。

鉴别特征 唯一的种，特征从属。

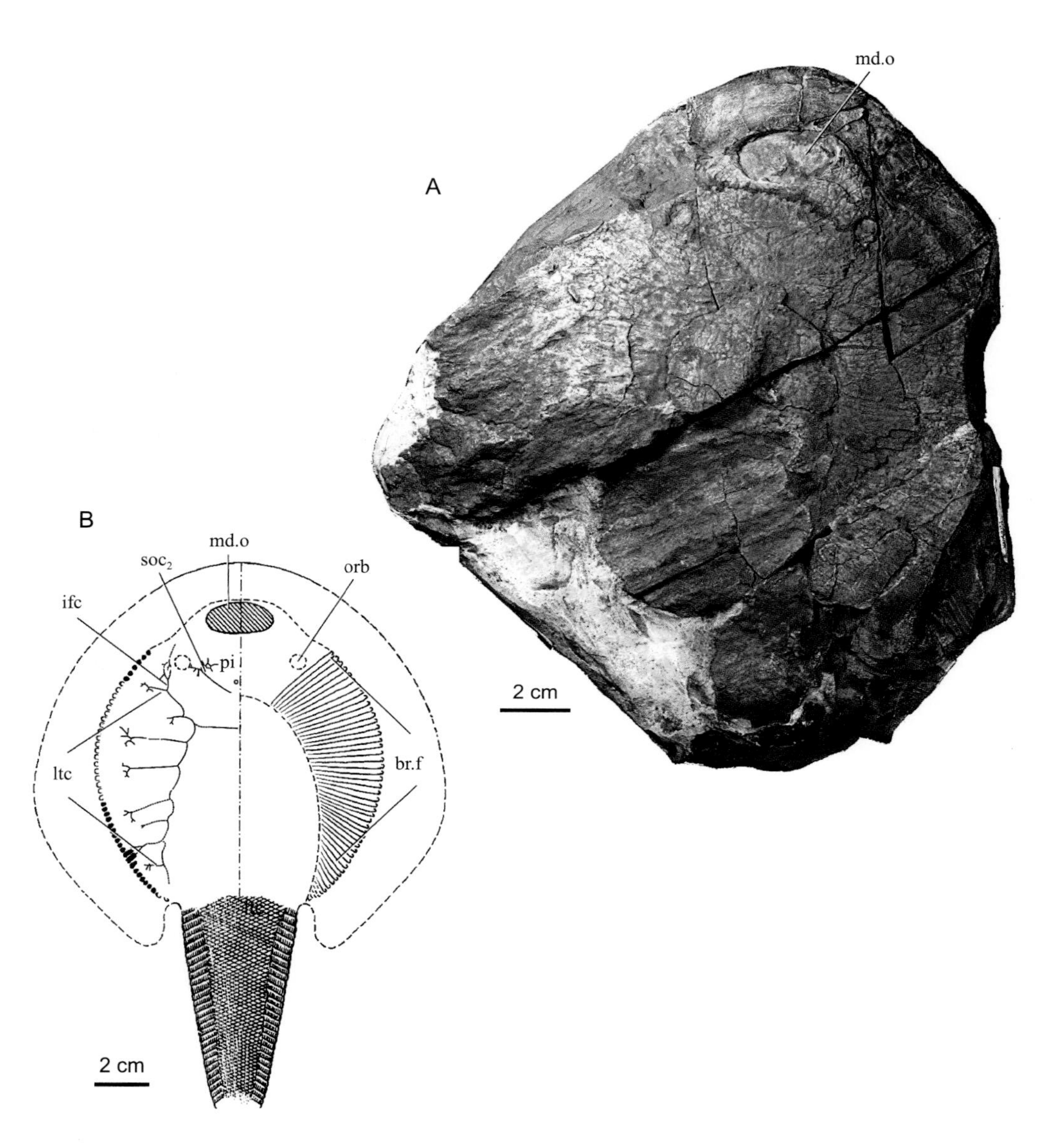

图 120　硕大东方鱼 *Dongfangaspis major*

A. 一近于完整的头甲，正模，IVPP V4421，背视；B. 头甲复原图（引自 Janvier, 2004；刘玉海，1975），背视

产地与层位　四川江油雁门坝，下泥盆统布拉格阶平驿铺组。

评注　模式标本腹环后段的内缘保存了不少于 30 个外鳃孔，考虑缺失的部分，估计该鱼的鳃孔数目为 45 对左右，为多鳃鱼目中鳃孔数目最多的种。

采于云南曲靖西山水库附近的 *Dongfangaspis paradoxus* Cao 和 *D. yunnanensis* Cao（方润森等，1985），实际上为廖角山多鳃鱼（*Polybranchiaspis liaojiaoshanensis*），它们之间差别或因保存的原因，或在种内变异范围内，或属误判（如存在 5 对侧横枝），因此应当予以取消。

曲靖东方鱼(*Dongfangaspis qujingensis*)(潘江、王士涛,1981)现归到宽甲鱼(*Laxaspis*)。

滇东鱼属 Genus *Diandongaspis* Liu, 1975

模式种 西山村滇东鱼 *Diandongaspis xishancunensis* Liu, 1975

鉴别特征 吻缘圆钝；背甲侧缘显著凸出，因此背甲较宽；中背孔似为横的椭圆形；眼孔椭圆形，背位，距头甲侧缘近；感觉管末端呈多边形放射状；纹饰由非常细小的粒状突起组成，每平方毫米约有突起 4 个。

中国已知种 *Diandongaspis xishancunensis*。

分布与时代 云南，早泥盆世早洛霍考夫期。

评注 Pan（1992）认为滇东鱼的属型种西山村滇东鱼（*Diandongaspis xishancunensis*）与曲靖宽甲鱼（*Laxaspis qujingensis*）有很多相似的特征，比如很宽的头甲具有向前深深凹进的后缘，椭圆形中背孔，侧横管末端呈星状等。因此，认为西山村滇东鱼（*D. xishancunensis*）只是宽甲鱼（*Laxaspis*）的一个种，应取消滇东鱼（*Diandongaspis*）。Zhu 和 Gai（2006）认为西山村滇东鱼（*D. xishancunensis*）与曲靖宽甲鱼（*L. qujingensis*）确实有某些相似之处，尤其是在头甲的总体性状和感觉管的模式上，但是这两个种在头甲纹饰上存在很大的差异。西山村滇东鱼（*D. xishancunensis*）为很小的简单的粒状纹饰，而曲靖宽甲鱼（*L. qujingensis*）则为很大的星状纹饰。因此，建议保留滇东鱼（*Diandongaspis*）。

西山村滇东鱼 *Diandongaspis xishancunensis* Liu, 1975

（图 121）

Diandongaspis xishancunensis：刘玉海，1975

正模 一件不完整的头甲，中国科学院古脊椎动物与古人类研究所标本登记号 IVPP V4418。

模式产地 云南曲靖麒麟区西城街道西山村。

鉴别特征 唯一的种，特征从属。

产地与层位 云南曲靖麒麟区西城街道西山村，下泥盆统下洛霍考夫阶翠峰山群西山村组。

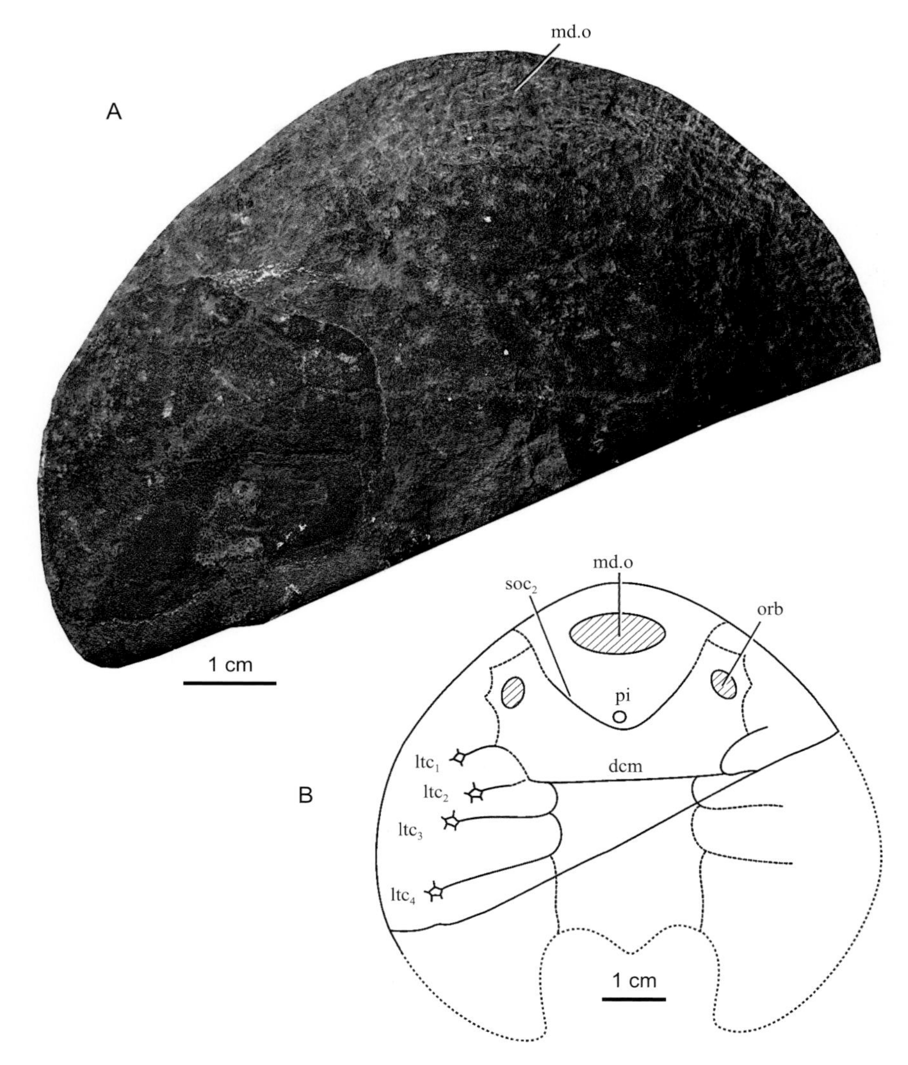

图 121　西山村滇东鱼 *Diandongaspis xishancunensis*

A. 一不完整的头甲，正模，IVPP V4418，背视；B. 头甲复原图（引自刘玉海，1975），背视

显眶鱼属 Genus *Clarorbis* Pan et Ji, 1993

模式种　近中显眶鱼 *Clarorbis apponomedianus* Pan et Ji, 1993

鉴别特征　所知甚少的多鳃鱼类，体形大，头甲长估计可达 100 mm，眶孔背位，远离头甲侧缘。眶下管于眶孔侧方至其与 V 形眶上管交汇点之间具有 5 条侧横管，5 管分布间隔均匀；由此 5 管向后甚远始出现主侧线之第一侧横管；眶上管呈 V 形，并与眶下管相接。纹饰为排列均匀、极其细小密集的圆形突起组成。

中国已知种　*Clarorbis apponomedianus*。

分布与时代　广西，中泥盆世艾菲尔期。

评注 显眶鱼代表了盔甲鱼类化石在中泥盆世地层的首次发现，填补了盔甲鱼类化石在地史分布上的空白，具有生物地层与生物地理意义。

这是盔甲鱼类中了解极少的一个属种，建立时置于多鳃鱼目，科未定（潘江、姬书安，1993）。Zhu 和 Gai（2006）认为其眶下管具众多侧横管及纹饰由细小疣突组成的特征与产自越南的班润鱼（*Bannhuanaspis vukhuci*）（Janvier et al., 1993）相近，并将二者纳入多鳃鱼科。

近中显眶鱼 *Clarorbis apponomedianus* Pan et Ji, 1993

（图 122）

Clarorbis apponomedianus：潘江、姬书安，1993

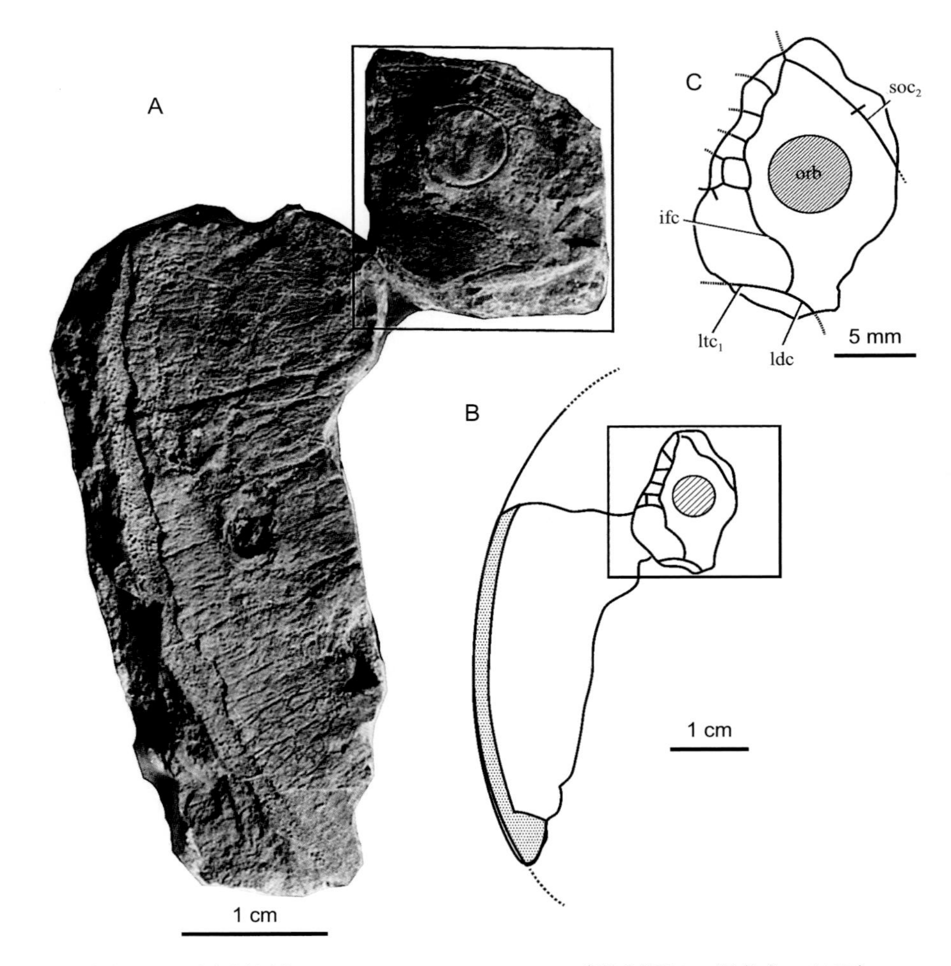

图 122 近中显眶鱼 *Clarorbis apponomedianus*（引自潘江、姬书安，1993）

A. 一不完整的头甲，正模，GMC V2078，背视；B. 正模素描图，背视；C. 眶孔区局部放大素描图，背视，示感觉管系统

正模 一件不完整头甲的左侧，中国地质博物馆标本登记号 GMC V2078。

模式产地 广西博白三滩。

特征 唯一的种，特征从属。

产地与层位 广西博白三滩乡六司冲，中泥盆统艾菲尔阶“信都组”。

评注 钟铿等（1992）认为该鱼化石层相当于桂东北的信都组，时代为艾菲尔期。潘江和姬书安（1993）认为与其共生的有广西瓣甲鱼（*Guangxipetalichthys*）、沟鳞鱼（*Bothriolepis*）和湖南鱼（*Hunanolepis*）等，层位大体相当于湘中的跳马涧组和滇东的海口组。

目不确定 Incerti ordinis

昭通鱼科 Family Zhaotongaspididae Wang et Zhu, 1994

模式属 *Zhaotongaspis* Wang et Zhu, 1994

定义与分类 头甲具有发育的角，角内缘具有锯齿状小刺；鳃囊多达 30 对或以上。该科的侧线系统属多鳃鱼型，但以具发达的角而不同于多鳃鱼目，又以不具吻突而有别于华南鱼目。据 Zhu 和 Gai（2006）的系统发育分析，该科代表了华南鱼目的外类群，目前仅包括 2 属 2 种，均发现于云南省境内的早泥盆世地层里。

鉴别特征 头甲吻缘圆钝而不具吻突，角发达且内缘具有锯齿状刺；中背孔大，横置椭圆形；眶孔靠前，侧位，于头甲侧缘呈深缺刻状；侧线系统属多鳃鱼型，感觉管游离端二叉分支；鳃多达 30 对或以上。

中国已知属 *Zhaotongaspis*, *Wenshanaspis*。

分布与时代 云南，早泥盆世布拉格期。

评注 该科建立之初被归到了多鳃鱼目（王俊卿、朱敏，1994），现依据 Zhu 和 Gai（2006）的系统发育分析，将其排除于多鳃鱼目之外，而作为华南鱼目的外类群。

昭通鱼属 Genus *Zhaotongaspis* Wang et Zhu, 1994

模式种 让氏昭通鱼 *Zhaotongaspis janvieri* Wang et Zhu, 1994

鉴别特征 头甲长约 50 mm；角位置前移，其基部始于眶刻后，作侧后掠的翼状，角与头甲后侧缘间形成一深的腋窝，沿角内缘具一行锯齿状小刺，角的末端止于头甲后缘之前；头甲的角后部分甚长，由前向后略收窄，后缘近于截形，内角若存在当极微弱；中背孔大，横置椭圆形；眶孔侧位，较大，于头甲侧缘呈深缺刻状；侧线系统中，具 4 对发育的侧横管，第四对之后尚存在若干对萎缩残迹，感觉管游离端二叉分支，背联络管约居于头甲 1/2 平分线上；纹饰由小的突起组成，局部如角的侧缘和中背孔边缘可引长为脊；鳃穴排列紧密，多达 31 对以上，可能 35–40 对。

中国已知种 *Zhaotongaspis janvieri*。

分布与时代 云南，早泥盆世布拉格期。

评注 属型种 *Zhaotongaspis janvieri* 是该属所知唯一种，所依据的标本因吻缘残缺而难于判断是否具吻突（王俊卿、朱敏，1994）。

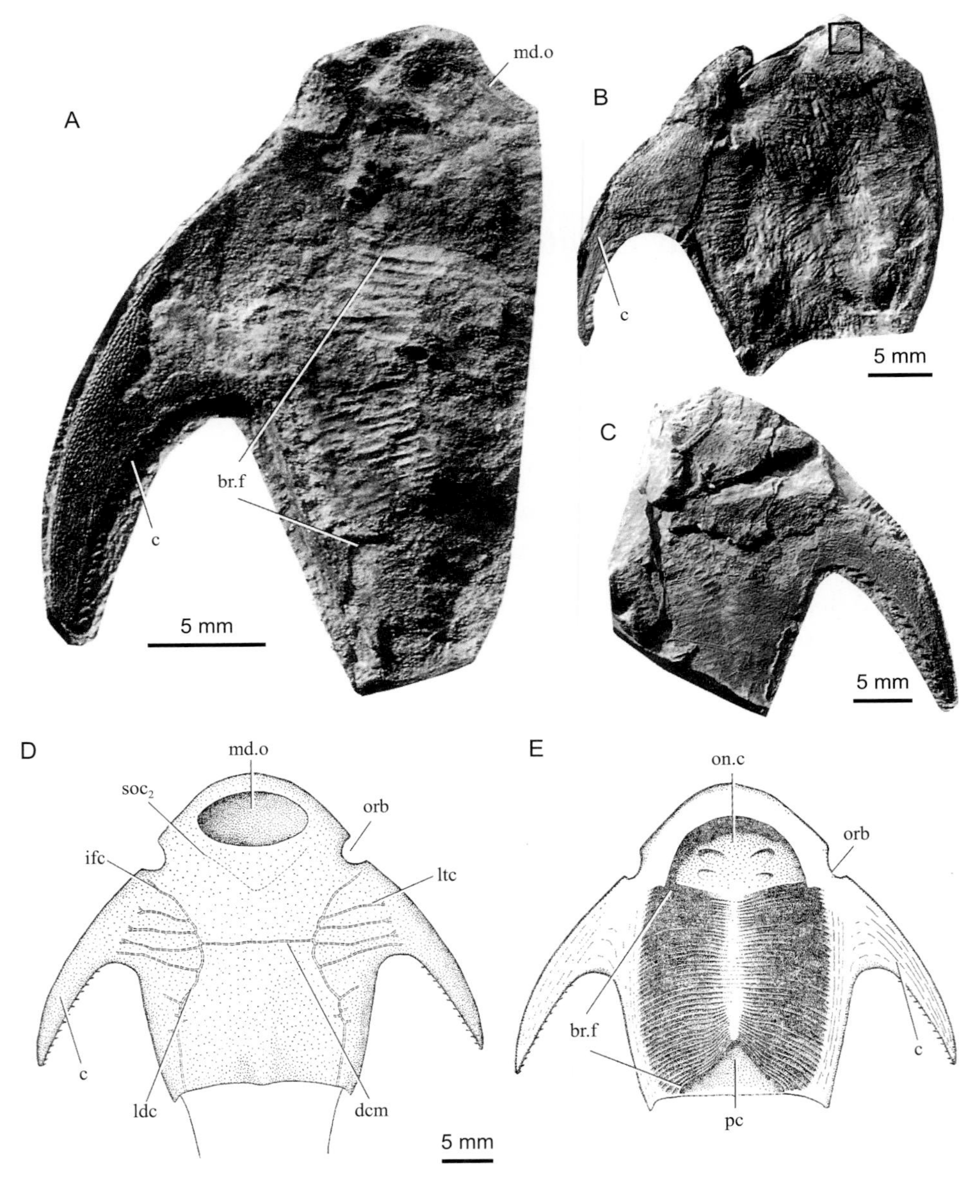

图 123 让氏昭通鱼 *Zhaotongaspis janvieri*（引自王俊卿、朱敏，1994）

A. 一件左侧保存的头甲，正模，IVPP V9759.1，背视；B. 一件不完整的头甲，副模，IVPP V9759.3，背视；C. 一件不完整头甲，副模，IVPP V9759.2，背视；D, E. 头甲复原图，D, 背视，E, 腹视

让氏昭通鱼 *Zhaotongaspis janvieri* Wang et Zhu, 1994

（图 123）

Zhaotongaspis janvieri：王俊卿、朱敏，1994

正模 一件较完整的头甲，中国科学院古脊椎动物与古人类研究所标本登记号 IVPP V9759.1。

副模 两件不完整的头甲，中国科学院古脊椎动物与古人类研究所标本登记号 IVPP V9759. 2–3。

模式产地 云南昭通昭阳区北闸镇箐门村。

鉴别特征 唯一的种，特征从属。

产地与层位 云南昭通昭阳区北闸镇箐门村，下泥盆统布拉格阶坡松冲组。

文山鱼属 Genus *Wenshanaspis* Zhao, Zhu et Jia, 2002

模式种 纸厂文山鱼 *Wenshanaspis zhichangensis* Zhao et al., 2002

鉴别特征 头甲略呈悬钟形，长约 45 mm，宽与长约相等；角位置靠后，其基部略前于头甲后缘，呈棘状，内缘具锯齿状小刺；内角发育为叶状；中背孔远离吻缘，大，呈宽大于长的椭圆形；眶孔位靠前，侧位，于头甲侧缘呈缺刻状；侧线系统的感觉管游离端二叉分支，侧横管 4 对，第四侧横管贯穿角的全程，背联络管居于头甲前 1/2 的后部；纹饰由细小的粒状突起组成；鳃 30 对。

中国已知种 *Wenshanaspis zhichangensis*。

分布与时代 云南文山，早泥盆世布拉格期。

纸厂文山鱼 *Wenshanaspis zhichangensis* Zhao, Zhu et Jia, 2002

（图 124）

Wenshanaspis zhichangensis：赵文金等，2002

正模 一件完整的头甲的内模和外模，中国科学院古脊椎动物与古人类研究所标本登记号 IVPP V12740a, b。

模式产地 云南文山古木。

鉴别特征 唯一的种，特征从属。

产地与层位 云南文山古木，下泥盆统布拉格阶坡松冲组。

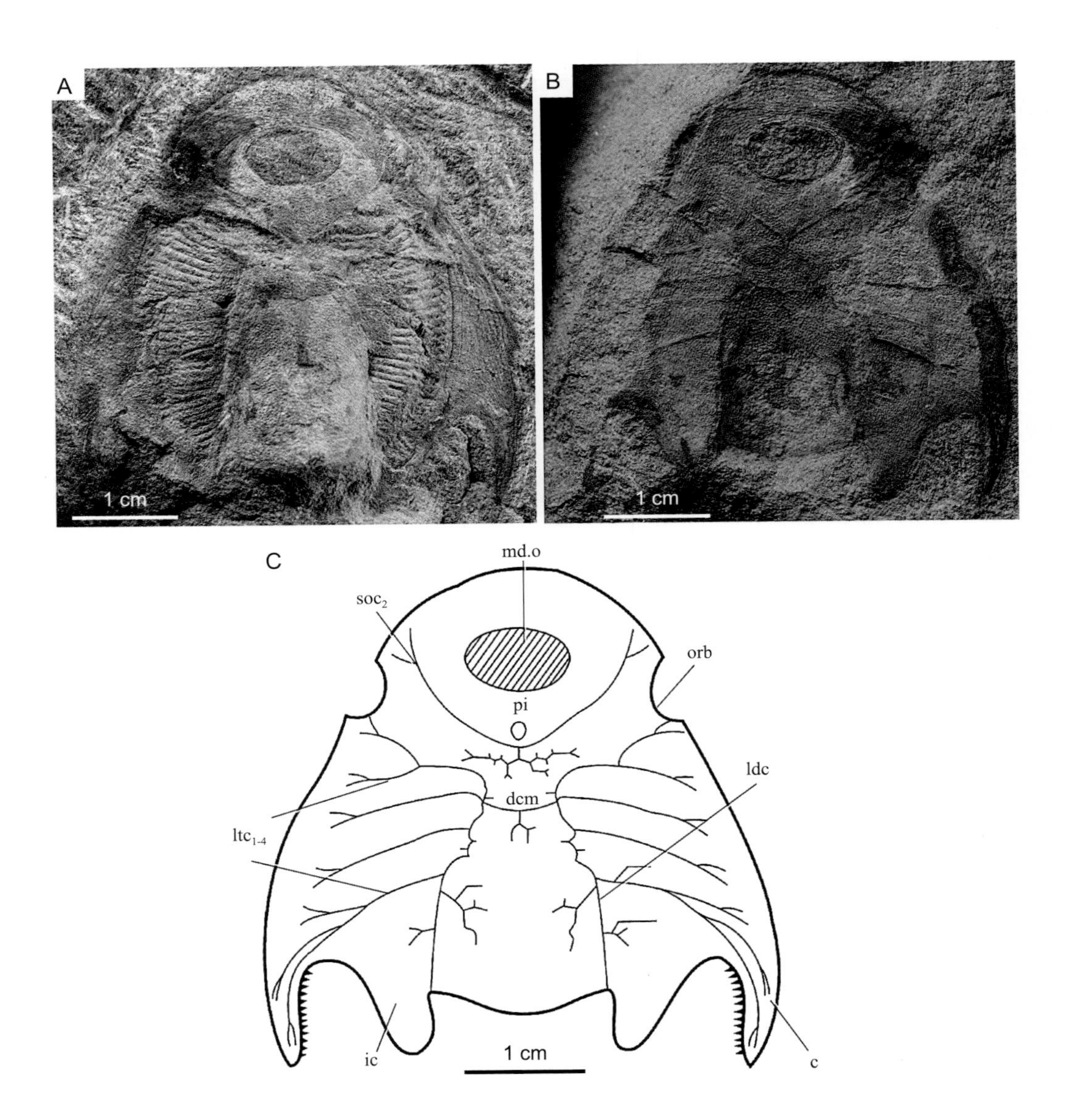

图 124　纸厂文山鱼 *Wenshanaspis zhichangensis*

A, B. 一完整头甲及其外模，正模，IVPP V12740a, b，A，头甲，背视，B, 外模，腹视；C. 头甲复原图（引自赵文金等，2002），背视

华南鱼目 Order HUANANASPIFORMES Janvier, 1975

概述　本目是与汉阳鱼目、真盔甲鱼目、多鳃鱼目并列的盔甲鱼亚纲的四个目之一。本目以长吻突和侧向延伸的角为主要特征。由于长吻突和侧向延伸的角可能在盔甲鱼亚纲内发生过多次平行演化，对于华南鱼目是否是一个单系类群，长期以来一直存在很大的争议。Zhu 和 Gai（2006）的系统发育分析结果表明，排除古木鱼（*Gumuaspis*）之后的华南鱼类组成了一个单系类群，主要包括三岔鱼科、鸭吻鱼科、三歧鱼科和华南鱼科。

华南鱼目成员的出现相对较晚，主要集中出现在华南地区早泥盆世布拉格期，可能代表了盔甲鱼类的最后一次辐射演化。

定义与分类 定义华南鱼目的特征组合有：豌豆形、圆形或心脏形的中背孔；长吻突；侧向或向后延伸的角。华南鱼目主要包括三岔鱼科、鸭吻鱼科、三歧鱼科和华南鱼科。华南鱼科含4属1亚科（大窗鱼亚科）。

形态特征 该目以长吻突和侧向延伸的角为主要特征。三岔鱼科包括三岔鱼和箭甲鱼，以其宽大的吻突为主要特征，因其侧向延伸的角从头甲中部伸出，与不具有吻突的昭通鱼科比较相近，可能代表了华南鱼目的最原始类型。鸭吻鱼科包括鸭吻鱼和乌蒙山鱼，以巨大的中背孔、吻突上具有棘刺和近于平行的头甲侧缘为主要特征；三歧鱼科包括了三歧鱼属的3个种，分别为长吻三歧鱼、昭通三歧鱼和越南三歧鱼，以半月形的中背孔为主要特征。华南鱼科主要包括亚洲鱼、南盘鱼、龙门山鱼、华南鱼和大窗鱼亚科，主要以心形的中背孔、纤细的吻突、侧向延伸的角和小的眶孔为主要特征。王冠鱼、箐门鱼、中华四川鱼和大窗鱼，因头甲背面具有一对窗的构造，而形成一个自然类群，作为大窗鱼亚科，嵌套在华南鱼科里。基于背窗特征而建立的大窗鱼目（Pan, 1992），并不是一个单系类群，头甲背窗的演化在盔甲鱼亚纲里至少发生了两次，一次在多鳃鱼目支系，一次在华南鱼目支系。

分布与时代 中国云南、广西、四川，越南北部安明（Yen Minh），早泥盆世洛霍考夫期—布拉格期。

三岔鱼科 Family Sanchaspidae Pan et Wang, 1981

模式属 *Sanchaspis* Pan et Wang, 1981

定义与分类 该科系潘江和王士涛（1981）依三岔鱼属建立，稍后刘玉海（1985）将箭甲鱼属（*Antiquisattiaspis*）归入此科。此科头甲呈六叉形，分别为吻突、中背棘、以及角和内角各一对；中背棘硕壮；角的基部位置前移，以致角的后端尚不达内角的基部；感觉管游离端分叉。该科仅含2属2种。

鉴别特征 体形中等和较大的盔甲鱼类。头甲略呈中部宽的六角形。吻突十分发育，其末端膨大呈蘑菇状（*Sanchaspis*）。角及内角均非常发育，角位置靠前，其末端止于内角基部之前。中背孔大，呈圆形或横宽的卵圆形。眶孔背位，或侧位在头甲侧缘呈缺刻状。侧横管5对（*Sanchaspis*），其游离末端均分叉。前后眶上管相汇合（*Sanchaspis*）。纹饰为细小的瘤突，排列无规律，但很均匀。

中国已知属 *Sanchaspis*, *Antiquisattiaspisis*。

分布与时代 云南、广西，早泥盆世布拉格期。

三岔鱼属 Genus *Sanchaspis* Pan et Wang, 1981

模式种 宽大吻突三岔鱼 *Sanchaspis magalarotrata* Pan et Wang, 1981

鉴别特征 头甲略呈六角形，长约 80 mm，宽大于长；吻突发达，前端膨大呈蘑菇状；角略内弯作镰刀状，其位置前移从而其末端尚不达内角基部；内角粗壮，指向后方，其末端乃头甲的终点；头甲后缘具硕壮的背棘，与两侧的内角构成 M 形；中背孔呈横置椭圆形，宽约为长的 2 倍；眶孔背位，但距头甲侧缘近；松果斑约处于眶孔后缘水平线上；侧线系统中侧横管 5 对，游离端分叉，V 形眶上管与眶下管于眶孔前方相遇而交叉；纹饰由小而密的突起组成；鳃囊 12 对或稍多。

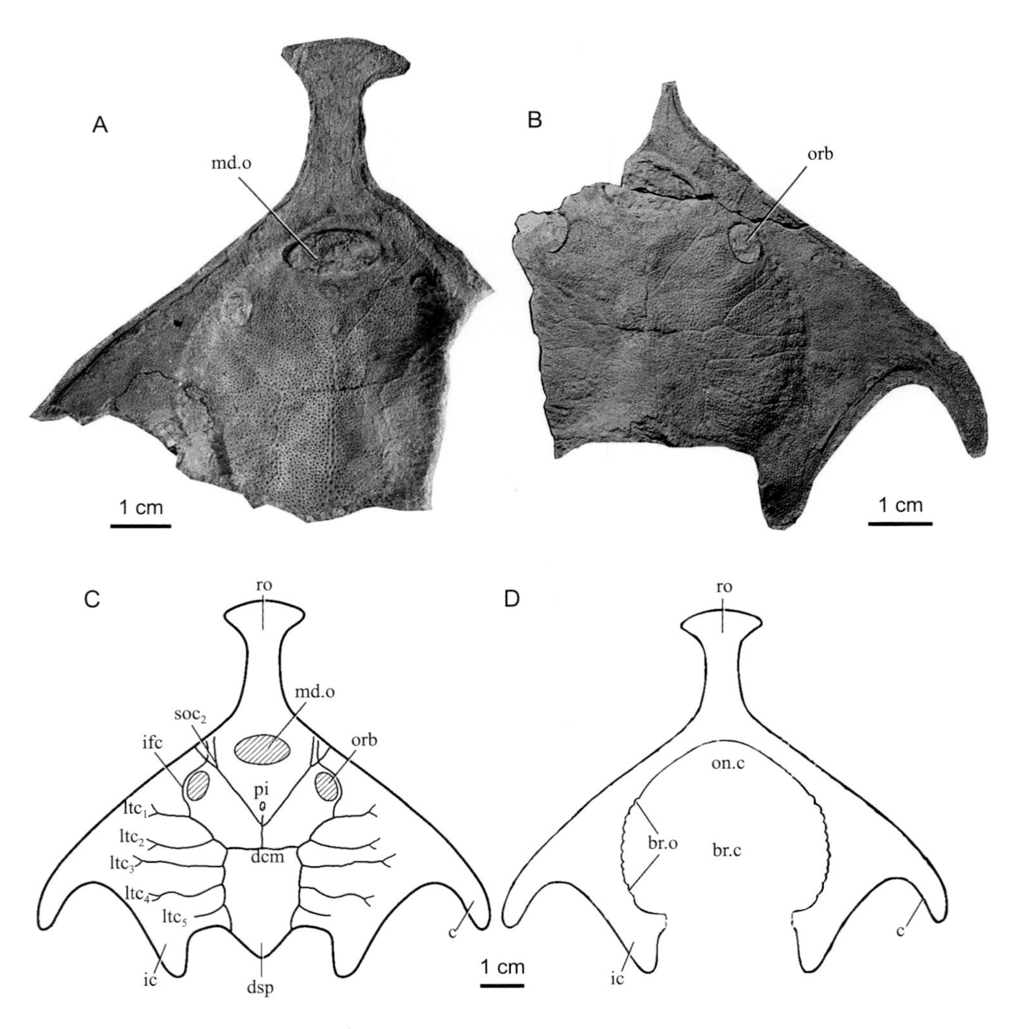

图 125 宽大吻突三岔鱼 *Sanchaspis magalarostrata*

A, B. 一右侧完整的头甲及其外模，正模， A, 外模， GMC V1742-2，腹视，吻突保存完整，B, 头甲，GMC V1742-1，背视，右侧角与内角保存完整；C, D. 头甲复原图（引自潘江、王士涛，1981），C, 背视，D, 腹视

中国已知种 *Sanchaspis magalarotrata*。

分布与时代 云南，早泥盆世布拉格期。

评注 王念忠和王俊卿（1982a）根据三岔鱼的中背孔、眶孔和松果区三者各自的形状及三者间的相互位置关系，多鳃鱼型的侧线系统，特别是头部腹面构造与多鳃鱼类更相近，从而认为三岔鱼科应置于多鳃鱼目，同时认为华南鱼目的建立仅仅以较少的头甲背面特征为依据，缺乏充分的证据。而 Zhu 和 Gai（2006）的系统发育分析结果则认为，三岔鱼科代表了华南鱼目的原始类型。

宽大吻突三岔鱼 *Sanchaspis magalarostrata* Pan et Wang, 1981

（图 125）

Sanchaspis magalarostrata：潘江、王士涛，1981

正模 一件近于完整的头甲及其外模，中国地质博物馆标本登记号 GMC V1742。

模式产地 云南曲靖麒麟区西城街道徐家冲。

鉴别特征 唯一的种，特征从属。

产地与层位 云南曲靖麒麟区西城街道徐家冲，下泥盆统布拉格阶翠峰山群徐家冲组。

箭甲鱼属 Genus *Antiquisagittaspis* Liu, 1985

模式种 角箭甲鱼 *Antiquisagittaspis cornuta* Liu, 1985

鉴别特征 个体硕大，头甲由中背孔后缘至内角末端长达 200 mm, 如具吻突估计头甲长接近 300 mm, 宽约 260 mm；可能具吻突；角强壮，呈基部宽、稍后掠的短翼状，角基部显著前移，导致头甲的角后部分甚长；内角呈狭长的三角形，直指后方；自松果区向后头甲沿中轴略隆起，临近后缘翘起成硕壮的背棘，与内角形成三叉形；中背孔大，圆形；眶孔侧位，于头甲侧缘呈浅刻状，位置靠前，与中背孔后缘在同一水平线；感觉管游离端分叉，V 形眶上管与眶下管不相遇，侧横管 4 对；纹饰由不大的突起组成，突起较平，其上更分布有粒状小突。

中国已知种 *Antiquisagittaspis cornuta*。

分布与时代 广西，早泥盆世布拉格期。

评注 刘玉海（1985）最初将箭甲鱼（*Antiquisagittaspis*）归入三岔鱼科，王俊卿和朱敏（1994）倾向于认为箭甲鱼可能为昭通鱼科中的成员。基于盔甲鱼类的简约性分析，Zhu 和 Gai（2006）仍将箭甲鱼纳入三岔鱼科中。

角箭甲鱼 *Antiquisagittaspis cornuta* Liu, 1985

（图 126）

Antiquisagittaspis cornuta：刘玉海，1985

正模 一件不完整的头甲，广西地质局陈列馆标本登记号 GGBM GV0001。

模式产地 广西横县六景霞义岭。

鉴别特征 唯一的种，特征从属。

产地与层位 广西横县霞义岭，下泥盆统布拉格阶那高岭组。

评注 角箭甲鱼是迄今为止个体最大的华南鱼类。吻突和胸角显然符合流体力学原理，在游泳中可以减少水的阻力。内骨骼表面具丰富的皮下脉管丛。

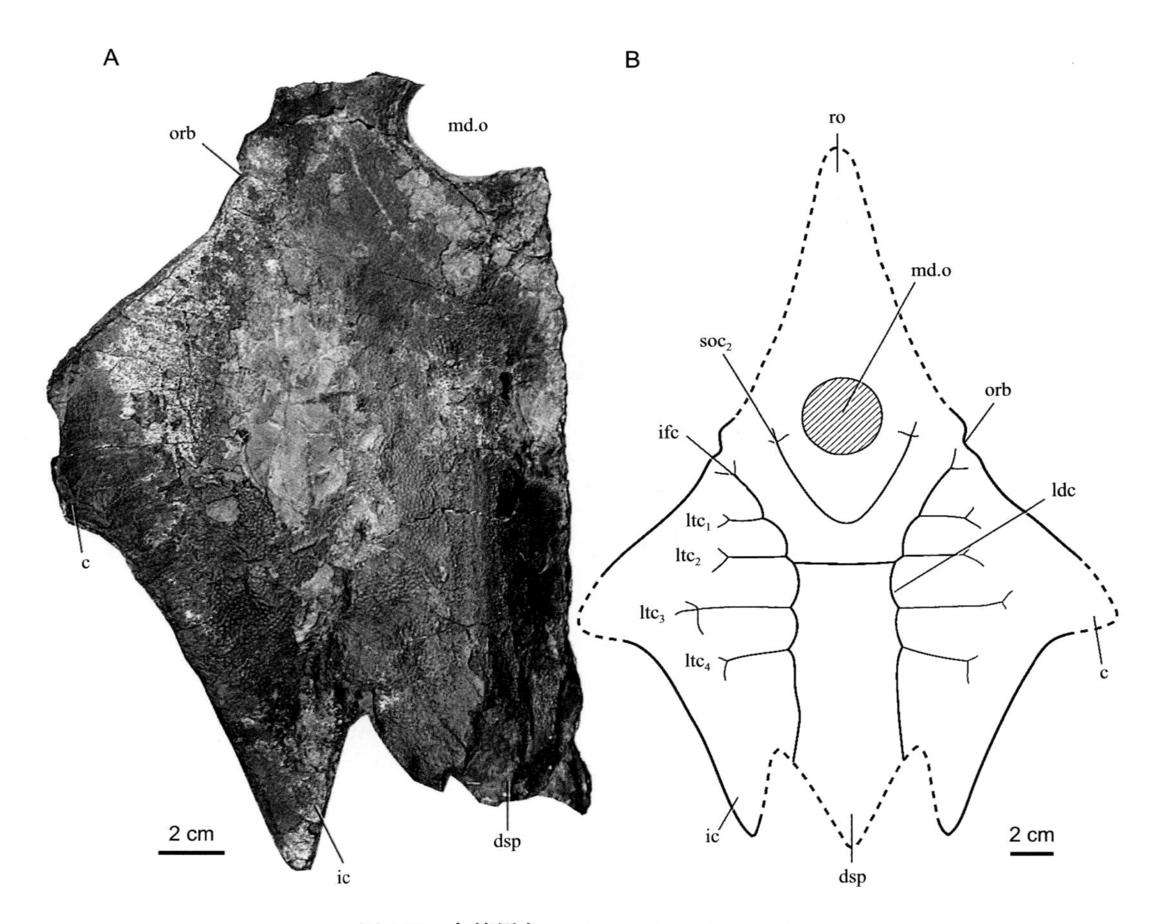

图 126 角箭甲鱼 *Antiquisagittaspis cornuta*

A. 一不完整的头甲，正模，广西地质局陈列馆标本登记号 GGBM GV0001，背视；B. 头甲复原图（引自刘玉海，1985），背视

鸭吻鱼科 Family Gantarostrataspidae Wang et Wang, 1992

模式属 *Gantarostrataspis* Wang et Wang, 1992

定义与分类 头甲两侧缘近于平行；角呈棘状；吻突具小刺；中背孔大，呈纵长的椭圆形。目前仅有 2 属 2 种。

鉴别特征 中等至小的华南鱼类。背甲扁平。吻突长而宽。中背孔呈椭圆形，眶孔位于背甲侧缘。松果孔甚小，位于眶孔后方。侧线系统中，眶下管与主侧线间作 90º 向内弯曲，两侧弯曲的顶端之间有一轭状中横联络管沟通，侧横管可能 3 对以上，每支侧横管向后发出 2–3 支短管，背联络管不存在，眶上管后端作漏斗形并与轭状中横联络管汇合，而前部则向前和后发出 1–2 短管；纹饰由小而密集的粒状突起组成；鳃穴与头甲中轴近于垂直，10 对以上。

中国已知属 *Gantarostrataspis*, *Wumengshanaspis*。

分布与时代 云南，早泥盆世布拉格期—埃姆斯期。

评注 乌蒙山鱼（*Wumengshanaspis*）最初归于华南鱼科（王士涛、兰朝华，1984），现从 Zhu 和 Gai（2006）归入本科。由于乌蒙山鱼标本仅保存吻突和口鳃区内模，本科之定义和鉴别特征主要依据鸭吻鱼（*Gantarostrataspis*）。

鸭吻鱼属 Genus *Gantarostrataspis* Wang et Wang, 1992

模式种 耿氏鸭吻鱼 *Gantarostrataspis gengi* Wang et Wang, 1992

鉴别特征 包括吻突在内头甲长约 90 mm，宽不及长的 1/2；吻突长而宽，呈鸭喙状；眶刻后的头甲左右侧缘近于平行下行，头甲吻突和侧缘具一行小刺；中背孔大，呈纵长的椭圆形，宽约为长的 2/3，该孔的后 1/4 向后越过眶孔前缘水平线；眶孔大，侧位，于头甲侧缘呈深的缺刻状；松果孔封闭；侧线系统中，眶下管与主侧线间作 90º 弯曲，两侧的弯曲顶端之间有一轭状中横管沟通，侧横管可能 3 对以上，每支侧横管向后发出 2–3 支短管，背联络管很短，V 形眶上管的两支后端不汇合、而与轭状中横联络管相接，眶上管前部则向前和后发出 1–2 短管；纹饰由小而密集的粒状突起组成；鳃穴与头甲中轴近于垂直，10 对以上。

分布与时代 云南，早泥盆世布拉格期。

评注 按照原始脊椎动物的侧线系统呈网格状，由纵行管和横行管组成的观点（刘玉海，1986；盖志琨、朱敏，2005），我们对于 *Gantarostrataspis gengi* 侧线系统中的某些感觉管，作了与原作者（王俊卿、王念忠，1992）不同的同源关系解释。已知盔甲鱼类头甲的眶下管和主侧线实乃一连续的侧纵管的前后部分，故原文中所认为的两侧的主侧线前端吻接成倒 U 形，这里视该倒 U 形的部分属连接两侧侧纵管的横行管——中横联络管；侧纵管在此中横联络管之后的部分乃是主侧线，之前的部分则为眶下管，并不含原文认为的第一侧横管。与此相关原文中的第二—四侧横管在这里各提升1格而为第一—三侧横管，因此现有标本主侧线上仅保存3对侧横管，可能有1对、或1对以上的侧横管随同头甲后部缺失而未保存，并且头甲后部可能缺失得比原来推测的多。

耿氏鸭吻鱼 *Gantarostrataspis gengi* Wang et Wang, 1992

（图127）

Gantarostrataspis gengi：王俊卿、王念忠，1992；朱敏等，1994

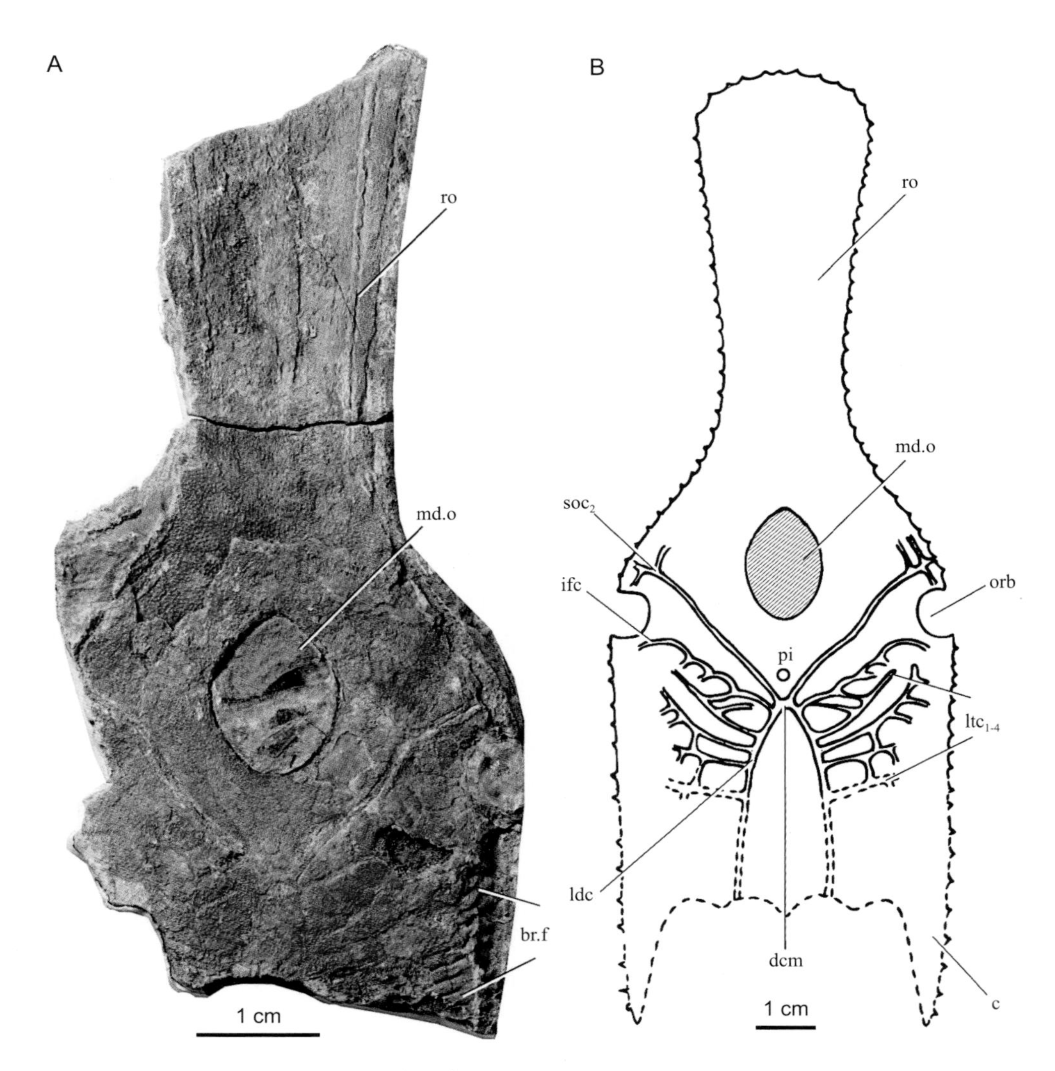

图127　耿氏鸭吻鱼 *Gantarostrataspis gengi*

A. 一件后部缺失的头甲，正模，IVPP V9758，背视；B. 头甲复原图（修改自王俊卿、王念忠，1992），背视

正模 一件后部缺失的头甲，中国科学院古脊椎动物与古人类研究所标本登记号 IVPP V9758。

归入标本 一件不完整的头甲及其外模，中国科学院古脊椎动物与古人类研究所标本登记号 IVPP V10494.1；一件吻突，中国科学院古脊椎动物与古人类研究所标本登记号 IVPP V10494.2。

模式产地 云南文山古木。

鉴别特征 唯一的种，特征从属。

产地与层位 云南文山古木，下泥盆统布拉格阶坡松冲组；云南曲靖麒麟区西城街道徐家冲，下泥盆统布拉格阶翠峰山群徐家冲组。

乌蒙山鱼属 Genus *Wumengshanaspis* Wang et Lan, 1984

模式种 寸田乌蒙山鱼 *Wumengshanaspis cuntianensis* Wang et Lan, 1984

鉴别特征 体形较小，头甲估计长约 26 mm，宽远小于长；吻突发达，细长，约达头甲长的 1/3，吻突边缘和背面具纵行的齿状小刺；吻突之后仅口鳃区以印模形式保存，依据该印模推测可能头甲狭长，角呈棘状、后掠；中背孔特大，纵长椭圆形；眶孔侧位，于头甲侧缘呈缺刻状；鳃囊 9 对。

中国已知种 *Wumengshanaspis cuntianensis*。

分布与时代 云南，早泥盆世埃姆斯期。

评注 该属建立之初被归到了华南鱼科（王士涛、兰朝华，1984），现从 Zhu 和 Gai（2006）暂将其归到鸭吻鱼科。

寸田乌蒙山鱼 *Wumengshanaspis cuntianensis* Wang et Lan, 1984

（图 128）

Wumengshanaspis cuntianensis：王士涛、兰朝华，1984

正模 一件不完整头甲及其外模，中国地质科学院地质研究所标本登记号 IGCAGS V1744.1–2。

模式产地 云南彝良寸田。

鉴别特征 唯一的种，特征从属。

产地与层位 云南彝良寸田，下泥盆统埃姆斯阶缩头山组第一铁矿层顶板。

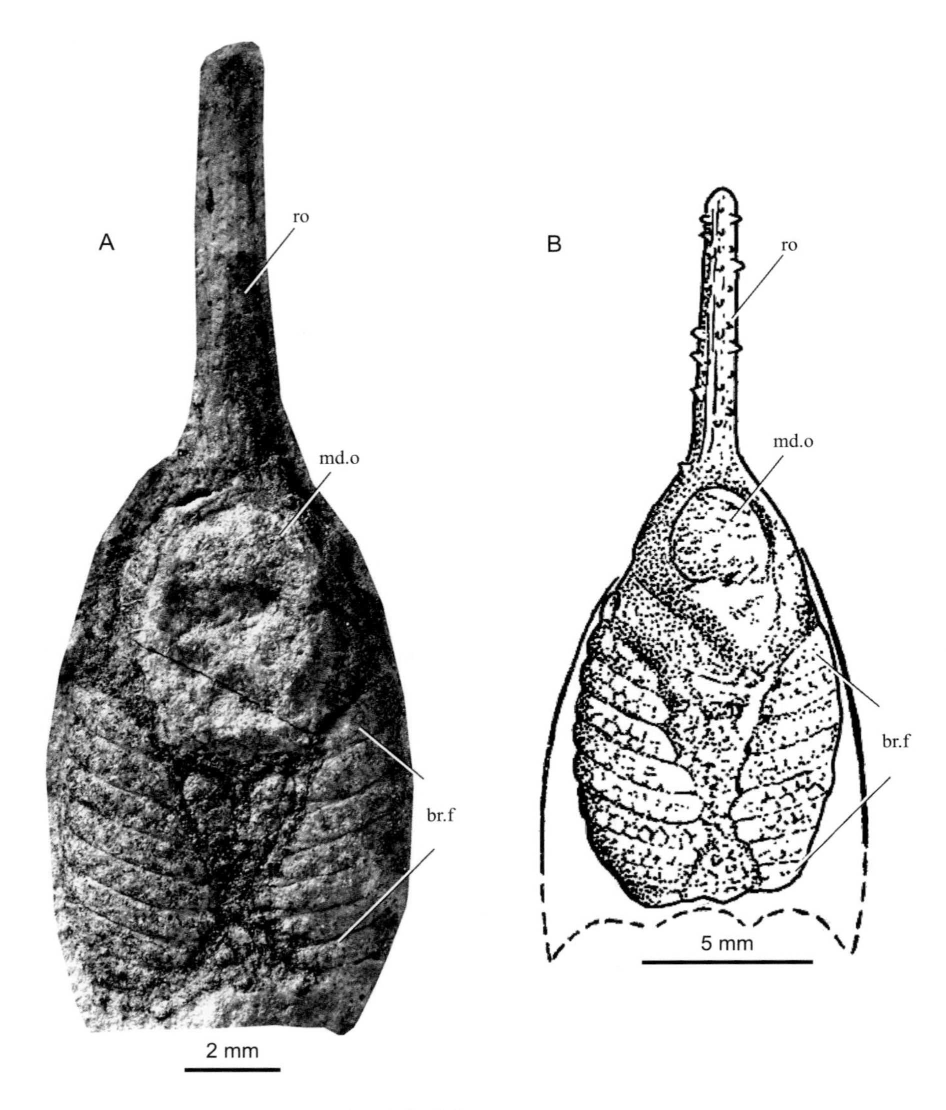

图 128　寸田乌蒙山鱼 *Wumengshanaspis cuntianensis*
A. 一件不完整的头甲，正模，IGCAGS V1744.1，背视；B. 头甲复原图（修改自王士涛、兰朝华，1984），背视

三歧鱼科 Family Sanqiaspidae Liu, 1975

模式属　*Sanqiaspis* Liu, 1975

定义与分类　该科系刘玉海（1975）依三歧鱼属建立，定义该科的特征组合有：中背孔呈后缘凹进的新月形；吻突细长而扁平；头甲侧缘近于平行。该科目前仅有 1 属 3 种。Zhu 和 Gai（2006）的系统发育分析结果显示，该科与华南鱼科有着较近的亲缘关系。主要分布在中国云南、四川，越南北部安明（Yen Minh）早泥盆世地层里。

鉴别特征　头甲狭长，略呈三角形，具有细长而扁平的吻突，胸角呈棘状、后掠；中背孔呈前凸后凹的新月形；眶孔位于背甲侧缘，呈缺刻状；侧线系统多鳃鱼型，眶上管呈V形、较短，或漏斗形、前端二分叉；两侧侧背管之间具前后两对横管，后面一对相汇合；头甲后的躯干部分裸露，可能为倒歪尾。纹饰由极小的粒状突起组成。鳃囊 17–19 对。

中国已知属 *Sanqiaspis*。

分布与时代 中国云南、四川，越南北部安明（Yen Minh），早泥盆世布拉格期。

三歧鱼属 Genus *Sanqiaspis* Liu, 1975

模式种 长吻三歧鱼 *Sanqiaspis rostrata* Liu, 1975

鉴别特征 中等大小的盔甲鱼类，由头甲至尾部鱼体全长95–110 mm，头甲本身长约50–70 mm。头甲因狭长的吻突和角的存在而呈三叉形；吻突狭长而扁平，前端呈截形或略膨大；头甲两侧缘近于平行；角狭长、棘状、后掠；中背棘短；中背孔呈后凹的新月形；眶孔侧位、于头甲侧缘成深的缺刻；侧线系统为多鳃鱼型，其中眶上管呈V形、较短，或漏斗形、前端二分叉；侧背纵管于眶后深度内弯，横管两对，后一对于中线汇合成联络管，侧横管很短或长短不齐；纹饰为粒状突起，小而密；鳃穴约17–19对。

中国已知种 *Sanqiaspis rostrata*，*S. zhaotongensis*。

分布与时代 中国云南、四川，越南北部安明（Yen Minh），早泥盆世布拉格期。

评注 三歧鱼属是盔甲鱼类中分布较广的属之一，除中国的两个种外，第三个种越南三歧鱼（*Sanqiaspis vietnamensis*）则产自越南北部安明（Yen Minh）。目前所知该属出现时代仅限于布拉格期。

长吻三歧鱼 *Sanqiaspis rostrata* Liu, 1975

（图 129）

Sanqiaspis rostrata：刘玉海，1975；刘玉海，1986；王俊卿等，1996b；赵文金等，2002

Sanqiaspis sichuanensis：潘江、王士涛，1978

正模 一件完整的头甲，中国科学院古脊椎动物与古人类研究所标本登记号 IVPP V4420。

副模 四件保存较好的头甲和头甲后裸露的体部，中国科学院古脊椎动物与古人类研究所标本登记号 IVPP V4420.1, 2, V12742a, b, V12743。

归入标本 一件较完整的头甲及其外模，中国科学院古脊椎动物与古人类研究所标本登记号 IVPP V12742a, b；一件部分保存的头甲，标本登记号 IVPP V12743；两件完整的头甲，中国地质博物馆标本登记号 GMC V1703–1704。

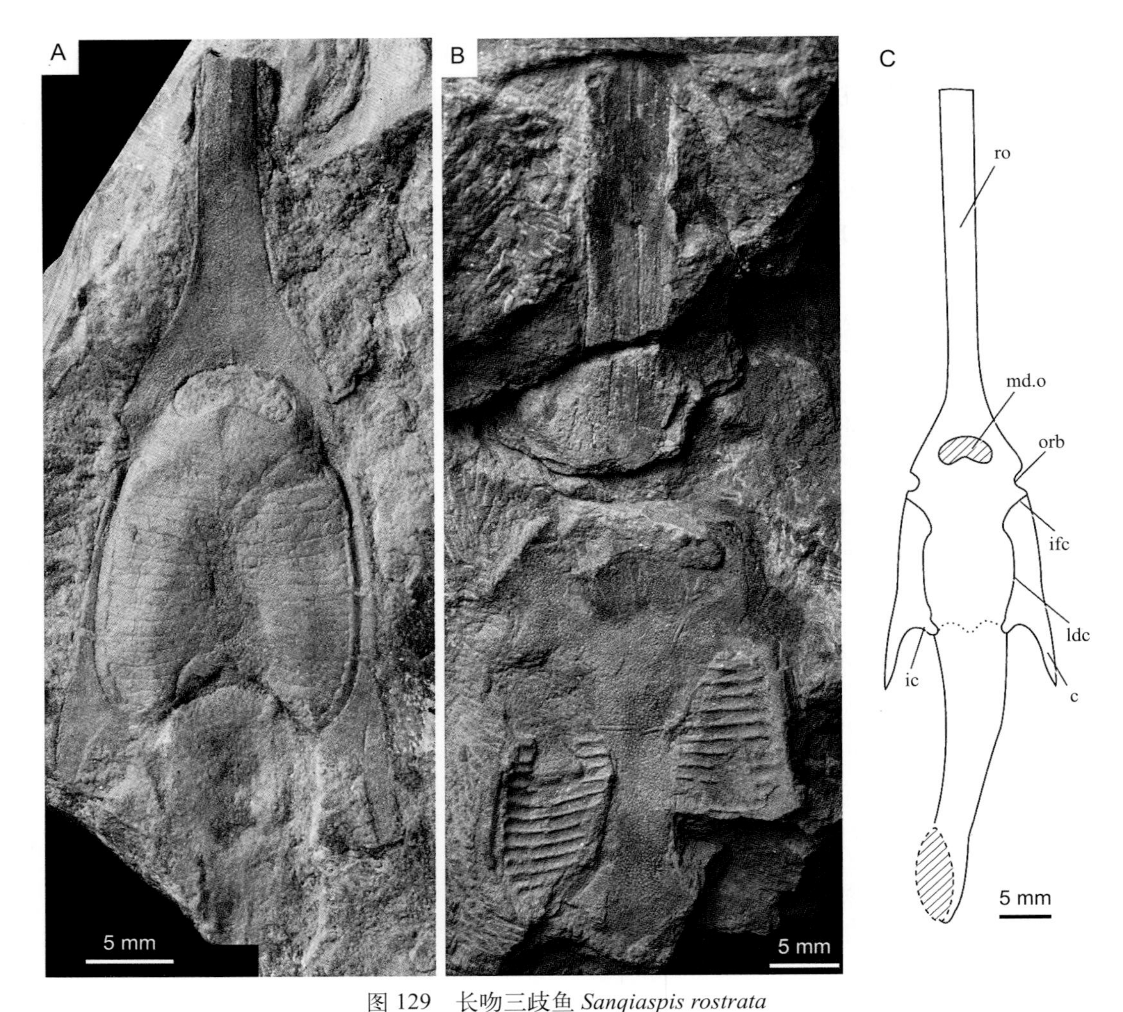

图 129　长吻三歧鱼 *Sanqiaspis rostrata*

A. 一近于完整的头甲，保存部分身体，正模，IVPP V4420，背视；B. 一近于完整头甲的外模，IVPP V 12742b, 腹视；C. 头甲及身体复原图（引自刘玉海，1975），背视

模式产地　四川江油雁门坝。

鉴别特征　包括头甲和其后的尾部鱼体全长 95–110 mm。头甲呈狭长的三叉形，长约 75–82 mm；吻突狭长、扁平，前端呈截形而略扩展，其长度因个体而变化，甚者可达中背孔至头甲后缘长的 1.5 倍以上；头甲两侧缘近于平行；角呈狭长棘状，指向侧后方；内角欠发育；头甲后缘两侧凹进，中央为较弱的中背突；中背孔新月形，前突后凹；眶孔侧位，于头甲侧缘呈深缺刻状；松果孔封闭，头甲内模显示松果窝位于眶刻后缘水平线之前；侧线系统在不同标本间表现不同，可能系保存原因所致，其中中背纵管仅眶上管部分存在，较短，呈 V 形；侧背纵管前方始于眶刻后头甲侧缘、向后抵达头甲后缘，并于眶后深度内弯，其间存在两对横管，后一对相汇合于中线，相当于背联络管。纹饰由细小的粒状突起组成。鳃穴 17–19 对。

产地与层位 四川江油雁门坝，下泥盆统布拉格阶平驿铺组中部；云南文山古木，下泥盆统布拉格阶坡松冲组。

评注 *Sanqiaspis sichuanensis* P'an et Wang, 1978 被认为是 *Sanqiaspis rostrata* Liu, 1975 的同物异名，其间侧线系统上的差异可能是化石保存上的原因造成的（刘玉海，1986；王俊卿等，1996b；赵文金等，2002）。

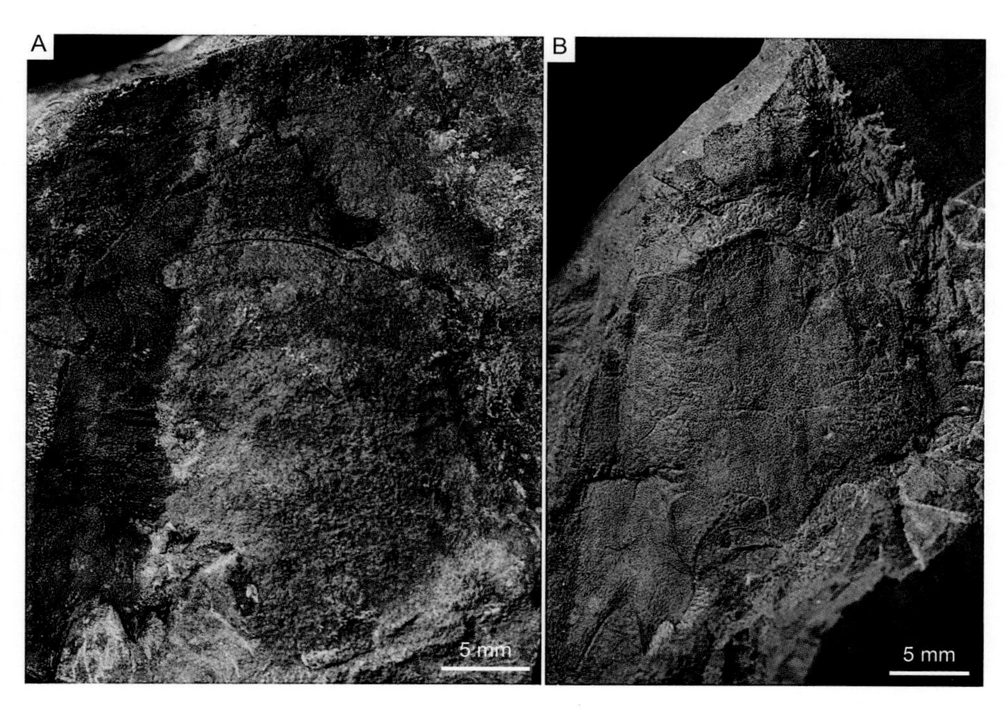

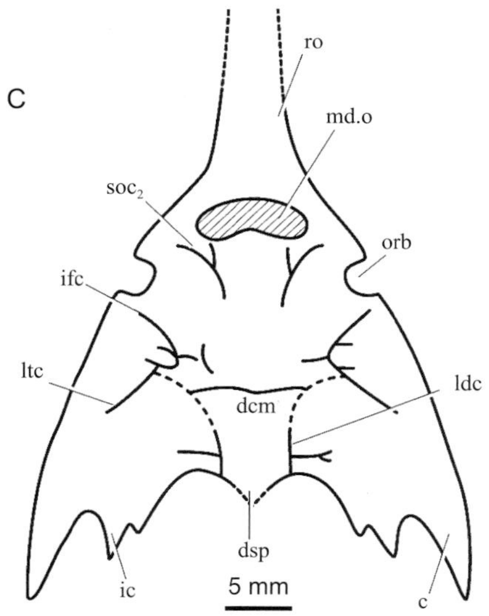

图 130 昭通三歧鱼 *Sanqiaspis zhaotongensis*

A. 一不完整的头甲，正模，IVPP V4422，背视；B. 一件保存较好的头甲，残缺右后部及部分吻突，IVPP V9762，背视；C. 头甲复原图（引自王俊卿等，1996b），背视

昭通三歧鱼 *Sanqiaspis zhaotongensis* Liu, 1975

（图 130）

Sanqiaspis zhaotongensis：刘玉海，1975；王俊卿等，1996b

正模 一件不完整的头甲，中国科学院古脊椎动物与古人类研究所标本登记号 IVPP V4422。

归入标本 一件保存较好的头甲，中国科学院古脊椎动物与古人类研究所标本登记号 IVPP V9762。

模式产地 云南昭通昭阳区北闸镇箐门村。

鉴别特征 头甲由中背孔至角末端长约 35 mm，这个种与属型种 *Sanqiaspis rostrata* 的不同在于其头甲明显相对宽、具发育的内角；内角呈棘状并在内角的内侧或内、外侧各具一小棘；在侧线系统方面 *S. zhaotongensis* 与属型种 *S. rostrata* 的差别在于，首先其眶上管呈漏斗形而非 V 形，并且前端二分叉；部分保存的侧背纵管显示该纵管后段显著靠近头甲中线；侧横管 4 对或更多，长短差别甚大，分布间隔极不均（可能有些未被保存所致）；中横管两对，其中后一对相汇合为背联络管；纹饰由小而密集颗粒状突起组成。

产地与层位 云南昭通昭阳区北闸镇箐门村，下泥盆统布拉格阶坡松冲组。

华南鱼科 Family Huananaspidae Liu, 1973

模式属 *Huananaspis* Liu, 1973

定义与分类 该科系刘玉海（1973）依华南鱼属建立，定义该科的特征组合有：头盔形的头甲；通常较小的眶孔；侧向延伸的角；细长的吻突。该科包括 4 属和 1 个亚科（大窗鱼亚科）。

鉴别特征 个体中等至小型的盔甲鱼类，头甲呈头盔形或王冠形，吻端具有狭长的吻突，头甲后侧具有侧向延伸的角。中背孔呈卵圆形或心脏形。眶孔普遍较小，背位或侧位。感觉管系统不甚发育，一些属种头甲背面具有背窗或侧背窗。

中国已知属 *Huananaspis*, *Asiaspis*, *Nanpanaspis*, *Lungmenshanaspis*, *Macrothyraspis*, *Qingmenaspis*, *Stephaspis*, *Sinoszechuanaspis*。

分布与时代 云南、广西、四川，早泥盆世洛霍考夫期—布拉格期。

华南鱼属 Genus *Huananaspis* Liu, 1973

模式种 武定华南鱼 *Huananaspis wudinensis* Liu, 1973

鉴别特征 头甲呈三角形，吻缘引长为狭长的吻突；角发达，侧向伸展，作略向后弯的窄镰刀形，两角末端间乃头甲最宽处，可达 150 mm，稍大于头甲长；头甲后缘具向后尖出的中背棘；中背孔横宽稍大于长，心脏形，后缘内凹为缺刻；眶孔侧位，于头甲侧缘呈缺刻状；侧线不详；纹饰似为粒状突起。

中国已知种 *Huananaspis wudinensis*。

分布与时代 云南，早泥盆世布拉格期。

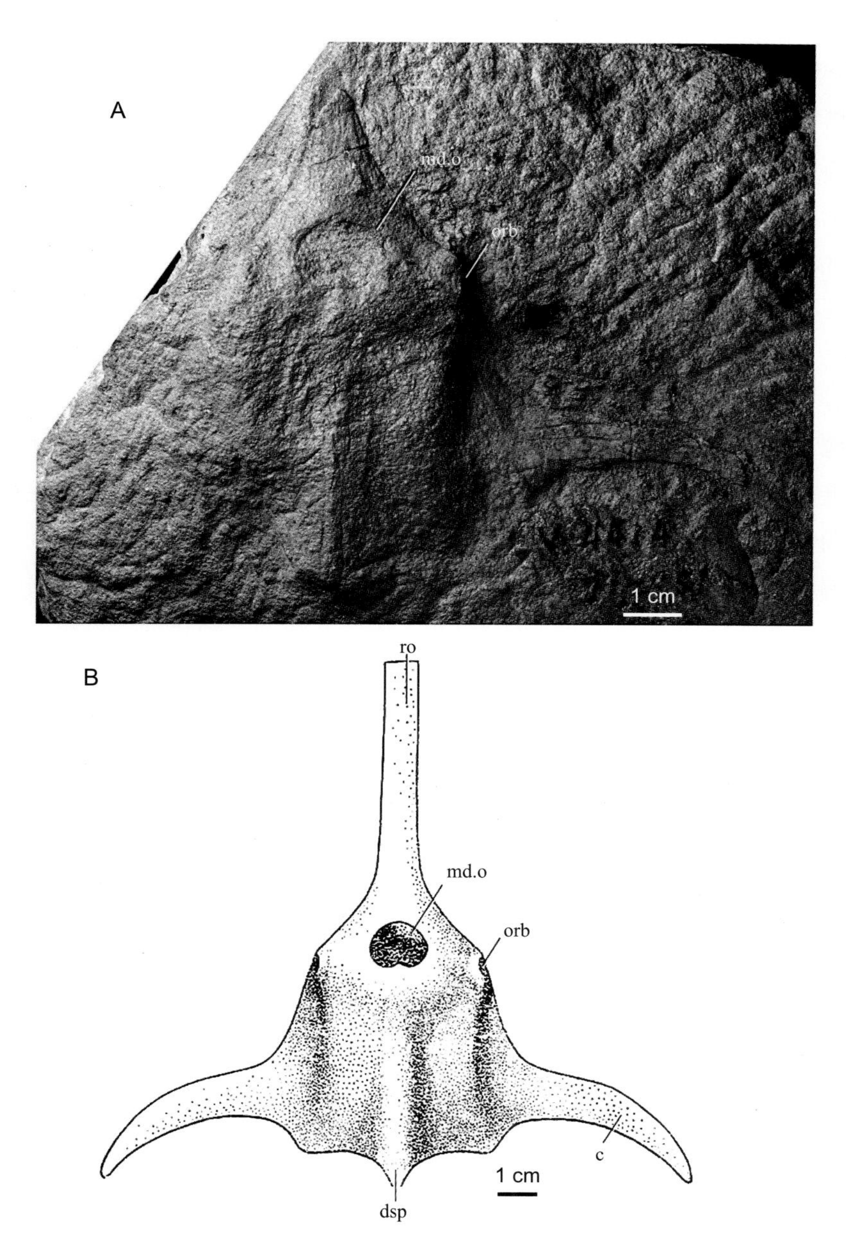

图 131 武定华南鱼 *Huananaspis wudinensis*

A. 一不完整的头甲，正模，IVPP V4414，背视；B. 头甲复原图（引自刘玉海，1973），背视

武定华南鱼 *Huananaspis wudinensis* Liu, 1973

（图 131）

Huananaspis wudinensis：刘玉海，1973

正模 一件不完整的头甲，中国科学院古脊椎动物与古人类研究所标本登记号 IVPP V4414。

模式产地 云南武定人民桥。

鉴别特征 唯一的种，特征从属。

产地与层位 云南武定人民桥，下泥盆统布拉格阶坡松冲组。

评注 原文为翠峰山组，当时是作为云南早泥盆世非海相地层的统称。按照后来进一步的划分，武定地区的该含鱼层定为坡松冲组。

亚洲鱼属 Genus *Asiaspis* P'an, 1975

模式种 宽展亚洲鱼 *Asiaspis expansa* P'an, 1975

鉴别特征 头甲呈三角形，两侧缘约呈 60° 夹角，后缘前凹，不具中背棘，头甲最宽处位于角侧端，宽大于长。吻突狭长，前部渐尖，横切面扁圆形；角侧展，棘状，微后弯，末端向后略超过头甲后缘水平线；中背孔亚圆形，横宽稍大于长；眶孔背位，但距头甲侧缘近并朝向背侧方，孔口小，纵长；侧线系统为多鳃鱼型，目前仅知中背纵管中只有 V 形眶上管发育，侧背纵管发育，主侧线上保存两对侧横管和背联络管；纹饰由具放射脊纹的疣突组成；鳃穴 11 对。

中国已知种 *Asiaspis expansa*。

分布与时代 广西，早泥盆世布拉格期。

宽展亚洲鱼 *Asiaspis expansa* P'an, 1975

（图 132）

Asiaspis expansa：潘江等，1975

正模 一件较完整的头甲及其内模，中国地质博物馆标本登记号 GMC V1314。

副模 六件不完整的头甲，中国地质博物馆标本登记号 GMC V1313，V1315–1317，V1319，V1336。

模式产地 广西横县六景霞义岭。

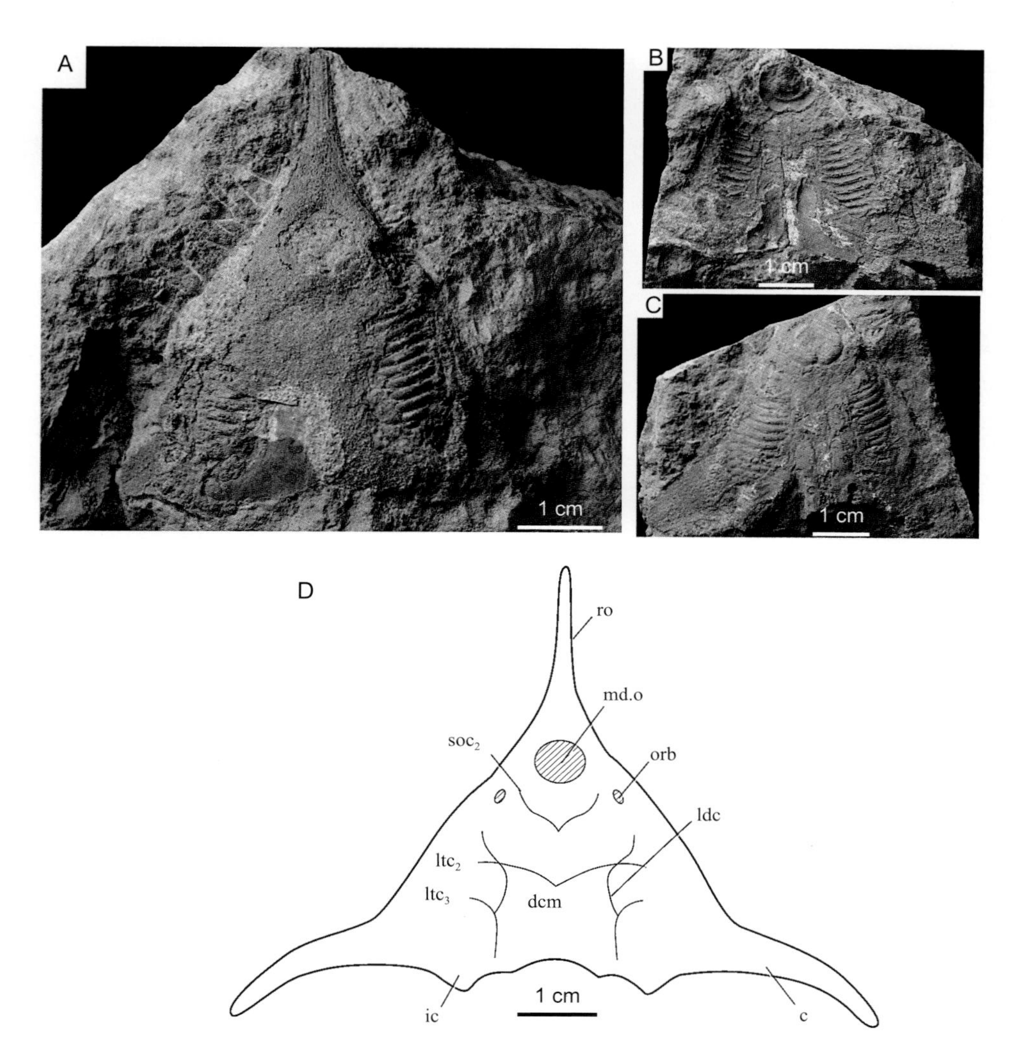

图 132　宽展亚洲鱼 *Asiaspis expansa*

A. 一件比较完整的头甲，角缺失，吻突不完整，正模，GMC V1314，背视；B，C. 一件不完整的头甲及其外模，副模，GMC V1315，B，外模，腹视，C，头甲，背视；D. 头甲复原图（引自潘江等，1975），背视

鉴别特征　唯一的种，特征从属。

产地与层位　广西横县六景霞义岭，下泥盆统布拉格阶那高岭组。

评注　潘江等（1975）最初认为产 *Asiaspis expansa* 的地层为莲花山组六坎口段。刘玉海（1985）评论该含鱼层属六坎口段之上的那高岭组，两者为连续沉积，后者产海相无脊椎动物。

南盘鱼属 Genus *Nanpanaspis* Liu, 1965

模式种　小眼南盘鱼 *Nanpanaspis microculus* Liu, 1965

鉴别特征 中等大小的盔甲鱼类。头甲略呈五边形，吻突短而尖，约为头甲长的1/5；角甚短，三角形，位置靠前，以致头甲的角前部分（不包括吻突）短于角后部分；头甲角后部分前端宽于两角间的宽度，二者间呈现为凹刻；头甲后缘可能近于截形；中背孔为纵长的卵圆形，后端较前端圆钝；眶孔小，背位；侧线系统中中背纵管仅V形眶上管发育，侧背纵管的眶下管部分无侧横管，主侧线部分于背联络管之前具2对侧横枝，之后不少于1对；纹饰不详；鳃穴8对以上，可能分布于头甲的前2/3部分，鳃后区从而较长。

中国已知种 *Nanpanaspis microculus*。

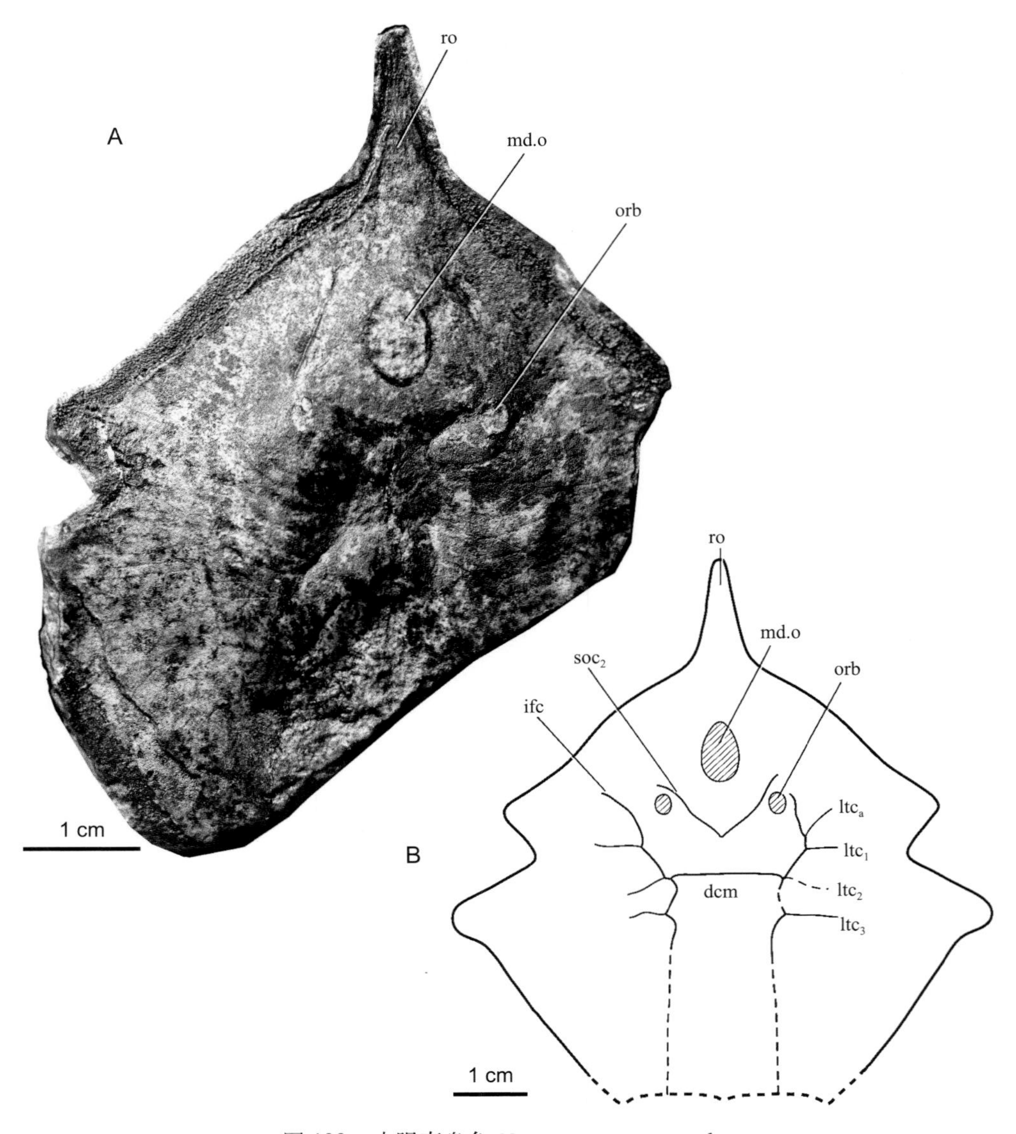

图133 小眼南盘鱼 *Nanpanaspis microculus*

A. 一件比较完整的头甲，正模，IVPP V3030，背视；B. 头甲复原图（引自刘玉海，1975），背视

分布与时代 云南，早泥盆世早洛霍考夫期。

评注 对于南盘鱼的分类位置长期以来一直存在着比较大的争议。刘玉海（1965）建立该属时，其目级位置不定（Order incertae sedis），刘玉海（1975）为其建立南盘鱼目（Nanpanaspiformes）和南盘鱼科（Nanpanaspididae）。Janvier（1975）试图将其归到多鳃鱼目下，但仍存在很大疑虑。Zhu 和 Gai（2006）的系统发育分析结果显示南盘鱼以其狭长吻突和侧向延伸的角，可能是华南鱼目华南鱼科的新成员。本志暂将其归到华南鱼科，而舍弃原来的依该属建立的南盘鱼科和南盘鱼目。

小眼南盘鱼 *Nanpanaspis microculus* Liu, 1965

（图 133）

Nanpanaspis microculus：刘玉海，1965

正模 一件后部残缺的头甲及其印模，中国科学院古脊椎动物与古人类研究所标本登记号 IVPP V3030。

模式产地 云南曲靖麒麟区寥廓山王家园采石场。

鉴别特征 唯一的种，特征从属。

产地与层位 云南曲靖麒麟区寥廓山王家园，下泥盆统下洛霍考夫阶翠峰山群西山村组。

龙门山鱼属 Genus *Lungmenshanaspis* P'an et Wang, 1975

模式种 江油龙门山鱼 *Lungmenshanaspis kiangyouensis* P'an et Wang, 1975

鉴别特征 形体中等至较小的华南鱼类。头甲三角形，具狭长的吻突和细长、棘状、侧展的角；头甲侧缘于眶孔前侧方突出为眶突，而于眶突至角基部间则凹进；中背孔呈心脏形；眶孔大，背位而靠近头甲侧缘；本属与华南鱼科其他属之不同在于具眶突和头甲侧缘内凹。

中国已知种 *Lungmenshanaspis kiangyouensis*, *L. yunnanensis*。

分布与时代 四川、云南，早泥盆世布拉格期。

评注 由于眶突至角的基部之间头甲侧缘凹进，此凹进是否为侧窗所致，从而侧窗是否存在于属型种 *Lungmenshanaspis kiangyouensis*，一直存在争议（潘江等，1975；Pan, 1984；Wang, 1991；Pan, 1992；王俊卿等，1996b）。作为 *Lungmenshanaspis* 另一个种的 *L. yunnanensis* 同样具眶突和凹进的侧缘，其标本较好地显示眶突、侧缘和角三者的边缘为自然连续的，从而排除凹进的侧缘系侧窗所致（王俊卿等，1996b）。

江油龙门山鱼 *Lungmenshanaspis kiangyouensis* P'an et Wang, 1975

（图 134）

Lungmenshanaspis kiangyouensis：潘江等，1975；潘江、王士涛，1978

正模 一件部分缺失的头甲，中国地质博物馆标本登记号 GMC V1513。

模式产地 四川江油雁门坝深道湾。

鉴别特征 头甲主体部分狭长，中背孔前缘至头甲后缘之长接近眶突间之宽的 2 倍，吻突和角均狭长、均超过中背孔前缘至头甲后缘之长；中背孔大，呈后缘凹进的心脏形；眶孔贴近头甲侧缘，位于眶突后内侧；侧线不详；组成纹饰的突起呈星状、大而稀疏；鳃穴不少于 10 对。

产地与层位 四川江油雁门坝深道湾，下泥盆统布拉格阶平驿铺组中部。

评注 正模头甲的后缘大多缺失（潘江等，1975，图版 XVII-1），似乎具很短的角后区，从而角后部分可能与 *Lungmenshanaspis yunnanensis* 类似，而不同于潘江等（1975）的复原图。

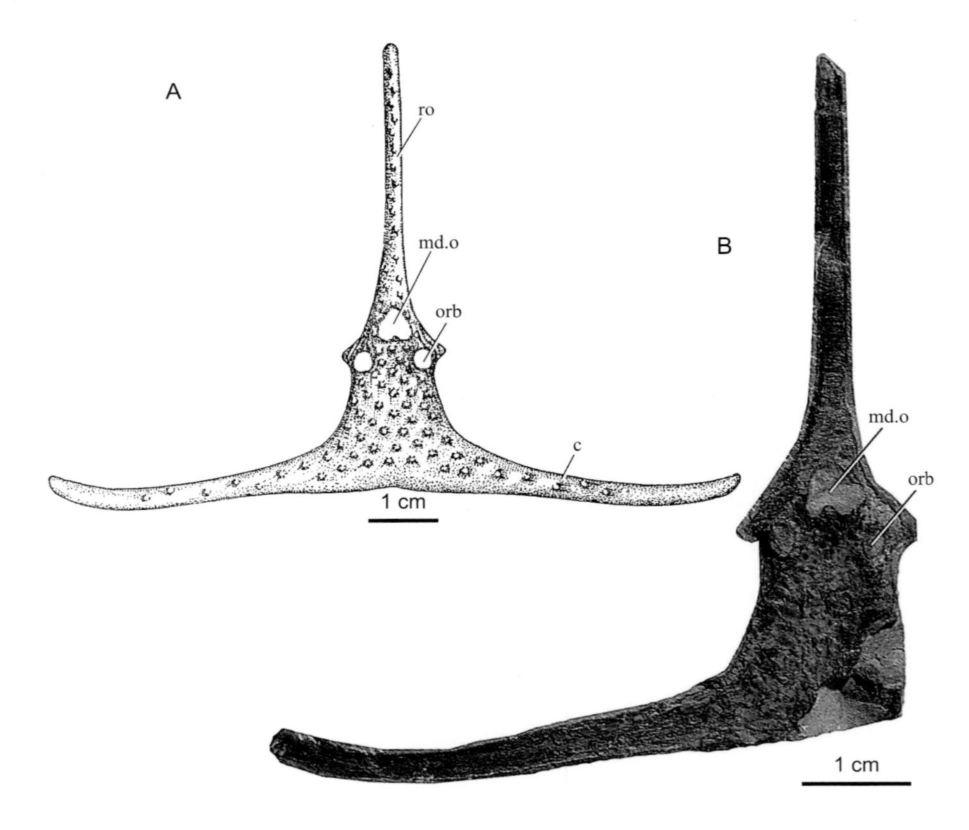

图 134 江油龙门山鱼 *Lungmenshanaspis kiangyouensis*

A. 头甲复原图（引自潘江等，1975），背视；B. 一比较完整头甲，右侧角缺失，正模，GMC V1513，背视

云南龙门山鱼 *Lungmenshanaspis yunnanensis* Wang, Fan et Zhu, 1996

（图 135）

Lungmenshanaspis yunnanensis：王俊卿等，1996b

正模 一件左后部缺失的头甲，中国科学院古脊椎动物与古人类研究所标本登记号 IVPP V9763。

模式产地 云南昭通昭阳区北闸镇箐门村。

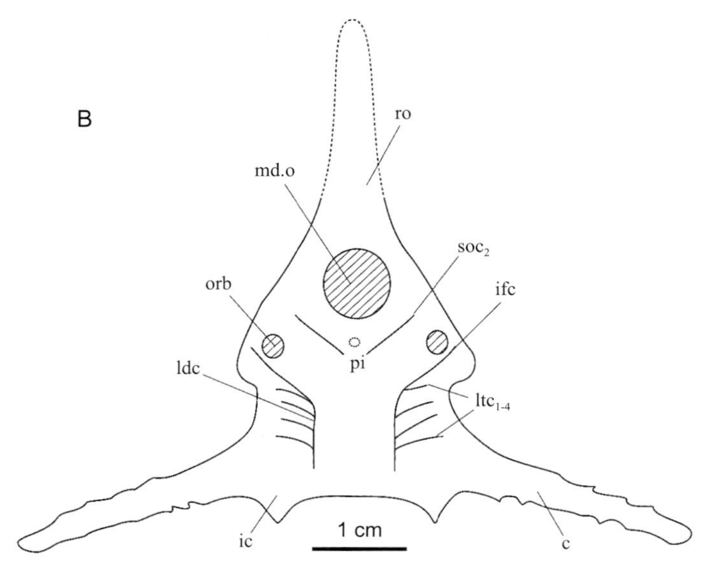

图 135 云南龙门山鱼 *Lungmenshanaspis yunnanensis*

A. 一不完整的头甲，左侧角及吻突缺失，正模，IVPP V9763，背视；B. 头甲复原图（引自王俊卿等，1996b），背视

鉴别特征 头甲主体部分较宽，中背孔前缘至头甲后缘之长（头甲主体长）约为眶突间宽的1.2倍；角短于头甲主体之长，前后缘均具锯齿状小刺；内角短、三角形；眶突位于眶孔的后侧方；中背孔可能为圆形，而非呈后缘稍凹进的心脏形；侧线系统仅知存在V形眶上管，眶下管之后可能具4对侧横枝；纹饰由细小而密集的粒状突起组成；鳃穴不多于11对。

产地与层位 云南昭通昭阳区北闸镇箐门村，下泥盆统布拉格阶坡松冲组。

评注 原著认为中背孔呈后缘凹进的心脏形，但现有唯一标本IVPP V9763（图135A）其中背孔后缘保存不十分完好，看不出后缘凹进。

大窗鱼亚科 Subfamily Macrothyraspinae Pan, 1992

模式属 *Macrothyraspis* Pan, 1992

定义与分类 该亚科系Pan (1992) 依大窗鱼属建立的大窗鱼科，但Zhu和Gai (2006) 认为大窗鱼科乃是嵌套在华南鱼科内的一个单系类群，故将大窗鱼科降为亚科，并取消Pan（1992）依据窗的存在而建立的大窗鱼亚纲和大窗鱼目。该亚科可以定义为具有窗构造的华南鱼类，目前包含4属5种。

鉴别特征 中等大小的华南鱼类，头甲呈头盔形或王冠形，吻端具有狭长的吻突，头甲后侧具有侧向延伸的角。中背孔呈卵圆形或心脏形。眶孔普遍较小，侧位。感觉管系统不甚发育，头甲背侧具有背窗或侧背窗的构造。

中国已知属 *Macrothyraspis*, *Sinoszechuanaspis*, *Qingmenaspis*, *Stephaspis*。

分布与时代 云南、四川，早泥盆世洛霍考夫期—布拉格期。

大窗鱼属 Genus *Macrothyraspis* Pan, 1992

模式种 长角大窗鱼 *Macrothyraspis longicornis* Pan, 1992

鉴别特征 头甲三角形，长大于宽，（不包括吻突）长约25–30mm，具细而长的吻突和角。角侧展，位前移，以致头甲具显著的角后区；头甲后缘突伸为短的中背棘；中背孔大，心脏形；眶孔侧位，中等大小；松果孔封闭；侧窗纵长卵圆形，面积大，长约为头甲中长（不含吻突）的2/5，侧窗自身宽约为长的3/5；侧线可能欠发达，眶上管甚短、倒八字形、不于后端汇合，眶上管之前、中背孔侧面存在一对横向短管，背联络管出现于两侧窗的空隙间；纹饰粒状突起，细小、密集、分布均匀。

中国已知种 *Macrothyraspis longicornis*, *M. longilanceus*。

分布与时代 云南，早泥盆世布拉格期。

评注 从Pan（1992，图版5）中观察不到其描述的*Macrothyraspis longicornis*的侧线，

赵文金等（2002）的描述和插图与 Pan（1992）的相近，但标本上难以确定侧线的保存，因此这里的侧线描述是依据 *Macrothyraspis longilanceus*（王俊卿等，2005）。

长角大窗鱼 *Macrothyraspis longicornis* Pan, 1992

（图 136）

Macrothyraspis longicornis：Pan, 1992；赵文金等，2002

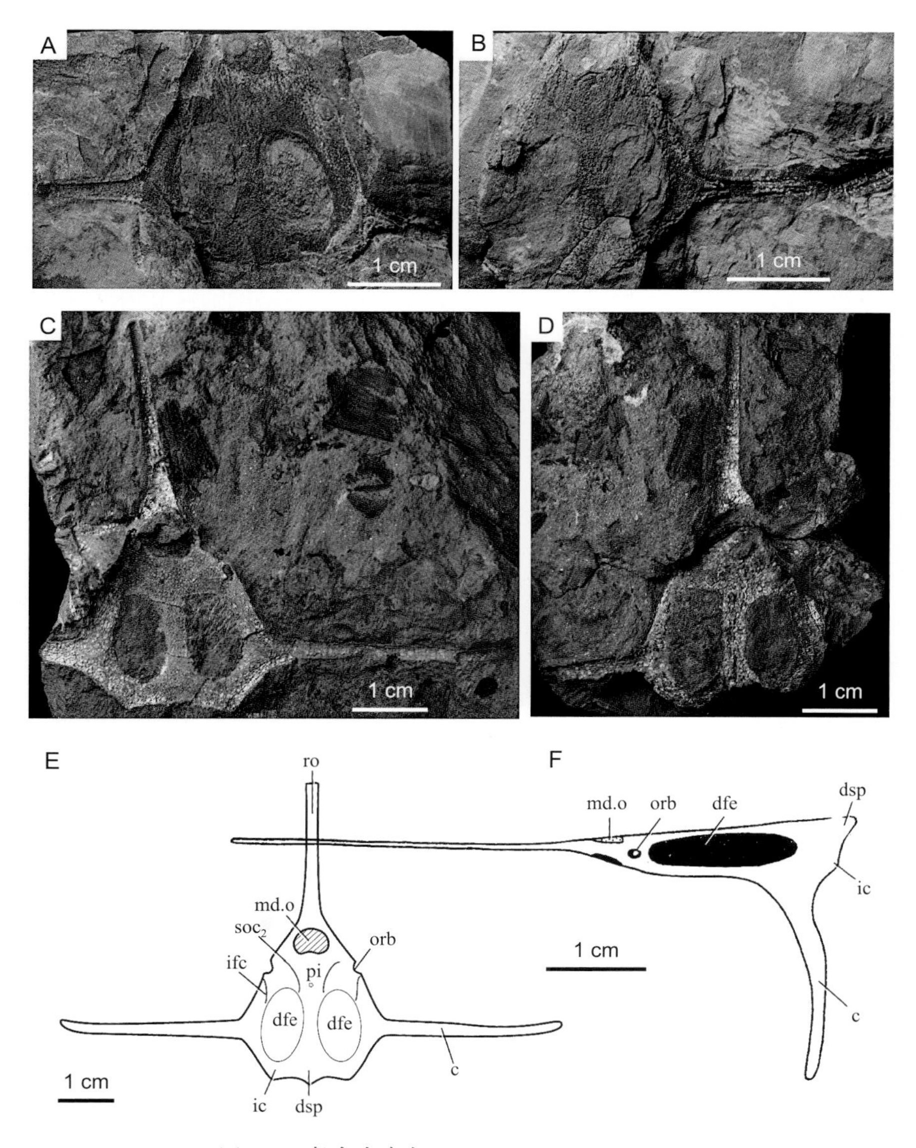

图 136　长角大窗鱼 *Macrothyraspis longicornis*

A, B. 一不完整头甲及其外模，正模，GMC V2077, A，外模，腹视，B，头甲，背视；C, D. 一不完整头甲及其外模，IVPP V12741a, b，C，外模，腹视，D, 头甲，背视；E，F. 头甲复原图（引自赵文金等，2002；Pan，1992），E, 背视，F，侧视

正模 一件部分缺失的头甲，中国地质博物馆标本登记号 GMC V2077。

归入标本 一件不完整的头甲，中国科学院古脊椎动物与古人类研究所标本登记号 IVPP V12741a, b。

模式产地 云南广南杨柳井乡。

鉴别特征 吻突长约与头甲中长相等；眶孔侧位；角末端微前翘；侧线系统不详。

产地与层位 云南广南杨柳井乡、文山古木纸厂，下泥盆统布拉格阶坡松冲组。

评注 Pan（1992）的描述和插图中眶孔为背位，而赵文金等（2002）文中则为侧位，背视呈缺刻状，这方面的差异源自观察者的视角和标本的保存状态（如 Pan 的图版 8，图 1；本志图 136A–D 所示一侧为圆孔、背位，另一侧则仅为侧缘上的浅缺刻）。就赵文金等（2002）所依据的标本和其他标本的观察，头甲在横过眶孔及其前后具两个面：背面和侧面，由背面圆滑侧弯成侧面，此两面间的夹角大约或稍稍大于 90°，眶孔介于背面与侧面之间，而绝大部分位于侧面，当标本未变形或少变形的情况下，背视眶孔呈缺刻状，因挤压致侧面展平时则呈现为圆孔、背位。下面的长矛大窗鱼 *Macrothyraspis longilanceus* 的眶孔亦属于这一种情况，因保存原因同一标本的左右眶孔可分别表现为侧位和背位（见图 137B, C）。

长矛大窗鱼 *Macrothyraspis longilanceus* Wang, Gai et Zhu, 2005

（图 137）

Macrothyraspis longilanceus：王俊卿等，2005

正模 一件完整的头甲及其外模，中国科学院古脊椎动物与古人类研究所标本登记号 IVPP V13592.1a, b。

副模 一件较完整头甲及其外模，中国科学院古脊椎动物与古人类研究所标本登记号 IVPP V13592.2a, b。

模式产地 云南文山古木纸厂。

鉴别特征 本种与属型种 *Macrothyraspis longicornis* 的区别有：①吻突特长，超过头甲中长的 2 倍，后者约与中长相等；②眶孔背侧位、圆孔状，后者为侧位、背视缺刻状；③侧窗间距宽、约为头甲宽的 1/6，后者为 1/10；④角向头甲后侧方自然倾斜、末端不前翘，后者末端微前翘；⑤感觉管系统两者也有差异，可能与化石保存状态有关，在此不作详细比较。

产地与层位 云南文山古木纸厂，下泥盆统布拉格阶坡松冲组。

评注 迄今 *Macrothyraspis longilanceus* 和 *M. longicornis* 共发现 4 件标本，代表 4 个个体，出现于同一地区和地层，对具长吻突和角的盔甲鱼中保存较多物种（如长吻三歧鱼、

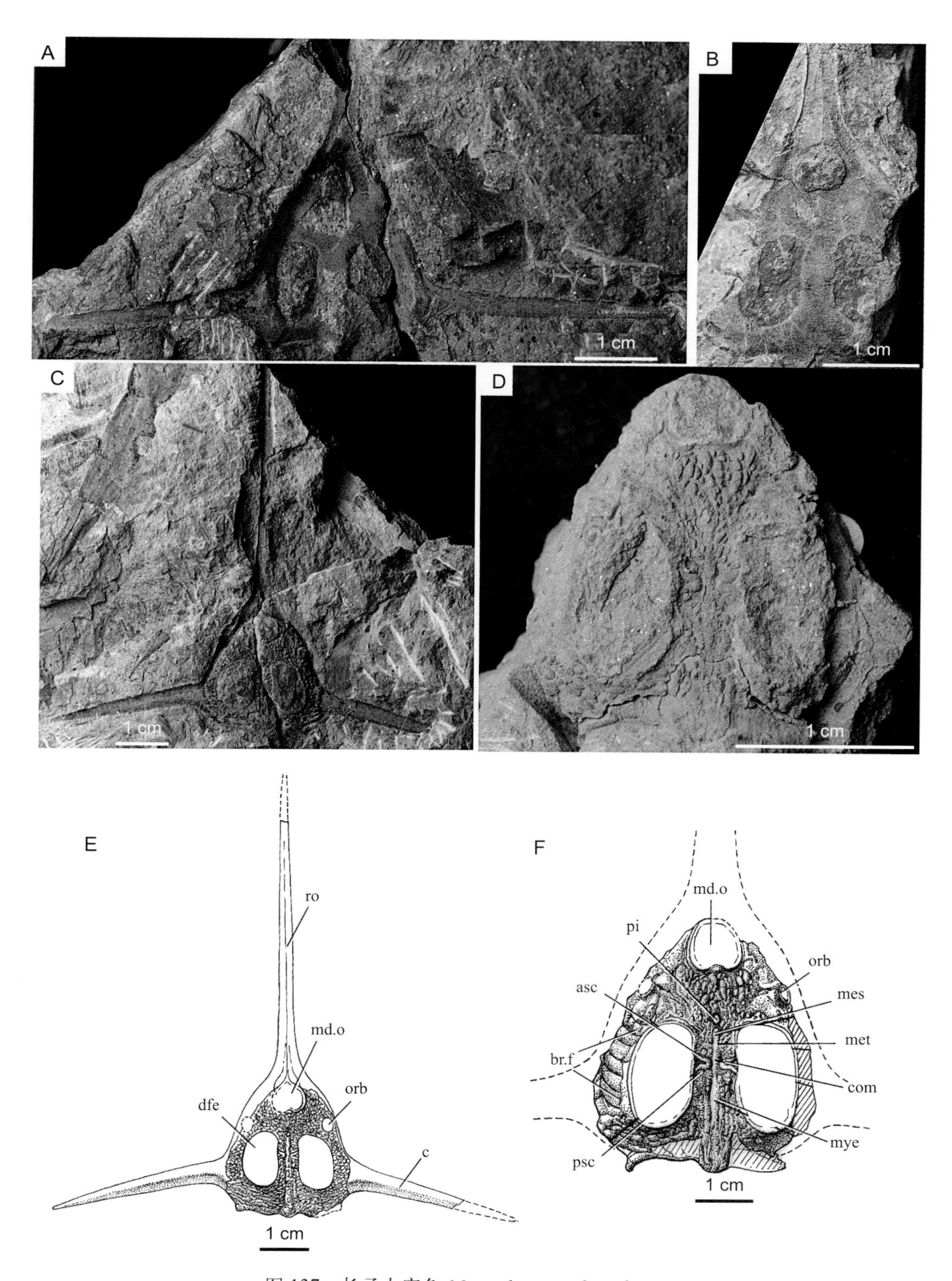

图 137　长矛大窗鱼 *Macrothyraspis longilanceus*

A, D. 一较完整头甲及其外模，副模，IVPP V13592.2a, b，A，外模，腹视，D，头甲，背视；B, C. 一近于完整的头甲及其外模，正模，IVPP V13592.1a, b，B，外模，腹视，C，头甲，背视；E, F. 头甲及脑颅复原图（引自王俊卿等，2005），E，头甲，背视，F，脑颅，背视

大窗鱼）的观察显示，同一种的不同个体间吻突和角的长度变化颇大。它们间的差异是属于种间的还是种内个体间的，抑或保存上的，尚待研究和证实，而属于同一个种的可能性很大。关于眶孔的位置，详见长角大窗鱼评注。

中华四川鱼属 Genus *Sinoszechuanaspis* (P'an et Wang, 1975) P'an et Wang, 1978

模式种 雁门坝中华四川鱼 *Sinoszechuanaspis yanmenpaensis*（P'an et Wang, 1975） P'an et Wang, 1978

鉴别特征 较小的华南鱼类，头甲中长（不包括吻突）约 25 mm，宽（不包括角）接近中长的 4/5；吻突细长，其长超过头甲中长；角长，棘状、略后弯，位前移，致头甲角后区长约达头甲中长的 1/6, 头甲后缘近于截形面，不具中背棘；角后缘和头甲角后区侧缘具锯齿状小刺；中背孔呈后缘前凹的心形，长略大于宽；眶孔侧位，背视呈缺刻状；侧窗大、卵圆形，长大于宽；侧线系统了解少，V 形眶上管的两支可能不汇合，眶下管和主侧线出现于眶刻至侧窗前端间，两对侧横管出现于侧窗侧缘外侧，较短；纹饰由细小粒状突起组成。

中国已知种 *Sinoszechuanaspis yanmenpaensis*。

分布与时代 四川，早泥盆世布拉格期。

评注 该属原名四川鱼（*Szechuanaspis*）已率先用于三叶虫四川盾壳虫（*Szechuanaspis* Chien et Yao, 1974），从而更名为 *Sinoszechuanaspis*。*Sinoszechuanaspis* 与 *Macrothyraspis* 极为相近，如果不考虑尚有疑点的侧线系统，其区别仅在于前者角后缘具锯齿状小刺和头甲不具中背棘。

雁门坝中华四川鱼 *Sinoszechuanaspis yanmenpaensis* (P'an et Wang, 1975) P'an et Wang, 1978

（图 138）

Szechuanaspis yanmenpaensis：潘江等，1975

Sinoszechuanaspis yanmenpaensis：潘江、王士涛，1978；Pan, 1992

Sinoszechuanaspis gracilis：潘江、王士涛，1978

正模 一件不完整的头甲，中国地质博物馆标本登记号 GMC V1514a, b。

归入标本 一件不完整的头甲，吻突及左侧角相对完整，中国地质博物馆标本登记号 GMC V2033。

模式产地 四川江油雁门坝深道湾。

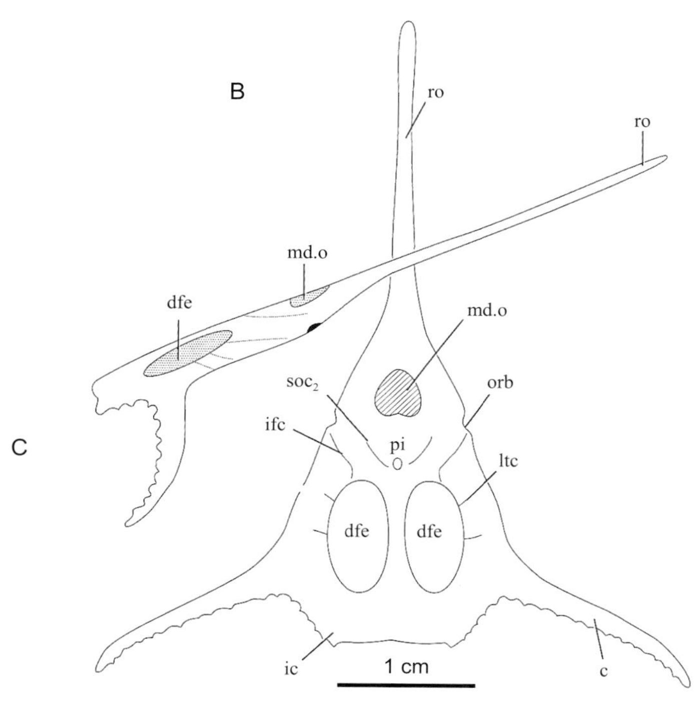

图 138　雁门坝中华四川鱼 *Sinoszechuanaspis yanmenpaensis*

A. 一不完整的头甲，正模 GMC V1514b, 背视；B, C. 头甲复原图（引自 Pan, 1992），B, 背视，C，侧视

鉴别特征　唯一的种，特征从属。

产地与层位　四川江油雁门坝深道湾，下泥盆统布拉格阶平驿铺组中部。

评注　*Sinoszechuanaspis gracilis* 乃是 *S. yanmenpaensis* 的同物异名，二者产于同一地点同一层位，只是保存状态不同（潘江、王士涛，1978；Pan, 1992）。

箐门鱼属　Genus *Qingmenaspis* Pan et Wang, 1981

模式种　小眼箐门鱼 *Qingmenaspis microculus* Pan et Wang, 1981

鉴别特征　体形小的华南鱼类，由中背孔前缘至头甲后端长约 20 mm。头甲呈王冠形，眶前区宽且长，吻突和角均为狭窄棘状；中背孔大，椭圆形，宽为长的 3/4；眶孔小，靠近头甲中线，位前移，其后缘与中背孔后缘处于同一水平线；侧窗位于眶孔外侧，特大，其长超过中背孔至头甲后端长之半，宽达其所在部位头甲宽的 1/3；侧线和纹饰均不详。

中国已知种 *Qingmenaspis microculus*。

分布与时代 云南，早泥盆世布拉格期

小眼箐门鱼 *Qingmenaspis microculus* Pan et Wang, 1981

（图 139）

Qingmenaspis microculus：潘江、王士涛，1981；Pan, 1992

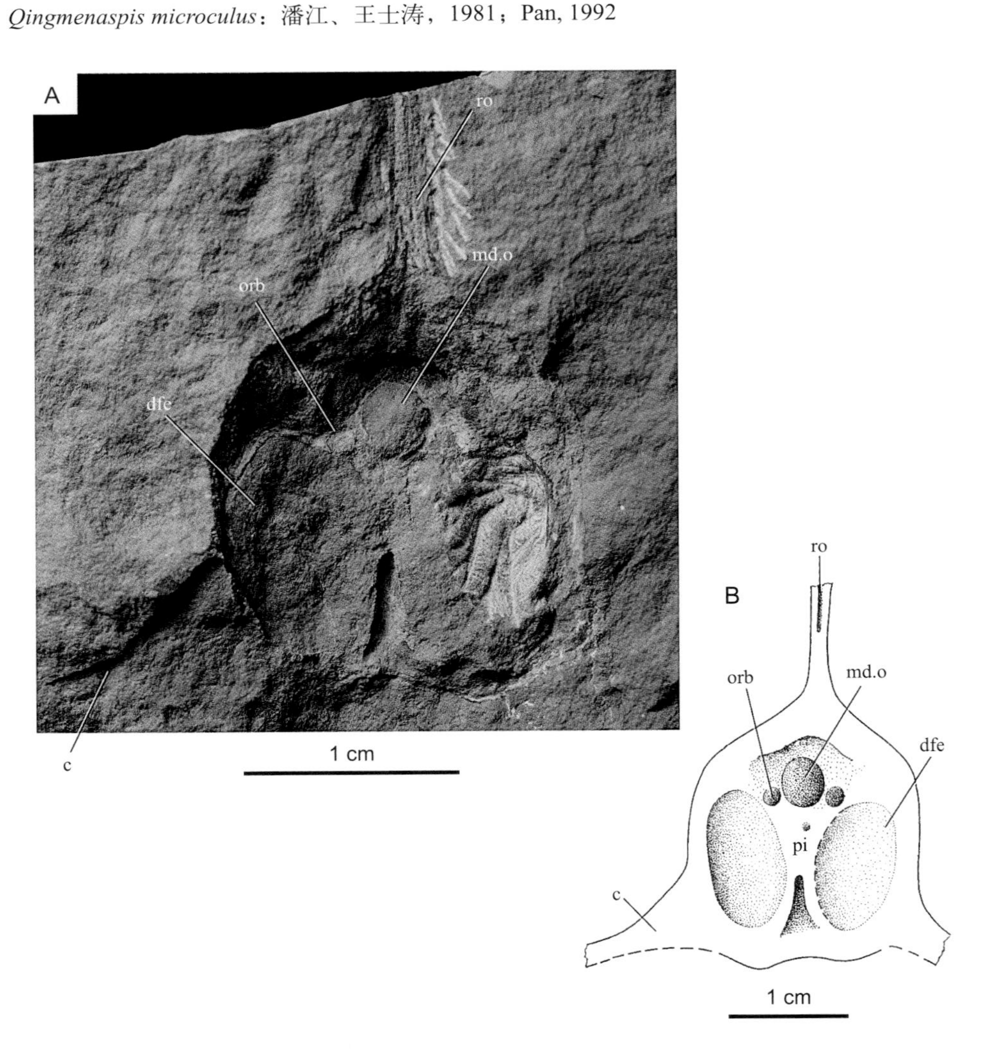

图 139 小眼箐门鱼 *Qingmenaspis microculus*

A. 一不完整头甲，正模 GMC V1745，腹视，吻突前段缺失，角保存不完整；B. 头甲复原图（引自潘江、王士涛，1981），背视

正模 一件不完整的头甲，中国地质博物馆标本登记号 GMC V1745。

模式产地 云南昭通昭阳区北闸镇箐门村箐门水库。

鉴别特征 唯一的种，特征从属。

产地与层位 云南昭通昭阳区北闸镇箐门村箐门水库，下泥盆统布拉格阶坡松冲组。

王冠鱼属 Genus *Stephaspis* Gai et Zhu, 2007

模式种 双翼王冠鱼 *Stephaspis dipteriga* Gai et Zhu, 2007

鉴别特征 中等大小的华南鱼类，头甲略呈王冠形，长近 55 mm（中背孔前缘至头甲后缘），两侧角末端间宽约 75 mm。头甲吻缘尖出为细窄的吻突；角侧向伸出，棘状，稍后弯；可能具内角（V14333.2B 左侧），短、叶状、指向后方；内角间的后缘窄；中背孔纵长椭圆形，宽约为长的 3/4；眶孔小、背位，眶间距稍大于眶孔至头甲侧缘之距；松果孔封闭；背窗贴近头甲侧缘，狭长，其长近达宽的 5 倍，窗前端与眶孔后缘约在同一水平线；侧线系统只知具 V 形眶上管；纹饰由小粒状突起组成。

中国已知种 *Stephaspis dipteriga*。

分布与时代 云南，早泥盆世早洛霍考夫期。

双翼王冠鱼 *Stephaspis dipteriga* Gai et Zhu, 2007

（图 140）

Stephaspis dipteriga：盖志琨、朱敏，2007

正模 一件不完整的头甲外模和局部甲片，中国科学院古脊椎动物与古人类研究所标本登记号 IVPP V14333. 1A, B。

副模 一件保存近于完整的头甲及其外模，中国科学院古脊椎动物与古人类研究所标本登记号 IVPP V 14333.2A, B。

模式产地 云南曲靖麒麟区西城街道西山水库附近。

鉴别特征 唯一的种，特征从属。

产地与层位 云南曲靖麒麟区西城街道西山水库附近，下泥盆统下洛霍考夫阶翠峰山群西山村组。

评注 就头甲总体相似性而言，*Stephaspis* 与 *Qingmenaspis* 最接近，二者头甲均呈王冠形，吻突细窄，角棘状而侧展，存在背窗；其主要区别在于后者的背窗极为宽大和中背孔后移。至于 *Stephaspis* 和 *Nanpanaspis* 之间的比较，二者间不但头甲形状迥然不同，被视作二者为姐妹群的裔征“较长的角后区”和中背孔的形状（盖志琨、朱敏，

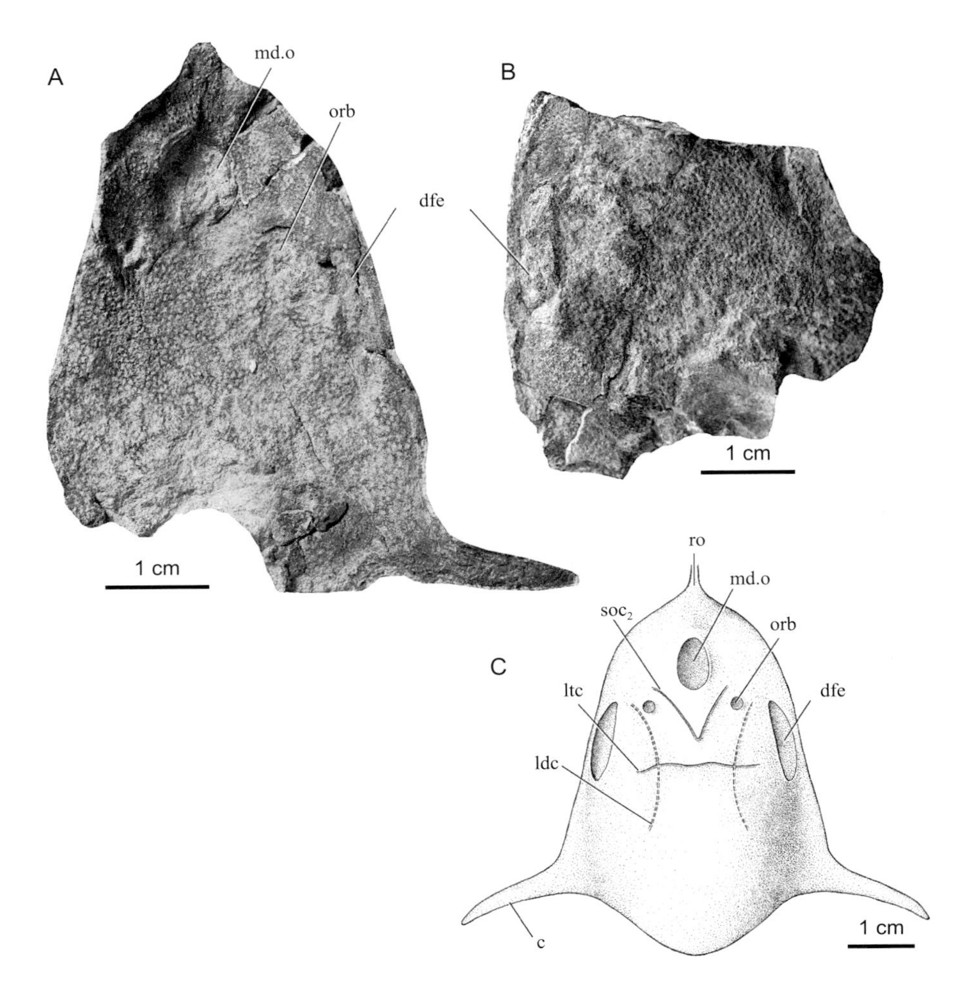

图 140 双翼王冠鱼 *Stephaspis dipteriga*
A, B. 一件不完整的头甲及其外模，正模，IVPP V14333.1A, B，A，外模，腹视，B，头甲，背视，示侧背窗；C. 头甲复原图（引自盖志琨、朱敏，2007），背视

2007），似乎也与事实不符。因此当前将 *Stephaspis* 放在与 *Qingmenaspis* 为姐妹群的位置可能是一个较好的选项。如果内角被确认存在于 *Stephaspis*，为了减少一属一种现象，将 *Stephaspis dipteriga* 归于 *Qingmenaspis* 也是可考虑的选项。

目、科不确定 Incerti ordinis et incertae familiae

假都匀鱼属 Genus *Pseudoduyunaspis* Wang, Wang et Zhu, 1996

模式种 巴楚假都匀鱼 *Pseudoduyunaspis bachuensis* Wang, Wang et Zhu, 1996

鉴别特征 体形小的盔甲鱼类，鱼体全长约 45 mm，头甲长约 20 mm。头甲卵圆形，最宽部位在头甲横中线之后，小于头甲长；吻缘弧形，较前凸；角缺如；中背孔远离吻缘，卵圆形，长稍大于宽，孔壁耸起成矮烟囱状；鳃穴约 12 对；鳞片小，菱形；眶孔、侧线、纹饰均不详。

中国已知种 *Pseudoduyunaspis bachuensis*。

分布与时代 新疆，志留纪兰多维列世中特列奇期。

巴楚假都匀鱼 *Pseudoduyunaspis bachuensis* Wang, Wang et Zhu, 1996

（图 141）

Pseudoduyunaspis bachuensis：王俊卿等，1996a

正模 一件包括头甲和部分躯干的盔甲鱼，中国科学院古脊椎动物与古人类研究所标本登记号 IVPP V 9761。

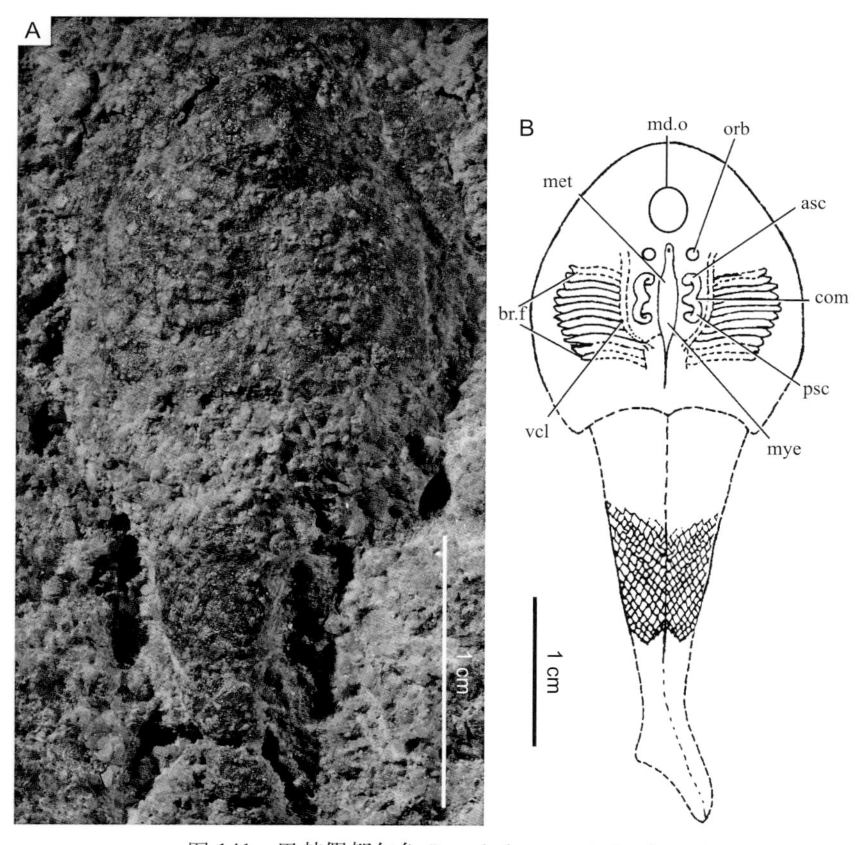

图 141 巴楚假都匀鱼 *Pseudoduyunaspis bachuensis*

A. 一较完整的头甲及覆有鳞片的部分躯干，正模，IVPP V 9761，背视；B. 头甲及身体复原图（引自王俊卿等，1996a），背视

模式产地 新疆巴楚小海子木库勒克。

鉴别特征 唯一的种，特征从属。

产地与层位 新疆巴楚小海子木库勒克，志留系兰多维列统中特列奇阶依木干他乌组。

评注 正模为唯一材料，外骨骼剥离暴露脑颅。王俊卿等（1996a）认为因膜质骨剥蚀而观察不到“眶孔、侧线、纹饰”。按说其中眶孔洞穿背甲应该保存，原文中的“嗅囊管的断口”，按其位置或许是眶孔？若是，则眶孔甚小，靠近中线，与都匀鱼相似，但位置靠后。

耸刺鱼属 Genus *Hyperaspis* Pan, 1992

模式种 升高耸刺鱼 *Hyperaspis acclivis* Pan, 1992

鉴别特征 了解甚少的盔甲鱼；头甲中等大小，长约 100 mm，高而侧扁，后部横切面呈腹面平顶角弧形的等腰三角形，其高大于宽；背棘极发达，指向后背方，其长超过头甲高；眶孔小，背位，但接近头甲侧缘；侧线系统中侧背纵管和中背纵管均很发育，与横向管交织成网状，眶孔之后可见横行管 4 条；纹饰由突起组成，于背棘部分则延长为纵向脊。

分布与时代 云南，早泥盆世晚洛霍考夫期。

升高耸刺鱼 *Hyperaspis acclivis* Pan, 1992

（图 142）

Hyperaspis acclivis：Pan, 1992

正模 一件不完整的头甲，中国地质博物馆标本登记号 GMC V2075。

模式产地 云南曲靖麒麟区西城街道西屯。

鉴别特征 唯一的种，特征从属。

产地与层位 云南曲靖麒麟区西城街道西屯，下泥盆统上洛霍考夫阶翠峰山群西屯组。

评注 由于标本保存过于残缺难于判断 *Hyperaspis acclivis* 的系统位置。头甲本体部分之高远超过其宽，背棘之长又远超过头甲本体之高，这些特征均未见之于其他已知盔甲鱼，可见其高度特化。虽然原作者认为其侧线系统布局相似于多鳃鱼目（Pan, 1992），但侧背纵管和中背纵管同时发育的情况迄今尚只见于真盔甲鱼类，而同时又具 4 对横管者则只见于真盔甲鱼类中的中华盔甲鱼（*Sinogaleaspis*）。若侧线系统属实，如不是例外，*Hyperaspis* 有可能属于真盔甲鱼类。

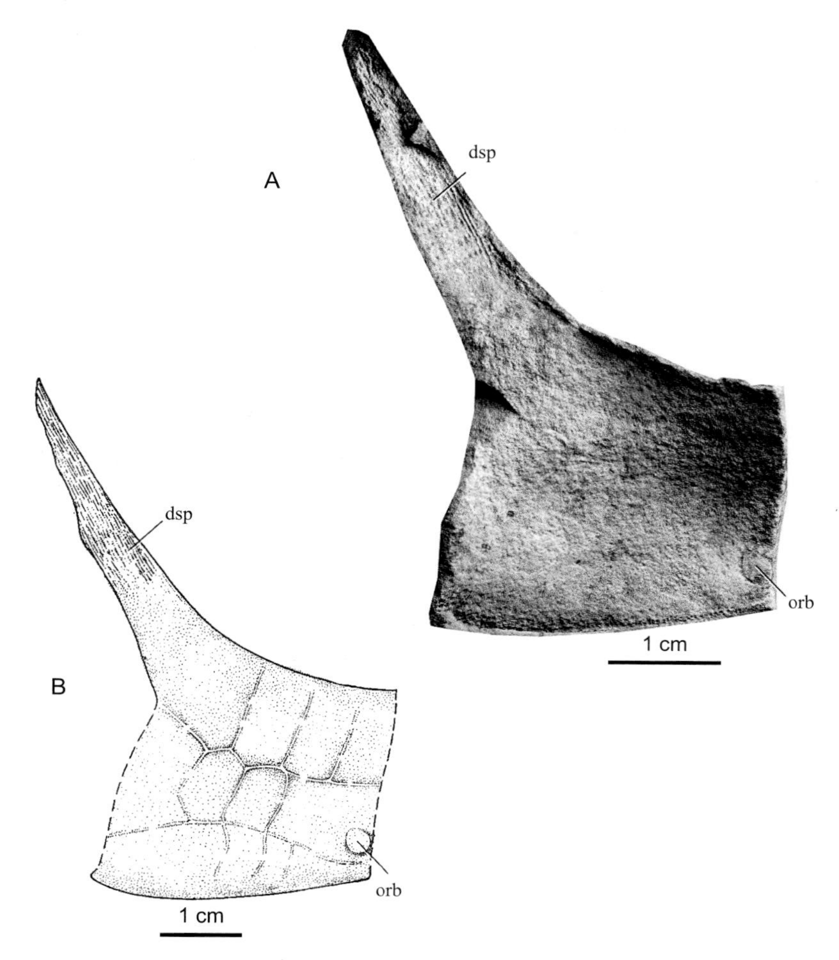

图 142　升高耸刺鱼 *Hyperaspis acclivis*

A. 一不完整的头甲，正模，GMC V2075，侧视；B. 头甲复原图（引自 Pan, 1992），侧视

盔甲鱼类（属不定）**Galeaspida gen. indet.**

（图 143）

Galeaspida gen. et sp. nov.：潘江等，1987

标本　一件不完整的头甲外模，中国地质博物馆标本登记号 GMC V1921；三件不完整的鳃区标本，中国地质博物馆标本登记号 GMC V1922–1924；五件不完整的头甲内模，中国科学院古脊椎动物与古人类研究所标本登记号 IVPP V14335.1–5。

特征　硕大的盔甲鱼，估计头甲长可达 300 mm。鳃囊不少于 11 对。纹饰由小而密集的星状突起组成。

产地与层位　宁夏中卫香山沙堂家红石湾，上泥盆统法门阶中宁组。

评注 虽然宁夏标本因保存原因不能作进一步鉴定，但这是当前所知生存时代最晚的盔甲鱼类。含鱼地层属于淡水内陆湖盆沉积（潘江等，1987）。

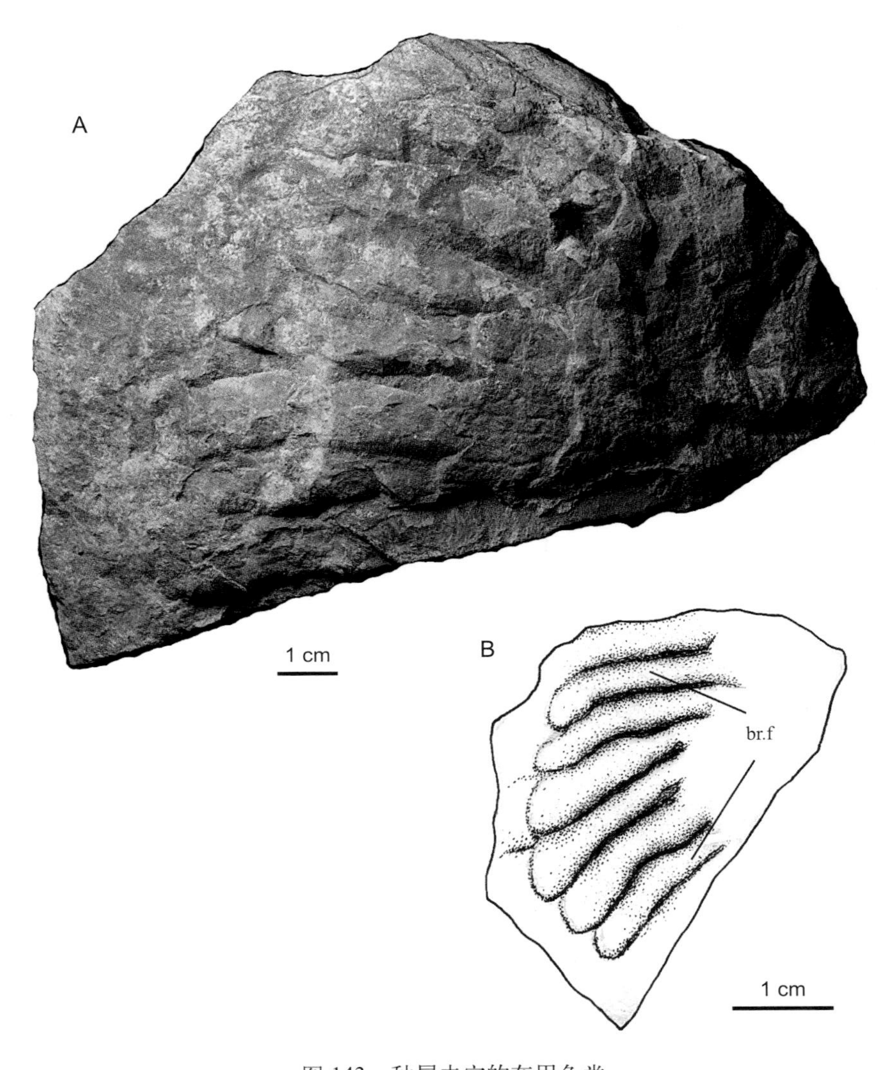

图 143 种属未定的盔甲鱼类

A. 一不完整头甲，示鳃囊印痕，IVPP V 14335.1；B. 一不完整头甲素描（潘江等，1987），据 GMC V1922，背视，示鳃囊印痕

参 考 文 献

曹仁关 (Cao R G). 1979. 云南广南早泥盆世多鳃鱼类一新属 . 古脊椎动物与古人类 , 17(2): 118–120

方润森 (Fang R S), 江能人 (Jiang N R), 范建才 (Fan J C), 曹仁关 (Cao R G), 李代芸 (Li D Y) 等 . 1985. 云南曲靖地区中志留世—早泥盆世地层及古生物 . 昆明 : 云南人民出版社 . 1–171

傅力浦 (Fu L P), 宋礼生 (Song L S). 1986. 陕西紫阳地区 (过渡带) 志留纪地层及古生物 . 中国地质科学院西安地质矿产研究所所刊 , 14: 1–198

盖志琨 (Gai Z K), 朱敏 (Zhu M). 2005. 浙江安吉志留纪真盔甲鱼类一新属 . 古脊椎动物学报 , 43(3): 165–174

盖志琨 (Gai Z K), 朱敏 (Zhu M). 2007. 云南早泥盆世西山村组华南鱼类的首次发现 . 古脊椎动物学报 , 45(1): 1–12

盖志琨 (Gai Z K), 朱敏 (Zhu M). 2012. 颌的起源：发育生物学假说与化石实证的交叉 . 科学通报 , 57(21): 1937–1947

盖志琨 (Gai Z K), 朱敏 (Zhu M), 赵文金 (Zhao W J). 2005. 浙江长兴志留纪真盔甲鱼类新材料及真盔甲鱼目系统发育关系的讨论 . 古脊椎动物学报 , 43(1): 61–75

顾知微 (Gu Z W). 1962. 中国的侏罗系和白垩系 . 全国地层会议学术报告汇编 . 北京：科学出版社 . 1–84

湖北省地质矿产局 . 1996. 湖北省岩石地层 . 武汉 : 中国地质大学出版社

黄大卫 (Huang D W). 1996. 支序系统学概论 . 北京 : 中国农业出版社 . 1–189

李约瑟 (Needham J). 1976. 中国科学技术史 . 第五卷，地学，第一分册 .《中国科学技术史》翻译小组译 . 北京 : 科学出版社 . 1–334

刘时藩 (Liu S F). 1973. 华南泥盆纪棘鱼化石新材料及其意义 . 古脊椎动物与古人类 , 11(2): 144–147

刘时藩 (Liu S F). 1983. 四川秀山无颌类化石 . 古脊椎动物与古人类 , 21(2): 97–102

刘时藩 (Liu S F). 1986. 广西盔甲鱼类化石 . 古脊椎动物学报 , 24(1): 1–9

刘时藩 (Liu S F). 1995. 塔里木西北的中华棘鱼化石及地质意义 . 古脊椎动物学报 , 33(2): 85–98

刘向 (Liu X), 刘歆 (Liu X). 2008. 山海经 . 沈阳 : 万卷出版公司 . 1–361

刘亚光 (Liu Y G). 1997. 江西古生代鱼类 . 江西地质 , 11(2): 5–13

刘玉海 (Liu Y H). 1962. 云南 *Bothriolepis* 属一新种 . 古脊椎动物与古人类 , 6(1): 80–85

刘玉海 (Liu Y H). 1963. 云南曲靖附近胴甲鱼 (Antiarchi) 化石 . 古脊椎动物与古人类 , 7(1): 39–46

刘玉海 (Liu Y H). 1965. 云南曲靖地区早泥盆世无颌类化石 . 古脊椎动物与古人类 , 9(2): 125–134

刘玉海 (Liu Y H). 1973. 川滇泥盆纪的多鳃鱼和大瓣鱼化石 . 古脊椎动物与古人类 , 11(2): 132–143

刘玉海 (Liu Y H). 1975. 川滇早泥盆世的无颌类 . 古脊椎动物与古人类 , 13(4): 202–216

刘玉海 (Liu Y H). 1979. 关于汉阳鱼 (*Hanyangaspis*) 系统位置及其在划分地层时代上的意义 . 古生物学报 , 18(6): 592–596

刘玉海 (Liu Y H). 1980. 以 *Eugaleaspis* 代替 *Galeaspis* Liu, 以 Eugaleaspidae, Eugaleaspidiformes 代替 Galeaspidae Liu, 1965 和 Galeaspidiformes Liu, 1965. 古脊椎动物学报 , 18(3): 256

刘玉海 (Liu Y H). 1985. 盔甲鱼类 *Antiquisagittaspis cornuta* (新属、新种) 在广西六景下泥盆统的发现 . 古脊椎动物学报 , 23(4): 247–254

刘玉海 (Liu Y H). 1986. 盔甲鱼类的侧线系统 . 古脊椎动物学报 , 24(4): 245–259

刘玉海 (Liu Y H). 1993. 某些盔甲类是否存在侧区? 古脊椎动物学报 , 31(4): 315–322

刘玉海 (Liu Y H). 2002. 滇东泥盆系几个含鱼层的时代和对比 . 古脊椎动物学报 , 40(1): 52–69

刘玉海 (Liu Y H), 王俊卿 (Wang J Q). 1973. 滇东泥盆系地层中的几个问题的讨论 . 古脊椎动物与古人类 , 11(1): 1–17

卢立伍 (Lu L W), 潘江 (Pan J), 赵丽君 (Zhao L J). 2007. 新疆柯坪中古生代无颌类及鱼类新知 . 地球学报 , 28(2): 143–147

黎作聪 (Li Z C). 1980. 论湖北含中华棘鱼层位的时代问题 . 地层学杂志 , 4(3): 221–225

孟津 (Meng J), 王晓鸣 (Wang X M). 1988. 系统发育系统学——对现代生物学的理解与探讨 . 古脊椎动物学报 , 26(4): 309–313

孟津 (Meng J), 王晓鸣 (Wang X M). 1989a. 系统发育系统学——对现代生物学的理解与探讨 . 古脊椎动物学报 , 27(2): 147–152

孟津 (Meng J), 王晓鸣 (Wang X M). 1989b. 系统发育系统学——对现代生物学的理解与探讨 (5) 支序图、系统树及祖裔关系 . 古脊椎动物学报 , 27(4): 306–312

孟津 (Meng J), 王晓鸣 (Wang X M). 1990. 系统发育系统学——对现代生物学的理解与探讨 (7). 古脊椎动物学报 , 28(2): 159–164

潘江 (Pan J). 1957. 中国泥盆纪鱼化石的新资料 . 科学通报 , 11(11): 341–342

潘江 (Pan J). 1962. 南京志留纪坟头群杯甲鱼新属 . 古生物学报 , 10(3): 402–408

潘江 (Pan J). 1986a. 中国志留纪脊椎动物的新发现 . 见：纪念乐森璕教授从事地质科学、教育工作六十年论文选集 . 北京 : 地质出版社 . 67–75

潘江 (Pan J). 1986b. 中国志留纪脊椎动物群的初步研究 . 中国地质科学院院报 , 15(1): 161–190

潘江 (Pan J). 1988. 浙江长兴茅山组修水鱼 (*Xiushuiaspis*) 的发现及其地层意义 . 古生物学报 , 27(2): 256–262

潘江 (Pan J), 陈烈祖 (Chen Z L). 1993. 皖北志留纪盔甲鱼类的新发现 . 古脊椎动物学报 , 31(3): 225–230

潘江 (Pan J), 姬书安 (Ji S A). 1993. 中泥盆世盔甲鱼类在中国的首次发现 . 古脊椎动物学报 , 31(4): 304–307

潘江 (Pan J), 王士涛 (Wang S T). 1978. 中国南方泥盆纪无颌类及鱼类化石 . 见：华南泥盆系会议论文集 . 北京 : 地质出版社 . 298–333

潘江 (Pan J), 王士涛 (Wang S T). 1980. 盔甲鱼类在华南的新发现 . 古生物学报 , 19(1): 1–7

潘江 (Pan J), 王士涛 (Wang S T). 1981. 云南早泥盆世多鳃鱼类的新发现 . 古脊椎动物与古人类 , 19(2): 113–121

潘江 (Pan J), 王士涛 (Wang S T). 1982. 命名建议——以 *Duyunolepis* 代替 *Duyunaspis* P’an et Wang, 1978. 古脊椎动物学报 , 20(4): 370

潘江 (Pan J), 王士涛 (Wang S T). 1983. 江西修水西坑组多鳃鱼目化石一新科 . 古生物学报 , 22(5): 505–509

潘江 (Pan J), 曾祥渊 (Zeng X Y). 1985. 湘西早志留世溶溪组无颌类的发现及其意义 . 古脊椎动物学报 , 23(3): 207–213

潘江 (Pan J), 王士涛 (Wang S T), 刘运鹏 (Liu Y P). 1975. 中国南方早泥盆世无颌类及鱼类化石 . 地层古生物论文集 . 1: 135–169

潘江 (Pan J), 霍福臣 (Huo F C), 曹景轩 (Cao J X), 顾其昌 (Gu Q C), 刘时雨 (Liu S Y), 王俊卿 (Wang J Q), 高联达 (Gao L D), 刘椿 (Liu C). 1987. 宁夏陆相泥盆系及其生物群 . 北京 : 地质出版社 . 1–236

邱占祥 (Qiu Z X). 1978. 评亨尼希《系统发育分类学》. 古脊椎动物与古人类 , 16(3): 205–208

王成源 (Wang C Y), 吉·克拉佩尔 (Klapper G). 1987. 论齿刺 (*Fungulodus*) 牙形刺 . 微体古生物学报 , 4(4): 369–374

王俊卿 (Wang J Q), 王念忠 (Wang N Z). 1992. 滇东南早泥盆世无颌类 . 古脊椎动物学报 , 30(3): 185–194

王俊卿 (Wang J Q), 朱敏 (Zhu M). 1994. 滇东北昭通早泥盆世盔甲鱼类一新属 . 古脊椎动物学报 , 32(4): 1–24

王俊卿 (Wang J Q), 王念忠 (Wang N Z), 朱敏 (Zhu M). 1996a. 塔里木盆地西北缘中、古生代脊椎动物化石及相关地层 . 见：童晓光等主编 . 塔里木盆地石油地质研究新进展 . 北京 : 科学出版社 . 8–16

王俊卿 (Wang J Q), 范俊航 (Fan J H), 朱敏 (Zhu M). 1996b. 滇东北昭通附近早泥盆世脊椎动物化石新知 . 古脊椎动物学报 , 34(1): 1–17

王俊卿 (Wang J Q), 王念忠 (Wang N Z), 张国瑞 (Zhang G R), 王士涛 (Wang S T), 朱敏 (Zhu M). 2002. 新疆柯坪志留纪兰多维列世无颌类化石 . 古脊椎动物学报 , 40(4): 245–256
王俊卿 (Wang J Q), 盖志琨 (Gai Z K), 朱敏 (Zhu M). 2005. 云南文山大窗鱼 (*Macrothyraspis*) 属一新种 . 古脊椎动物学报 , 43(4): 304–311
王俊卿 (Wang J Q), 王士涛 (Wang S T), 朱敏 (Zhu M). 2009. 广西下泥盆统大瑶山群盔甲鱼类的新发现 . 古脊椎动物学报 , 47(3): 234–239
王念忠 (Wang N Z). 1986. 中志留世汉阳鱼和宽吻鱼的再研究 . 见：中国古生物学会第十三、十四届学术年会论文选集 . 合肥 : 安徽科学技术出版社 . 49–57
王念忠 (Wang N Z). 1992. 广西中部下泥盆统无颌类和鱼类微体化石 . 古生物学报 , 31(3): 280–303
王念忠 (Wang N Z). 1997. 滇东曲靖翠峰山群下部花鳞鱼类微体化石的再研究 . 古脊椎动物学报 , 35(1): 1–17
王念忠 (Wang N Z), 董致中 (Dong Z Z). 1989. 中国志留纪鱼类微体化石的首次报道 . 古生物学报 , 28(2): 192–206
王念忠 (Wang N Z), 王俊卿 (Wang J Q). 1982a. 多鳃鱼类一新属及该类鱼感觉沟系统的变异 . 古脊椎动物与古人类 , 20(4): 276–281
王念忠 (Wang N Z), 王俊卿 (Wang J Q). 1982b. 记一新的无颌类化石兼论多鳃鱼类的分类地位 . 古脊椎动物与古人类 , 20(2): 99–105
王士涛 (Wang S T), 兰朝华 (Lan C H). 1984. 滇东北彝良泥盆纪多鳃鱼类的新发现 . 中国地质科学院地质研究所所刊 , 9: 113–123
王士涛 (Wang S T), 夏树芳 (Xia S F), 杜森官 (Du S G), 陈烈组 (Chen L Z). 1980. 安徽巢县志留纪无颌类和鱼类化石的发现及其地层意义 . 中国地质科学院院报地质研究所分刊 , 1(2): 101–112
王士涛 (Wang S T), 王俊卿 (Wang J Q), 王念忠 (Wang N Z), 张振贤 (Zhang Z X). 2001. 广西东部中泥盆世晚期盔甲鱼类一新属 . 古脊椎动物学报 , 39: 157–167
王士涛 (Wang S T), 王俊卿 (Wang J Q), 王念忠 (Wang N Z), 张振贤 (Zhang Z X). 2002. 命名建议书——以 *Lopadaspis* 代替 *Discaspis* Wang et al., 2001. 古脊椎动物学报 , 4(3): 176
王晓鸣 (Wang X M), 孟津 (Meng J). 1989a. 系统发育系统学——对现代生物学的理解与探讨——同源性与简约法则 . 古脊椎动物学报 , 27(1): 72–76
王晓鸣 (Wang X M), 孟津 (Meng J). 1989b. 系统发育系统学——对现代生物学的理解与探讨 (4)——科学哲学与生物系统学 . 古脊椎动物学报 , 27(3): 225–232
王晓鸣 (Wang X M), 孟津 (Meng J). 1990. 系统发育系统学——对现代生物学的理解与探讨 (6) 生物分类及相关的单系、并系与复系的问题 . 古脊椎动物学报 , 28(1): 71–78
王怿 (Wang Y), 戎嘉余 (Rong J Y), 徐洪河 (Xu H H), 王成源 (Wang C Y), 王根贤 (Wang G X). 2010. 湖南张家界地区志留纪晚期地层新见兼论小溪组的时代 . 地层学杂志 , 34(2): 113–126
翁心钧 (Weng X J) 等 . 2008. 翁文灏古人类学与历史文化文集 . 北京 : 科学出版社 . 1–386
杨安峰 (Yang A F), 程红 (Cheng H), 姚锦仙 (Yao J X). 2008. 脊椎动物比较解剖学 (第 2 版). 北京 : 北京大学出版社 . 1–317
钟铿 (Zhong K), 吴诒 (Wu Y), 殷保安 (Yin B A), 梁演林 (Liang Y L), 姚肇贵 (Yao Z G). 1992. 广西的泥盆系 . 武汉 : 中国地质大学出版社 . 1–384
朱敏 (Zhu M). 1992. 记真盔甲鱼类两新属——兼论真盔甲鱼类系统发育关系 . 古脊椎动物学报 , 30(3): 169–184
朱敏 (Zhu M), 王俊卿 (Wang J Q), 范俊航 (Fan J H). 1994. 云南曲靖地区桂家屯组与徐家冲组早期脊椎动物化石及相关生物地层问题 . 古脊椎动物学报 , 32(1): 1–20

赵文金 (Zhao W J). 2005. 中国古生代中期盔甲鱼类及其古地理意义 . 古地理学报 , 7(3): 305–320
赵文金 (ZhaoW J), 朱敏 (Zhu M), 贾连涛 (Jia L T). 2002. 云南文山早泥盆世盔甲鱼类的新发现 . 古脊椎动物学报，40(2): 97–113
赵文金 (ZhaoW J), 王士涛 (Wang S T), 王俊卿 (Wang J Q), 朱敏 (Zhu M). 2009. 新疆柯坪 - 巴楚地区志留纪含鱼化石地层序列与加里东运动 . 地层学杂志 , 33(3): 225–240
张永辂 (Zhang Y L). 1983. 古生物命名拉丁语 . 北京 : 科学出版社 . 1–429
周长发 (Zhou C F). 2009. 生物进化与分类原理 . 北京 : 科学出版社 . 1–302
周明镇 (Zhou M Z), 张弥曼 (Zhang M M), 于小波 (Yu X B) 等译 . 1983. 分支系统学译文集 . 北京 : 科学出版社 . 1–209
周明镇 (Zhou M Z), 张弥曼 (Zhang M M), 陈宜瑜 (Chen Y Y), 朱敏 (Zhu M) 等译 . 1996. 隔离分化生物地理学译文集 . 北京 : 中国大百科全书出版社 . 1–326
纵瑞文 (Zong R W), 刘琦 (Liu Q)，龚一鸣 (Gong Y M). 2011. 湖北武汉下志留统坟头组化石组合及沉积环境 . 古地理学报，13(3): 299–308
Adams A L. 1868. Has the Asiatic elephant been found in a fossil state? Q Jl Geol Soc Lond, 24: 496–498
Aldridge R J, Briggs D E G. 2009. The discovery of the conodont anatomy and its importance for understanding the early history of vertebrates. In: Sepkoski D, Ruse M eds. The Paleobiological Revolution. Essays on the Growth of Modern Paleontology. Chicago & London: University of Chicago Press. 73–88
Aldridge R J, Donoghue P C J. 1998. Conodonts: a sister group to hagfish? In: Jorgensen J M, Lomholt J P, Weber R E, Malte H eds. The Biology of Hagfishes. London: Chapman & Hall. 15–31
Arsenault M, Janvier P. 1991.The anaspid-like craniates of the Escuminac Formation (Upper Devonian) from Miguasha (Quebec, Canada), with remarks on anaspid-petromyzontid relationships. In: Chang M M, Liu Y H, Zhang G R eds. Early Vertebrates and Related Problems of Evolutionary Biology. Beijing: Science Press. 19–40
Barton N H, Briggs D E G, Eisen J A, Goldstein D B, Patel N H. 2007. Evolution. New York: Cold Spring Harbor Press. 1–833
Bardack D, Zangerl R. 1968. First fossil lamprey: a record from the Pennsylvanian of Illinois. Science, 162: 1265–1267
Barghusen H R, Hopson J A. 1992. The endoskeleton: the comparative anatomy of the skull and the visceral skeleton. In: Wake M H ed. Hyman's Comparative Vertebrate Anatomy, 3rd ed. Chicago: The University of Chicago. 265–326
Belles-Isles M. 1985. Nouvelle interpretation de L'orifice medio-dorsal des Galeaspidomorphes ("Agnatha" , Devonien, China). N Jb Geol Paläont Abh, 1985: 385–394
Benton M J. 2000. Stems, nodes, crown clades, and rank-based lists: is Linnaeus desd? Biol Rev, 75: 633–648
Benton M J. 2005. Vertebrate Palaeontology, 3rd ed. Oxford: Blackwell Publishing Ltd. 1–455
Benton M J. 2007. The PhyloCode: beating a dead horse? Acta Palaeontol Pol, 52(3): 651–655
Black D. 1926a. Tertiary man in Asia: the Chou K'ou Tien discovery. Nature, 118: 733–734
Black D. 1926b. Tertiary man in Asia: the Chou K'ou Tien discovery. Science, 68: 1668
Bonde N. 1977. Cladistic classification as applied to vertebrates. In: Hecht M K, Goodey P C, Hecht B M eds. Major Patterns in Vertebrate Evolution. New York and London: Plenum Press. 741–804
Briggs D E G, Clarkson E N K, Aldridge R J. 1983. The conodont animal. Lethaia, 16(1): 1–14
Cantino P D, de Queiroz K. 2010. International code of phylogenetic nomenclature [Internet]. Version 4c. Available from: http://www.ohio.edu/phylocode/
Caron J-B, Coway Morris S, Cameron C B. 2013. Tubicolous enteropneusts from the Cambrian period. Nature, 495(7442): 503–506

Chang M M, Zhang J Y, Miao D S. 2006. A lamprey from the Cretaceous Jehol biota of China. Nature, 441(7096): 972–974

Chi Y S. 1940. On the discovery of *Bothriolepis* in the Devonian of Central Hunan. Bull Geol Soc China, 20(1): 57–73

Colbert E H, Morales M. 1991. Evolution of the Vertebrates—A History of the Backboned Animals Through Time, 4th ed. New York: Wiley-Liss. 1–470

Colbert E H, Morales M, Minkoff E C. 2001. Colbert's Evolution of the Vertebrates—A History of the Backboned Animals Through Time, 5th ed. New York: Wiley-Liss. 1–560

Cope E D. 1889. Synopsis on the families of the Vertebrata. Am Nat, 23(2): 849–867

Crowson R A. 1970. Classification and Biology. London: Atherton Press. 1–350

de Queiroz K, Gauthier J. 1990. Phylogeny as a central principle in taxonomy: Phylogenetic definitions of taxon names. Syst Zool, 39: 307–322

de Queiroz K, Gauthier J. 1992. Phylogenetic taxonomy. Ann Rev Ecol Syst, 23: 449–480

de Queiroz K, Gauthier J. 1994. Toward a phylogenetic system of biological nomenclature. Trends Ecol Evol, 9: 27–31

Delsuc F, Brinkmann H, Chourrout D, Philippe H. 2006. Tunicates and not cephalochordates are the closest living relatives of vertebrates. Nature, 439(7079): 965–968

Donoghue P C J, Smith M P. 2001. The anatomy of *Turinia pagei* (Powrie), and the phylogenetic status of the Thelodonti. Trans R Soc Edinb-Earth Sci, 92(1): 15–37

Donoghue P C J, Forey P L, Aldridge R J. 2000. Conodont affinity and chordate phylogeny. Biol Rev, 75: 191–251

Farris J S. 1976. Phylogenetic classification of fossils with recent species. Syst Zool, 25: 271–282

Farris J S. 1988. Hennig86, version 1.5. Program and documentation. New York: Port Jefferson Station

Felsenstein J. 1990. PHYLIP (Phylogeny Inference Package) manual, version 3.3. Berkeley: Univ Calif Herbarium

Forey P L. 1995. Agnathans recent and fossil, and the origin of jawed vertebrates. Rev Fish Biol Fish, 5: 267–303

Forey P L, Janvier P. 1993. Agnathans and the origin of jawed vertebrates. Nature, 361: 129–134

Forey P L, Janvier P. 1994. Evolution of the early vertebrates. Am Sci, 82: 554–565

Gagnier P-Y, Blieck A R M, Gabriela Rodrigo S. 1986. First Ordovician vertebrate from South America. Geobios, 19(5): 629–634

Gai Z K, Zhu M. 2012. The origin of the vertebrate jaw: Intersection between developmental biology-based model and fossil evidence. Chin Sci Bull, 57(30): 3819–3828

Gai Z K, Donoghue P C, Zhu M, Janvier P, Stampanoni M. 2011. Fossil jawless fish from China foreshadows early jawed vertebrate anatomy. Nature, 476(7360): 324–327

Gaudry A. 1872. Sur les ossements d'animaux quaternaires que M. l'Abbe David a recueillis en Chine. Bull Soc geol Fr, 29: 177–179

Gess R W, Coates M I, Rubidge B S. 2006. A lamprey from the Devonian period of South Africa. Nature, 443(7114): 981–984

Gill H S, Renaud C B, Chapleau F, Mayden R L, Potter I C . 2003. Phylogeny of living parasitic lampreys (Petromyzontiformes) based on morphological data. Copeia, 2003(4): 687–703

Goloboff P A, Farris F S, Nixon K C. 2011. TNT (Tree analysis using New Technology) ver. 1.1. Published by the authors, Tucumán, Argentina

Goodrich E S. 1930. Studies on the Structure and Development of Vertebrates. London: Macmillan. 1–837

Grabau A W. 1923. Cretaceous mollusca from North China. Bull Geol Surv China, 5(2): 183–197

Grabau A W. 1924. Stratigraphy of China: Palaeozoic and older. Peking: Geological Survey of China

Gradstein F M, Ogg J G, Smith A. 2004. A Geological Time Scale 2004. Cambridge: Cambridge Univ Press. 1–589

Gradstein F M, Ogg J G, Schmitz M, Ogg G. 2012. The Geological Time Scale 2012. Oxford: Elsevier

Gross W. 1947. Die Agnathen und Acanthodier des Obersilurischen Beyrichienkalks. Palaeontogr A, 96: 91–158

Gross W. 1958. Anaspiden-schuppen aus dem Ludlow des Ostseegebiets. Paläont Z, 32: 24–37

Gross W. 1967. Über Thelodontier-Schuppen. Palaeontogr A, 127: 1–67

Halstead L B. 1969. Calcified tissues in the earliest vertebrates. Calc Tiss Res, 3: 107–124

Halstead L B. 1979. Internal anatomy of the polybranchiaspids (Agnatha, Galeaspida). Nature, 282: 833–836

Halstead L B. 1982. Evolutionary trends and the phylogeny of the Agnatha. In: Joysey KA, Friday A E eds. Problems of Phylogenetic Reconstruction. London: Academic Press. 159–196

Halstead L B, Liu Y-H, P'an K. 1979. Agnathans from the Devonian of China. Nature, 282: 831–833

Heimberg A M, Cowper-Sal R, Sémon M, Donoghue P C, Peterson K J. 2010. microRNAs reveal the interrelationships of hagfish, lampreys, and gnathostomes and the nature of the ancestral vertebrate. P Natl Acad Sci, 107(45): 19379–19383

Hennig W. 1999. Phylogenetic Systematics. Chicago: University of Illinois Press. 1–280

Hildebrand M. 1974. Analysis of Vertebrate Structure. New York: John Wiley & Sons. 1–728

Hou X G, Bergström J. 2003. The Chengjiang fauna—the oldest preserved animal community. Paleont Res, 7 (1): 55–70

Hou X G, Aldridge R J, Siveter D J, Siveter D J, Feng X H. 2002. New evidence on the anatomy and phylogeny of the earliest vertebrates. Proc R Soc B, 269(1503): 1865–1869

Huxley J S. 1940. The New Systematics. Oxford: Oxford Univ Press. 1–583

International Commission on Zoological Nomenclature. 1999. International Code of Zoological Nomenclature (4th Edition). London: The International Trust for Zoological Nomenclature. 1–106

Janvier P. 1975. Anatomie et position systématique des Galéaspides (Vertebrata, Cyclostomata), Céphalaspidomorphes du Dévonien inférieur du Yunnan (Chine). B Mus Natl Hist Nat, Paris, 278: 1–16

Janvier P. 1981. The phylogeny of the Craniata, with particular reference to the significance of fossil "agnathans". J Vert Paleont. 1: 121–159

Janvier P. 1984. The relationships of the Osteostraci and Galeaspida. J Vert Paleont, 4: 344–358

Janvier P. 1990. La structure de l'exosquelette des Galeaspida (Vertebrata). C R Acad Bulg Sci Paris Série II, 130: 655–659

Janvier P. 1996. Early Vertebrates. Oxford: Clarendon Press. 1–393

Janvier P. 1997. Les chiens aboient ("The dogs bark"). Nature, 389: 688

Janvier P. 2001. Ostracoderms and the shaping of the gnathostome characters. In: Ahlberg P ed. Major Events in Early Vertebrate Evolution: Palaeontology, Phylogeny, Genetics and Development. London: Taylor Francis. 172–186

Janvier P. 2003. Vertebrate characters and the Cambrian vertebrates. C R Palevol, 2(6): 523–531

Janvier P. 2004. Early specializations in the branchial apparatus of jawless vertebrates: a consideration of gill number and size. In: Arratia G, Wilson M V H, Cloutier R eds. Recent Advances in the Origin and Early Radiation of Vertebrates. München: Verlag Dr. Friedrich Pfeil. 29–52

Janvier P. 2007. Homologies and evolutionary transitions in early vertebrate history. In: Anderson J S, Sues H-D eds. Major Transitions in Vertebrate Evolution. Bloomington and Indianapolis: Indiana University Press. 57–121

Janvier P, Phuong T H. 1999. Les vertébrés (Placodermi, Galeaspida) du Dévonien inférieur de la coupe de Lung Cô-Mia Lé, province de Hà Giang, Viêt Nam, avec des données complémentaires sur les gisements à vertébrés du Dévonian du Bac Bo oriental. Geodiversitas, 21: 33–67

Janvier P, Tông-Dzuy T, Phuong T-H. 1993. A new Early Devonian galeaspid from Bac Thai Province. Vietnam. Palaeontology, 36(2): 297–309

Janvier P, Tông-Dzuy T, Ta Hoa P, Clément G, Nguyên Duc P. 2009. Occurrence of *Sanqiaspis*, Liu, 1975 (Vertebrata, Galeaspida) in the Lower Devonian of Vietnam, with remarks on the anatomy and systematics of the Sanqiaspididae. C R Palevol, 8: 59–65

Jefferies R P S. 1979. The origin of chordates—a methodological essay. In: House M R ed. The Origin of Major Invertebrate Groups. Syslematics Association Special Volume 12. London: Academic Press. 443–477

Jefferies R P S. 1986. The Ancestry of the Vertebrates. London: British Museum (Natural History). 1–376

Jordan D S. 1905. A Guide to the Study of Fishes, Vol.1. New York: Henry Holt and Company. 1–624

Jurd R D. 1997. Instant Notes in Animal Biology. New York: BIOS Scientific Publishers limited. 1–157

Kent G C. 1978. Comparative Anatomy of the Vertebrates. Saint Louis: The C V Mosby Co. 1–544

Kermack K A. 1943. The functional significance of the hypocercal tail in *Pteraspis rostrata*. J Exp Biol, 20: 23–27

Kielan-Jaworowska Z, Cifelli R L, Luo Z X. 2004. Mammals from the Age of Dinosaurs Origins, Evolution, and Structure. New York: Columbia University Press. 1–630

Kluge A G, Farris J S. 1969. Quatitative phyletics and the evolution of Anurans. Syst Zool, 18(1): 1–32

Koken E. 1885. Über fossile Säugethiere aus China, nach dem Sammlungen des Herrn Ferdinand Freiherrn von Richthofen bearbeitet. Geologisches Paläontologisches Abhandlungen, 3: 31–113

Kottelat M, Britz R, Hui T H, Witte K E. 2006. *Paedocypris*, a new genus of Southeast Asian cyprinid fish with a remarkable sexual dimorphism, comprises the world's smallest vertebrate. Proc R Soc B, 273: 895–899

Long J A, Burrett C F. 1989. Tubular phosphatic microproblematica from the Early Ordovician of China. Lethaia, 22: 439–446

Løvtrup S. 1977. The Phylogeny of Vertebrata. London: John Wiley & Sons Ltd. 1–342

Lucas S G. 2001. Chinese Fossil Vertebrates. New York: Columbia University Press. 1–320

Lydekker R. 1881. Observations of ossiferous beds of Hundes in Tibet. Rec Geol Surv India, 14: 178–184

Lydekker R. 1883. Notes on the probable occurrence of Siwalik strata in China and Japan. Rec Geol Surv India, 16: 158

Lydekker R. 1891. On a collection of mammalian bones from Mongolia. Rec Geol Surv India, 24: 207–211

Lydekker R. 1901. On the skull of a chiru-like antelope from the ossiferous deposits of the Hundes (Tibet). Q Jl Geol Soc Lond, 57: 289–292

Maddison W P, Maddison D R. 1992. MacClade. Version 3.0 Analysis of Phylogeny and Character Evolution. Sunderland, MA, Sinauer Associates

Mansuy H. 1907. Résultats paléontologiques. In: Lantenois M H ed. Résultats de la Mission Géologique et Minière du Yunnan Méridional (Septembre 1903–Janvier 1904). Paris: Dunod and Pinat. 150–177

Mark-Kurik E, Botella H. 2009. On the tail of *Errivaspis* and the condition of the caudal fin in heterostracans. Acta Zool, 90: 44–51

Märss T. 1982. *Thelodus admirabilis* n. sp. (Agnatha) from the Upper Silurian of the East Baltic. In: Kaljo D, Klaamann E eds. Ecostratigraphy of the East Baltic Silurian. Tallinn: Valgus. 112–115

Märss T. 1986. Silurian vertebrates of Estonia and West Latvia. Fossilia Baltica, 1: 1–104

Märss T, Karatajūtē-Talimaa V. 2002. Ordovician and Lower Silurian thelodonts from Severnaya Zemlya Archipelago (Russia). Geodiversitas, 24(2): 381–404

Märss T, Miller C G. 2004. Thelodonts and distribution of associated conodonts from the Llandovery–lowermost Lochkovian of the Welsh Borderland. Palaeontology, 47: 1211–1265

Märss T, Wilson M V. 2009. Thelodont phylogeny revisited, with inclusion of key scale-based taxa. Est J Earth Sci, 58(4): 297–310

Märss T, Fredholm D, Karatajūte-Talimaa V, Turner S, Jeppsson L, Nowlan G. 1995. Silurian vertebrate biozonal scheme. Geobios M S, 19: 369–372

Märss T, Turner S, Karatajūte-Talimaa V. 2007. Handbook of paleoichthyology. Volume 1B: "Agnatha" II. Thelodonti. München: Verlag Dr Friedrich Pfeil

Mayr E. 1942. Systematics and the Origin of Species: From the Viewpoint of a Zoologist. New York: Columbia University Press. 1–334

Mayr E, Bock W J. 2002. Classifications and other ordering systems. J Zool Syst Evol Res, 40(4): 169–194

McKenna M C, Bell S K. 1997. Classification of Mammals above the Species Level. New York: Columbia University Press. 1–631

Moy-Thomas J A, Miles R S. 1971. Palaeozoic Fishes. London: Chapman and Hall. 1–259

Nelson G J. 1972. Phylogenetic relationships and classification. Syst Zool, 21: 227–230

Nelson G J. 1973. The higher-level phylogeny of vertebrates. Syst Zool, 22: 87–91

Nelson J S. 1994. Fishes of the World, 3rd ed. New York: Wiley. 1–600

Nelson J S. 2006. Fishes of the World, 4th ed. New York: Wiley. 1–624

Newman M J. 2002. A new naked jawless vertebrate from the Middle Devonian of Scotland. Palaeontology, 45(5): 933–941

Nixon K, Carpenter J M. 2000. On the other "Phylogenetic Systematics". Cladistics, 16(3): 298–318

Novitskaya L I. 1983. Morphology of ancient agnathans. Heterostracans and the problem of relation of agnathans and gnathostome vertebrates. Proc Paleont Inst Acad Sci USSR, 169: 1–184

Novitskaya L I. 2004. Hetrerostaci. In: Novitskaya L I, Afanassieva O B eds. Fossil Vertebrates of Russia and Adjacent Countries. Agnathans and Early Fishes. Moscow: Geos. 69–207

O'Leary M A, Bloch J I, Flynn J J, Gaudin T J, Giallombardo A, Giannini N P, Goldberg S L, Kraatz B P, Luo Z X, Meng J, Ni X J, Novacek M J, Perini F A, Randall Z S, Rougier G W, Sargis E J, Silcox M T, Simmons N B, Spaulding M, Velazco P M, Weksler M, Wible J R, Cirranello A L. 2013. The placental mammal ancestor and the post-K-Pg radiation of placentals. Science, 339(6120): 662–667

Ørvig T. 1958. *Pycnaspis splendens*, new genus, new species, a new ostracoderm from the Upper Ordovician of North America. Proc U S Nat Mus, 108(3391): 1–23

Ørvig T. 1989. Histologic studies of ostracoderms, placoderms and fossil elasmobranchs. 6. Hard tissues of Ordovician vertebrates. Zool Scr, 18(3): 427–446

Osborn H F. 1910. The Age of Mammals in Europe, Asia and North America. New York: MacMillan. 1–664

Owen R. 1870. On fossil remains of mammals found in China. Quart Jour Geol Soc London, 26: 417–434

Pan J. 1984. The phylogenetic position of the Eugaleaspida in China. P Linn Soc N S W, 107: 309–319

Pan J. 1992. New Galeaspids (Agnatha) from the Silurian and Devonian of China. Beijing: Geol Publ House. 1–77

Patterson C. 1982. Classes and cladists or individuals and evolution. Syst Zool, 31: 284–286

Pough F H, Janis C M, Heiser J B. 2009. Vertebrate Life, 8th edn. San Francisco: Pearson Benjamin Cummings. 1–725

Racheboeuf P, Janvier P, Hoa P T, Vannier J, Wang S Q. 2005. Lower Devonian vertebrates, arthropods and brachiopods from northern Vietnam. Geobios, 38: 533–551

Renaud C B. 2011. Lampreys of the World. Rome: FAO. 1–109

Ritchie A. 1964. New evidence on the morphology of the Norwegian Anaspida. Skrifter norsk Vidensk Akad Oslo Mat-Naturv Kl N S, 14: 1–35

Ritchie A, Gilbert-Tomlinson J. 1977. First Ordovician vertebrates from the southern hemisphere. Alcheringa, 1(4): 351–368

Romer A S. 1966. Vertebrate Paleontology, 3rd ed. Geological Society of America Special Paper 28. 1–468

Romer A S, Parsons T S. 1977. The Vertebrate Body, 5th ed. Philadelphia: W.B. Saunders. 1–476

Rong J Y, Wang Y, Zhang X L. 2012. Tracking shallow marine red beds through geological time as exemplified by the lower Telychian (Silurian) in the Upper Yangtze Region, South China. Sci China Earth Sci, 55(5): 699–713

Rowe T. 1987. Definition and diagnosis in the phylogenetic system. Syst Zool, 36(2): 208–211

Sansom I J, Elliott D K. 2002. A thelodont from the Ordovician of Canada. J Vert Paleont, 22(4): 867–870

Sansom I J, Smith M P, Smith M M, Turner P. 1997. *Astraspis*—the anatomy and histology of an Ordovician fish. Palaeontology, 40: 625–643

Sansom I J, Smith M M, Smith M P. 2001. The Ordovician radiation of vertebrates. In: Ahlberg P E ed. Major Events in Early Vertebrate Evolution: Palaeontology, Phylogeny, Genetics and Development. London: Taylor & Francis. 156–171

Sansom I J, Donoghue P C J, Albanesi G. 2005. Histology and affinity of the earliest armoured vertebrate. Biol Lett, 1(4): 446–449

Sansom R S, Freedman K I M, Gabbott S E, Aldridge R J, Purnell M A. 2010. Taphonomy and affinity of an enigmatic Silurian vertebrate, *Jamoytius kerwoodi* White. Palaeontology, 53(6): 1393–1409

Schaeffer B. 1987. Deuterostome monophyly and phylogeny. In: Hecht M K, Wallace B, Prance G T eds. Evolutionary Biology. New York: Plenum Publishing Corporation. 179–235

Schlosser M. 1903. Die fossilen Säugethiere Chinas nebst einer Odontographie der recenten Antilopen. Abhandlungen Bayerische Akademie von Wissenschaften. 22

Sereno P C. 1999. Definitions in phylogenetic taxonomy: critique and rationale. Syst Biol, 48(2): 329–351

Shu D G. 2003. A paleontological perspective of vertebrate origin. Chin Sci Bull, 48: 725–735

Shu D G, Luo H L, Conway M S, Zhang X L, Hu S X, Chen L, Han J, Zhu M, Li Y, Chen L Z. 1999. Lower Cambrian vertebrates from South China. Nature, 402: 42–46

Shu D G, Morris S C, Han J, Zhang Z F, Yasui K, Janvier P, Chen L, Zhang X L, Liu J N, Li Y, Liu H Q. 2003. Head and backbone of the Early Cambrian vertebrate *Haikouichthys*. Nature, 421: 526–529

Silver M R, Kawauchi H, Nozaki M, Sower S A. 2004. Cloning and analysis of the lamprey GnRH-III cDNA from eight species of lamprey representing the three families of Petromyzoniformes. Gen Comp Endocrinol, 139: 85–94

Simpson G G. 1961. Principles of Animal Taxonomy. New York: Columbia University Press

Smith M P, Sansom I J, Cochrane K D. 2001. The Cambrian origin of vertebrates. In: Ahlberg P E ed. Major Events in Early Vertebrate Evolution: Palaeontology, Phylogeny, Genetics and Development. London: Taylor & Francis. 67–84

Sneath P H A, Sokal R R. 1973. Numerical Taxonomy. The Principles and Practice of Numerical Classification. San Francisc: W H Freeman & Co. 1–588

Soehn K L, Märss T, Caldwell M W, Wilson M V. 2001. New and biostratigraphically useful thelodonts from the Silurian of the Mackenzie Mountains, Northwest Territories, Canada. J Vert Paleont, 21(4): 651–659

Sokal R R, Sneath P H A. 1963. Principles of Numerical Taxonomy. San Francisco: Freeman. 1–359

Stensiö E A. 1927. The Downtonian and Devonian Vertebrates of Spitsbergen. Part 1. Family Cephalaspidae. New York: Arno

Press, 12: 1–391

Stensiö E A. 1935. *Sinamia zdanskyi*, a new amiid from the Lower Cretaceous of Shantung, China. Palaeontol Sin C, 3(1): 1–48

Swofford D L. 1985. PAUP: Phylogenetic Analysis Using Parsimony. Version 2.4. Champaign, Illinois: Illinois Natural History Survey

Széchenyi B. 1899. Wissenschaftliche Ergebnisse der Reise des Grafen Béla Széchenyi in Ostasien 1877–1880. Dritter B. Die Berarbeitung des gesamme Hen Materials. Vienna: Hölzel

Tarlo L B H. 1967. Agnatha. In: Harland W B et al. eds. The Fossil Record. London: The Geological Society of London. 629–636

Teihard de Chardin P, Young C C. 1931. Fossil mammals from the Late Cenozoic of northern China. Palaeontol Sin C, 9(1) : 1–67

Ting V K, Wang Y L. 1937. Cambrian and Silurian formations of Malung and Chutsing Districts, Yunnan. Bull Geol Soc China, 16: 1–28

Tông-Dzuy T, Janvier P. 1987. Les vertébrés dévoniens du Viêtnam. Ann Paléont (Vert-Invert), 73: 165–194

Tông-Dzuy T, Janvier P, Phunong T H, Nhat T D. 1995. Lower Devonian biostratigraphy and vertebrates of the Tong Vai valley, Vietnam. Palaeontology, 38(1): 169–186

Traquair R H. 1899a. On *Thelodus pagei* Powrie, sp. from the Old Red Sandstone of Forfarshire. Trans R Soc Edin-Earth, 39: 595–602

Traquair R H. 1899b. Report on the fossil fishes collected by the Geological Survey of Scotland in the Silurian rocks of the south of Scotland. Trans R Soc Edin-Earth, 39: 827–864

Turner S. 1991. Monophyly and interrelationships of the Thelodonti. In: Chang M M, Liu Y H, Zhang G R eds. Early Vertebrates and Related Problems of Evolutionary Biology. Beijing: Science Press. 87–119

Turner S. 1992. Thelodont lifestyles. In: Mark-Kurik E ed. Fossil Fishes as Living Animals. Tallinn: Academia. 21–40

Turner S. 1997. Sequence of Devonian thelodont scale assemblages in East Gondwana. In: Klapper G, Murphy M A , Talent J A eds. Paleozoic Sequence Stratigraphy, Biostratigraphy, and Biogeography - Studies in Honor of J. Granville ("Jess") Johnson. Geological Society of America Special Paper, 321: 295–315

Turner S. 2000. New Llandovery to early Pridoli microvertebrates including Lower Silurian zone fossil, *Loganellia avonia* nov. sp., from Britain. Cour Forschungsinst Senckenb, 223: 91–127

Turner S. 2004. Early vertebrates: analysis from microfossil evidence. In: Arratia G, Wilson M V H, Cloutier R eds. Recent Advances in the Origin and Early Radiation of Vertebrates. München: Verlag Dr. Friedrich Pfeil. 67–94

Turner S, Dring R S. 1981. Late Devonian thelodonts from the Gneudna Formation, Carnarvon Basin, western Australia. Alcheringa, 5: 39–48

Turner S, Miller R F. 2005. New ideas about old sharks. Am Sci, 93: 244–252

Turner S, Jones P J, Draper J J. 1981. Early Devonian thelodonts (Agnatha) from the Toko Syncline, western Queensland, and a review of other Australian discoveries. BMR Journal of Australian Geology and Geophysics, 6: 51–69

Turner S, Blieck A, Nowlan G S. 2004. Vertebrates (agnathans and gnathostomes), In: Webby B D ed. The Great Ordovician Biodiversification Event. New York: Columbia University Press. 327–335

Turner S, Burrow C J, Schultze H-P, Blieck A, Reif W-E, Rexroad C B, Bultynck P, Nowlan G S. 2010. False teeth: conodont-vertebrate phylogenetic relationships revisited. Geodiversitas, 32(4): 545–594

Walcott C D. 1892. Preliminary notes on the discovery of a vertebrate fauna in Silurian (Ordovician) strata. Bull Geol Soc Am, 3: 153–171

Wang J Q, Zhu M. 1997. Discovery of Ordovician vertebrate fossil from Inner Mongolia, China. Chin Sci Bull, 42: 1560–1563

Wang N Z. 1984. Thelodont, acanthodian, and chondrichthyan fossils from the Lower Devonian of Southwest China. Proc Linn Soc N S W, 107: 419–441

Wang N Z. 1991. Two new Silurian galeaspids (jawless craniates) from Zhejiang Province, China, with a discussion of galeaspid-gnathostome relationships. In: Chang M M, Liu Y H, Zhang G R eds. Early Vertebrates and Related Problems of Evolutionary Biology. Beijing: Science Press. 41–66

Wang N Z. 1995a. Silurian and Devonian jawless craniates (Galeaspida, Thelodonti) and their habitats in China. B Mus Natl Hist Nat, Paris 4e sér., Section C, 17: 57–84

Wang N Z. 1995b. Thelodonts from the Cuifengshan Group of East Yunnan, China and its biochronological significance. Geobios M S, 19: 403–409

Wang N Z, Donoghue P C, Smith M M, Sansom I J. 2005. Histology of the galeaspid dermoskeleton and endoskeleton, and the origin and early evolution of the vertebrate cranial endoskeleton. J Vert Paleont, 25(4): 745–756

Wang S T, Dong Z Z, Turner S. 1986. Discovery of Middle Devonian Turiniidae (Thelodonti: Agnatha) from western Yunnan, China. Alcheringa, 10: 315–325

Wiley E O, Siegel-Causey D, Brooks D R, Funk V A. 1991. The compleat cladist. The University of Kansas Museum of Natural History, Special Publication, 19: 1–158

Wilson M V H, Caldwell M W. 1993. New Silurian and Devonian fork-tailed ‘thelodonts’ are jawless vertebrates with stomachs and deep bodies. Nature, 361: 442–444

Wilson M V H, Caldwell M W. 1998. The Furcacaudiformes: a new order of jawless vertebrates with thelodont scales, based on articulated Silurian and Devonian fossils from northern Canada. J Vert Paleont, 18(1): 10–29

Wilson M V H, Märss T. 2004. Toward a phylogeny of the thelodonts. In: Arratia G, Wilson M V H, Cloutier R eds. Recent Advances in the Origin and Early Radiation of Vertebrates. München: Verlag Dr. Friedrich Pfeil. 95–108

Wilson M V H, Märss T. 2009. Thelodont phylogeny revisited, with inclusion of key scale-based taxa. Estonian Journal of Earth Sciences, 58(4): 297

Wilson M V H, Hanke G F, Märss T. 2007. Paired fins of jawless vertebrates and their homologies across the “agnathan” - gnathostome transition. In: Anderson J S, Sues H-D eds. Major Transitions in Vertebrate Evolution. Bloomington and Indianapolis: Indiana University Press. 122–149

Woodward A S. 1898. Outlines of Vertebrate Palaeontology for Students of Zoology. Cambridge: Cambridge University Press. 1–470

Young C C. 1927. Fossile nagetiere aus nord-China. Palaeontol Sin C, 5(3): 1–82

Young C C. 1945. A review of the fossil fishes of China, their stratigraphical and geographical distribution. Am J Sci, 243: 127–137

Young G C. 1991. The first armoured agnathan vertebrates from the Devonian of Australia. In: Chang M M, Liu Y H, Zhang G R eds. Early Vertebrates and Related Problems of Evolutionary Biology. Beijing: Science Press. 67–85

Young G C, Gorter J D. 1981. A new fish fauna of Middle Devonian age from the Taemas Wee/Jasper region of New South Wales. Bull Bur Min Res Geol Geophys Aust. 209: 85–147

Yu X B, Zhu M, Zhao W J. 2010. The origin and diversification of osteichthyans and sarcopterygians: rare Chinese fossil findings advance research on key issues of evolution. Bull Chin Acad Sci, 24(2): 71–75

Zdansky O. 1927. Preliminary notice on two teeth of a hominid from a cave in Chihli (China). Bull Geol Soc China, 5: 281–284

Zdansky O. 1928. Die Säugetiere der Quartärfauna von Chouk'-ou-Tien. Palaeontologia Sinica C, 5: 1–146

Zhang X G, Hou X G. 2004. Evidence for a single median fin-fold and tail in the Lower Cambrian vertebrate, *Haikouichthys ercaicunensis*. J Evol Biol, 17(5): 1162–1166

Zhao W J, Zhu M. 2010. Siluro-Devonian vertebrate biostratigraphy and biogeography of China. Palaeoworld, 19: 4–26

Zhu M, Gai Z K. 2006. Phylogenetic relationships of galeaspids (Agnatha). Vertebr Palasiat, 44: 1–27

Zhu M, Janvier P. 1998. The histological structure of the endoskeleton in galeaspids (Galeaspida, Vertebrata). J Vert Paleont, 18: 650–654

Zhu M, Liu Y H, Jia L T, Gai Z K. 2012. A new genus of eugaleaspidiforms (Agnatha: Galeaspida) from the Ludlow, Silurian of Qujing, Yunnan, southwestern China. Vertebr Palasiat, 50(1): 1–7

汉-拉学名索引

J

K

L

M

N

P

Q

R

S

T

W

X

Y

Z

拉-汉学名索引

K

L

M

N

O

P

Q

S

T

W

X

Y

Z

附件

《中国古脊椎动物志》总目录

（共三卷二十三册，计划2015－2020年出版）

第一卷　鱼类　主编：张弥曼，副主编：朱敏

第一册（总第一册）**无颌类**　朱敏等 编著　（2015年出版）

第二册（总第二册）**盾皮鱼类**　朱敏、赵文金等 编著

第三册（总第三册）**辐鳍鱼类**　张弥曼、金帆等 编著

第四册（总第四册）**软骨鱼类 棘鱼类 肉鳍鱼类**

张弥曼、朱敏等 编著

第二卷　两栖类 爬行类 鸟类　主编：李锦玲，副主编：周忠和

第一册（总第五册）**两栖类**　王原等 编著　（2015年出版）

第二册（总第六册）**基干无孔类 龟鳖类 大鼻龙类**　李锦玲、佟海燕 编著

第三册（总第七册）**鱼龙类 海龙类 鳞龙型类**　高克勤、李淳、尚庆华 编著

第四册（总第八册）**基干主龙型类 鳄型类 翼龙类**

吴肖春、李锦玲、汪筱林等 编著

第五册（总第九册）**鸟臀类恐龙**　董枝明、尤海鲁、彭光照 编著

第六册（总第十册）**蜥臀类恐龙**　徐星、尤海鲁等 编著

第七册（总第十一册）**恐龙蛋类**　赵资奎、王强、张蜀康 编著　（2015年出版）

第八册（总第十二册）**中生代爬行类和鸟类足迹**　李建军 编著

第九册（总第十三册）**鸟类**　周忠和、张福成等 编著

第三卷　基干下孔类 哺乳类　主编：邱占祥，副主编：李传夔

第一册（总第十四册）**基干下孔类**　李锦玲、刘俊 编著　（2015年出版）

第二册（总第十五册）**原始哺乳类**　孟津、王元青、李传夔 编著

第三册（总第十六册）**劳亚食虫类 原真兽类 翼手类 真魁兽类 狃兽类**　李传夔、邱铸鼎等 编著　（2015年出版）

第四册（总第十七册）**啮型类 I**　李传夔、邱铸鼎等 编著

第五册（总第十八册）**啮型类 II**　邱铸鼎、李传夔等 编著

第六册（总第十九册）**古老有蹄类**　王元青等 编著

第七册（总第二十册）**肉齿类 食肉类**　邱占祥、王晓鸣等 编著

第八册（总第二十一册）**奇蹄类**　邓涛、邱占祥等 编著

第九册（总第二十二册）**偶蹄类 鲸类**　张兆群等 编著

第十册（总第二十三册）**蹄兔类 长鼻类等**　陈冠芳 编著

PALAEOVERTEBRATA SINICA

(3 volumes 23 fascicles, planned to be published in 2015–2020)

Volume I Fishes

Editor-in-Chief: **Zhang Miman**, Associate Editor-in-Chief: **Zhu Min**

Fascicle 1 (Serial no. 1) Agnathans **Zhu Min et al.** (2015)

Fascicle 2 (Serial no. 2) Placoderms **Zhu Min, Zhao Wenjin et al.**

Fascicle 3 (Serial no. 3) Actinopterygians **Zhang Miman, Jin Fan et al.**

Fascicle 4 (Serial no. 4) Chondrichthyes, Acanthodians, and Sarcopterygians **Zhang Miman, Zhu Min et al.**

Volume II Amphibians, Reptilians, and Avians

Editor-in-Chief: **Li Jinling**, Associate Editor-in-Chief: **Zhou Zhonghe**

Fascicle 1 (Serial no. 5) Amphibians **Wang Yuan et al.** (2015)

Fascicle 2 (Serial no. 6) Basal Anapsids, Chelonians, and Captorhines **Li Jinling and Tong Haiyan**

Fascicle 3 (Serial no. 7) Ichthyosaurs, Thalattosaurs, and Lepidosauromorphs **Gao Keqin, Li Chun, and Shang Qinghua**

Fascicle 4 (Serial no. 8) Basal Archosauromorphs, Crocodylomorphs, and Pterosaurs **Wu Xiaochun, Li Jinling, Wang Xiaolin et al.**

Fascicle 5 (Serial no. 9) Ornithischian Dinosaurs **Dong Zhiming, You Hailu, and Peng Guangzhao**

Fascicle 6 (Serial no. 10) Saurischian Dinosaurs **Xu Xing, You Hailu et al.**

Fascicle 7 (Serial no. 11) Dinosaur Eggs **Zhao Zikui, Wang Qiang, and Zhang Shukang** (2015)

Fascicle 8 (Serial no. 12) Footprints of Mesozoic Reptilians and Avians **Li Jianjun**

Fascicle 9 (Serial no. 13) Avians **Zhou Zhonghe, Zhang Fucheng et al.**

Volume III Basal Synapsids and Mammals

Editor-in-Chief: **Qiu Zhanxiang**, Associate Editor-in-Chief: **Li Chuankui**

Fascicle 1 (Serial no. 14) Basal Synapsids **Li Jinling and Liu Jun** (2015)

Fascicle 2 (Serial no. 15) Primitive Mammals **Meng Jin, Wang Yuanqing, and Li Chuankui**

Fascicle 3 (Serial no. 16) Eulipotyphlans, Proteutheres, Chiropterans, Euarchontans, and Anagalids **Li Chuankui, Qiu Zhuding et al.** (2015)

Fascicle 4 (Serial no. 17) Glires I **Li Chuankui, Qiu Zhuding et al.**

Fascicle 5 (Serial no. 18) Glires II **Qiu Zhuding, Li Chuankui et al.**

Fascicle 6 (Serial no. 19) Archaic Ungulates **Wang Yuanqing et al.**

Fascicle 7 (Serial no. 20) Creodonts and Carnivores **Qiu Zhanxiang, Wang Xiaoming et al.**

Fascicle 8 (Serial no. 21) Perissodactyls **Deng Tao, Qiu Zhanxiang et al.**

Fascicle 9 (Serial no. 22) Artiodactyls and Cetaceans **Zhang Zhaoqun et al.**

Fascicle 10 (Serial no. 23) Hyracoids, Proboscideans etc. **Chen Guanfang**